水泵与水泵站
参编人员名单

主　编　王春堂　孙玉霞

副主编　孔凡丹　朱永梅　马向前　马金宝　刘向坤

参　编　潘保存　孙庆磊　王慧玲

全国高等院校水利水电类精品规划教材

水泵与水泵站

（第2版）

主　编　王春堂　孙玉霞

黄河水利出版社

·郑州·

内容提要

本书系统地阐述了叶片泵的类型、构造、基本原理与性能、水泵工况点确定与调节、水泵汽蚀及防护等基础知识，以及进、出水建筑物，泵机选型与配套，管道工程，泵房，泵站辅助设备规划，设计方法。全书共分 11 章：绪论，水泵的基础知识，叶片泵的基本理论，叶片泵的运行工况及调节，水泵的汽蚀与安装高程确定，泵站工程规划，水泵选型和配套，泵房，进、出水建筑物设计，进、出水管道，泵站机组安装与运行管理。每章均设置有学习重点、学习要求、小结及思考题，以便于自学。

本书既可作为高等院校水利水电工程、水文与水资源工程、给水排水工程等专业的教学用书及参考书，也可作为普通本科高校应用型人才培养教育水利水电工程、水文与水资源工程、给水排水工程等专业的教材使用，并可供相关领域的广大科技工作者参考。

图书在版编目（CIP）数据

水泵与水泵站/王春堂，孙玉霞主编. —2 版. —郑州：黄河水利出版社，2016.6 （2021.1 重印）

ISBN 978-7-5509-1530-5

Ⅰ.①水… Ⅱ.①王… ②孙… Ⅲ.①水泵②泵站 Ⅳ.①TV675

中国版本图书馆 CIP 数据核字（2016）第 203130 号

策划编辑：李洪良 电话：0371-66026352 邮箱：hongliang0013@163.com

出 版 社：黄河水利出版社

地址：河南省郑州市顺河路黄委会综合楼 14 层 邮政编码：450003

发行单位：黄河水利出版社

发行部电话：0371-66026940、66020550、66028024、66022620（传真）

E-mail：hhslcbs@126.com

承印单位：河南承创印务有限公司

开本：787 mm×1 092 mm 1/16

印张：16.5

字数：382 千字 印数：3 101—4 100

版次：2016 年 6 月第 1 版 印次：2021 年 1 月第 2 次印刷

定价：32.00 元

再版前言

水泵与水泵站是高等院校水利类专业的一门主干专业课,涉及水、土、电、机等众多内容。面对21世纪高等教育教学改革,为更好地适应人才培养需要,特别是根据普通高等学校本科工程教育国际认证要求及普通本科高校应用型人才培养要求,造就厚基础、强能力的创新人才,为有针对性地进行教与学的有机组合,提高学习成效,编写了本套规划教材。

本教材编写突出了实用性,力求强化实践应用,既显化重点、剖析难点,又能适应于相关专业及各类人员的需求,尽可能地反映本学科的新知识、新技术,相关技术要求与国家标准和行业标准相吻合,注重理论与实际相结合。

本书由山东农业大学王春堂、孙玉霞主编,王春堂负责全书统稿。本书编写人员及编写分工如下:绪论、第二章、第三章由山东农业大学王春堂、山东农业大学水利勘察设计研究院孙庆磊编写;第一章、第七章由绥化学院孔凡丹、山东省临沂市水利勘测设计院马金宝编写;第四章由山东临沂水利工程总公司马向前编写;第五章、第八章由山东农业大学孙玉霞、山东农业大学水利勘察设计研究院王慧玲编写;第六章、第九章由山东农业大学朱永梅、山东农业大学水利勘察设计研究院潘保存编写;第十章由济南市平阴田山电灌管理处刘向坤编写。

在本书编写过程中得到了有关院校和生产单位的热情协助,在此一并表示感谢。

由于本课程涉及知识面广,限于编者水平和时间紧迫,书中缺点和不足之处在所难免,望广大读者批评指正。

编　者

2016年6月

目 录

绪　论

学习重点

泵的定义、分类，泵站及其分类，我国及国外水泵与泵站的发展。

学习要求

1. 掌握泵的定义，掌握水泵的分类及各类水泵的主要性能特点。
2. 掌握泵站的分类。
3. 了解泵在我国经济建设中的地位与作用，以及泵与泵站的发展。

第一节　泵与泵站的定义及分类

一、泵的定义

泵是把原动机的机械能或其他能源形式的能量传递给所抽送的液体，并使其能量(动能和势能)增加的机械。在泵的作用下，液体能量增加，从而被提升、增压或输送到所需要的地方。用以输送水或给水增加能量的泵称为水泵。

泵的应用范围非常广泛，如可用于农田排灌、城乡供水排水、浆料输运、石油化工、动力工业、采矿和造船工业等。此外，在火箭燃料供给、船舶及水陆两栖战车的推进等方面，也得到了广泛应用。它除可以用来抽水外，还可抽送其他液体，如油、血液、液态氢等，甚至抽送带有固体粒块的浆液，如泥浆、煤浆、灰浆、纸浆等。所以，根据抽送介质不同，泵分为油泵、血泵、热泵、泥浆泵、气泵等。

泵是一种通用机械，种类多、用途广。在工农业生产蓬勃发展、人民生活水平不断提高的现代社会，很难设想哪个城市或哪个部门不用泵。凡是有液体流动的地方，就有泵在工作。正因为有了现代泵及泵站技术，才使得各类产业向大规模、自动化、集约化发展，才形成了现代意义上的大都市及城镇，人们可以很方便地享用清洁的生产用水和生活用水。

二、水泵的分类

水泵按其构造和工作原理的不同，可分为三大类:叶片泵、容积泵和其他类型泵。

(一)叶片泵

叶片泵是依靠泵中叶轮高速旋转把能量传给液体的泵。这种泵的突出标志就是有旋转的叶轮，同时叶轮上有弯曲的叶片，故称为叶片泵。根据叶轮的结构形式及液体从叶轮流出的方向不同，叶片泵可分为离心泵、轴流泵和混流泵。离心泵是利用装有叶片的叶轮高速旋转时产生的惯性离心力来工作的泵，它的特点是高扬程、小流量，是目前应用最广泛的泵型;轴流泵是利用装有叶片的叶轮高速旋转时产生的轴向升力来工作的泵，它的特点是大流量、低扬程，与离心泵刚好相反，在大型调水和排灌工程中广为使用；混流泵是利用装有叶片的叶轮高速旋转时产生的惯性离心力和轴向升力的双重作用来工作的泵，其适用范围介于离心泵和轴流泵之间。

（二）容积泵

容积泵是靠工作室容积的周期性变化来输送液体的泵。在这种泵中，当工作室容积增大时，压力降低，吸入液体；当容积变小时，排出液体。根据工作室容积改变方式，容积泵可分为往复式泵和回转式泵两种。往复式泵是利用柱塞在泵缸内作往复运动来改变工作室容积而输送液体的，常见的往复式泵包括活塞泵（见图0-1）、柱塞泵和隔膜泵等。回转式泵是利用转子作回转运动来改变工作室容积而输送液体的，常见的回转式泵包括齿轮泵（见图0-2）、螺杆泵和滑片泵等。容积泵可有很高的扬程，能满足实践需要。

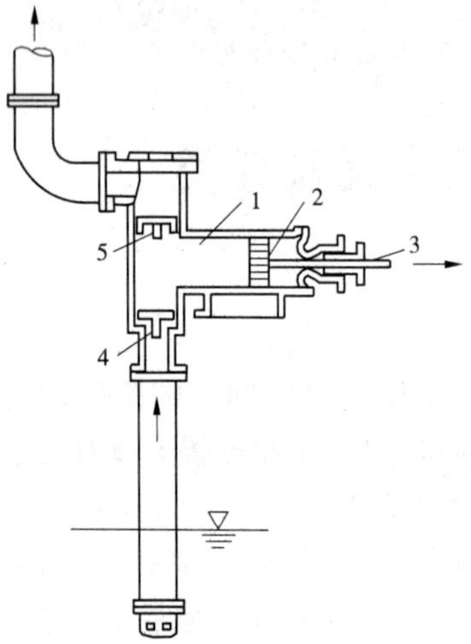

1—泵缸；2—活塞；3—活塞杆；
4—吸入阀；5—排出阀

图0-1　往复式活塞泵构造

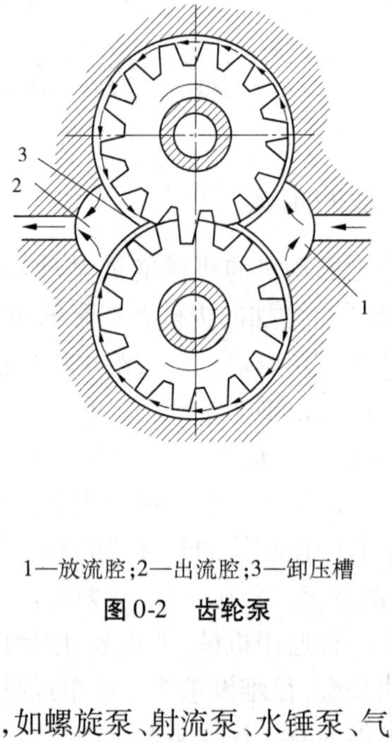

1—放流腔；2—出流腔；3—卸压槽

图0-2　齿轮泵

（三）其他类型泵

除叶片泵和容积泵外的泵，统称为其他类型泵，如螺旋泵、射流泵、水锤泵、气升泵等。其中，螺旋泵是利用螺旋推进的原理来提水的，而其他各类泵多是利用液体能量来输送液体的。

在上述三种类型的泵中，容积泵和其他类型泵只用于特定的场合，远不如叶片泵使用广泛。叶片泵具有效率高、成本低、适用性强等特点，是目前供水、排水、调水广泛采用的主要泵型。

三、泵站

在国民经济各部门中，可以毫不夸张地说，现代社会几乎找不到一个不使用泵的部门或地方。然而，水泵是不能单独工作的，它需要由动力机、传动设备、管道系统和相应的配电系统、相关建筑物等各种辅助设施构成一个完整的系统才能正常工作。我们将这一能够使水泵正常运行的总体工程枢纽称为水泵站,也称泵站。

一般情况下,泵站主要由泵房、进出水建筑物、管道及变电站等组成(见图0-3),以保证水泵等机电设备的正常运行和为管理人员提供良好的工作条件。在泵房内,安装有水泵、传动装置和动力机组成的水泵机组,还有辅助设备和电气设备等。进出水建筑物主要有引水渠、前池、进水池和出水池等。管道工程包括进水管和出水管及管道的附件(包括管件和阀件等)。在泵的作用下,水源的水由进水管(或进水建筑物)进入水泵,经水泵增加能量,再由出水管(或出水建筑物)被送往出水池或管网,从而达到提水或输水的目的。泵站作为取水输水工程的一个重要部分,已在机电排灌、跨流域调水、城乡给水排水、工矿企业供水排水等工农业生产和水利工程建设等各方面得到了广泛应用。

1—进水闸;2—引水渠;3—进水池;4—泵房;5—出水管道;6—出水池;7—输水干渠

图0-3　泵站枢纽示意图

四、泵站类型

根据泵站的特点不同,可将泵站分类如下。

(一)根据泵站的功能分类

(1)供水泵站。功能是供水,包括农田灌溉泵站、工业供水泵站、城镇居民供水泵站等。

(2)排水泵站。功能是排水,将农田、城镇、工矿企业多余的雨水、污水排除,或降低过高的水位,包括农田排水泵站、矿山排水泵站、工业排水泵站等。

(3)加压泵站。在长管道输水的情况下,在中途加压,以克服管道水力损失。如城市给水工程需要加压泵站将水送到管网。

(4)调水泵站。指跨流域调水的泵站,实现沿途的供水、灌溉、排水和航运等。

(5)蓄能泵站。将水从低处(下游)抽送到高处(上游),供用电高峰时发电。这种泵站有时称为抽水蓄能电站。

(二)根据所使用水泵的类型分类

(1)离心泵泵站。工作主泵为离心泵的泵站,多用于高扬程灌溉、加压等。

(2)轴流泵泵站。工作主泵为轴流泵的泵站,多用于低扬程的调水、排水等。

(3)混流泵泵站。工作主泵为混流泵的泵站,多用于扬程变化幅度大、轴流泵站无法满足要求的情况。

(三)根据动力分类

(1)电力泵站。以电动机为动力机的泵站。因电机启动、停机及运行管理等都比较方便,因此近代大中型泵站都是电力泵站。

(2)机动泵站。以煤、汽油、柴油等为燃料的蒸汽机和内燃机为动力机的泵站。由于振动和噪声较大,其使用范围在不断减小,目前主要以移动泵站方式用于应急排水情况。但在日本等台风较多的国家和地区,为防止停电后泵站不能工作,常采用这种泵站。

(3)水轮泵泵站。以水轮泵为动力机的泵站。水轮泵是由水轮机带动水泵抽水的。它可以利用山区溪流、潮汐河道、渠道跌水等的水位差工作,机组结构简单、投资小、运行费用低,在我国西北、东北、福建等地应用较多。

(4)风力泵站。以风车为动力机的泵站。这是一种环保泵站,但从发展经验看,风力泵站应该走提水与发电并举的道路。

(5)太阳能泵站。以太阳能为动力的泵站。这种泵站发展前景广泛,但目前太阳能的利用和储存技术尚没有得到很好解决,加之投资较大,发展速度缓慢。

此外,还有一些特殊的分类形式,如为适应水源水位变化幅度在 10 m 以上时所构建的泵站,可根据水位涨落的速度,分为竖井式泵站、缆车式泵站、浮船式泵站和潜没式泵站等。

第二节 水泵与泵站发展概况

一、我国水泵与泵站的发展

(一)水泵的研制与技术发展

我国提水机具的发展可以追溯到 5 000 年以前的仰韶文化时代,据考证,在半坡遗址出土的尖底带耳陶罐,就是当时人们用于从井或河中汲水的器具。公元前 17 ~ 前 11 世纪商代就制造出了戽斗;公元前 770 ~ 前 476 年春秋时代制造了符合杠杆原理的桔槔,之后又发明了符合绞盘原理的辘轳;公元 25 ~ 220 年东汉时期相继发明了水车、龙骨车、水排;公元 581 ~ 618 年隋朝发明了筒车,在唐朝得到了大力发展。筒车安装在有流水的河边上,因为挖有地槽,被引入地槽的急流推动木叶轮不停转动,将地槽里的水通过竹筒提升到高处,倒入天槽流进农田中。这种靠水力自动的古老筒车,在郁郁葱葱的山涧、溪流间构成了一幅幅远古的田园春色图,为中国古代人民的杰出发明。1276 ~ 1368 年元代开始用畜力带动翻车,筒车也有了高转式,明末制造出了构造比较复杂的斗子水车——八卦水车。这些提水工具和机械的发明与创造促进了农业生产的发展,对世界作出了重要贡献。

我国利用现代机械提水是在 1909 年,当时在江苏武进县进行排水,是我国第一次使用现代水泵;1915 年厚生制造厂生产了我国的第一台水泵(3 马力[1]);1924 年在江苏武进县修建了我国第一座电力泵站,安装了一台口径为 150 mm 的离心泵,由 20 kW 电动机带

---

[1] 1 马力 = 735.499 W。

动,开创了我国现代泵站的先例。

随着水利事业和机械工业的发展,目前我国已建成了具有相当规模的水泵行业。

20 世纪 60 ~ 80 年代,组织有关泵厂进行了许多种泵的联合设计。如 IS(IB)型单级单吸离心泵、S(SH)型双吸离心泵、D(DG)型节段式多级泵、W 型旋涡泵、JC 型深井泵、HW 型混流泵、QJ 型深井潜水泵、BPZ 型喷灌自吸泵等。

改革开放初期,我国从国外引进大量泵技术,引进泵产品的技术比较成熟、性能比较先进,对推动我国泵技术的发展起到了重要作用。

在引进技术的同时,我国自行研制开发了 TSWA 多级离心泵、管道泵、直联离心泵、高楼给水泵、空调泵、潜水排污泵、立式排污泵、潜水轴流泵(混流泵)、多级双吸泵等。关键水泵产品从部分进口到现在基本国产化,如超临界锅炉给水泵(压力 25 ~ 35 MPa),东深供水改造工程、南水北调工程用大型调水泵,矿用大流量高扬程(1 000 m)排水泵等;低比转速泵理论和设计的研究广泛而深入,无过载设计方法得到推广应用,采用长短叶片和短叶片偏置取得良好效果;轴流泵模型达到国外同类模型的先进水平。

现在国内泵企业约 1 000 家,约占世界泵企业 10 000 家的 1/10;国内泵产值 2004 年约 220 亿元人民币,约占世界泵产值 270 亿美元的 1/10。到目前为止,我国水泵产品有 100 多个系列、数千种规格,年生产能力已达 2 500 万台。产品包括离心泵、混流泵、轴流泵、长轴深井泵、潜水电泵、水轮泵等。水泵进出口口径范围从 32 mm 到 6 m;流量从 3 m^3/ h 到 100 m^3/s;扬程从 1.5 m 到 600 m,深井提水泵可达 400 m 以上;单泵配套功率从 0.25 kW 到 8 000 kW。这些大型水泵都是我国自行研制的,在国际上也是少有的。现有水泵基本满足了农业排灌和城乡供水的需要。

我国机电排灌泵站的主要特点是数量大、范围广、类型多,为抵御自然灾害,扩大农田排灌面积,改善城镇和乡村供水方面提供了技术装备。特别是 20 世纪 80 年代以来,按照 ISO 国际标准,研制了一批离心泵、轴流泵和混流泵模型,其性能达到国际先进水平。但在水泵制造工艺方面,我国与国际先进水平尚有一些差距,导致某些水泵部件的寿命和可靠性指标比较低。

(二)泵站工程

“堤防保命、泵站保收”。水利是国民经济的重要基础设施,泵站是水利工程的重要组成部分,是保护和发展粮食生产的关键,特别是大型泵站承担着区域性的除涝、灌溉、调水和供水的重任。

1. 机电排灌泵站

自 1949 年以来,随着我国工农业的迅速发展,各类农田旱涝保收标准的提高,高扬程提水灌区的发展,沿江滨湖渍涝地区的不断改造,地下水的开发利用,大型跨流域调水工程的规划与实施等,我国机电提水排灌事业得到了巨大发展,排灌设备容量及排灌效益都有成百倍的增长。从 1949 年全国机电排灌动力 71 343 kW,受益面积 328 万亩(1 亩 = 1/15 hm^2,下同),到 2004 年,我国已建成大、中、小型固定式泵站 50 余万座,配套机井 418 万眼,各种农用水泵 593 万台,机电排灌动力保有量接近 8 000 万 kW,占全国农用总动力的 1/4 强。机电排灌设施效益总面积 5.6 亿亩,其中提灌面积 4.98 亿亩,约占全国有效灌溉面积 8.385 亿亩的 60%;提排面积 1.89 亿亩,约占全国除涝面积的 70%。此外,还有水轮泵站灌溉面积457亿亩,机电排灌效益面积占全国排灌效益总面积的50%以上。

我国现有180多座大型排灌泵站,装有800余台叶轮直径在1.6 m以上的大型水泵。98%的机组为机泵同轴的传动方式。大型低扬程排水泵站主要分布在湖北、湖南、广东、安徽、江苏和浙江等省的低洼地区。这些泵站多采用肘形进水流道和虹吸式出水流道。大泵口径主要有1.6 m、2.0 m、2.8 m、3.1 m、4.0 m、4.5 m等几种。其中,樊口泵站的水泵口径为4.0 m、单泵流量53.5 m^3/s、额定扬程9.5 m、配套功率6 000 kW,是目前我国单泵容量最大的轴流泵站之一。我国在高扬程提水灌溉和大流量排水泵站方面发展很快。高扬程泵站以甘肃、陕西、山西、宁夏等高原地区为主。1974年建成的甘肃景泰川提水一期工程,共11个梯级,累计净扬程445 m,抽水流量10.6 m^3/s,灌溉面积2万 hm^2,共安装水泵103台,总装机容量6.7万kW,最大单泵容量为2 000 kW。第二期工程1984年开始兴建,设计灌溉面积3.4万 hm^2,共分18梯级,累计净扬程602 m,设计流量18 m^3/s。陕西东雷提灌工程设计流量60 m^3/s,共分8梯级,累计净扬程311 m,总装机容量为120 000 kW。其中,二级泵站水泵额定扬程225 m,单泵容量8 000 kW。

2. 跨流域调水泵站

我国水资源分布不均,基本上呈现南多北少局面。近年来,跨流域调水工程发展迅速。引滦入津工程,从河北大黑汀水库引滦河水,经潮白河、尔王庄、大张庄3级提升后流入天津,全线共建4座大型泵站,总流量50 m^3/s,总装机容量2万kW,每年向天津供水10亿 m^3。

引黄济青工程是我国山东省境内一项将黄河水引向青岛的水利工程(跨流域、远距离的大型调水工程)。它是“七五”期间山东省重点工程之一,也是山东省近几十年以来最大的水利和市政建设工程。黄河水在滨州的引黄济青工程的起点进行沉淀,向东南经过东营、潍坊,最后抵达青岛市境内的棘洪滩水库。工程全长290 km,由山东省滨州市境内打渔张引黄闸引水到青岛市白沙水厂,沿途设4级提水泵站及渠首打渔张扬水沉沙泵站,共设36台机组,总装机容量2.6万kW。截至2009年年底,工程第20次开闸放水,已成功引黄河水25.8亿 m^3,累计向青岛市区供水12亿 m^3。

为解决我国北方缺水问题,跨流域的南水北调工程已经在实施之中。南水北调东线工程已于2002年年底开工,计划把长江水从江苏扬州调往天津和北京。根据东线调水规划,输水线路长1 150 km,总扬程65 m,共设置13个梯级,新建泵站51座,分三期建成。三期共需叶轮直径3 m左右的大型泵约270台,总装机容量52万kW。工程完工后,调水规模将达1 000 m^3/s。江苏宝应泵站是东线工程新建的第一座泵站,一期工程采用4台导叶式混流泵,叶轮直径3.2 m、单机流量33.4 m^3/s、设计扬程7.6 m、转速125 r/min、功率3 400 kW,这是目前国内口径和单机流量最大的导叶式混流泵。

3. 水轮泵站

水轮泵是由我国独自创新设计的泵型,由水轮机和水泵组成,它是利用水力冲动水轮并驱动水泵抽水的提水机械。水轮泵站是我国独特的提水工程,其能量转换率高。由于其结构简单、制造维修方便、运行安全可靠、便于综合利用,而且可以利用山区溪流、潮汐河道、渠道跌水或水库下游的水位差工作,故在落差大于1 m、流量大于0.1 m^3/s 的河流、水库和渠道上均可安装水轮泵提水。按取得集中水头的方式有堤坝站、渠道站、塘库站和潮汐站等多种类型。

在20世纪60年代,水轮泵站工程在我国南方各省发展很快,此后在西北和东北也相继得到发展,最多时全国达10万多台。水轮泵站工程得到了联合国粮食及农业组织的承认,并于1981年在福州召开的国际提水机具会上决定在国际上推广应用水轮泵技术。现在的发展趋势是提水灌溉和水力发电相结合。

青山水轮泵站是我国规模最大的水轮泵站工程,位于湖南省临澧县境内。该工程以灌溉为主,兼顾发电、航运,是目前亚太地区最大的提水泵站。泵站装有DS100－9型水轮泵机组32台、BS100－8型水轮泵机组3台,提水流量15.1 m^3/s,净扬程50 m,设计年提水量1.6亿 m^3。

4.抽水蓄能泵(电)站

抽水蓄能泵(电)站是利用电力系统中多余电能,把高程低的水库(通称下池、下库)内的水抽到高程高的水库(通称上池、上库)内,以位能方式蓄存起来,当系统需要电力时,再从上池放水至下池进行发电的水电站。抽水蓄能泵(电)站在我国得到了较大发展。我国最早建成的抽水蓄能电站是河北省平山县岗南抽水蓄能电站,建于1960年,安装有一台引进的容量为11 MW的抽水蓄能机组,运行多年来,经济效果很好。此后又建成了河北潘家口抽水蓄能电站(90 MW)、北京十三陵抽水蓄能电站(4×200 MW)、浙江天荒坪抽水蓄能电站(6×300 MW)和广东从化县的广州抽水蓄能电站(2 400 MW)。位于广东从化县的抽水蓄能电站,上、下水库建在流溪河支流的召大水和九曲水上,落差为588 m,上、下水库用2 200 m长的压力隧道相连,下厂房内安装4台30万kW的抽水蓄能机组,总装机容量120万kW。该泵站是为大亚湾核电站调峰而建的,是我国第一座百万千瓦以上的大型抽水蓄能机组。

山东省泰安抽水蓄能电站为国家"十五"重点工程,位于山东省泰安市泰山风景区西南麓。该电站为日调节纯抽水蓄能电站,主要担负山东电网的调峰、填谷任务,兼有调频、调相及事故备用等功能。地下厂房布置4台单级混流可逆式水泵水轮发电机组,单机容量25万kW,总装机容量100万kW。年设计发电量13.382亿kWh。它是山东省第一个大型水电工程。截至2009年年底,我国已建成的抽水蓄能电站有24座,装机容量1 564.3万kW。

5.大型潜水电泵站

以往,潜水电泵容量相对较小,多用于工程施工和小面积的灌溉排水。近年来,随着潜水电泵的发展,潜水电泵大型化已可实现。潜水电泵站的主要特点是水工建筑物简单,工程造价低,安装检修方便,机组振动、噪声及电机温升对环境无不良影响。因此,20世纪90年代以来,我国的大型轴流式和混流式潜水电泵发展很快,其口径已从350 mm发展到1 600 mm。单泵流量已超过8 m^3/s。潜水电机的工作电压由380 V增加到6 000 V和10 000 V。这些大型潜水电泵站不仅在国内一些重要工程得到了应用,而且已经开始出口。

此外,矿井排水泵站、城市污水泵站、油田注水泵站、循环泵站等在我国也有较大发展。虽然在泵站的数量和工程规模上,我国已跃居世界前列,但在技术水平、工程标准及经济指标方面与发达国家相比,仍有不小差距。随着机组向大型化、高速化和装置形式多样化方向发展，今后，需要在泵站规划上注重经济综合利用，更加讲求工程的经济效益；在泵站设计和分析方面应注重采用包括 CAD/CFD/FEM（计算机辅助设计/计算流体动力学分析/结构有限元分析）技术在内的新手段；在机组制造及安装方面更加注重材料及工艺对性能的影响。

二、国外泵站发展概况

泵站是水的人工动力来源，作为重要的工程措施，它在水资源的合理调度和管理中起着不可替代的作用。泵站是解决洪涝灾害、干旱缺水、水环境恶化当今三大水资源问题的有效工程措施之一。泵站在防洪、排涝和抗旱减灾、调水，以及工农业用水和城乡居民生活供水等方面发挥着重要作用。同时，泵站对资源和环境无影响，受水源、地形、地质等条件的影响较小，且具有投资省、成本低、工期短、见效快、灵活机动等优点。但是，泵站运行要耗能，设备维护和更新费用高。尽管如此，许多国家还是把泵站工程建设列为优先考虑的重点。尤其是美国、日本、荷兰和苏联等国家，发展速度较快，技术更先进，管理更完善。

（一）美国

美国已建设大型高山调水工程十几处，但就工程规模、调水距离、工程技术和综合效益等来说，加利福尼亚州的北水南调工程最具有代表性。美国西部的北水南调工程经过 12 年的建设，于 1973 年竣工。该工程共有 12 座大型泵站，干线总扬程 1 154 m，装机总功率 178 万 kW，流量 290 m^3/s。利用 99 台水泵将加利福尼亚州北部的水输送到洛杉矶，灌溉沿海的 133 万 hm^2 农田，计划年调水量 52.2 亿 m^3。其中，埃德门斯顿泵站（Edmonston Pumping Plant）是跨越哈查比山的大型泵站工程，选用了 14 台单泵流量为 9 m^3/s、扬程为 587 m、单泵功率为 58 840 kW、叶轮直径为 4.88 m 的 4 级立式离心泵，总设计流量 125 m^3/s。该站有两条管道，每条长 2 560 m，前段管道直径为 3 860 mm，后段管道直径为 4 280 mm。加利福尼亚州调水工程是一项宏大的跨流域调水工程，输水渠道南北绵延千余千米，纵贯加利福尼亚州，其输水能力各渠段不同，最大渠段输水流量达 509 m^3/s，为加利福尼亚州南部经济和社会发展及生态环境的改善提供了充足的水源，使加利福尼亚州成为果树蔬菜等经济作物生产出口基地，并保证了 1 700 多万人的生活和工业等用水。

大古力泵站是美国较早的大型泵站。该站是从哥伦比亚的大古力水库提水至高原上的另一调节水库，安装有 6 台立式混流泵和 6 台抽水蓄能机组。混流泵单泵流量为 45 m^3/s，扬程 94 m，配套电机为 47 807 kW。抽水蓄能机组抽水能力为 48 m^3/s，灌溉季节将抽上的水储蓄在高原水库，用电高峰期再放回大古力水库发电。

（二）日本

日本是一个岛国，国土面积大部分为山地、丘陵，人均拥有的耕地面积较少。为获得土地面积，日本采用了大规模拦海造地的方法，同时兴建了一批排水泵站，以解决易涝地区的排渍问题。近代科学技术和日本传统的水田农业技术结合，日本的灌溉排水设施得到了广泛建设，不断发展提高。日本全国排灌设备的总提水能力为 11 万 m^3/s，其中排水流量为 9 400 m^3/s，提灌流量为 1 600 m^3/s。全日本排灌泵站 7 200 多座，其中中、小型泵站占 93%。如 1973 年建成的新川水系的 25 座泵站群中，只有新川河口是大型泵站。该站有 6 台口径为 4 200 mm 的贯流式轴流泵，扬程为 2.6 m，单泵流量为 40 m^3/s，泵站总容量为 7 800 kW,总排水流量为 240 m^3/s,控制面积为 2.8 万 hm^2,排水受益面积为 2 万 hm^2。

此外,日本还建成了一批大型泵站。如日光川排水泵站,选用 2 台口径为 4 600 mm 的大型轴流泵;大和田排水泵站选用了 2 台口径分别为 3 600 mm 和 2 500 mm 的轴流泵;久御山排水泵站选用了 3 台口径为 3 400 mm 的轴流泵;新井乡川排水泵站选用了 3 台口径为 3 200 mm 的轴流泵;新川泵站选用了 2 台口径为 2 800 mm、1 台口径为 1 800 mm 的轴流泵;三乡排水泵站选用了 3 台口径为 4 600 mm、1 台口径为 3 600 mm、1 台口径为 3 000 mm 的立式蜗壳式混流泵。

(三)荷兰

荷兰是一个地势低洼的国家,全荷兰有 1/3 ~ 1/2 的土地在海平面以下,历史上即以筑堤、排水、围海造田而著称,由于大规模围海造田和部分地区开垦沼泽地等,排水问题特别突出。因此,机电排灌比较发达,特别是低扬程、大流量的泵站工程更多。如 1973 年在北海运河入口处建成的爱茅顿排水泵站,装有 4 台大型贯流式轴流泵,排水能力达 150 m^3/s,单泵流量 37.5 m^3/s,最大扬程为 2.3 m,配套电机为变频调速的异步电动机,电源频率可从 50 Hz 变至 16.5 Hz。

荷兰目前已建成的大型泵站有 600 多座,安装口径 1.2 m 以上的大型水泵机组 2 400 多台(荷兰泵的转速高,其口径 1.2 m 的相当于我国口径 1.8 m 以上的大泵),其泵站的数量和大泵的台数都是我国泵站数量的 3 倍以上。

在水泵设计及装置配套方面,荷兰有世界著名的水力机械专家及实验室,可对水泵装置进行性能测试、水锤计算、模型试验等;在机械方面,可进行振动计算和测量、性能和噪声的监测等。他们还广泛利用计算机进行辅助选型、辅助设计、辅助制造。荷兰研究机构齐全、设施完善,对水泵及其进、出水流道均有比较系统的研究。完美的设计和制造提高了机组的性能指标,增加了泵站运行的安全性和稳定性。

(四)苏联

苏联水资源开发程度较高,水工建设水平堪称世界一流。早在 1972 年,苏联的抽水灌溉面积就已达到 340 万 hm^2,占总灌溉面积的 30%,总装机容量为 180 万 kW。1985 年,发展到 950 万 hm^2,约占总灌溉面积的 45%。其中,乌兹别克斯坦的卡尔申提水灌溉工程从阿姆河取水的流量为 200 m^3/s,已灌溉 35 万 hm^2 农田,总功率达 45 万 kW,6 级提水。

苏联大型泵站的建设除应用于平原地区的农业排灌外,主要用于扬程较高的运河供水及跨流域调水等。如已建成的莫斯科运河上的梯级泵站,以及从北方河流调水 200 亿 ~ 250 亿 m^3 水量输送到伏尔加河流域的北水南调工程。苏联大型水泵(轴流泵)具有转速高、扬程高、流量大等特点,其技术性能指标水平比较先进。

第三节 水泵与泵站的发展趋势

一、向着高转速、高扬程、大容量、运行稳定性强的方向发展

随着水泵汽蚀、材料强度等问题的不断改善,泵的转速有可能进一步向高速化发展。

近几年来,国际上大型水泵发展很快,有的轴流泵直径已达 7 m,潜水泵直径达 1 m。

二、向着"三化"方向发展

为了方便使用、配套,水泵产品的系列化、通用化、标准化是现代工业生产工艺的必然要求。

三、采用复合技术实现泵技术的创新与发展

综观泵技术的发展,许多是采用了复合技术的结果。例如:离心叶轮和旋涡叶轮结合,成为离心旋涡自吸泵;射流喷头和离心泵结合,成为离心射流自吸泵;水泵叶轮和水轮机转轮结合,成为水轮泵;离心泵和活塞隔膜泵结合,构成一种强力自吸泵;诱导轮和离心轮结合,提高了泵的抗汽蚀性能;双吸叶轮和单吸叶轮结合,能解决汽蚀和轴向力平衡问题等。采用复合技术的成功实例不胜枚举,要用好用活复合技术,要求有较宽的知识面,并敢于创新。

四、农业提灌和工业供水相结合

国外泵站提水工程一般是多目标服务,如兼顾工业和城镇生活供水等,这样可以工扶农,促进农业生产的发展。

五、调水工程泵站逐渐增多

随着全球性水资源紧缺的加剧,兴建跨流域、跨地区的调水工程成为全球水利发展的趋势之一,而泵站在调水工程中肩负着不可替代的重要作用。

六、应用范围日益扩大

随着近代工业的迅速发展,除农业灌溉排水和城市给水排水外,泵站正在越来越广泛地应用于石油、煤炭、化工、火电厂等领域。在工程施工中,基坑排水、井点排水、混凝土的拌和和管道输送、水力开挖土方及泥浆输送等都具有广泛的发展前途。

七、工程规模逐渐增大

近年来,除量大、面广的泵站工程外,主要发展动向是"高、大、深",即在高扬程(如锅炉给水、长距离管道输水)、大流量(如大型跨流域调水工程,需要低扬程、大流量泵站)及深井提水方面发展很快。由于工农业生产的需要,大型泵站工程将会逐渐增多。

八、讲究投资效益,注重高效节能

泵站的投资主要包括工程建设及运行管理费用,工程效益主要包括经济效益、环境效益和社会效益等。近年来,不少泵站工程开始重视泵站工程的投入产出,运用系统工程的观点和方法,以及优化理论解决工程投资、运行费用和工程效益之间的关系,从而使泵站的水平明显提高。

过去在泵站工程的能量消耗和运行费用方面考虑较少,致使不少泵站工程长期在低

效工况下运行。前些年,对全国大型泵站,特别是中部四省大型泵站进行了技术改造,取得了丰富的经验。近年来,进一步对全国的中、小型泵站进行了技术改造,尽可能提高泵站效率,减少泵站能耗。

目前,广泛采用试验、计算流体动力学(CFD)和结构有限元(FEM)的手段对水泵和泵站流态与结构特性进行分析,寻找提高效率、减轻振动等的途径。

九、安全性、可靠性要求更高

随着多级泵站提水、抗洪抢险及工业企业工艺流程的需要,对泵站工程的安全可靠性的要求也愈来愈高,一些重要泵站一旦因故障停止工作,不仅会影响工农业生产,而且会给人民群众的生命财产造成很大威胁。所以,对泵站工程安全性、可靠性,以及泵站在反常运行中的各种危害和防护措施已引起人们的普遍关注。

十、自动化水平正在不断提高

随着机组容量的不断增大、泵站工程的安全可靠性和节约能源的要求的不断提高,靠人工手动操作是难以满足要求的。国外已有不少泵站已经实现了自动控制。泵站自动化的主要内容包括巡回检测、自动记录、事故报警和优化控制等。

小　结

泵在国民经济建设中发挥着重要作用。据统计,泵每年消耗的能量约占全国农用能耗的1/4强,是一种应用广泛的机械,各行业都有泵在工作。泵是一种能量的转换机械,它通过工作体的运动把外加能量传递给被抽送的流体,以达到抽送流体的目的。泵的种类很多,希望通过本章的学习,对泵的知识有所了解,为今后学习打下基础。

思考题

1. 什么是泵?什么是水泵?水泵如何分类?叶片泵有何主要的性能特点?
2. 简述泵站的概念。泵站如何分类?
3. 简述泵及泵站的发展。

第一章　水泵的基础知识

学习重点

叶片泵的工作原理、基本构成，各构成的作用、类型、要求，水泵的型号、分类，常见离心泵的结构、性能特点等。

学习要求

1. 掌握离心泵的基本组成，各零部件的作用、要求、类型。
2. 掌握离心泵的工作原理、分类。
3. 掌握轴流泵、混流泵的工作原理、基本构造及分类。
4. 了解水泵型号的含义。

第一节　离心泵的工作原理、基本构造及分类

一、离心泵的工作原理

先来观察以下现象：旋转雨伞，能使伞上的水滴沿着伞边切线方向飞出，旋转的雨伞能把旋转机械能传递给水滴，使水滴能量增加，甩走水滴。洗衣机甩干运行时，能把衣服中的水甩出去，这也是洗衣机滚筒把旋转机械能传递给水滴的结果。可见，旋转的离心力能给水增加能量。

由物理学可知，作圆周运动的物体受到向心力的作用，如果向心力不足或失去向心力，物体由于惯性就会沿圆周的切线方向飞出，形成所谓的离心运动，离心泵就是利用这种惯性离心运动进行工作的。因此，离心泵就是根据上述原理设计出来的。离心泵是利用水泵叶轮的高速旋转产生的惯性离心力甩水，使得水流能量增加，并通过水泵出口流出水泵，再经过出水管输往目的地。这就是离心泵的工作原理。

如图 1-1 所示为离心泵装置示意图，它由叶轮、泵轴、泵壳、进水管和出水管等零件组成。离心泵的工作过程是：在启动之前，应先用水灌满泵壳和进水管，然后驱动电机，使叶轮和叶轮中的水作高速旋转运动，此时，水受到惯性离心力作用被甩出叶轮，经泵壳的流道而流入水泵的出口，再由水泵出口流入出水管道；与此同时，水泵叶轮中心处由于水被甩出而形成真空，进水池中的水在外界大气压作用下，沿进水管流入叶轮进口；由于叶轮的不断旋转，水就源源不断地甩出和吸入，形成连续的工作过程。离心泵的工作过程实际上就是一个能量传递和转换的过程，它把电机高速旋转的机械能转换成水的动能和势能。

在离心泵启动前，如果不灌满水，叶轮只能带动空气旋转，因空气单位体积的质量很小，产生的离心力甚小，无力把泵内和管路中的空气排出，在泵内造不成真空，水就吸不上来，也就谈不上水泵的输水了。

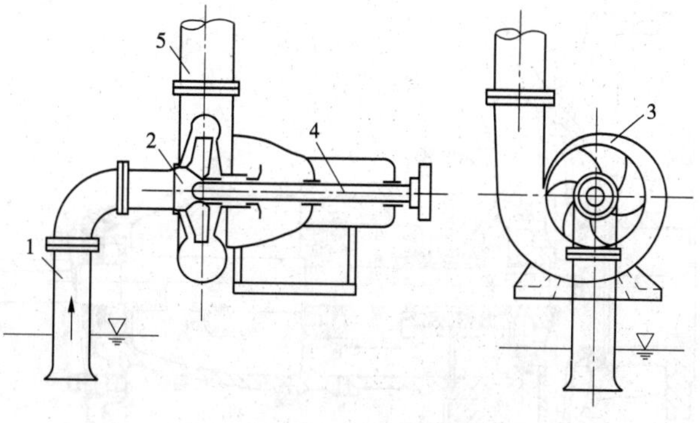

1—进水管;2—叶轮;3—泵壳;4—泵轴;5—出水管

图 1-1　离心泵装置示意图

二、离心泵的基本构造

离心泵主要由叶轮、泵壳等部件构成,如图 1-2 所示。叶轮是泵中起主导作用的部件,上面安装有弯曲形状的叶片,在泵轴的带动下高速旋转,用于给水增加能量并通过惯性离心力将水甩出。泵体是固定不动的部件,它的核心是压水室。压水室的作用是收集叶轮流出的水流,并将水流引向泵的出口。由于压水室常做成蜗牛形状的结构,因此压水室常被称做蜗壳,泵体也称为泵壳。在泵体上正对着叶轮进口的部分是吸水室。吸水室的作用是向叶轮入口提供所需要的水流形态。最简单的吸水室就是直锥管或直管。泵体的进口和出口就是泵的进口和出口,进水管与泵的进口相连接,出水管与泵的出口相连接。

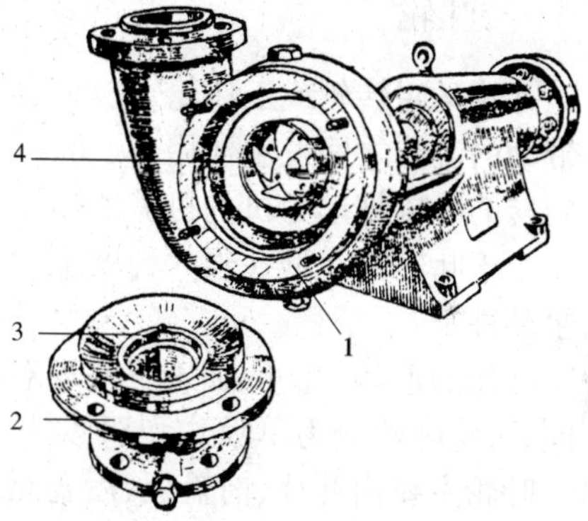

1—泵体;2—泵盖;3—密封环;4—叶轮

图 1-2　单级单吸悬臂式离心泵

除上述主要部件外,在离心泵装置系统中,还包括底阀、控制阀和泵座等。底阀安装于进水管进口,用于在启动前向泵内灌水时,防止水倒流入进水池中,但由于此处水头损失较大,大、中型泵站中都采用其他方法充水。控制阀安装于出水管上,起调节水泵流量的作用。泵座位于泵体底部,用于支承并固定水泵。

第二节　离心泵的主要零部件

离心泵的部件根据其在工作中的状态,大致可分为三大类型:转动部件、固定部件和交接部件。其中,转动部件主要包括叶轮、泵轴和键,固定部件包括泵体、泵盖、轴承体,交接部件包括轴承、轴封装置、密封环、联轴器和轴向力平衡装置,如图 1-3 所示。离心泵主要由叶轮、泵轴、轴承、泵壳、减漏环、轴封等零部件构成。

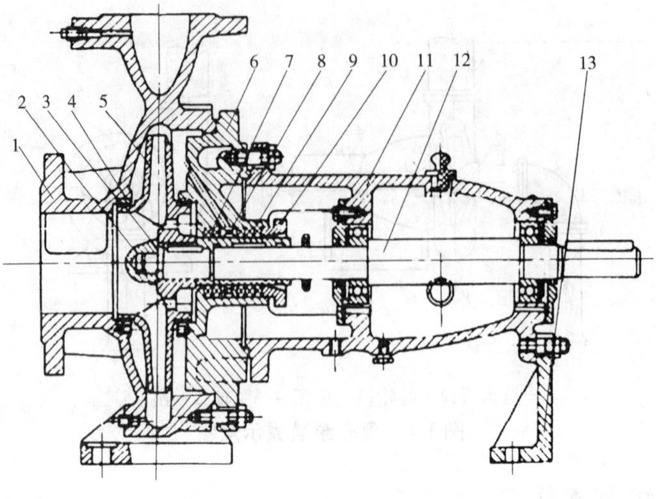

1—泵体;2—叶轮螺母;3—止动垫圈;4—口环;5—叶轮;6—泵盖;7—轴套;
8—水封环;9—填料;10—填料压盖;11—轴承体(悬架);12—泵轴;13—支架

图 1-3　单级单吸离心泵结构

一、叶轮

叶轮又叫转轮或工作轮,是水泵的核心部件。当叶轮被泵轴带动高速旋转时,与被叶片带动的流体之间发生作用,从而将外加的机械能传递给被抽流体。所以,离心泵就是依靠旋转的叶轮把动力机的机械能传给所抽送的水体,使水的能量增加。

由于叶轮的类型在很大程度上决定了整个泵的构造类型和性能,所以它是最重要的水泵部件。

叶轮的形状、尺寸、加工工艺等对水泵的性能有着决定性的影响。根据叶轮吸水方式不同,可将叶轮分为单吸式和双吸式两种。单吸式叶轮单边进水,也就是只有一个进水口。叶轮主要由叶片、前盖板、后盖板、轮毂组成,如图 1-4 所示。其形式有封闭式、半开

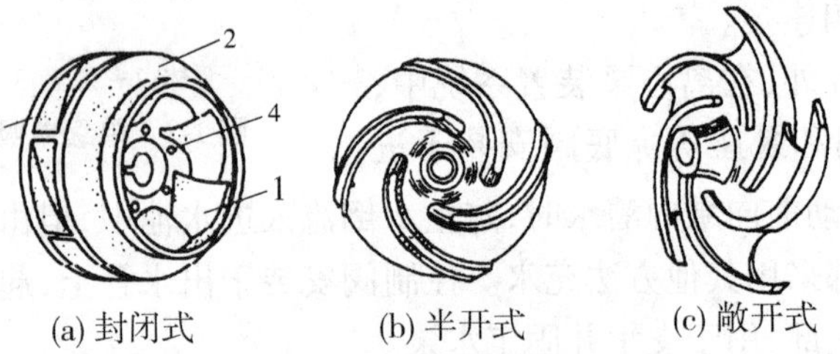

(a) 封闭式　　(b) 半开式　　(c) 敞开式

1—叶片;2—前盖板;3—后盖板;4—平衡孔

图 1-4　单吸式离心泵叶轮的形式

式和敞开式三种。封闭式叶轮的两侧有前盖板和后盖板,用于输送清水,一般有 6 ~ 8 片叶片。多数离心泵采用封闭式叶轮,其工作效率较高。半开式叶轮只有后盖板,没有前盖板,在抽送带有一定固体颗粒的液体时,常采用半开式叶轮。敞开式叶轮无前盖板和后盖板,叶片直接安装在轮毂上。敞开式叶轮的效率较低,但液体的通过能力强,多用于抽送浆粒状液体或污水。

叶轮的形状和尺寸是通过水力计算来确定的。叶轮的材料必须具有足够的机械强度

和耐磨、耐腐蚀性能，多采用铸铁、铸钢、不锈钢和青铜等制成。叶轮内外加工表面要具有一定的光洁度，铸件不能有砂眼、孔洞，否则会降低水泵的效率和叶轮的使用寿命。

单吸式离心泵运行时，在叶轮前后盖板外侧与泵体的间隙中充满了从叶轮中排出的具有一定压力的液体，由于叶轮形状不对称，加上前盖板进水口处水压力较低（水体处于真空状态），所以导致作用在叶轮两侧的水压力不相等，产生了一个指向叶轮进水口方向的力——轴向力，如图 1-5 所示。轴向力与泵的流量、压力等因素有关，此力会使叶轮和轴向力发生向进水口方向的窜动，会引起叶轮与泵体发生摩擦，造成零件损坏。所以，须设法平衡或消除此轴向力，单级单吸离心泵常用的平衡方法是在靠近轮毂处的后盖板上均匀地开几个平衡孔，并在相应位置的泵盖上加装密封环，如图 1-6 所示。此环的直径可与叶轮入口处密封环的直径相等。这样，压力水经过泵盖上密封环的间隙，再经平衡孔，与吸入口相通，其压力与吸入口处压力相近，使叶轮两侧的压力大小大致平衡，从而减小了轴向力。这种方法构造简单，但开了平衡孔以后，有回流损失，水泵的效率有所降低，故适用于小型单级单吸离心泵。此外，单级单吸离心泵还可采用具有平衡筋板的叶轮来平衡轴向力。在叶轮后盖板上加 4 ~ 6 条径向的平衡筋板，当叶轮旋转时，筋板强迫叶轮后面的液流加快转动，从而使叶轮背面靠近泵轴附近的区域压力显著下降，达到减小或平衡轴向力的目的。另外，平衡筋板还能减小轴端密封处的水压力，并可防止杂质进入轴端密封，所以平衡筋板常被用在输送杂质的泵上。

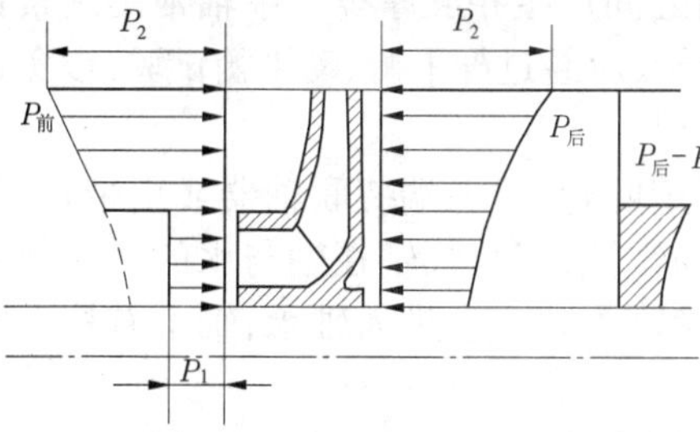

$P_{前}$—叶轮进水侧压力；$P_{后}$—叶轮出水侧压力

图 1-5　叶轮前后两侧压力分布

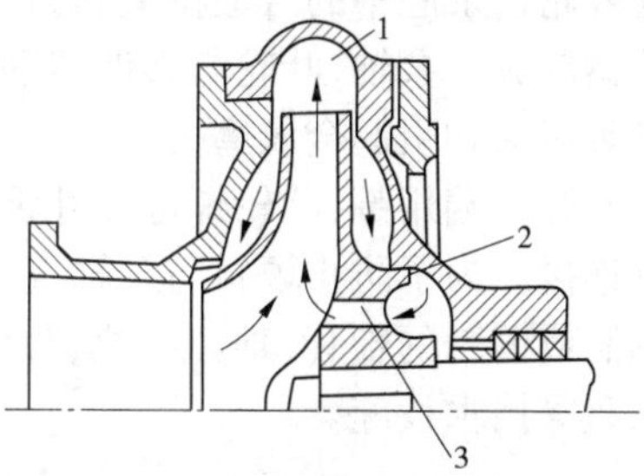

1—排出压力；2—加装的减漏环；3—平衡孔

图 1-6　平衡孔示意

对于分段式多级离心泵，其轴向力随着叶轮级数的增加而线性增大。为了消除轴向力，往往在末级叶轮后面的泵轴上装有用于平衡轴向力的平衡盘或平衡毂。平衡盘的结构如图 1-7 所示。平衡盘用键固定在泵轴上，随轴一起转动。最后一级叶轮出口的部分高压水经间隙 3 进入空室 4，再经间隙 5 进入减压空室 7，最后经水管 9 流回第一级叶轮入口。由于平衡盘后与进水侧相通，所以盘后的水压与叶轮入口处水压基本相等，这样使轴向推力自然得到了平衡。

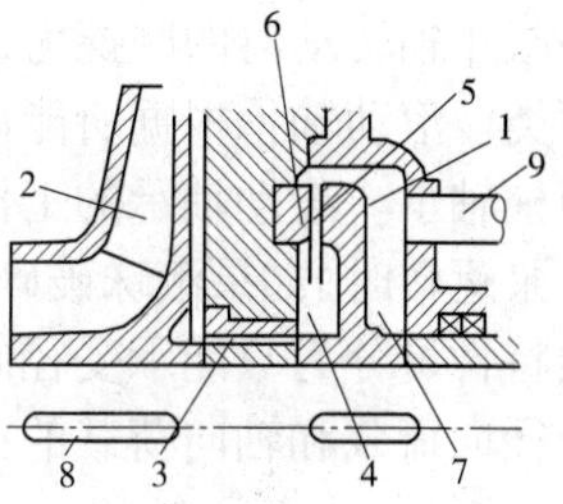

1—平衡盘；2—末级叶轮；
3、5—间隙；4—空室；6—防磨环；
7—减压空室；8—键；
9—接首级叶轮入口的水管

图 1-7　平衡盘结构

双吸式叶轮两侧同时进水，其形状是对称的，好像由两个单吸式叶轮背靠背地组合而成，如图 1-8 所示。双吸式叶轮在同样叶轮外径情况下，流量可较单吸式叶轮增大一倍，同时轴向力可自行平衡。所以，大、中型离心泵多采用这种结构形式。

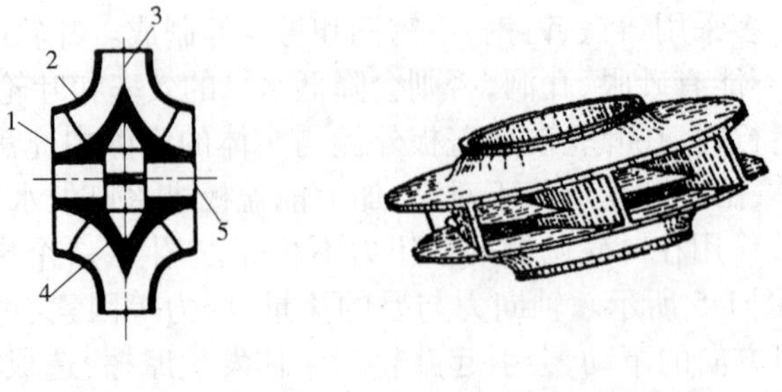

1—吸入口;2—盖板;3—叶片;4—轮毂;5—轴孔

图 1-8　双吸式离心泵叶轮

叶轮旋转时,由于叶片表面流体质点的圆周速度随半径的增加而增加,因此叶片表面的流体质点在逐步增大的惯性离心力作用下,基本上沿着径向流过叶轮,并被甩向叶轮出口,从而使流体获得动能和压能。所以,通常将这种水泵称为径流式水泵或离心式水泵(简称离心泵)。

二、泵轴

泵轴是支承和连接叶轮的部件,并带动叶轮旋转,将外加能量传递到叶轮上去。同时,承受叶轮上传来的力。它的材料要求有足够的抗扭强度和刚度,不允许产生变形,以保证叶轮在泵腔中的合适位置,防止叶轮与泵站之间产生相互摩擦。泵轴常用碳素钢和不锈钢制成。泵轴、叶轮与其他转动部分合称转子,应经过静平衡、动平衡试验,以免运转时导致振动和引起金属磨损。

泵轴一端用键、叶轮螺母和外舌止退垫圈固定叶轮,另一端装联轴器或皮带轮,与动力机连接。为了防止填料与泵轴直接摩擦及轴的锈蚀,多数泵轴在轴与水的接触部分装有钢制或铜制的轴套,轴套锈蚀、磨损后可以更换。为防止水进入轴承,轴上有挡水圈或防水盘等挡水设施。

三、轴承及轴承座

轴承是支承转动部件(转子)的部件,承受泵的重量及泵运行时的轴向力和径向力,并减小轴转动时的摩擦力,以提高能量的传递效率。常用的轴承有滚动轴承与滑动轴承两类。滚动轴承根据所能承受的荷载大小可分为滚珠轴承和滚柱轴承,荷载较大时采用滚柱轴承。滚动轴承的工作性能较好,但是当滚珠的圆周速度增高时,工作性能变坏。当水泵运转时,如果滚珠破碎,水泵转子也会损坏,故只能适用于荷载较小的场合。根据荷载特性可分为只能承受径向荷载的径向轴承、只能承受轴向荷载的止推轴承,以及同时承受径向荷载和轴向荷载的径向止推轴承,如图 1-9、图 1-10 所示。通常,我国制造的单级离心泵,泵轴直径在 60 mm 以下的采用滚动轴承,泵轴直径在 75 mm 以上的采用滑动轴承。

图 1-9 所示是单列向心球轴承,是一种滚动轴承,属于径向轴承。它由外圈、内圈、滚动体和保持架组成。内圈装在轴颈上,与轴一起旋转。外圈上有滚道,当内外圈相对旋转时,滚动体将沿着滚道滚动。保持架的作用是把滚动体均匀地隔开。单列向心球轴承除承受径向荷载外,也可承受较小的轴向荷载。轴承用稀油或干油润滑。轴承温升一般不得超过周围环境温度 35 ℃。图 1-10 所示是止推轴承,止推轴承的上环和下环分别与转

轴和静止部分相连接。止推轴承只能承受轴向力。

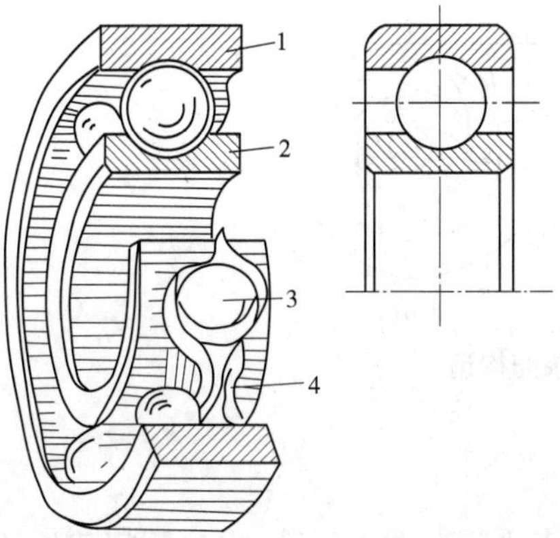

1—外圈;2—内圈;3—滚动体;4—保持架

图 1-9　单列向心球轴承

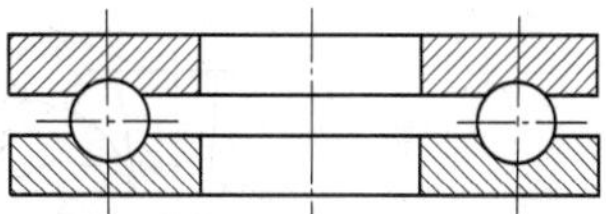

(a)单列滚珠止推轴承

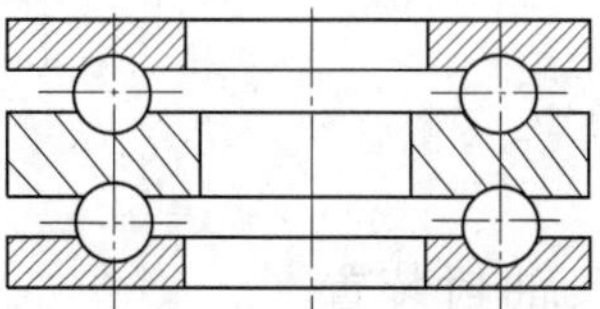

(b)双列滚珠止推轴承

图 1-10　止推轴承

轴承安装于轴承座内,而轴承座位于轴承体上,轴承体一般有一密闭油箱,箱的两端为轴承座,箱中充以机油,油面为箱深的 1/3 ~ 1/2,用以润滑轴承,箱上设有油孔盖和油杯孔,下部有放油孔,两轴承的外端有轴承端盖,以防机油外漏。图 1-11 所示为轴承座构造,它采用双列滚珠轴承。图中 6 为冷却水套,一般在轴承发热量较大、采用空气冷却不足以将热量散逸时,可采用这种冷却水套的形式来冷却,水套上要另接冷却水管。

四、泵壳

泵壳是形成包容和输送液体的外壳总称,它由泵盖和泵体组成,如图 1-12 所示。泵体包括泵的吸入室、压水室。泵的吸入室又称为进水室,是离心泵进口与叶轮进口前的空间,为一段渐缩的锥形管(其角度一般为 7° ~ 8°),它的作用是使叶轮进口前有较均匀的流速分布,将水以最小的损失均匀地引向叶轮;泵的压水室为叶轮出口与水泵出口之间的空间,蜗壳形流道断面沿着流出方向不断增大,它具有汇流、导流和保持蜗壳内流体速度基本不变的作用,以减少由于流速变化而产生的能量损失;泵体的出水流道为一段扩散的锥形管(其角度一般为 8° ~ 12°),流体随着断面的增大,速度逐渐减小,压力逐渐增加,将部分动能转化为压能,以降低液体在流动过程中的能量损失;在泵体顶部设有放气孔(注水孔),以便在水泵启动前用来抽真空或灌水;在泵体底部设有排水孔,当泵停止使用时,泵内的水由此放空,以防锈蚀和冬季冻胀破坏。泵体和泵盖一般用铸铁或铸钢等材料制成,把所有固定部分连成一体,水泵泵壳与其他固定部分合称定子。

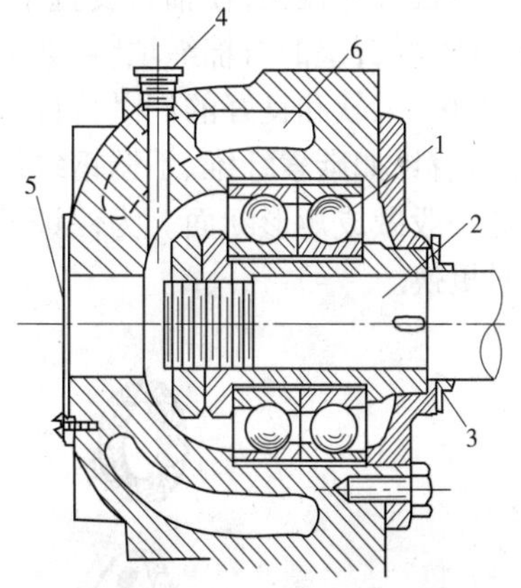

1—双列滚珠轴承;2—泵轴;3—阻漏油橡皮圈;
4—油杯孔;5—封板;6—冷却水套

图 1-11　轴承座构造

另外,在吸水口法兰上设有安装真空表的螺孔,在泵体出水法兰上设有安装压力表的螺孔。

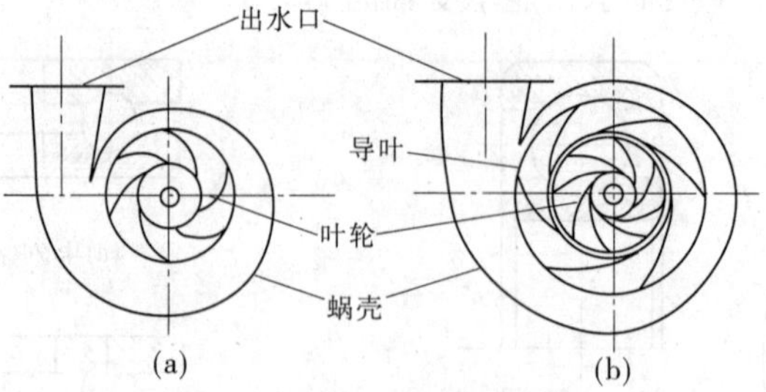

图 1-12　离心泵泵壳构造

五、轴封装置

单吸式离心泵泵轴穿出泵壳处，在泵轴与泵壳之间存在着间隙，出口侧间隙处的压力大于大气压，如果不对此间隙作密封处理，则会使泵壳内高压水通过此间隙大量流出；对于双吸式离心泵，由于泵轴穿出泵壳处与叶轮进口相连，一般运行情况下，水体处于真空状态，低于大气压力，大气会从此处压入泵内，因此必须设轴封装置。

目前，使用最多的轴封装置是填料密封和机械密封。

（一）填料密封

填料密封是最常用的一种轴封装置，在离心泵中应用广泛，它的形式很多，图 1-13 所示是较为常见的压盖型轴封装置，它由底衬环、填料、水封环、水封管和填料压盖等零件组成。填料又称盘根，在轴封装置中起着阻水或阻气的作用。填料的种类较多，常用的填料是浸油、浸石墨的石棉绳填料，它由石墨浸渍过的石棉线或铜丝石棉线编结而成，具有耐磨、耐热、柔软和良好的润滑特性。随着工业的发展，出现了各种耐高温、耐磨损、耐强腐蚀的填料，如碳素纤维、不锈钢纤维、合成树脂纤维编织的填料等。为了提高密封效果，填料绳一般做成矩形断面。为保证填料密封有良好的工作状态，对已磨损或硬化的填料，应及时更换。

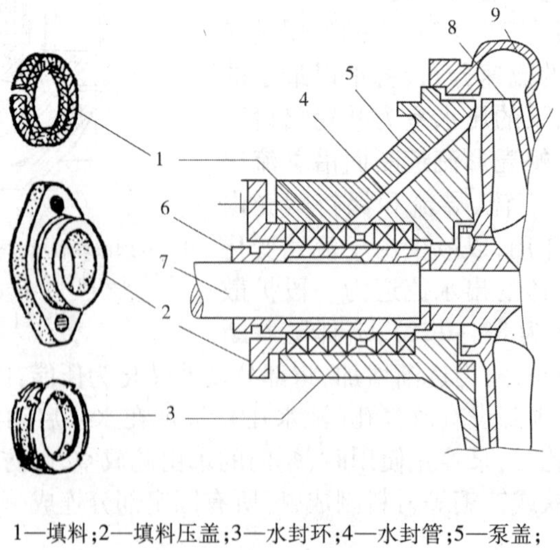

1—填料；2—填料压盖；3—水封环；4—水封管；5—泵盖；
6—轴套；7—泵轴；8—叶轮；9—泵壳

图 1-13　离心泵填料函结构示意图

填料用压盖压紧,填料的压紧程度用压盖上的螺母来调节。如果压得过紧,填料与轴套的摩擦力增大,机械损失过大,机械效率降低,甚至造成“抱轴”现象,缩短填料和轴套的使用寿命,严重时会发热、冒烟,甚至会烧毁填料;如果压得过松,漏水量增大,容积效率降低,使泵的运行效率下降,或降低吸水性能,达不到密封效果。因此,填料应压得松紧适宜,一般以每分钟30~60滴水从轴封装置漏出为宜(对于抽送污水或带有腐蚀的液体,不能选用这种轴封装置)。

水封环是一个中间凹下外周凸起的圆环,环上开有若干个小孔,如图1-14所示。水封环对准水封管出口。水泵运行时,泵内高压水(或外接清洁水)通过水封管进入水封环,经水封环中的小孔流入轴和填料之间的间隙,进行水封,同时起冷却、润滑作用。该环磨损后可以更换。密封环应采用耐磨材料,通常由青铜或碳钢制成。

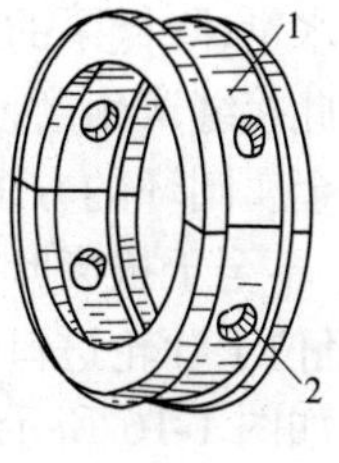

1—环圈空间;2—水孔

图1-14　水封环

填料密封构造简单、运行可靠、成本低、拆装方便,但填料的寿命较短,密封性能差,对于有毒、有腐蚀性及贵重的液体,不能保证不泄露。例如,热电厂的锅炉给水泵、输送高压高温水的循环泵,若泵轴的转速较高,填料密封使水泵很难正常运行。

(二)机械密封

机械密封又称端面密封,其基本元件与工作原理如图1-15所示,主要由动环(随泵轴一起旋转)、静环(固定在泵体上)、压紧元件(弹簧)和密封元件(密封胶圈)等组成。动环光洁的端面靠弹簧和水的压力紧密贴合在静环光洁端面上,在两环端面上产生一定的压差,保持一层极薄的液膜,而形成径向密封,同时由密封胶圈完成轴向密封。动环与轴之间的间隙由动环密封圈密封,静环与压盖之间的间隙由静环密封圈密封,这样就构成了三道密封,封堵了密封腔内液体向外泄露的所有可能路径,密封元件还与弹簧共同起到缓冲补偿的作用,以免泵在运行中轴的振动直接传递到密封端面上,防止由于密封端面不能紧密贴合而造成的渗漏量增加,避免过大的轴向荷载使密封端面的严重磨损所导致的密封失效,确保密封元件正常工作。机械密封结构紧凑,机械摩擦小,密封性能可靠,但其制造工艺要求较高。其广泛用于抽送污水、带有腐蚀性的液体等密封要求较高的场合,在某些潜水电泵和喷灌自吸泵中也有所采用。

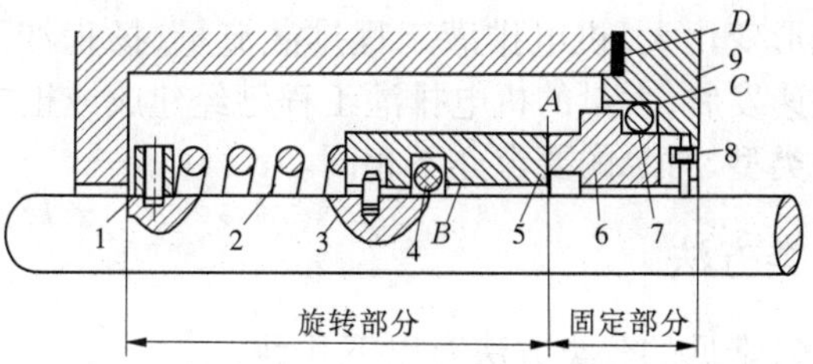

1—弹簧座;2—弹簧;3—传动销;4—动环密封圈;5—动环;6—静环;7—静环密封圈;
8—防转销;9—压盖;*A*—动环与静环之间的密封面;*B*—动环与轴之间的密封面;
C—静环与压盖之间的密封面;*D*—压盖与泵站体之间的密封面

图1-15　机械密封结构示意图

六、密封环

离心泵叶轮进口的外缘与泵壳内壁之间存在一个转动接缝,为具有相对运动的部位。所以,要求叶轮和泵壳之间不能有任何接触,以防止产生摩擦,为此缝隙宽一些较好。但是,此接缝的一侧为低压区(泵及叶轮进口区),另一侧为高压区,所以它正是高低压区的交界面,若此间隙过大,从叶轮中流出的高压水就会通过该间隙漏回到叶轮的进口,以致减少泵的出水量,降低泵的效率,为此此间隙小一些为好。因此,为了尽可能地减少漏水量,又尽量不使此接缝产生磨损,必须要保证间隙大小适当。实践中,一般以在泵体、泵盖和叶轮上镶嵌一金属圆环的方法来满足,接缝间隙一般控制为0.1~0.5 mm。此环磨损后,可以修复或更换,不至于报废叶轮和泵壳。由于该圆环既可减少漏水量,又能承受叶轮与泵壳间的磨损,且位于叶轮进口外缘,故称其为密封环,又称为减漏环、承磨环或口环。

如图1-16所示,口环根据安装位置不同,分为泵壳环(固定在泵壳上)和叶轮环(固定在叶轮上)两种;根据数目多少,可分为单环型(在泵壳上或叶轮上安装有一个环)和双环型(安装有两个环)两种;根据止漏面形式不同,分为端面式、平直式、直角式和迷宫式。端面式主要依靠轴向间隙密封;平直式主要依靠径向间隙密封;直角式依靠轴向间隙和径向间隙密封;迷宫式依靠曲折形接缝面延长渗径、增大泄漏阻力、减少泄漏量,但结构复杂、制造和安装要求精度高。

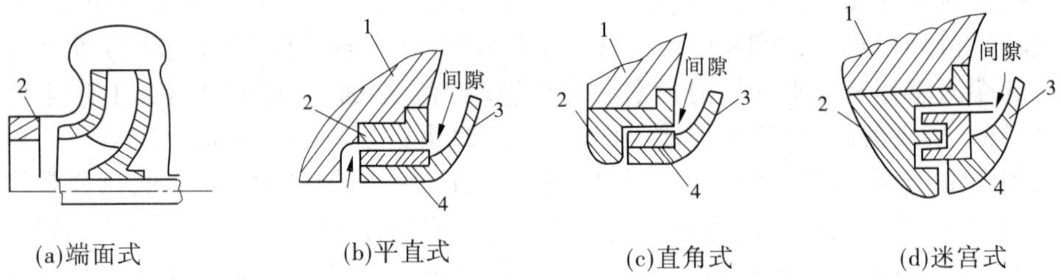

1—泵壳; 2—泵壳环;3—叶轮 ;4—叶轮环

图1-16 密封环

第三节 常见离心泵简介

我国幅员辽阔,地形变化大,机电排灌工程排灌流量、扬程涉及范围广,适用的泵型多,随着国民经济的快速发展,大量的机电排灌工程已经建成或正在建设、规划中,就工程来说,有大、中、小各种类型,对泵的要求亦不相同。

一、离心泵的分类方法

离心泵的种类很多,常见的分类方法有以下几种。

(一)按叶轮吸入方式分类

离心泵按叶轮吸入方式分为单吸式离心泵和双吸式离心泵。

(1)单吸式离心泵:叶轮只有一侧有吸入口,液体从叶轮的一面进入叶轮。

(2)双吸式离心泵:叶轮两侧都有吸入口,液体从叶轮的两面进入叶轮。

（二）按叶轮级数分类

离心泵按叶轮级数分为单级泵和多级泵。

（1）单级泵：在泵轴上只有一级叶轮。

（2）多级泵：在泵轴上装有两级或两级以上的叶轮，这时泵的总扬程为各级叶轮产生的扬程之和。

（三）按泵轴安装方向分类

离心泵按泵轴安装方向分为卧式泵和立式泵。

（1）卧式泵：泵轴位于水平位置。

（2）立式泵：泵轴位于垂直位置。

（四）按泵体剖分形式分类

离心泵按泵体剖分形式（即泵壳结合缝形式）分为轴向剖分式泵、径向剖分式泵。

（1）轴向剖分式泵：指泵体的剖分面平行于泵轴方向，若剖分通过泵轴线且为水平面，称为水平中开式泵。多数双吸泵采用水平中开式。

（2）径向剖分式泵：指泵体的剖分面垂直于泵轴方向，即与叶轮直径或泵轴直径方向平行。多数单吸泵采用径向剖分形式。

二、常用的几种离心泵

（一）单级单吸离心泵

单级单吸离心泵是离心泵中最为简单的一种。所谓单级，是指泵内只有一级叶轮；所谓单吸，是指水从叶轮一侧吸入。这种泵一般流量较小，多属于小型泵，构造特点是叶轮固定在转轴的一端，支承其重量的轴承位于轴的另一端，受力犹如悬臂梁，故又称悬臂式离心泵。泵的转动部分包括叶轮、泵轴、轴承、联轴器等，固定部分包括泵体、轴承支架、泵的进口和出口等。这种泵常为卧式，它的结构如图1-3所示。

目前，IS型泵是生产量最大、使用最广泛的单级单吸离心泵。IS型泵共有29个品种51个规格，其适用范围是：流量3.6～400 m^3/h，扬程5～125 m，泵进口直径50～200 mm，配套电动机功率0.55～110 kW，转速有1 450 r/min和2 900 r/min两种。

（二）单级双吸离心泵

对于流量较大的离心泵，常采用双吸式叶轮，采用双吸式叶轮的泵即为双吸式水泵，双吸泵一般为单级叶轮，绝大多数情况下为卧式布置，图1-17所示为Sh型（卧式）单级双吸离心泵的构造图。其主要零件与单级单吸离心泵基本相似，由叶轮、泵壳、泵轴、轴承、密封环及填料函等组成。双吸泵具有如下一些显著特点：第一，水从叶轮的左右两侧流入叶轮，好像两个相同的单吸叶轮背靠背地连接在一起，从叶轮流出的水流汇入一个蜗壳中，即它相当于两个相同直径的单吸叶轮同时工作，在同样叶轮外径情况下流量可增大一倍。所以，双吸泵的流量较大。第二，由于叶轮结构对称，叶轮的轴向力基本达到平衡，从此意义上说运行比较平稳，而且改善了水泵的吸水性能。第三，双吸泵泵壳是水平中开式的，检修时不需拆卸电动机及管路，只要揭开泵盖即可，因此检查和维修方便。第四，水泵的进水和出水均在同一方向上，而且垂直于泵轴，这有利于水泵和进、出水管的布置与安装。第五，水泵转子由两端的轴承支承，对轴有较高的抗弯、抗拉强度要求，否则因轴挠度大，运行时易发生振动，甚至烧坏轴承和造成断轴事故。

双吸泵叶轮用键、轴套和两侧的轴套螺母固定，叶轮的轴向位置可通过轴套螺母来调

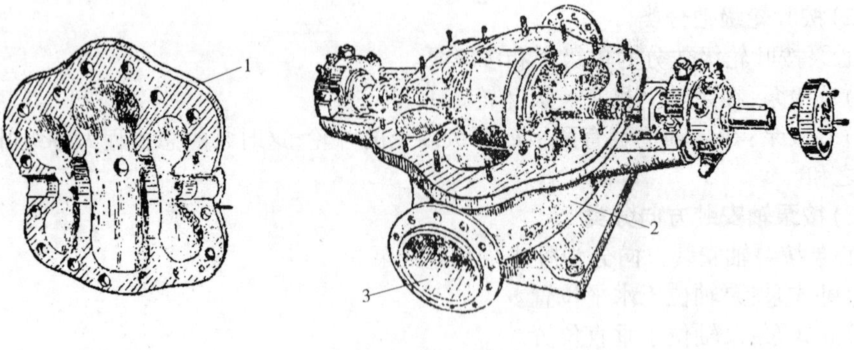

1—泵盖;2—泵体;3—吸入口

图 1-17　双吸卧式离心泵

整。泵体与泵盖共同构成半螺旋形吸水室和蜗形压水室,由铸铁制成。水从进口流入后,沿半螺旋形吸水室从两侧进入叶轮。泵壳内壁与叶轮进口外缘配合处装有两支密封环。在泵轴穿出泵壳的地方分别设有轴封装置,压力水通过泵盖上的水封管或泵盖中开面上的水封槽流入填料周围,起水封、冷却和润滑的作用。泵轴两端由装在轴承体内的轴承支承。双吸泵从进水口方向看,在轴的右端安装联轴器,根据需要也可在左端安装联轴器,如图 1-18 所示。

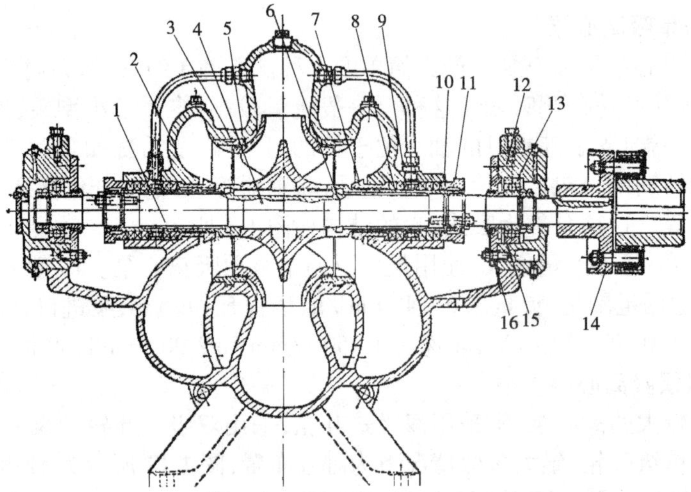

1—泵体;2—泵盖;3—叶轮;4—泵轴;5—密封环;6—轴套;7—填料套;8—填料;
9—水封环;10—填料压盖;11—轴承螺母;12—轴承体;13—滚珠轴承;
14—联轴器;15—轴承挡套;16—轴承端盖

图 1-18　单级双吸卧式离心泵结构

双吸泵目前有 Sh、S、SA 几个系列。Sh 型泵由于采用的轴承不同又可分为甲式和乙式两种。对轴承处的轴径等于小于 60 mm 的,采用滚珠轴承,称为甲式;轴径大于 60 mm 的,采用巴氏合金滑动轴承,称为乙式。但目前有些厂家将乙式泵也改为滚动轴承。Sh 型泵可用来抽送不含固体颗粒及温度不超过 80 ℃的清水或物理化学性质类似清水的其他液体,性能范围是:流量 126 ~ 12 500 m^3/h,扬程 9 ~ 140 m。由于其适用范围广,运行平稳,安装、维修方便,所以广泛用于大、中型泵站中,如大面积的农田灌溉、排水和城镇供水,在黄河沿线的泵站中使用最为广泛。S、SA 型双吸泵在结构上对 Sh 型双吸泵作了适当的改进,使其标准化程度进一步提高。此外,还有 SLA 型立式双吸泵,它将 SA 型泵的泵轴改为立式安装,并增加止推轴承以承受轴向力。我国制造的中小型双吸式离心泵一律采用蜗壳式。另外,泵盖顶部设有安装抽气管的螺孔,泵体下部设有放水用的螺孔。

目前,由于工程实践的需要,相关单位研制了多级双吸泵,具有扬程更高、流量更大、效率较高等特点。此外,有些泵叶轮采用错位设计,两边各 6 ~ 8 片叶片相互交错并倾斜,低脉冲,压力波动小,对称流道,无轴向力,性能更加稳定可靠,如图 1-19 所示。泵轴采用双轴伸,可以从任一端驱动,根据场地条件,可由用户确定;或者因现场原因临时修改导致转向改变无须回厂重装,仅需变更联轴器位置即可,如图 1-20 所示。单级双吸式离心泵是用先进的流体力学计算方法、计算机辅助设计方法开发出的新一代泵类产品。

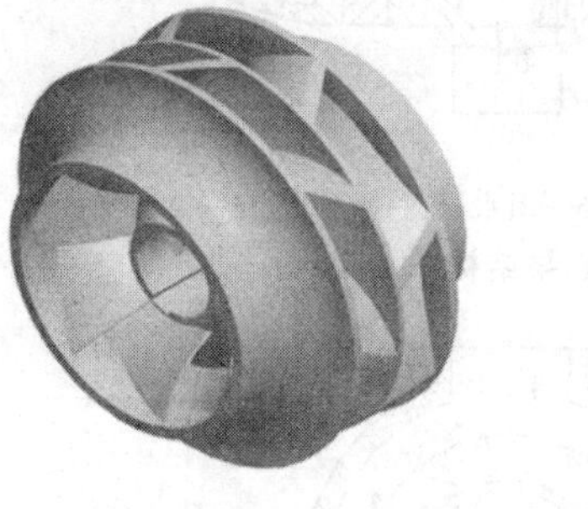

图 1-19　叶片交错倾斜布置的双吸叶轮

图 1-20　双轴伸式转子

单级双吸式离心泵具有流量较大、扬程较高、范围宽广、安装检修方便、运转比较平稳、效率高的特点,在灌溉工程和给水工程中应用极为广泛。

(三)多级离心泵

多级离心泵按其泵壳连接方式不同分为节段式(各节泵壳沿端面分开)和中开式(泵壳分两部分,沿轴面分开)两种。

节段式多级离心泵结构如图 1-21 所示,多级离心泵将多个叶轮安装在一根轴上串联工作,泵轴上的叶轮数目代表水泵的级数。这种泵的泵体是分段式的,由一个进水段(进水部分)、一个出水段(出水部分)和中段(叶轮部分,中段数为叶轮个数减 1)组成,各段用长螺杆(穿杠)连接成为一个整体。泵的吸水口位于进水段上呈水平方向,出水口在出水段上呈垂直方向,泵的叶轮都是单吸式的,吸入口朝同一方向排列,水从前一级叶轮流出,经过中间导流器流入下一级叶轮,使能量逐级增加,最后经出水段流出。导流器的构造是一个铸有导叶的圆环,安装时用螺母固定在泵壳上,如图 1-22 所示,给出了导叶及出水段的结构。通常,把这种带导流器的多级泵称为导叶式多级泵。

节段式多级离心泵的特点是流量小、扬程高,如果每一级叶轮的扬程为 H_i,则 n 级泵的总扬程为 $H=nH_i$。所以,当叶轮级数较多时,会产生较大的轴向力,同时其构造较复杂,拆装较困难。

在进水段和出水段的端部装有填料密封、机械密封或浮环式密封,在密封腔内通有一定压力的水,起水封、水冷和水润滑作用。在轴的两端装有滚动轴承,黄油润滑。每个叶轮前后均装有密封环。由于扬程高,产生的轴向推力大,这种类型的泵都装有平衡盘或其他轴向力平衡装置,如图 1-7 所示。

常用的节段式多级泵主要有 D 型和 DG 型两种。D 型泵为卧式安装,进口水平,出口

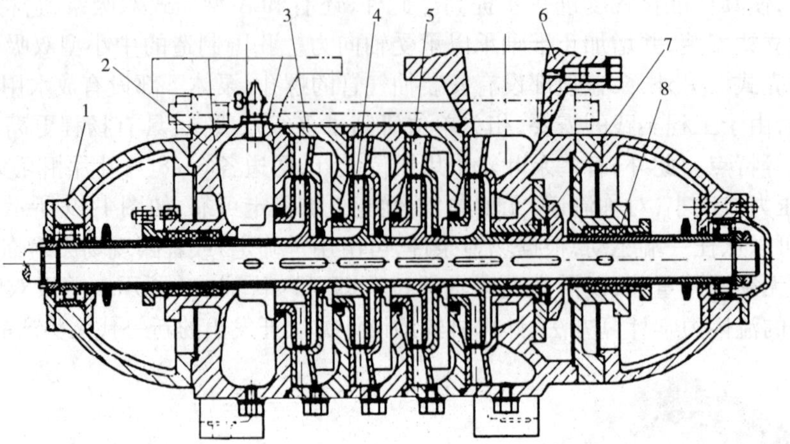

1—轴承部件;2—进水段;3—中段;4—叶轮;5—导叶;6—出水段;7—平衡盘;8—密封部件

图 1-21　节段式多级离心泵结构

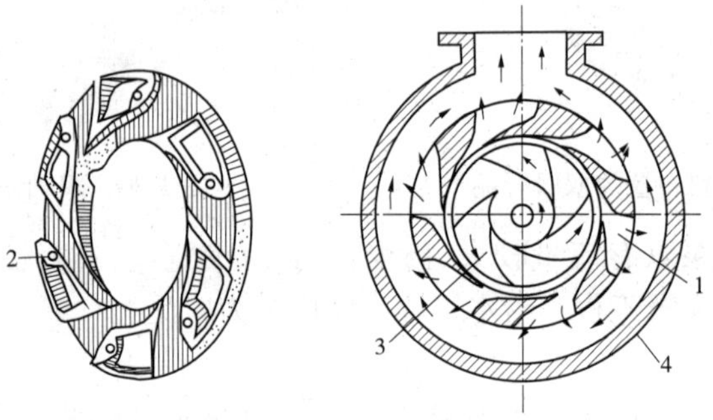

(a)导叶　　(b)出水段

1—导叶流道;2—导叶体;3—叶轮流道;4—泵体

图 1-22　节段式多级离心泵的导叶及出水段

垂直向上。D 型泵用来输送不含固体颗粒、温度低于 80 ℃的清水或物理化学性质类似清水的液体,适用于山区和高原地区的灌溉工程及矿山、工厂和城市给水排水。这类泵的性能范围是:流量 6.25 ~ 450 m^3/h,扬程 25 ~ 650 m,个别品种,如 D 型油田注水泵,扬程高达 1 660 m。而 DG 型泵虽也为卧式安装,但进口和出口均为垂直向上,适用的介质温度可达 105 ℃,其他特性与 D 型泵相同。

中开式多级离心泵多为卧式布置,因此常称为水平中开式多级离心泵,有时还称为蜗壳式多级泵。泵壳分为上、下两半,可沿通过转轴的水平面拆开,以便检修。

常见的水平中开式多级离心泵为 DK 型,如图 1-23 所示。它由多级单吸式叶轮串接在同一条轴组合而成,但叶轮对称布置,这样布置的优点是,由水压引起的轴向推力可自动平衡,以减小轴承承受的推力,液流方向如图 1-24 所示。

DK 型中开式多级泵的性能范围是:流量 18 ~ 1 360 m^3/h,扬程 100 ~ 360 m,个别泵的扬程达 1 200 m。

深井泵是我国井灌区经常使用的水泵,是用来提取地下水的设备,也可用于以井水为水源的城市、工厂的供水。深井泵的特点是径向尺寸小(受井径的限制)、轴向尺寸大,轴

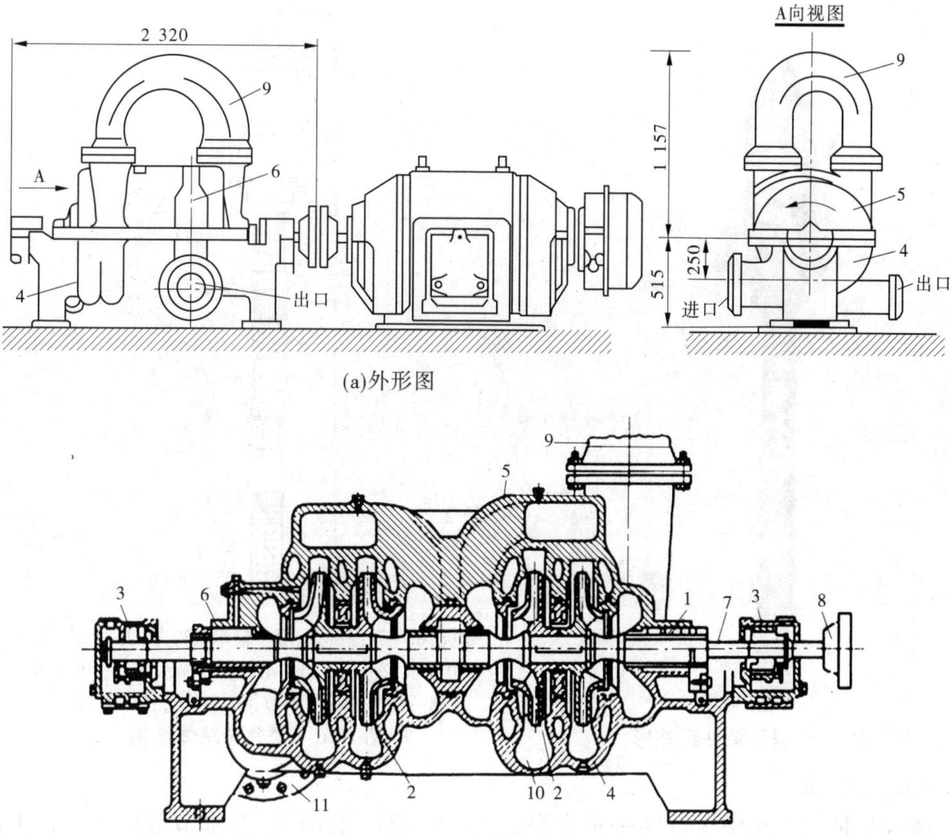

(a)外形图

(b) 结构图

1—轴套;2—叶轮;3—轴承;4—泵体;5—泵盖;6—填料;7—泵轴;
8—联轴器;9—外部过渡管;10—蜗壳空腔;11—进口法兰盘

图 1-23　水平中开式多级离心泵外形及结构　(单位:mm)

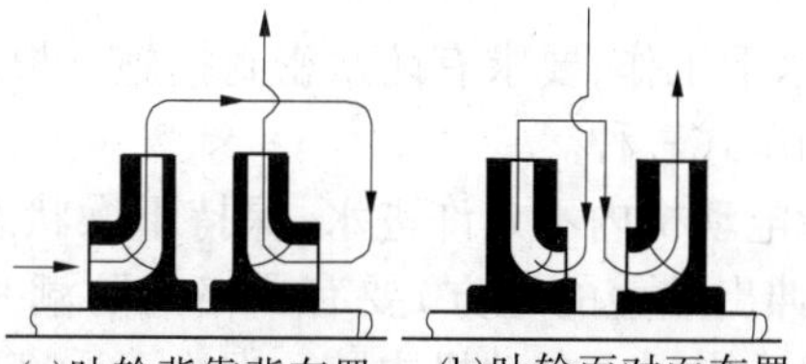
(a)叶轮背靠背布置　(b)叶轮面对面布置

图 1-24　水平中开式多级离心泵中液流方向

上安装多级叶轮,且采用空间导叶(导流壳)的形式。图 1-25 为 JC 型长轴井泵外形图。

深井泵属多级立式离心泵,从上至下,其结构分为三部分:电动机与泵座、输水管、泵体。电动机与泵座位于井口上部,泵体淹没于井下水中,电动机通过与输水管同心的长传动轴带动叶轮旋转。传动轴由若干根等长的长轴和两根短轴组成,并用联轴器相连。支承传动轴和泵轴的轴承用泵抽送的清水润滑。整个泵的轴向力通过传动机构最上方的调节螺母传给泵座。泵体部分包括滤网、进水管和泵节等部件。泵节由一个进水节(又称下导流壳)、若干个中节(叶轮及导流壳)和一个出水节(上导流壳)组成,如图 1-26 所示。

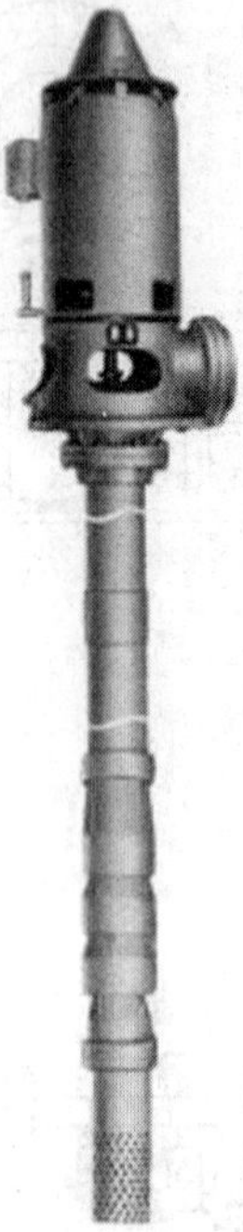

图 1-25　JC 型长轴井泵外形

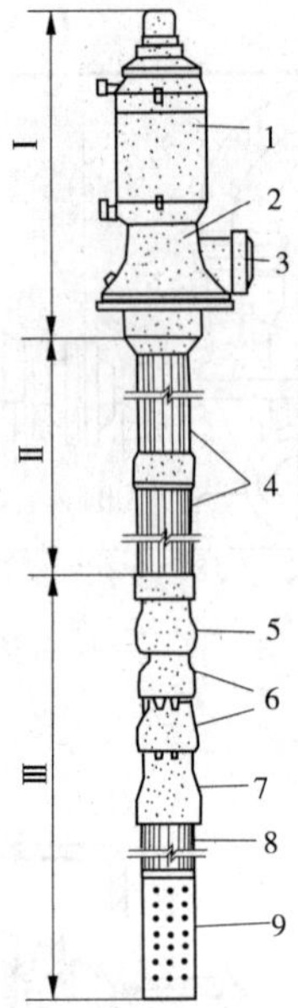

Ⅰ—电动机与泵座部分；Ⅱ—输水管部分；Ⅲ—泵体部分；
1—电动机；2—泵座；3—出口；4—输水管；5—出水节；
6—中节；7—进水节；8—进水管；9—滤网

图 1-26　深井泵总体结构

(四)潜水泵

潜水泵是潜入水中运行的一种水泵，主要由泵体、电动机、进水节等组成，如图 1-27 所示。泵体一般为单级或多级立式离心泵，其上部的管接头与输水管相连，电动机与泵轴直接相连，防水电缆将电力接入水下的电动机。它的特点是：①机泵合一，不像深井泵那样需要有长的传动轴，节省了材料，结构紧凑，体积小，重量轻，体格低；②电动机与水泵均潜入水中，不需要修建泵房，节约了土建投资；③电动机一般用水来润滑和冷却，维护费用低；④安装、检修方便。

由于潜水泵电动机在水下工作，要求有防水密封措施。根据电动机的防水特性，可将潜水泵分为干式、充油式和湿式三种。

所谓干式潜水泵，是指电动机内不允许进水，保持干燥状态，其定子用一般漆包线绕制，电动机轴伸端(电动机伸出端盖的地方)要有严格的防潮和防水措施，一般采用机械密封或气垫密封装置，以阻止水浸入电动机内腔。但由于受密封结构的限制，浸入水下深度不能太大。

充油式潜水泵是在电动机内充满绝缘机油，以阻止水和潮气进入电动机绕组，并起绝缘、防锈、冷却和润滑作用。为防止机油外泄和水的侵入，轴伸端仍需要严格密封。其优点是水和潮气不易侵入，机件浸在水中不易锈蚀，电动机轴承润滑好。但对密封要求严格，转子处在油中转动，效率较低。当密封失效后，可能引起漏油现象，因此不适宜用于生活用水。图 1-28 和图 1-29 分别为 QY 型充油式潜水泵的结构图和 QJ 型湿式潜水泵的结构图。QY 型充油式潜水泵一般是单级叶轮，结构相对简单，其性能范围是：流量 10 ~ 100 m^3/h，扬程 4 ~ 7 m。

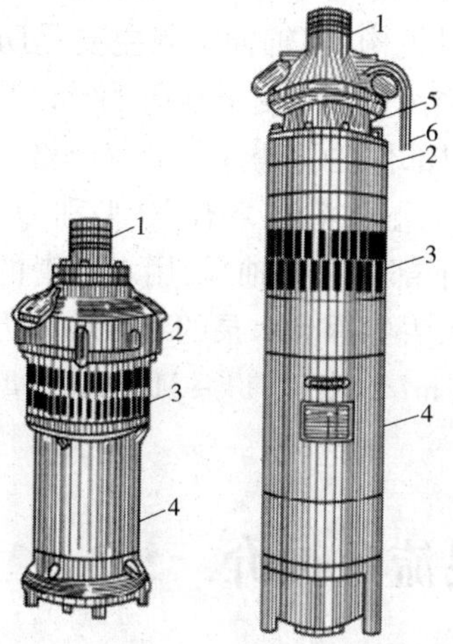

(a)QY 型充油式　(b)NQ 型湿式

1—管接头;2—泵体;3—进水节;4—潜水电动机;
5—出水短管;6—电缆

图 1-27　潜水泵外形

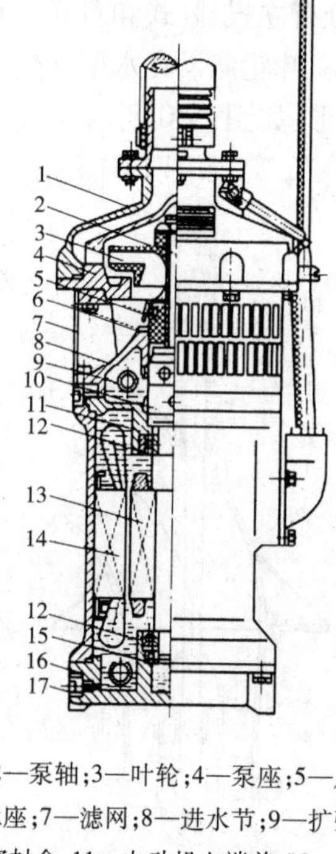

1—泵体;2—泵轴;3—叶轮;4—泵座;5—甩水器;
6—轴承座;7—滤网;8—进水节;9—扩张件;
10—整体式密封盒;11—电动机上端盖;12—滚珠轴承;
13—转子;14—定子;15—止推轴承;
16—电动机下端盖;17—油孔

图 1-28　QY 型充油式潜水泵结构

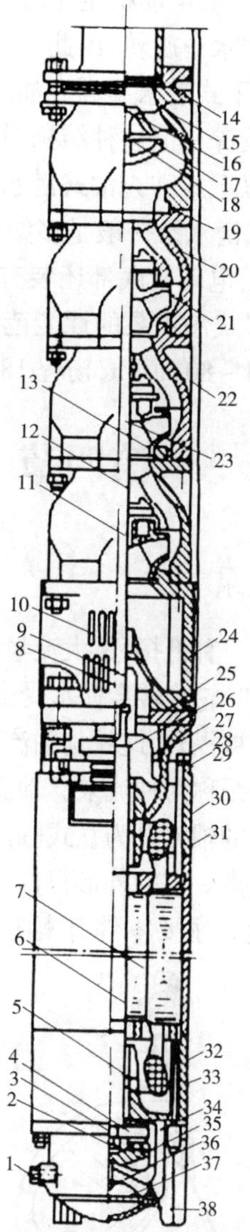

1—放水螺栓;2—螺母;3—键;4—推力盘;5—导轴承;
6—转子;7—定子;8—键;9—联轴器;10—滤网 11—锥形套;
12—橡胶轴承;13—密封环;14—橡胶垫;15—逆止阀;
16—阀杆;17—逆止阀盖;18—胶垫;19—矩形垫圈;
20—上导流壳;21—叶轮;22—导流壳;23—轴;
24—上导轴承座;25—进水节;26—甩沙圈;
27—油封;28—O 形垫圈;29—橡胶塞;30—拉肋;
31—机壳;32—下导轴承座;33—拉肋;34—底座;
35—止推轴承;36—螺母;37—调压膜;38—调压膜压盖

图 1-29　QJ 型湿式潜水泵结构

湿式潜水泵的电动机定子绕组由外包尼龙护套的绝缘防水导线绕制，电动机内充满清水，转子浸在水中旋转，因此不需要严格的防水密封机构，其轴伸密封主要是防沙。密封的要求没有干式潜水泵和充油式潜水泵的高，所以结构简单，便于制造、维修，散热性能好，潜水深度较深。但这种结构对材质的要求较高，对部件的防锈蚀要求较严格。就当前使用情况看，以湿式和充油式潜水泵应用较多。常用的湿式潜水泵有 JQ 型和 QJ 型等系列。QJ 型湿式潜水泵一般是多级叶轮，在电动机里，下部装有导轴承，用水润滑的石棉铁或铜合金制作；电动机底部还装有止推轴承和推力盘，主要承受水泵的剩余轴向力和转子重量。JQ 型湿式潜水泵的性能范围是：流量 65 ~ 170 m^3/h，扬程 14 ~ 315 m；QJ 型的性能范围是：流量 4 ~ 80 m^3/h，扬程 18 ~ 140 m。

第四节　轴流泵与混流泵简介

一、轴流泵

轴流泵是一种低扬程、大流量的泵型，其叶横断面形如机翼，一般把轴流泵放置于水面以下，启动后，叶轮旋转会使水受到沿着泵轴方向的升力，称为轴向升力，水体在轴向升力的作用下会不断被提升，这就是轴流泵的工作原理。由于流体基本上沿着轴向流过叶轮，所以通常把这种水泵称为轴流泵。轴流泵按主轴的安装方式分有立式、卧式和斜式三种，农田排灌工程中常用的轴流泵为立式轴流泵。它具有占地面积小、叶轮淹没在水中、电动机在上部不易受潮等优点。它的外形很像一根管子，其进口为喇叭形，如图 1-30 所示。

立式轴流泵主要零件有喇叭管、叶轮、导叶体、出水弯管等，如图 1-31 所示。

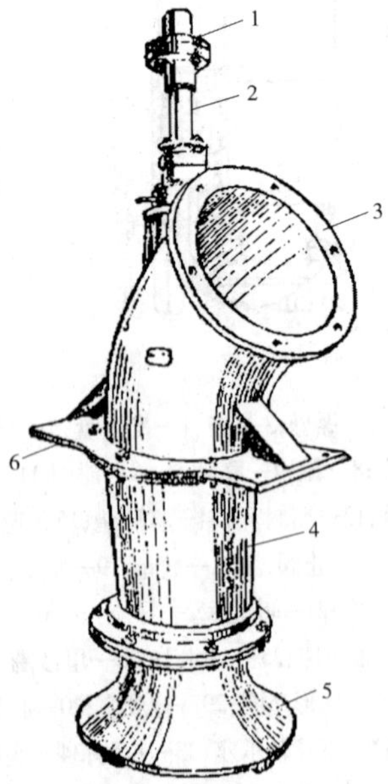

1—联轴器；2—泵轴；3—出水弯管；4—导叶体；5—喇叭口；6—水泵支座

图 1-30　立式轴流泵外形

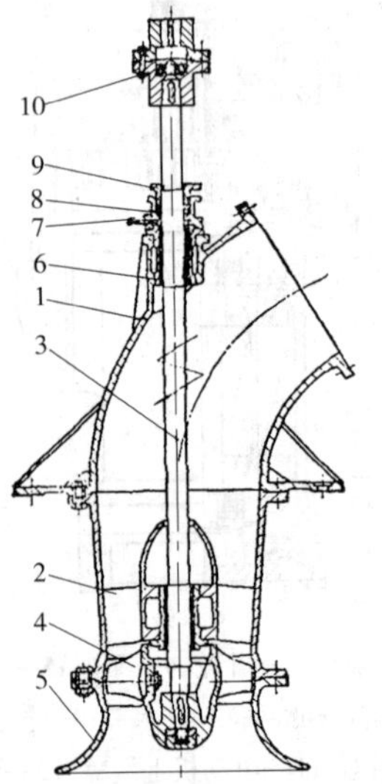

1—出水弯管；2—导叶体；3—泵轴；4—叶轮；5—喇叭管；6—橡胶轴承；7—轴封；8—填料；9—填料压盖；10—刚性联轴器

图 1-31　立式轴流泵结构

（一）吸入室

吸入室又称吸水室、吸入管、喇叭管，为了改善入口处的水力条件，把水流以最小的损失均匀、平顺地引入叶轮。中、小型轴流泵常用的吸水室是吸入喇叭管和直锥形吸水室，喇叭管的进口部分呈圆弧形，进口直径约为叶轮直径的 1.5 倍，用铸铁制造；大型轴流泵常用的是肘形进水流道和钟形进水流道。

（二）叶轮

叶轮是最主要的工作部件，其性能直接影响到泵的性能。叶轮由叶片、轮毂、导水锥等组成，一般用优质铸铁制成，大型泵多用铸钢制成。叶片的数目一般为 3 ~ 7 片，呈扭曲形，装在粗大的轮毂上，包围叶片的外部圆筒称为叶轮室，轮毂体下面的部件是导水锥，截面呈流线型。

叶轮前后两侧压力分布与机翼截面十分相似，前端（迎水端）呈圆形，叶轮进水侧压力小于叶轮背水侧压力，后端（出水端）呈尖圆形。当叶轮旋转时，由于沿半径方向的线速度不同，为了得到相同的扬程，沿半径方向叶片各截面的安装角不相等，愈接近外缘，其安装角就愈小，因此叶片呈扭曲状。由于叶片下表面曲率大于上表面，当叶轮转动时，叶轮尺寸是根据水动力学计算确定的，但同时必须使叶轮具有足够的机械强度。我国一般采用铸铁或优良灰铸铁作为中、小型清水泵的叶轮材料。大型叶片泵可用性能比铸铁好的铸钢作为叶轮材料，但泵轴必须有足够的抗扭强度。

根据叶片是否可以改变安装角度（即叶片调节的可能性），分固定式、半调式和全调节式三种。固定式叶轮由叶片和轮毂铸成一体，叶片的安装角度是不能调节的，如图 1-32 所示。半调节式叶轮叶片用螺母拴紧在轮毂上，在叶片的根部上刻有基准线，而在轮毂上刻有几个相应安装角度的位置线，如 +4°、+2°、0°、-2°、-4°等，如图 1-33 所示。叶片的安装角度不同，其性能曲线将不同，使用时可根据需要调节叶片安装角度。调节时先卸下喇叭管，再把叶轮卸下来，将螺母松开转动叶片，使叶片的基准线对准轮轴上的某要求的角度线，然后把螺母拧紧，装好叶轮即可。半调节式叶轮叶片一般需要停机并拆卸叶轮之后，才能进行调节，适用于中、小型轴流泵。全调节式轴流泵可以根据不同的扬程与流量要求，在不停机或只停机而不拆卸叶轮的情况下，通过一套机械或液压调节机构来改变叶

图 1-32　固定式叶轮

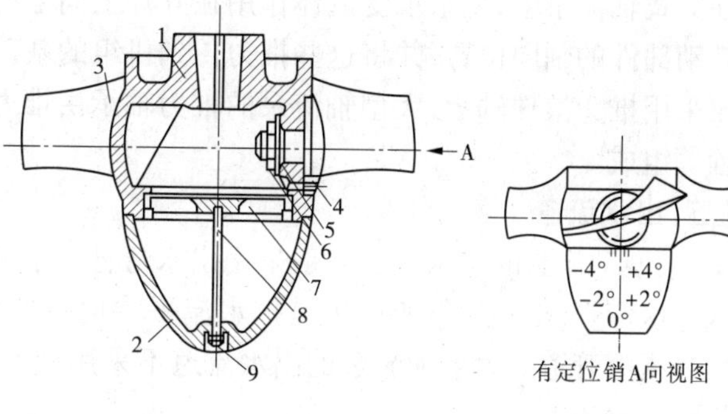

1—轮毂；2—导水锥；3—叶片；4—定位销；5—垫圈；
6—紧叶片螺帽；7—横闩；8—螺柱；9—六角螺帽

图 1-33　半调节式叶片轴流泵的叶轮

片的安装角度，以改变水泵性能，满足运行需要。全调节式构造复杂，一般应用于大型轴流泵。

（三）导叶体

导叶位于叶轮上方的导叶管中，并固定在导叶管上，组成导叶体。导叶体为轴流泵的压水室，由导叶、导叶毂和外壳组成，导叶固定在导叶毂和外壳之间，导叶毂一般为柱状结构，外壳呈倒圆锥形，出口有一些扩散，如图 1-34所示。它的主要作用是将叶轮流出的水流引至出水管外，同时消除流体的旋转运动，即将水流沿圆周方向的旋转运动变为轴向运动，减小水头损失，将流体的部分动能转变为压能。导叶叶片数目要与叶轮叶片数目互为质数，一般轴流泵中装有 6 ~ 12 片导叶。

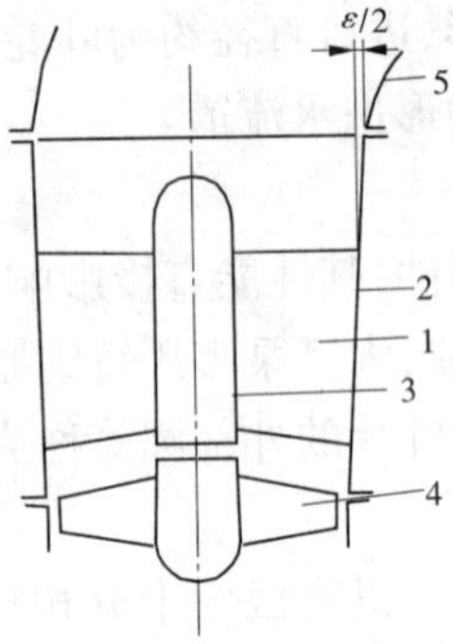

(a)导叶轴面投影

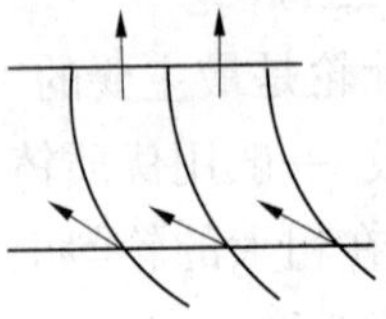

(b)水在导叶中的流向

1—导叶；2—外壳；3—导叶毂；4—叶轮；5—出水弯管

图 1-34　导叶轴面投影

（四）轴和轴承

泵轴采用优质碳素钢制成，中、小型轴流泵泵轴是实心的。对于大型轴流泵，为了布置叶片调节机构，泵轴做成空心的。轴腔内安置有调节叶片角度的操作油管或操作杆。泵轴的下端用螺母扣紧轮毂体，上端用螺母扣紧联轴器，中间两个部位处采用水润滑的橡胶轴承支承。

轴流泵的轴承按其功能有两种类型：一种是导轴承，另一种是推力轴承。导轴承主要用来承受转动部件的径向力，防止摆动，起径向定位作用。常用的构造有水润滑橡胶导轴承及金属导轴承两种，中、小型立式泵多采用橡胶导轴承，并有上、下导轴承之分。上导轴承设于泵轴穿出出水弯管处，下导轴承设于导叶体内，在上导轴承处设有引水管，用于在水泵启动前向轴承体内加水润滑，以免干转烧坏橡胶轴承。推力轴承设于电动机座上，主要用在立式轴流泵中，用来承受流体作用在叶片上向下的轴向推力、水泵转动部件重量及维持转动部件的轴向位置，并将这些推力传到机组的基础上去，如图 1-35 所示。中、小型轴流泵采用推力滚珠轴承，大型轴流泵的推力轴承由推力头、推力瓦块、绝缘垫、镜板和抗重螺栓等组成。

（五）出水流道

中、小型轴流泵的出水流道一般采用出水弯管。水流从导叶体流出后，通过一段扩散管进入出水弯管，出水弯管的作用是把水流平顺地引出泵体，弯管通常为 60°弯头形式，弯管后接压力管道。大型轴流泵的出水流道不采用出水弯管，一般采用虹吸式出水流道或直管式出水流道。

（六）轴封

在泵轴穿出出水弯管的地方装有填料密封装置。其构造与离心泵的填料函相似。

轴流泵的特点是流量大、扬程低、构造简单、重量轻。立式轴流泵叶轮安装于水下，启

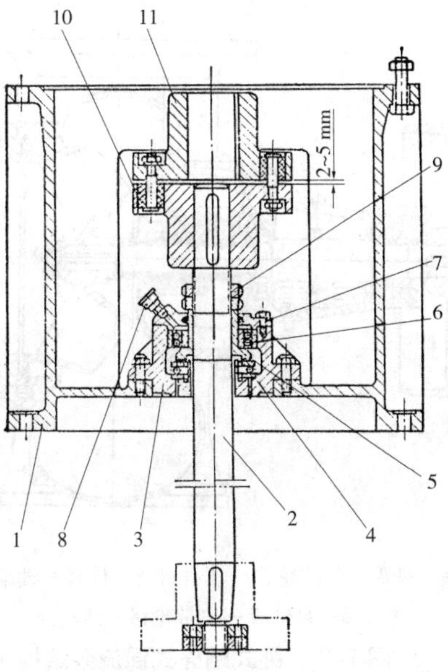

1—电动机座;2—传动轴;3—轴承体;4—推力轴承;5—推力头;6—滚珠轴承;
7—轴承盖;8—油杯;9—圆螺母;10—传动联轴器;11—电动机联轴器

图 1-35　立式电动机传动装置结构

动时无须引水,操作方便,叶片可以调节。当工作条件变化时,只需改变叶片安装角度,仍可保持在高效率区运行。

二、混流泵

混流泵叶轮旋转时,流体同时承受着离心力和推力的双重作用,经过叶轮的流体流向介于径流和轴流之间,即从水流进出叶轮的方向来看,水沿轴向进入叶轮,沿斜向流出叶轮。混流泵是介于离心泵与轴流泵之间的一种泵。按其结构形式来分,混流泵分为蜗壳式和导叶式两种。蜗壳式混流泵与单级单吸离心泵相似,如图 1-36 所示,只是其叶轮开关不同,混流泵叶片出口是倾斜的,叶片数较少,流道宽阔,如图 1-37 所示。导叶式混流泵与轴流泵相似,如图 1-38 所示,按其叶片角度调节方式不同,也可分为固定式、半调节式、全调节式三种。一般中、小型泵多为蜗壳式,大型泵为导叶式或蜗壳式。

混流泵兼有离心泵和轴流泵两者的优点,其流量比离心泵大但比轴流泵小,扬程比离心泵小但比轴流泵大,功率曲线较为平坦,高效区较宽广,适用范围广泛。流量变化时,轴功率变化小,动力机可经常处于满载情况下运行,抗汽蚀性能较好,运行平稳,工作范围较广。

目前,我国生产的混流泵,最大叶轮直径已达 6 m,流量接近 100 m^3/s,而最小的微型混流泵流量只有 0.007 m^3/s,扬程为 2 m。常用的卧式蜗壳式混流泵型号为 HW 型,其性能范围是:流量 50 ~ 450 m^3/h,扬程 3 ~ 20 m;立式导叶式混流泵常用型号为 HD 型,其性能范围是:流量 45 ~ 7 970 m^3/h,扬程 3 ~ 24 m。

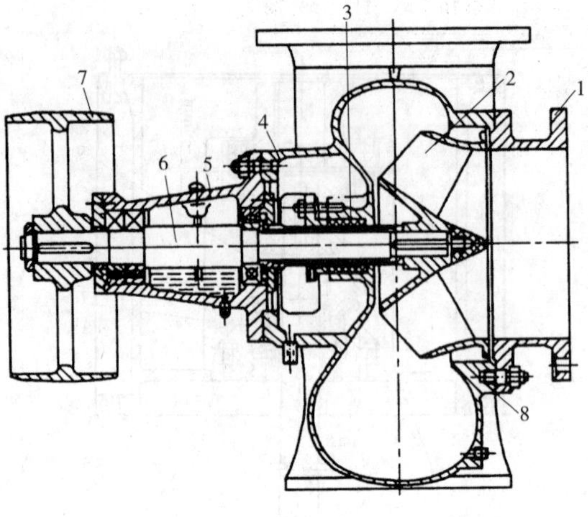

1—泵盖;2—叶轮;3—填料;4—泵体;5—轴承体;
6—泵轴;7—皮带轮;8—螺栓

图 1-36　卧式蜗壳式混流泵结构

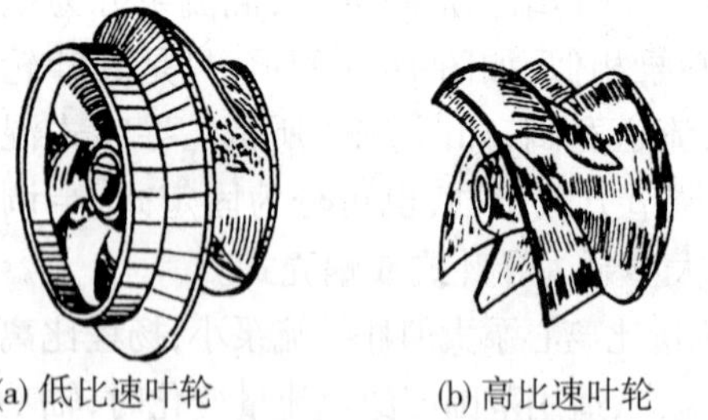

(a) 低比速叶轮　　(b) 高比速叶轮

图 1-37　混流泵叶轮

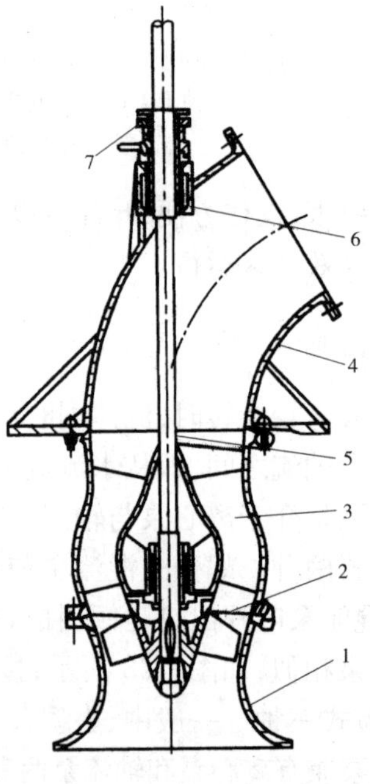

1—吸入喇叭管;2—叶轮;3—导叶体;4—出水弯管;5—泵轴;6—橡胶轴承;7—填料函

图 1-38　立式导叶式混流泵结构

第五节　叶片泵的型号

叶片泵的种类繁多,规格各异,为了区分和选用方便,有关部门对不同类型的水泵,根据其尺寸、性能、结构及用途等,分别编制了相应的型号,现将部分水泵的型号作如下说明(见表 1-1)。

表 1-1　叶片泵的型号及其说明

水泵种类	产品名称	型号举例	说明
离心泵	IS、IB 型单级单吸离心泵	IS80 - 65 - 160	IS—采用国际标准的单级单吸离心泵； 80—泵进口直径，mm； 65—泵出口直径，mm； 160—叶轮名义直径，mm
	单级双吸离心泵	300S90A	300—泵进口直径，mm； S—单级双吸离心泵； 90—泵的扬程，m； A—泵的叶轮切削了一挡
		12Sh9B	12—泵进口直径，in； Sh—单级双吸离心泵； 9—比转速的 1/10，m； B—泵的叶轮切削了二挡
	多级离心泵	D85 - 67 ×7	D—D 型（新系列）多级分段式离心泵； 85—泵的设计流量，m^3/h； 67—单级扬程，m； 7—叶轮的级数
		DG85 - 67 ×7	DG—多级分段式锅炉泵； 85—泵的设计流量，m^3/h； 67—单级扬程，m； 7—叶轮的级数
		DW40 - 8 ×2 - F	DW—小型多级卧式离心泵； 40—泵进口直径，mm； 8—单级扬程，m； 2—叶轮的级数； F—全不锈钢（普通型不标记）
		150DL200 - 20 ×7	150—泵吸入口直径，mm； DL—立式多级离心泵； 200—设计流量，m^3/h； 20—单级扬程，m； 7—级数
	深井泵	100JC10 - 3.8 ×13	100—适用的最小井径，mm； JC—长轴深井泵； 10—额定流量，m^3/h； 3.8—单级扬程，m； 13—叶轮级数
		200QJ80 - 88/8	200—适用的最小井径，mm； QJ—潜水井泵； 80—泵的流量，m^3/h； 88—泵的扬程，m； 8—叶轮级数

续表 1-1

水泵种类	产品名称	型号举例	说明
混流泵	大型立式混流泵(可抽出式、蜗壳式、半调节式)	1800HLCWB－16	1800—泵出口直径,mm; HL—混流式、立式; C—可抽出式(不可抽出式不标记); W—蜗壳式(导叶式不标记); B—半调节式(Q 为全调节式); 16—泵的扬程,m
	大型立式混流泵(不可抽出式、导叶式、全调节式)	1800HLQ－16	1800—泵出口直径,mm; HL—混流式、立式; Q—全调节式; 16—泵的扬程,m
轴流泵	大型轴流泵	900ZLB2.4－4	900—泵出口直径,mm; ZL—轴流立式(立式轴流泵); B—半调节式(Q 为全调节式); 2.4—泵的流量,m^3/s; 4—泵的扬程,m
	贯流泵	3100ZGQ 31.5－4.5	3100—泵出口直径,mm; ZG—轴流贯流式(贯流式轴流泵); Q—全调节式; 31.5—泵的流量,m^3/s; 4.5—泵的扬程,m

注:1 in＝2.54 cm。

小　结

本章学习叶片泵的工作原理、基本构成,重点介绍了离心泵的主要部件,各部件的作用、有哪些类型及对各部件的要求;随着水利事业的发展,一些大型调水工程的兴建,大型轴流泵、混流泵发挥了越来越重要的作用,掌握泵的基本构成,对泵站工程的运行管理有着重要意义。水泵根据构成、原理不同,有不同的分类方法;离心泵按叶轮级数、吸水方式、泵轴的安装方向及泵体剖分形式等条件进行分类;水泵型号有着表明水泵一些特性的含义,要对其有进一步的了解。若有条件,可实际拆装一些泵,详细了解其构成,加深对泵的认识。

思考题

1. 简述离心泵、轴流泵及混流泵的工作原理。
2. 离心泵的主要构成有哪些?有哪些类型?各有何作用?
3. 离心泵如何分类?试简述常见离心泵的特点。
4. 轴流泵、混流泵如何分类?
5. 试述下列型号的含义:IS65－50－160A、4B－35A、4BA－12、S150－78、12Sh－9。

第二章　叶片泵的基本理论

学习重点

本章的主要内容有泵的基本性能参数、泵的基本方程、叶片泵的性能曲线、相似律、比例律、比转速等。学习泵的基本理论,对掌握水泵的性能、运行特性有着重要作用,它是对水泵运行状况及其调节的基础,是必须要重点掌握的内容。

学习要求

1. 掌握水泵的流量、扬程、功率、效率、转速等基本性能参数的定义及表达式。
2. 了解泵的各种能量损失及对应效率。
3. 掌握速度四边形及三角形的绘制方法,了解泵内液体的运行状况。
4. 掌握基本方程的推求及假设条件,学会用基本方程分析、讨论、解决相关问题。
5. 掌握各叶片泵试验性能曲线的特征,掌握它们的异同点,了解泵在使用过程中应注意的问题。
6. 掌握水泵的相似条件,了解水泵相似应满足的要求,掌握比例律公式及其内涵。
7. 掌握比转速的概念、表达式及其应用注意事项。

第一节　叶片泵的基本性能参数

叶片泵的性能参数是表征泵性能的一组数据,主要包括流量、扬程、功率、效率、转速和必需汽蚀余量(或允许吸上真空高度)。这些参数之间相互关联,当一个性能参数发生变化时,其他参数都会随之按一定规律发生变化,下面分别介绍。

一、流量

流量是泵在单位时间内所输送的液体量,以 Q 表示。常用的体积流量的单位为 m^3/s、L/s 和 m^3/h。各单位间的关系是 $1\ m^3/s = 1\ 000\ L/s = 3\ 600\ m^3/h$。

每台水泵都可以在一定的流量范围内工作,我们将这个范围称为工作区。若超出这个范围,泵的效率将明显下降。我们称泵的效率最高时所对应的流量为最优流量,也称设计流量、额定流量,通常在水泵的铭牌上标出这个流量值。水泵在实际运行时的流量称为水泵的实际工作流量,即实际流量,如果实际流量大于或小于设计流量,则会使泵的运行效率下降,偏离设计流量越远,其效率降低越多,使水泵工作不稳定。所以,应力求使泵在设计流量附近工作。

二、扬程

扬程是指泵对单位重量的液体所做的功,或者是指泵所抽送的单位重量的液体从泵进口(泵进口法兰)到泵出口(泵出口法兰)能量的增加值,也就是指单位重量流体从水泵进口到出口能量增量,用符号 H 表示,其单位为所抽送液体的液柱高度,m。

根据定义,泵的扬程 H 可以写为

$$H = E_{出} - E_{进} \tag{2-1}$$

式中　$E_{出}$——泵出口处单位重量液体的能量,m;

$E_{进}$——泵进口处单位重量液体的能量,m。

单位重量液体的能量在水力学中称为水头,通常由压力水头$\frac{p}{\rho g}$、速度水头$\frac{v^2}{2g}$和位置水头 z 三部分组成,如图 2-1 所示,对于正值安装高度的水泵(正值吸水的水泵,即安装在水面以上的水泵),以水泵的基准面(通过由叶轮叶片进口边的外端所描绘的圆的中心水平面;对于多级泵,以第一级叶轮为基准;对于立式双吸泵,以上部叶片为基准。各种类型叶片泵的基准面如图 2-2 所示)为基准面,分别列出水泵进口断面 2—2 和出口断面 3—3 处的单位总能量,则有:

水泵出口断面 3—3 处的单位总能量为

$$E_{出} = \frac{p_3}{\rho g} + \frac{v_3^2}{2g} + z_3$$

水泵进口断面 2—2 处的单位总能量为

$$E_{进} = \frac{p_2}{\rho g} + \frac{v_2^2}{2g} + z_2$$

由扬程定义知

$$H = E_{出} - E_{进} = \frac{p_3}{\rho g} + \frac{v_3^2}{2g} + z_3 - \left(\frac{p_2}{\rho g} + \frac{v_2^2}{2g} + z_2\right)$$

$$H = \frac{p_3 - p_2}{\rho g} + \frac{v_3^2 - v_2^2}{2g} + z_3 - z_2 \tag{2-2}$$

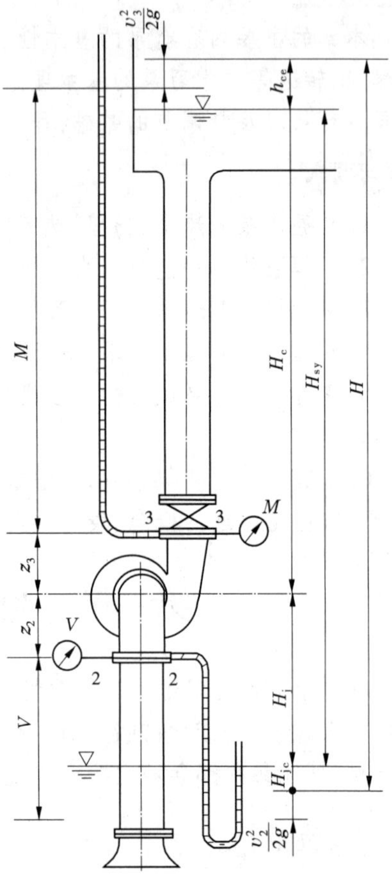

图 2-1　水泵扬程

式中　$E_{出}$——单位重量液体在水泵出口处具有的能量,m;

$E_{进}$——单位重量液体在水泵进口处具有的能量,m;

p_3——水泵出口处液体具有的压力,Pa;

p_2——水泵进口处液体具有的压力,Pa;

v_3——水泵出口处液体流速,m/s;

v_2——水泵进口处液体流速,m/s;

z_3——水泵出口测压表基准面到水泵基准面的距离,m;

z_2——水泵进口测压表基准面到水泵基准面的距离,m。

实践中是用压力表和真空表来代替测压管水头的,即水泵出口处测压管水头用压力

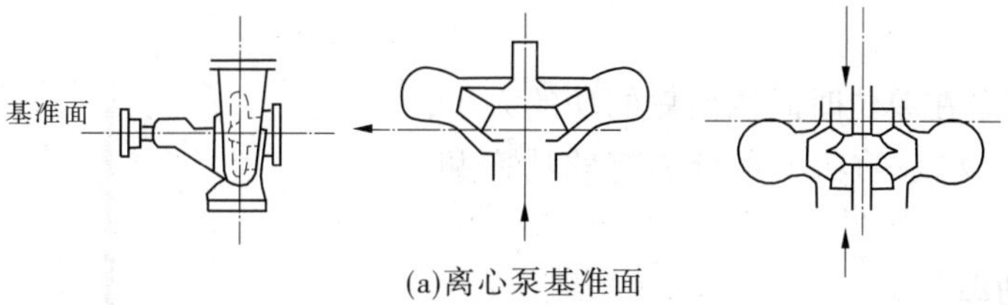

(a)离心泵基准面

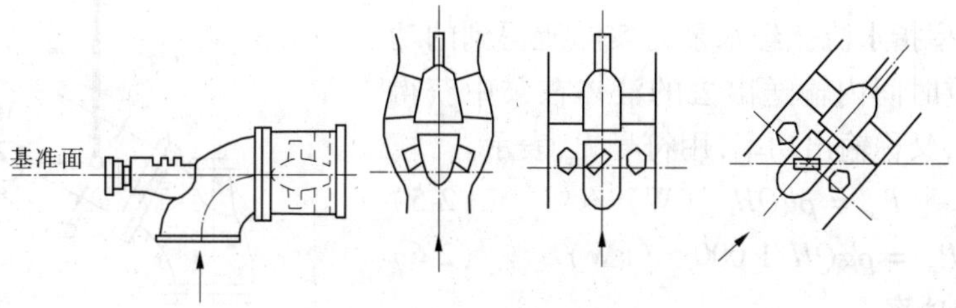

(b)轴流泵和混流泵基准面

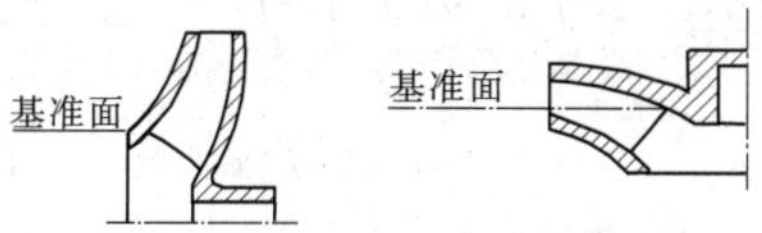

(c)大型离心泵基准面

图 2-2　水泵基准面示意图

表读数 M 代替，水泵进口处测压管水头用压力表读数 V 代替，所以水泵扬程的计算公式(2-2)可改写为

$$H = M + V + \frac{v_3^2 - v_2^2}{2g} + z_3 - z_2 \tag{2-3}$$

需要强调的是：①泵的扬程是表征泵本身性能的，只和泵进口、出口处的液体能量有关，而和泵装置无直接关系；②泵的扬程并不等于扬水高度，扬程是一个能量概念，既包括了吸水高度的因素，也包括了出口压水高度，还包括了管道中的水力损失；③水泵扬程中没有包括水泵内部的能量损失，它是指实际传递给液体的能量。

水泵铭牌上所标出的扬程是该泵通过设计流量时的扬程，即这台水泵的额定扬程。在一定的条件下，当进出水池内流速较小，其内水头损失不计时，出水池与进水池之间的垂直高差，称为泵站净扬程，或称为装置扬程。

对于负值吸水的立式轴流泵或混流泵，水泵进口淹没在水下，进口压力不易测出，通常只在水泵出口测定其压力 M。若该压力表中心与水面的距离为 z，如图 2-3 所示，列出水面和水泵出口断面之间的能量平衡方程式，即可求得水泵扬程为

$$H = z + M + \frac{v_3^2}{2g} \tag{2-4}$$

式中　v_3——水泵出口处液体的流速，m/s；

M——水泵出口处压力表读数，m；

z——压力表中心与水面的距离，m。

三、功率

功率是指水泵在单位时间内所做的功的大小,常用单位是 kW。水泵的功率可分为有效功率和轴功率。

(一)有效功率

有效功率指水流流经水泵时实际所得到的功率,或指单位时间内输送出去的液体在泵中获得的有效能量,又称输出功率,用符号 P_u 表示。

$$P_u = \rho gQH \quad (\text{W}) \tag{2-5}$$

或

$$P_u = \rho gQH/1\,000 \quad (\text{kW}) \tag{2-6}$$

(二)轴功率

轴功率是泵的输入功率,是动力机传给泵轴的输入功率,用符号 P 来表示。水泵的轴功率可按下式计算

$$P = P_{动}\,\eta_{传} \tag{2-7}$$

式中　$P_{动}$——动力机输出功率,kW;

$\eta_{传}$——传动效率(%)。

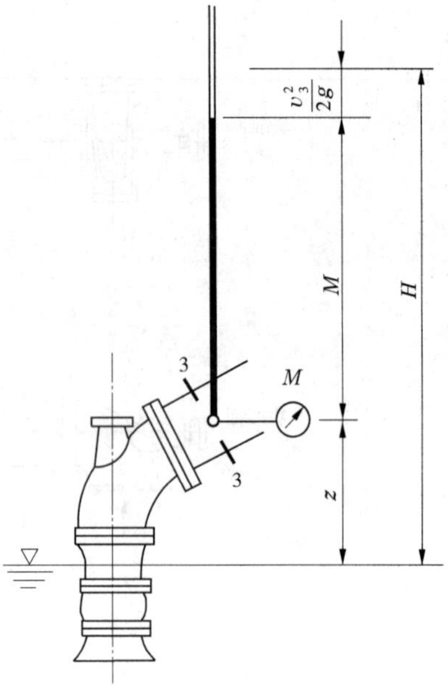

图 2-3 立式轴流泵扬程

水泵铭牌上的轴功率是指对应于通过设计流量时的轴功率,即额定功率。

四、效率

水泵运行时,不可避免地有各种损失,要消耗一部分功率。轴功率和有效功率之差为泵内的损失功率,其大小用泵的效率来计量。效率被定义为有效功率和轴功率之比,用 η 表示,它标志着水泵对能量的利用程度,是水泵质量的重要考核指标,即

$$\eta = \frac{P_u}{P} \times 100\% \tag{2-8}$$

泵在把机械能转化为液体能量的过程中伴有各种损失,这些损失用相应的效率来表示。为了提高泵的效率,就必须了解泵内会产生哪些能量损失。

水泵内的损失主要有三种,即机械损失、容积损失和水力损失。这些损失的大小可分别用机械效率、容积效率和水力效率来表达。

(一)机械损失与机械效率

机械损失是指由于机械摩擦所产生的能量消耗,它包括水泵固定部件(轴承、轴封)与转动部件(泵轴)之间产生的摩擦损失,即轴承摩擦损失功率、轴封摩擦损失功率,以及叶轮前后盖板在水体旋转时与水的摩擦损失功率(称为圆盘摩擦损失或轮盘损失)三部分,这些机械摩擦引起的能量损失称为机械损失功率。水泵轴封及轴承摩擦损失与其结构有关,此两项损失占轴功率 P 的 1% ~3%,轮盘损失占轴功率 P 的 2% ~10%,是主要的部分。

上述轴承摩擦损失功率、轴封摩擦损失功率和圆盘摩擦损失功率之和为 ΔP_m,其大

小用机械效率表示。从水泵的输入功率(轴功率)P 中扣除机械损失功率 ΔP_m 后,水泵叶轮将剩下的功率传给被抽送的液体,将此功率称为输入水力功率,或称为叶轮理论功率、水功率,是液体获得的总能量,用 P_w 表示。在这种情况下,此时的流量为通过叶轮的流量,即叶轮流量,没有考虑流量损失,所以为理论流量 Q_T;此时的扬程没有考虑水力损失,所以为理论扬程 H_T。因此,水功率为

$$P_w = P - \Delta P_m = \rho g Q_T H_T \tag{2-9}$$

泵的机械效率为

$$\eta_m = \frac{P_w}{P} \tag{2-10}$$

(二)容积损失和容积效率

根据水泵结构要求,在转动部件和固定部件之间必须要有一定间隙存在,当间隙两侧的压力不相等时,液体就会通过此间隙从高压侧流向低压侧,产生漏损流量。对于离心泵来说,叶轮出口与固定的泵壳内是高压区,叶轮进口处是低压区。这样,经过叶轮的流量虽然大部分流出水泵,但还有小部分从密封环和平衡孔处流回进水侧(叶轮进口),这部分回流的液体虽然经过叶轮时获得了能量,但能量未被利用,而是在水泵内循环流动时被消耗;再一部分是经填料渗到水泵外的流量损失,即轴封内流量损失。若这几部分流量损失之和为 q,进入叶轮的流量为 Q_T,则由水泵出口排出的流量 Q 为:$Q = Q_T - q$ 或 $Q_T = Q + q$。

这几部分液流所消耗的功率为

$$\Delta P = \rho g q H_T \tag{2-11}$$

称为容积损失功率。

水功率 P_w 减去 ΔP,剩余的功率为

$$P' = P_w - \Delta P = \rho g Q H_T \tag{2-12}$$

容积损失的大小用容积效率表示,即

$$\eta_v = \frac{P'}{P_w} = \frac{\gamma Q H_T}{\gamma Q_T H_T} = \frac{Q}{Q_T} = \frac{Q}{Q + q} \tag{2-13}$$

(三)水力损失和水力效率

水流流经水泵的过程中,因水力阻力引起摩擦、冲击等损失,消耗了一部分能量,这部分损失称为水力损失。这些损失主要包括:①泵内过流的沿程阻力损失;②因过流断面和液流方向变化而产生的局部阻力损失;③液流在叶轮进口和出口处的冲击损失。前两项损失发生在水泵流道中,其大小与流量(流速)的平方成正比;第三项损失主要是当水泵流量偏离设计流量时,在叶槽内的液流方向与叶片切线方向不一致而造成的,过流流量与设计流量的差值越大,该项损失越大。由于存在水力损失,单位重量液体经过泵增加的能量 H 要小于叶轮传给单位重量液体的能量 H_T。如果用 h 表示泵内各种水力损失之和,则泵的实际扬程即水泵出口处水所获得的扬程 $H = H_T - h$,即 $H_T = H + h$。

泵的水力损失用泵的水力效率来计量。水力效率定义为

$$\eta_w = \frac{P_u}{P'} = \frac{\rho g Q H}{\rho g Q H_T} = \frac{H}{H_T} = \frac{H}{H + h} \tag{2-14}$$

综上所述，泵效率的公式可变换成下列形式

$$\eta = \frac{P_u}{P} = \frac{P_w}{P}\frac{P'}{P_w}\frac{P_u}{P'} = \eta_m\eta_v\eta_w \tag{2-15}$$

由式(2-15)可见，水泵的效率是三种效率（机械效率、容积效率、水力效率）的乘积。要提高水泵的效率，必须尽量减小水泵内各种损失，特别是水力损失。目前，离心泵的效率为0.45～0.9，轴流泵的效率为0.7～0.9。提高水泵的效率时，除从设计、制造等方面加以改善外，使用单位要注意合理选型，正确运行，使水泵经常在高效率状态下工作，从而达到经济运行的目的。

五、转速

转速是泵在单位时间（一般指 1 min）内的旋转次数，用符号 n 表示，单位是 r/min。铭牌上标出的转速是这台泵的额定转速，即设计转速。转速是影响水泵性能的一个重要参数，当转速变化时，水泵的其他参数也随之而变。

水泵是按一定转速设计的，因此配套的动力机除功率应满足水泵运行的工况要求外，在转速上也应与水泵转速相一致。目前，我国常用的水泵转速为：中、小型离心泵一般为730～2 950 r/min；中、小型轴流泵一般为250～1 450 r/min；大型轴流泵的转速则更低，一般为100～300 r/min。

六、允许吸上真空高度和必需汽蚀余量

允许吸上真空高度和必需汽蚀余量是表征水泵汽蚀性能的参数，用 H_{sa} 和 $(NPSH)_r$ 表示，单位是 m，将在第四章详细介绍。

第二节　液体在叶轮中的运动

一、叶轮中流体的运动

为了推导叶片泵的基本方程式，首先要明确叶轮内流体的运动情况。如图 2-4 所示，液体在叶轮中的流动是一种较为复杂的运动，它在流经叶片通道的同时又被旋转的叶轮强迫一起转动，因此它是一种复合运动。液体一方面随叶轮旋转作旋转运动即牵连运动，其速度用 $\vec{u}$ 表示；另一方面流体不断地从旋转着的叶槽中流出，即存在相对于叶轮的运动，称为相对运动，其速度用 $\vec{w}$ 表示。水流质点对于不动的泵壳或地面的运动称为绝对运动，它是牵连运动和相对运动的合成运动，即叶轮中任意液体质点的绝对速度是该点的相对速度和圆周速度的向量和，设质点的绝对速度为 $\vec{c}$，就等于相对速度 $\vec{w}$ 与圆周速度 $\vec{u}$（即叶轮的牵连速度）的矢量和，即

$$\vec{c} = \vec{w} + \vec{u} \tag{2-16}$$

式中　$\vec{c}$——绝对速度矢量；

$\vec{u}$——牵连速度(圆周速度)矢量;

$\vec{w}$——相对速度矢量。

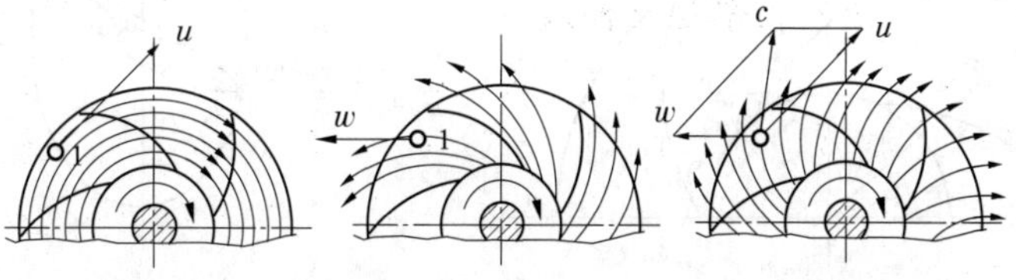

(a)圆周运动　(b)相对运动　(c)绝对运动

图 2-4　水流在叶槽内的运动

上述关系可以用速度平行四边形来表示,如图 2-4(c)所示,为了简便,通常用速度三角形代替速度平行四边形,如图 2-5 所示。图中 α 是绝对速度与圆周速度的夹角。c_u 和 c_m 分别表示绝对速度 c 的圆周分速和轴面(即通过该点和轴线所组成的一个平面)分速。在离心泵中,c_m 就是径向分速度,在轴流泵中就是轴向分速度。

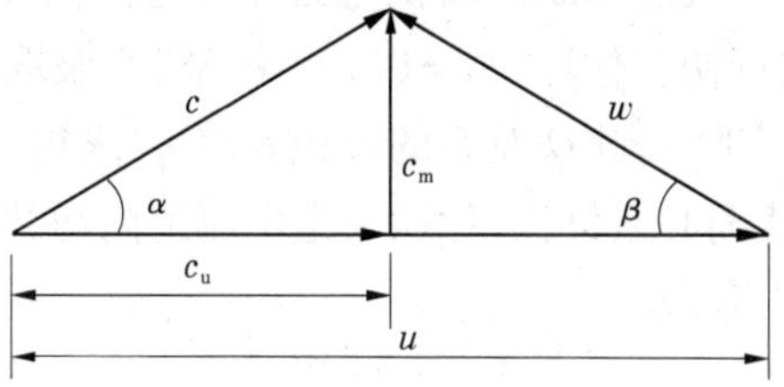

图 2-5　速度三角形

二、速度三角形

(一)进口速度三角形

速度三角形适用于叶槽中任何一点,但我们最关心的是叶轮进口(边缘)和出口(边缘)处的速度三角形,分别称为进口(边缘)速度三角形和出口(边缘)速度三角形,并用下标"1"和"2"来表示,如图 2-6 所示。其中,相对速度$\vec{w}$的方向与叶片相切。由于大多数水泵(包括轴流泵和单吸式离心泵)均具有喇叭形或圆锥形的渐缩进水道的构造形式,这就使得叶轮进口速度三角形中的绝对速度$\vec{c}_1$ 的方向垂直于圆周速度$\vec{u}_1$,因此 $\alpha_1 = 90°$,也即 $c_{m1} = 0$。唯有在少数水泵中,如双吸式离心泵具有半螺旋形的进水道,这种进水道在叶轮进口处扭转了水流,因此 $\alpha_1 < 90°$,有 $c_{m1} \neq 0$。

1. 进口圆周速度

只要知道叶轮进口直径 D_1 及叶轮转速 n,则进口圆周速度可按下式计算

$$u_1 = \frac{\pi D_1 n}{60} \tag{2-17}$$

2. 进口绝对速度的轴面分速

进口绝对速度的轴面分速可按下式计算

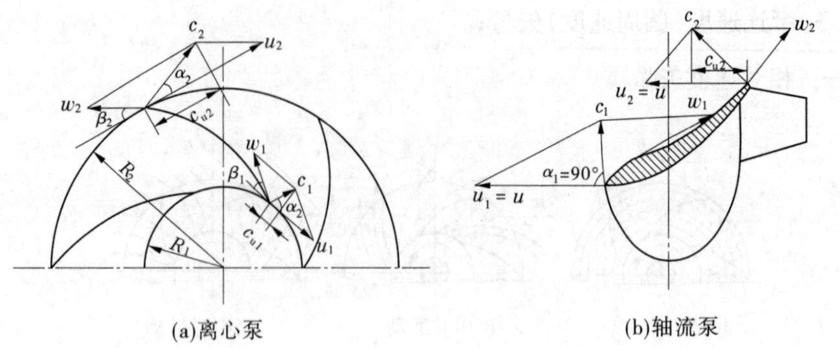

图 2-6　叶轮进、出口处速度三角形

$$c_{m1}=\frac{Q_T}{\pi D_1 b_1 \psi_1} \tag{2-18}$$

式中　b_1——叶轮进口处的叶槽宽度，m，可根据经验给定；

ψ_1——叶轮进口处的叶片排挤系数，其大小需按叶轮具体尺寸通过公式计算得出，它等于叶轮有效过水断面面积与无叶片时的面积之比，即在叶轮尺寸未知的情况下进行初步估算，$\psi_1=0.75\sim0.88$，小泵取小值，大泵取大值。

这里，Q_T 可根据水泵实际流量 Q 及泵的容积效率 η_v 求得。而过流断面面积 A_m 是一个回转曲面，对于低比转速离心泵，可近似认为是由流道内切圆的直径为母线绕轴心线回转一周所形成的曲面，所以有

$$A_m=2\pi Rb\psi \tag{2-19}$$

式中　ψ——叶片排挤系数；

R——半径；

b——过流断面的厚度。

ψ 是考虑叶片厚度所占面积使过流断面面积减小而引入的小于 1 的系数，等于实际的有效过流面积与无叶片时的过流面积之比，即

$$\psi=\frac{2\pi Rb-zbs_u}{2\pi Rb} \tag{2-20}$$

式中　z——叶片数；

s_u——流面上叶片在圆周方向的厚度。

对于轴流泵，A_m 是垂直于泵轴线的一个圆环，其内径是轮毂直径，外径是叶轮直径。

3. 进口绝对速度的圆周分速

进口绝对速度的圆周分速可按下式计算

$$c_{u1}=u_1-c_{m1}\cot\beta_1=u_1-\frac{Q_T\cot\beta_1}{\pi D_1 b_1 \psi_1} \tag{2-21}$$

(二)出口速度三角形

1. 出口圆周速度

出口圆周速度可按下式计算

$$u_2 = \frac{\pi D_2 n}{60} \tag{2-22}$$

式中 D_2——叶轮出口直径,m。

2. 出口绝对速度的轴面分速

出口绝对速度的轴面分速可按下式计算

$$c_{m2} = \frac{Q_T}{\pi D_2 b_2 \psi_2} \tag{2-23}$$

式中 b_2——叶轮出口处的叶槽宽度,m,可根据经验给定;

ψ_2——叶轮出口处的叶片排挤系数,$\psi_2 = 0.85 \sim 0.95$,小泵取小值,大泵取大值。

3. 出口绝对速度的圆周分速

出口绝对速度的圆周分速可按下式计算

$$c_{u2} = u_2 - c_{m2}\cot\beta_2 = u_2 - \frac{Q_T \cot\beta_2}{\pi D_2 b_2 \psi_2} \tag{2-24}$$

叶片进、出口的相对速度方向,可按下列方法确定:对于多数离心泵,其吸入室为锥形管,要求进口无预旋,即 $c_{u1} \approx 0$,这样,可按 $\alpha_1 = 90°$来绘制进口速度三角形。对于双吸离心泵,其吸水室为半螺旋形的流道,使得 α_1 略小于 $90°$,c_{u1}具有较小的数值。对于出口,取相对速度 w_2 的方向与叶片相切即可。这样,就可绘制叶片进、出口处的速度三角形,结果如图 2-6 所示。

第三节 叶片泵的基本方程

叶片泵的基本方程是研究泵性能的理论基础,它反映了泵性能参数之间的相互关系及其性能参数与几何参数之间的关系。反映叶片泵理论扬程与水流运动状态变化关系的方程式称为叶片泵的基本方程式,又称为理论扬程方程式。泵的基本方程是欧拉(Euler. L)在 1756 年首先推导出来的,所以也称为欧拉方程。

有了以上各参数和叶片进、出口速度四边形,就可推导出叶片泵的基本方程。

一、基本方程的推导

由于泵内液体流动非常复杂,为了讨论方便,先对水泵叶轮的构造和液流的性质作一些假定,当找出其基本规律后,再根据实际情况加以修正。

(一)基本假设

(1)水流是理想流体。即不考虑液体的黏性,也就是忽略水头损失。

(2)水流流态是均匀一致的。假设叶片无限多,每个叶片无限薄,水流被夹在两个无限靠近的叶片之间流动,总流是由无数个微小的流束所组成的,所有流束的形状与叶槽形状完全一致,液体在叶片间的流动是轴对称的。

(3)泵内水流运动是恒定流。即泵内任一液流质点的流速和压力等不随时间变化。叶轮内同一半径的圆周上液体质点具有相同的速度三角形。

(二)基本方程的推导

叶片泵基本方程式可用动量矩定理来推导。在恒定流中,某质点或质点系对于某一固定点或某轴的动量矩对时间的变化率（在单位时间内的变化量）就等于作用于该质点或质点系上的所有外力对该点或该轴的力矩之和，其表达式为

$$M = \frac{\mathrm{d}L}{\mathrm{d}t} \tag{2-25}$$

把动量矩定理应用于离心泵一个叶槽内的水流，如图 2-7 所示。设在时间 $t=0$ 时，水流处在 $abdc$ 的位置。经 $\mathrm{d}t$ 时间后，这部分水流运动到 $efhg$。有无限薄一层液体 $abfe$ 流出叶槽，同时有 $cdhg$ 一层液体流入叶槽，在恒定流情况下，其质量均为 $\mathrm{d}m$。在此时段内，液体 $abhg$ 的动量矩没有发生变化，只是叶槽进口和出口处质量为 $\mathrm{d}m$ 的液体对叶轮中心的动量矩有所变化，因此这部分水流动量矩的变化即为质量为 $\mathrm{d}m$ 的液流动量矩的变化。根据动量矩定理可得

$$M = \frac{\mathrm{d}m}{\mathrm{d}t}(c_2\cos\alpha_2 R_2 - c_1\cos\alpha_1 R_1) \tag{2-26}$$

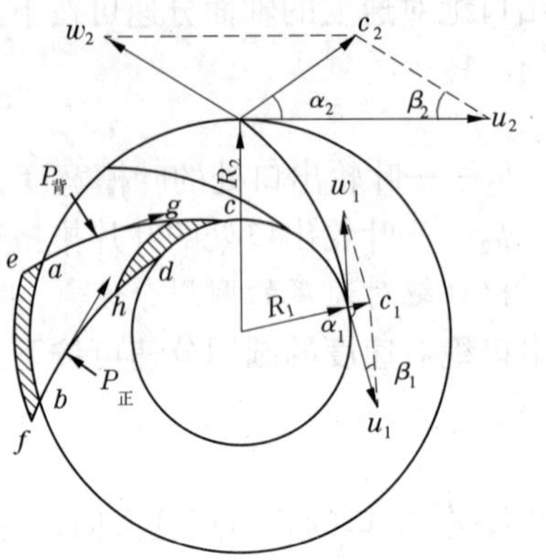

图 2-7　液体动量矩变化示意图

式中　R_1、R_2——叶轮进、出口半径，m。

现分析有哪些力对研究的液体形成外力矩。作用在液体上的外力矩有：①叶片正、背面作用于液体的压力所产生的力矩；②作用在 ab 面和 cd 面上的水压力所产生的力矩，因其方向均为径向，故对叶轮中心无力矩；③叶片和盖板作用于液体的摩擦阻力所产生的力矩。根据理想液体的假定，这部分暂不予考虑。这样，在所研究液体上，只有叶片对液体的作用力矩。叶轮旋转时，叶片正面压力 $P_正$ 大于叶片背面压力 $P_背$，这两方面的力统称为叶片力。叶轮就是通过叶片把力矩传给液体，使液体的能量增加。

根据均匀流的假设，可把式(2-26)推广应用到流过叶轮的全部水流，即

$$\sum M = \sum \frac{\mathrm{d}m}{\mathrm{d}t}(c_2\cos\alpha_2 R_2 - c_1\cos\alpha_1 R_1) \tag{2-27}$$

式中　$\sum\frac{\mathrm{d}m}{\mathrm{d}t}$——通过叶轮的质量，可写成 ρQ_T；

$c_1\cos\alpha_1$、$c_2\cos\alpha_2$——叶轮进、出口圆周分速度 c_{u1}、c_{u2}。

同时，在等式两边乘以叶轮转动的角速度 ω 后，得

$$\omega\sum M = \rho Q_T(c_{u2}R_2\omega - c_{u1}R_1\omega) \tag{2-28}$$

式中　$\omega\sum M$——叶轮单位时间内对液流所做的功，即水功率 $P_w = \rho g Q_T H_T$。

将 $P_w = \rho g Q_T H_T$ 代入式(2-28)得

$$H_T = \frac{u_2 c_{u2} - u_1 c_{u1}}{g} \tag{2-29}$$

式(2-29)即为叶片泵的基本方程。

对于大多数叶片泵而言，为了提高总扬程和改善水泵的吸水条件，设计时通常使 $\alpha_1 = 90°$，即 $c_{u1}=0$，式(2-29)可简化为

$$H_T = \frac{u_2 c_{u2}}{g} \tag{2-30}$$

式(2-30)为叶片泵的简化方程。

二、基本方程式的分析

(1)由叶轮的进、出口速度三角形余弦定理可知

$$w_1^2 = u_1^2 + c_1^2 - 2u_1 c_1 \cos\alpha_1 = u_1^2 + c_1^2 - 2u_1 c_{u1}$$

$$w_2^2 = u_2^2 + c_2^2 - 2u_2 c_2 \cos\alpha_2 = u_2^2 + c_2^2 - 2u_2 c_{u2}$$

利用上述关系式,可将基本方程式变换为下列形式

$$H_T = \frac{u_2^2 - u_1^2}{2g} + \frac{w_1^2 - w_2^2}{2g} + \frac{c_2^2 - c_1^2}{2g} \tag{2-31}$$

式(2-31)是泵基本方程的另一种表达形式,它虽然以三项流速水头之差所体现,但实际上前两项是压能增加值,只有第三项才是动能增加值。由《水力学》可知,理想流体的相对运动能量方程式为

$$z_1 + \frac{p_1}{\rho g} + \frac{w_1^2}{2g} - \frac{u_1^2}{2g} = z_2 + \frac{p_2}{\rho g} + \frac{w_2^2}{2g} - \frac{u_2^2}{2g} \tag{2-32}$$

移项得

$$\frac{u_2^2 - u_1^2}{2g} + \frac{w_1^2 - w_2^2}{2g} = \left(z_2 + \frac{p_2}{\rho g}\right) - \left(z_1 + \frac{p_1}{\rho g}\right) \tag{2-33}$$

由此可见,式(2-31)右端前两项表示单位重量流体从叶轮进口到出口势能的增量,称为势扬程 H_p,即

$$H_p = \frac{u_2^2 - u_1^2}{2g} + \frac{w_1^2 - w_2^2}{2g} \tag{2-34}$$

式(2-31)右端第三项表示单位重量流体从叶轮进口到出口动能的增量,称为动扬程 H_d,即

$$H_d = \frac{c_2^2 - c_1^2}{2g} \tag{2-35}$$

因此,理论扬程是由势扬程和动扬程所组成的,即

$$H_T = H_p + H_d \tag{2-36}$$

可见,水泵的扬程是由两部分能量所组成的,一部分为势扬程(H_p),另一部分为动扬程(H_d),它在流出叶轮时,以单位动能的形式出现。在实际应用中,由于动能转化为压能过程中伴有能量损失,使泵的效率降低,因此动扬程在水泵总扬程中所占的百分比越小,水力损失越小,水泵的效率就越高。

对于轴流泵,叶片进、出口圆周速度相同,即 $u_1 = u_2$,所以式(2-31)可变为

$$H_T = \frac{w_1^2 - w_2^2}{2g} + \frac{c_2^2 - c_1^2}{2g} \tag{2-37}$$

由式(2-37)可知,轴流泵的势扬程受到一定的限制,没有惯性离心力引起的压头增值,所以它的扬程远低于离心泵。轴流泵能量的获得主要依靠 w,为了使流体通过叶轮时

获得扬程，必须使 $w_1 > w_2$，因此叶片进口角 β_1 必须小于叶片出口角 β_2，同时为了提高水泵效率，叶片应有良好的翼型。

(2)从基本方程的推导过程可知，基本方程中没有表征叶片泵叶片形状的参数，泵的理论扬程仅与流体在叶轮进、出口处的速度三角形有关，液体能量的增加仅与叶片进、出口处液体的动量矩有关，而与流体在叶槽中的流动情况无关。这就是说，不论叶片形状如何，液体所获能量仅取决于叶轮进、出口处的速度大小和方向。所以，基本方程式不但适用于离心泵，也适用于轴流泵和混流泵，故称其为叶片泵基本方程式。

(3)基本方程式在推导过程中，流体的密度 ρ 是被消掉的，这说明基本方程与被抽液体的种类无关，该方程可适用于各种流体。所以，用同一台泵抽送不同的液体或气体，其理论扬程数值是一样的，但理论扬程用被抽液体的米柱高表示时是不同的。因为液体的重度不同，泵产生的压力不同，由此可知，正值安装高度的泵，在启动前必须充水排气，否则开机后，水泵所抽空气柱折合成水柱高相当微小，无法将水抽入水泵内，水泵就无法正常工作。所以，离心泵启动前要充水。

(4)叶片泵的基本方程式把扬程、流量、转速等主要性能参数联系起来，应用基本方程式，可以定性地分析一些水流现象对水泵运行的影响。例如，当进水建筑物或进水管中出现旋涡时，会使水泵的性能参数发生变化。

若进水建筑物中旋涡的方向与水泵叶轮转向相反，使相对运动加剧，在流量不变的条件下，液体在叶轮进口处的相对运动速度增加，使得 w_1 增加为 w_1'，$\alpha_1' > \alpha_1 = 90°$，则 $c_{u1}' < 0$，水泵的理论扬程将变为

$$H_T = \frac{u_2 c_{u2} - (-u_1 c_{u1}')}{g} = \frac{u_2 c_{u2} + u_1 c_{u1}'}{g} \tag{2-38}$$

由此可见，水泵的理论扬程将增加，水泵的轴功率也相应增加，可能使动力机超载。同理，若旋涡旋转方向与叶轮转向相同，使相对运动削弱，在流量不变的条件下，使得 w_1 减小为 w_1''，$\alpha_1'' < \alpha_1 = 90°$，则 $c_{u1}'' > 0$。因此，水泵的理论扬程将减小，水泵的轴功率也相应减小，这样不能充分发挥机组效益（见图 2-8）。

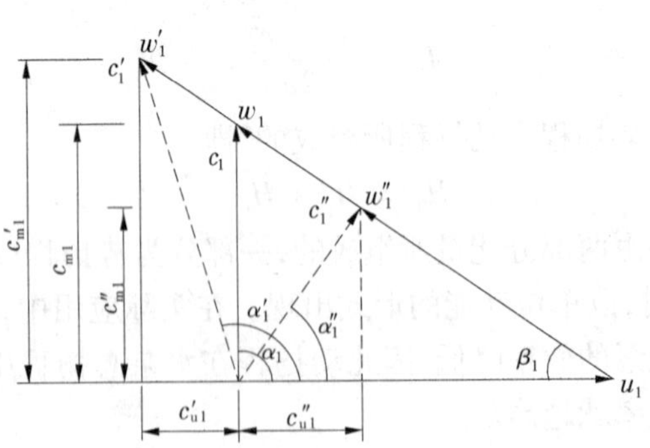

图 2-8　旋涡对水泵运行的影响

如果旋涡不稳定，或时生时灭、时有时无、时弱时强，则会引起机组的震动，影响机组的正常运行，有时甚至不能正常工作，影响水泵使用寿命。

(5)前面推导的基本方程式，我们作了假设：①水流是稳定流。当叶轮转速不变、流

量一定时，叶轮进、出口处的绝对速度可以认为是稳定的，即使叶轮内的绝对运动不稳定，但相对运动可以认为是稳定的，因此此假定可以认为基本与实际相符。②水流流态是均匀一致的。只有在无穷多叶片的情况下，从叶片正面到背面的各条流线才能完全一致，并为轴对称流。而在实践中，叶轮的叶片一般只有6～8片，两叶片之间的槽道有相当的宽度，因而液流具有某种程度的自由。当叶轮带着液体一起转动时，液流质点因惯性作用，趋于保持其绝对位置，因而产生了与叶轮转向相反的旋转运动，即所谓的反旋现象，如图2-9所示。图2-9(a)是无穷多叶片时的液流相速度分布，图2-9(b)是在有限多叶片条件下出现的反旋现象，图2-9(c)是前两种流动叠加后得到的速度分布。因此，流道内的流速实际分布是不均匀的，如图2-9(d)所示。在实际应用中需要进行修正。

假定用下标"∞"表示叶片为无限多时的参数，式(2-29)应改写成

$$H_{T\infty} = \frac{u_2 c_{u2\infty} - u_1 c_{u1\infty}}{g} \tag{2-39}$$

我们可用图2-10来表示反旋现象对叶轮出口流动的影响。反旋现象使相对速度偏离叶片的切线方向。从图2-11中可以看出，实际叶轮中，$c_{u1} > c_{u1\infty}$、$c_{u2} < c_{u2\infty}$，使有限叶片数水泵的理论扬程小于无限多叶片时的扬程。有限叶片数的理论扬程H_T可按下式计算

$$H_T = \frac{H_{T\infty}}{1+p} \tag{2-40}$$

式中　p——修正系数。

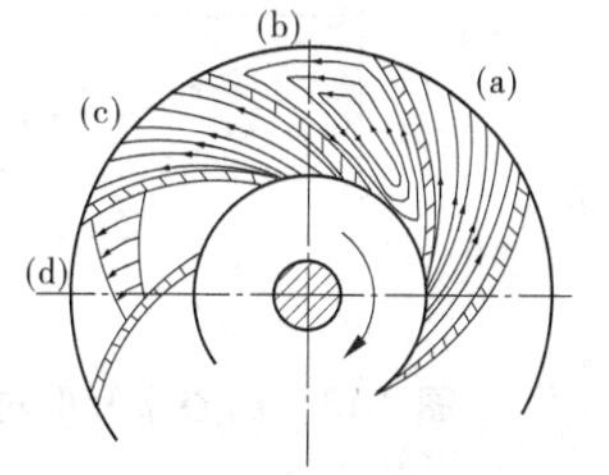

图2-9　反旋现象对叶道内流速分布的影响

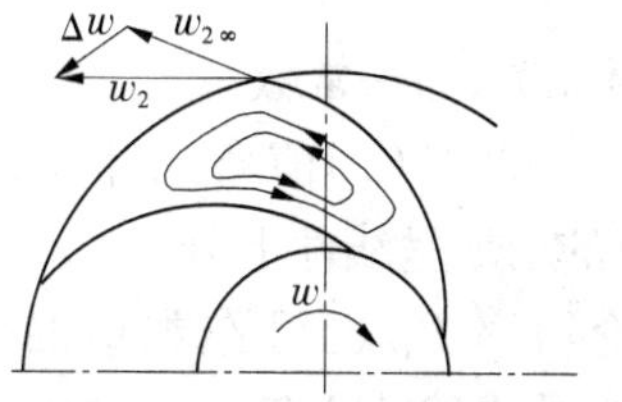

图2-10　反旋现象造成相对速度偏离叶片切线方向

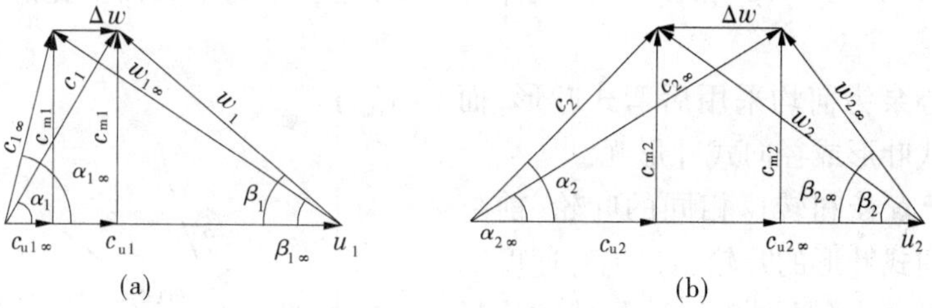

图2-11　有限叶片数和无限叶片数条件下的叶片进、出口速度三角形

三、离心泵的叶形分析

对于大多数叶片泵来说，通常$c_{u1\infty} \approx 0$，将式(2-24)代入式(2-39)可得到离心泵叶片无限多时理论扬程和理论流量的关系，即

$$H_{T\infty}=\frac{u_2 c_{u2\infty}}{g}=\frac{u_2^2}{g}-\frac{u_2\cot\beta_2}{g\pi D_2 b_2 \psi_2}Q_T \tag{2-41}$$

对于给定的水泵，其叶轮出口直径 D_2、叶片出口边宽度 b_2、排挤系数 ψ_2 是常数，当转速 n 一定时，u_2 为常数，而且均为正数。现分析不同的叶形（如图 2-12 所示）对应于不同的出口安放角 β_2 时，流量—扬程关系曲线变化情况如图 2-13 所示。

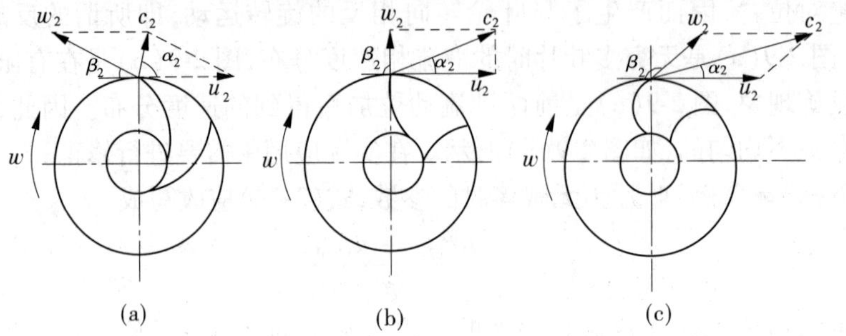

图 2-12　离心泵叶轮叶片的形式

（1）当 $\beta_2<90°$ 时（即后弯式叶形），$\cot\beta_2$ 为正值，$H_{T\infty}$ 随 Q_T 的增加呈线性下降。

（2）当 $\beta_2=90°$ 时（即径向式叶形），$\cot\beta_2=0$，$H_{T\infty}=\frac{u_2^2}{g}$ 为常数，$H_{T\infty}$ 不随 Q_T 的变化而变化；理论扬程与理论流量无关，为一常数。

（3）当 $\beta_2>90°$ 时（即前弯式叶形），$\cot\beta_2$ 为负值，$H_{T\infty}$ 随 Q_T 的增加呈线性上升。

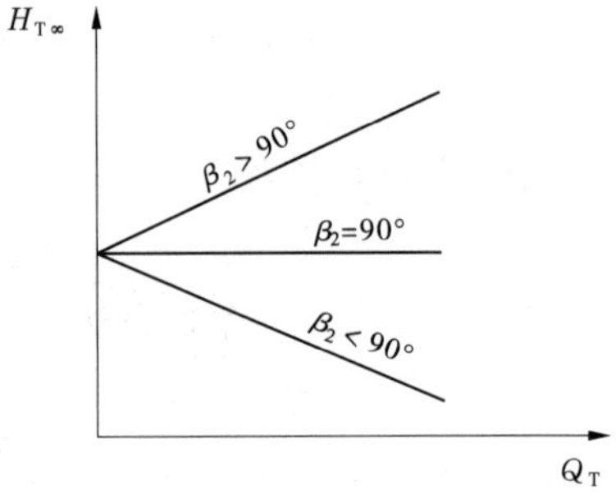

图 2-13　离心泵叶形对扬程的影响

对于理论功率 P_T 也可作类似的分析。根据 $P_{T\infty}=\rho g Q_T H_{T\infty}$ 及式（2-41）有

$$P_{T\infty}=\rho u_2\left(u_2 Q_T-\frac{\cot\beta_2}{\pi D_2 b_2 \psi_2}Q_T^2\right) \tag{2-42}$$

对于 $\beta_2<90°$、$\beta_2=90°$ 和 $\beta_2>90°$ 三种情况，$P_{T\infty}$ 随 Q_T 的增大而变化的情况如图 2-14 所示。

现代离心泵为何均采用后弯式叶形，而不采用前弯式叶形或径向式叶形呢？

（1）对于直径和转速相同的叶轮，前弯式叶形和径向式叶形的叶轮出口绝对速度 c_2 较后弯式叶形的大（见图 2-12），虽然理论扬程也因此而增大，但增大部分是动扬程，会导致水力损失的增大而降低功能转换效率。测试表明，$\beta_2=90°$ 的完全径向叶轮，当转速较高时，泵的效率只有 30% ~50%。

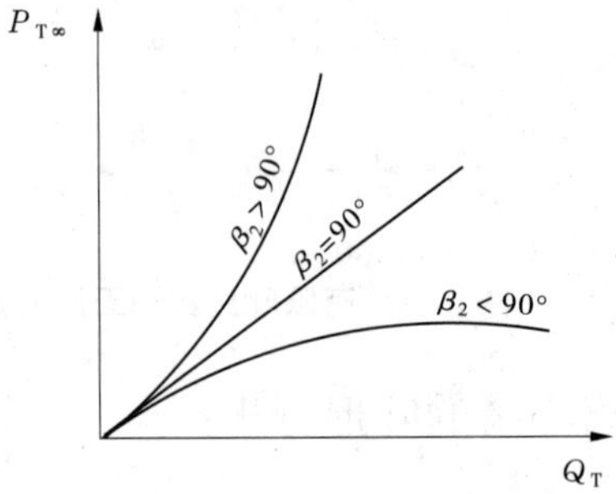

图 2-14　离心泵叶形对功率的影响

（2）前弯式叶形和径向式叶形的弯曲较后弯式叶形的大，不仅增加铸造困难，而且使流速在流道内调整过急，导致水力损失增大。

（3）前弯式叶形和径向式叶形的功率随流量增加较快，容易使动力机过载，机组不能正常运行。所以，离心泵叶轮叶片均制成后弯式。叶片出口安装角一般为18°~35°，最常用的是20°~25°。高比转速的泵取小值，低比转速的泵取大值。

第四节　叶片泵的基本性能曲线

熟悉水泵的性能及其变化规律，有助于我们合理地选择水泵及其动力机，确定水泵的安装高程及解决水泵在实际运行中所遇到的许多问题。

泵内水流运动参数之间存在着一定的联系，所以性能参数之间也必然存在着相应的联系，对于既定的泵，这种联系具有一定的规律性。各参数之间的变化规律，通常用曲线来表示，这种关系曲线称为水泵的性能曲线。

用试验的方法测出有关工作参数，再绘出其关系曲线来反映它们之间的内在联系和变化规律，这些曲线称为水泵的性能曲线。在转速 n 确定的情况下运行，水泵的扬程 H、轴功率 P、效率 η 和汽蚀余量 $NPSH$ 或允许吸上真空高度 H_{sa} 随流量变化的关系曲线，称为水泵的基本性能曲线。

一、理论性能曲线

（一）扬程曲线的理论分析

理论性能曲线是根据水泵的基本方程式并考虑它在不同流量下泵内各种损失绘制而成的。它有助于我们从理论上深入理解水泵的试验性能曲线。

在实用上，水泵的流量和扬程之间的关系具有很大的作用，故先让我们比较仔细地讨论一下流量和扬程之间的理论关系。

（1）在实践中采用向后弯曲形式的叶片，即 $\beta_2 < 90°$，将式（2-41）绘制在坐标系中，如图2-15所示，它是一条下降的直线，在 H 轴上的截距为 $\frac{u_2^2}{g}$，在 Q 轴上的截距为 $Q_0 = \frac{u_2 \pi D_2 b_2 \psi_2}{\cot\beta_2}$，如图中 $Q_T \sim H_{T\infty}$ 曲线所示。

（2）考虑实践中有限叶片数影响，其理论扬程由式（2-40）绘制在图中得 $Q_T \sim H_T$ 曲线，也是一条直线。

（3）考虑泵内的水力损失，得到水泵实际扬程与理论流量关系曲线。泵的理论扬程与实际扬程 H 之间的差异在于水力损失。泵内的水力损失包括沿程损失、局部损失和冲击损失，前两种损失与流量的平方成正比，即 $h_f = K_1 Q_T^2$。

该关系是一条通过原点的抛物线。从曲线中扣除这部分损失，可得到一新的曲线，新曲线已由原来的直线变为抛物线。

泵内的冲击损失是由于水泵偏离最优流量 Q_0 所形成的，偏离越远，冲击损失就越大，其关系可表示为 $h_j = K_2(Q_T - Q_0)^2$。

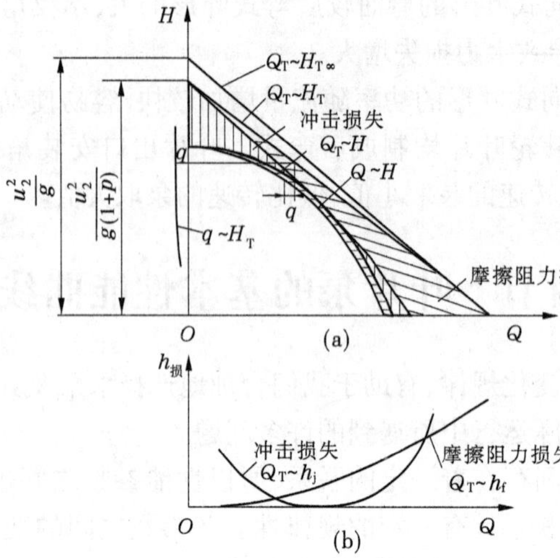

图 2-15　$Q \sim H$ 曲线理论分析

这是一条与横坐标相切的抛物线。从前面得到的曲线中减去曲线 $h_j \sim Q_T$ 所对应的损失值，便得到实际扬程 H 与理论流量 Q_T 的关系曲线 $Q_T \sim H$。

(4)将 $Q_T \sim H$ 曲线的横坐标减少相应的容积损失 q，就可以得到我们所要求的 $Q \sim H$ 曲线——扬程性能曲线，它也是一条上凸下降的二次抛物线。

水泵流量 Q 是理论流量 Q_T 与漏损流量 q 之差。漏损流量 q 一般很小，它与密封环两侧压差 ΔH 的 1/2 次方成正比，也可表示为与理论扬程 H_T 的 1/2 次方成正比，其关系曲线是条很陡的抛物线。从曲线 $Q_T \sim H$ 的横坐标中减去相应的 q 值后，最终得到水泵的 $Q \sim H$ 曲线，这就是泵的实际流量扬程曲线。

(二)功率曲线理论分析

将式(2-40)、式(2-41)代入式(2-9)整理得

$$P_T = \frac{1}{1+p}\rho u_2^2 Q_T - \frac{1}{1+p}\rho u_2 \frac{\cot\beta_2}{\pi D_2 b_2 \psi_2} Q_T^2 \tag{2-43}$$

根据式(2-43)，将 $P_T \sim Q_T$ 关系用曲线表示在图 2-16 中，是一条开口向下的抛物线，它与横坐标的交点有两个，分别为 $Q_T = 0$ 和 $Q_T = u_2 \pi D_2 b_2 \psi_2 \tan\beta_2$(即 $H_T = 0$)。

由于机械损失是轴承、填料和盖板摩擦损失所消耗的功率，而这些损失几乎与流过叶轮的流量 Q_T 无关，故在 $P_T \sim Q_T$ 曲线的纵坐标上加上一个常数 ΔP_m，即得到轴功率 P 与理论流量 Q_T 间的关系曲线 $P \sim Q_T$。考虑到漏损流量 q 与理论扬程有关，在 $P \sim Q_T$ 曲线上减去对应的 q 值，即得到轴功率与流量的关系曲线 $P \sim Q$。

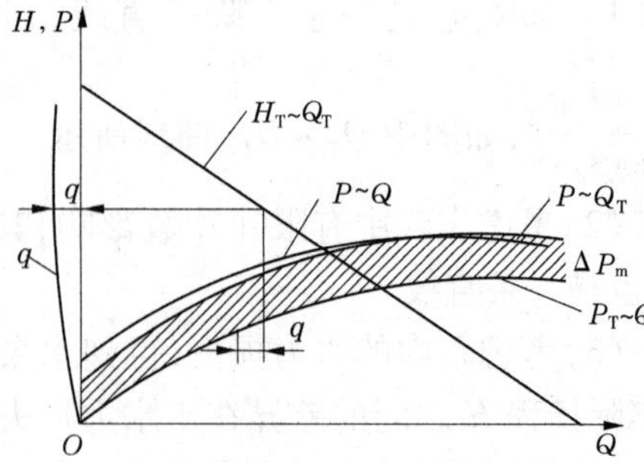

图 2-16　$P \sim Q$ 曲线分析

(三)效率性能曲线

有了流量与扬程、流量与轴功率关系曲线后,可查出同一流量 Q 下的相应扬程 H 和轴功率 P,由公式 $\eta=\rho gQH/P$ 计算效率 η 值,并可绘制出 $Q\sim\eta$ 曲线,它是一条具有最高点的上凸二次抛物线。

二、试验性能曲线

在流量不同于设计流量时,由于泵内水流运动变得很复杂,目前适用于这种运动情况的水力计算法还没有研究到可以使用的程度,所以水泵性能必须用试验的方法来确定。在转速一定的情况下,实际测定水泵的其他性能参数与流量之间的关系曲线,即为 $Q\sim H$、$Q\sim P$、$Q\sim\eta$、$Q\sim[H_{sa}]$ 或 $Q\sim[NPSH]_r$ 等曲线,即得到试验性能曲线,如图 2-17、图 2-18所示。

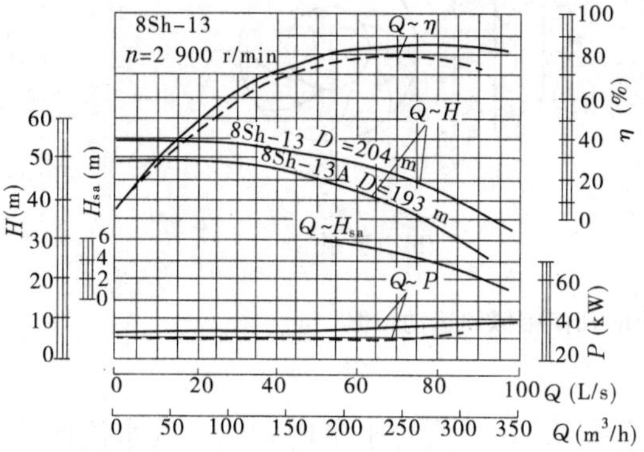

图 2-17　离心泵的试验性能曲线

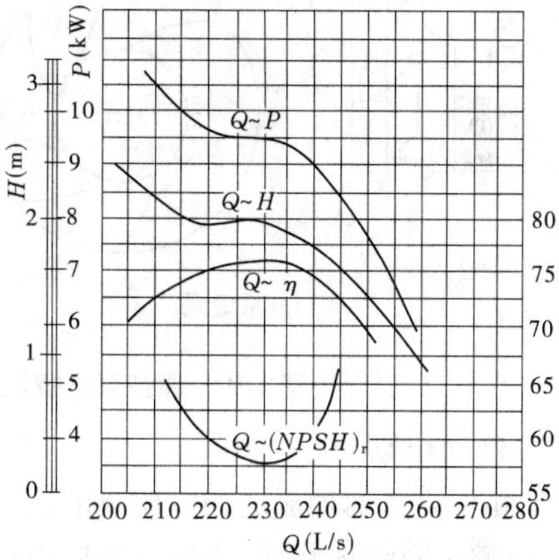

图 2-18　轴流泵的试验性能曲线

第五节　水泵的相似理论

要研制一台好的泵,除要利用前人的经验和资料外,还需满足性能良好、运行可靠、经济和安全的要求。由于水流在水泵内的运动是很复杂的,目前叶片泵的性能或参数仅从理论上还不能准确地解答,多需要模型试验来解决。叶片泵的相似理论是水泵模型试验的理论依据。应用相似理论,可以解决以下几个问题:

(1)根据模型试验,进行新产品的设计和制造。

(2)进行相似水泵之间的性能换算。

(3)确定同一台泵在某性能参数改变后,其他性能参数的变化。

因此,相似理论不仅用于水泵的设计和制造,而且用于解决水泵运行中的问题。

一、相似条件

根据相似原理,两台水泵相似,必须满足以下条件。

(一)几何相似

几何相似是两个流动的边界几何相似,即两台水泵过流部分相应点的同名角相等,同名尺寸比值相等。也就是模型泵与原型泵的所有几何尺寸对应成比例,所有对应夹角相等(见图 2-19)。其数学表达式为

$$\left.\begin{aligned}\frac{b_1}{b_{1M}} = \frac{b_2}{b_{2M}} = \frac{D_1}{D_{1M}} = \frac{D_2}{D_{2M}} = \cdots \\ \alpha_1 = \alpha_{1M}, \alpha_2 = \alpha_{2M}, \cdots\end{aligned}\right\} \tag{2-44}$$

式中　b——叶槽宽度,m。

有下标 M 的为模型,无此下标的为原型。

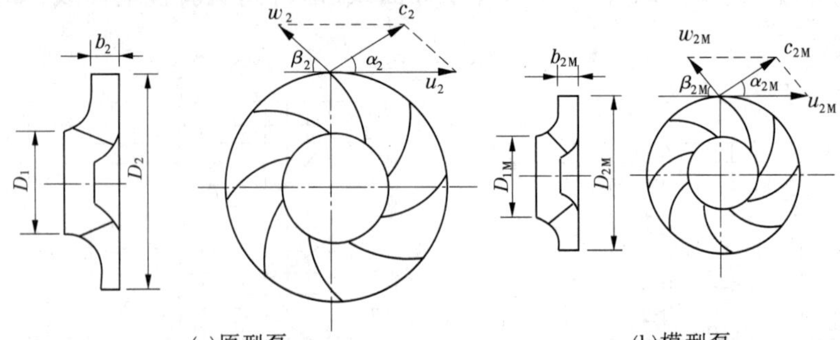

图 2-19　原型泵与模型泵的几何相似和运动相似

(二)运动相似

运动相似是指两种流动相应质点的运动情况相似,即两台水泵内相应点处水流的同名速度比值相等、方向相同,也即在相应点处水流的速度三角形相似。其数学表达式为

$$\frac{c_1}{c_{1M}} = \frac{c_{u2}}{c_{u2M}} = \frac{u_1}{u_{1M}} = \cdots = \frac{D_2 n}{D_{2M} n_M} \tag{2-45}$$

(三)动力相似

动力相似是指导作用于两个流动中相应点上的各对应同名力的方向相同,其大小成比例,且比值相等,即两台水泵相应点处所受的同名力的比值相等、方向相同。其数学表达式为

$$\frac{G}{G_M} = \frac{T}{T_M} = \frac{F}{F_M} = \frac{P}{P_M} = \cdots \tag{2-46}$$

式中　G——重力,kN;

T——黏性力,kN;

F——惯性力,kN;

P——压力,kN。

如果两台水泵能满足三个相似条件,则称两台泵是相似水泵。

二、相似律

(一)第一相似定律

第一相似定律可以确定两台相似水泵流量之间的关系。

由 $\eta_v=\dfrac{Q}{Q_T},\dfrac{b_2}{b_{2M}}=\dfrac{D_2}{D_{2M}},\dfrac{c_{m2}}{c_{m2M}}=\dfrac{D_2 n}{D_{2M} n_M}$,则

$$Q=\pi D_2 b_2 \psi_2 c_{m2} \eta_v$$

$$\frac{Q}{Q_M}=\frac{\pi D_2 b_2 \psi_2 c_{m2} \eta_v}{\pi D_{2M} b_{2M} \psi_{2M} c_{m2M} \eta_{vM}}=\frac{D_2}{D_{2M}}\frac{b_2}{b_{2M}}\frac{c_{m2}}{c_{m2M}}\frac{\psi_2}{\psi_{2M}}\frac{\eta_v}{\eta_{vM}}$$

$$=\frac{D_2}{D_{2M}}\frac{D_2}{D_{2M}}\left(\frac{D_2}{D_{2M}}\frac{n}{n_M}\right)\frac{\psi_2}{\psi_{2M}}\frac{\eta_v}{\eta_{vM}}$$

在几何相似的情况下,$\psi_2=\psi_{2M}$,所以上式可简化为

$$\frac{Q}{Q_M}=\left(\frac{D_2}{D_{2M}}\right)^3\frac{n}{n_M}\frac{\eta_v}{\eta_{vM}} \tag{2-47}$$

式(2-47)表示两台工况相似水泵的流量与转速及容积效率的一次方成正比,与线性比例尺的三次方成正比。这个关系称为水泵的第一相似定律。

(二)第二相似定律

第二相似定律可以确定两台工况相似水泵扬程之间的关系。

由 $\eta_w=\dfrac{H}{H_T},\dfrac{c_{u2}}{c_{u2M}}=\dfrac{u_2}{u_{2M}}=\dfrac{D_2 n}{D_{2M} n_M}$,则

$$\frac{H}{H_M}=\frac{c_{u2}}{c_{u2M}}\frac{u_2}{u_{2M}}\frac{g_M}{g}\frac{\eta_w}{\eta_{wM}}=\left(\frac{D_2}{D_{2M}}\frac{n}{n_M}\right)^2\frac{\eta_w}{\eta_{wM}} \tag{2-48}$$

式(2-48)表示两台工况相似水泵的扬程与转速及线性比例尺的二次方成正比,与水力效率的一次方成正比。

(三)第三相似定律

第三相似定律可以确定两台工况相似水泵轴功率之间的关系。

由于 $P=\dfrac{\rho g Q H}{\eta},\dfrac{Q}{Q_M}=\left(\dfrac{D_2}{D_{2M}}\right)^3\dfrac{n}{n_M}\dfrac{\eta_v}{\eta_{vM}},\dfrac{H}{H_M}=\left(\dfrac{D_2}{D_{2M}}\dfrac{n}{n_M}\right)^2\dfrac{\eta_w}{\eta_{wM}},\eta=\eta_m\eta_v\eta_w$,则

$$\frac{P}{P_M}=\frac{\rho g}{\rho_M g_M}\left(\frac{D_2}{D_{2M}}\right)^5\left(\frac{n}{n_M}\right)^3\frac{\eta_{mM}}{\eta_m}=\left(\frac{D_2}{D_{2M}}\right)^5\left(\frac{n}{n_M}\right)^3\frac{\eta_{mM}}{\eta_m} \tag{2-49}$$

值得指出的是,当水泵的尺寸增加时,由于水泵转动部分和固定部分的间隙相对增加得较少,所以原型泵的容积效率大于模型泵的容积效率;由于填料函和轴承内的功率损失比水泵的功率增加得慢些,所以原型泵的机械效率大于模型泵的机械效率;由于水泵过流部分壁面的相对粗糙度随着泵尺寸的增大而减小,所以原型泵的水力效率大于模型泵的水力效率。因比,水泵越大,其总效率越高。如果原型泵与模型泵的尺寸相比不超过3倍,其容积效率、机械效率、水力效率及水泵的效率可认为近似相等,则三个相似定律公式可简化为

$$\left.\begin{aligned}\frac{Q}{Q_M}&=\left(\frac{D_2}{D_{2M}}\right)^3\frac{n}{n_M}\\\frac{H}{H_M}&=\left(\frac{D_2}{D_{2M}}\right)^2\left(\frac{n}{n_M}\right)^2\\\frac{P}{P_M}&=\left(\frac{D_2}{D_{2M}}\right)^5\left(\frac{n}{n_M}\right)^3\end{aligned}\right\}\tag{2-50}$$

三、相似律的特例——比例律

对于同一台水泵，其叶轮直径不变，相当于 $D_2=D_{2M}$，在不同转速情况下运行时，式(2-50)可简化成比例律，即

$$\left.\begin{aligned}\frac{Q_1}{Q_2}&=\frac{n_1}{n_2}\\\frac{H_1}{H_2}&=\left(\frac{n_1}{n_2}\right)^2\\\frac{P_1}{P_2}&=\left(\frac{n_1}{n_2}\right)^3\end{aligned}\right\}\tag{2-51}$$

比例律公式说明，当水泵的转速改变时，水泵的流量、扬程和轴功率也随之改变，即流量、扬程、功率分别与转速比值的一次方、二次方、三次方成正比变化。

有关试验表明，水泵的转速对容积效率和水力效率的影响不太大，而机械效率中轮盘摩擦损失、轴承摩擦损失和填料函损失分别与转速的三次方、二次方及一次方成正比变化。所以，转速越大，机械效率越低，比例律中第三项的误差就越大。

第六节　比转速

根据相似律公式，可以对所有相似泵的流量、扬程和功率等参数进行换算。因水泵叶轮结构不同，其性能曲线也就不同。为了对不同的水泵进行比较和分类，希望能有一个综合参数，它既能反映泵的几何形状，又能用性能参数来表达，并且对所有几何相似、工况相似的一系列泵，该参数都相等。这个参数就是水泵的比转速，又称为比转数，用符号 n_s 表示，它是水泵叶轮形状及性能的相似判据。

一、比转速公式

根据第三相似律中的式(2-50)中第二式、第三式可得

$$\frac{H}{n^2D_2^2}=\frac{H_M}{n_M^2D_{2M}^2}=\text{constant}\tag{2-52}$$

$$\frac{P}{n^3D_2^5}=\frac{P_M}{n_M^3D_{2M}^5}=\text{constant}\tag{2-53}$$

将两式联立，去掉 D_2 可得

$$\frac{n\sqrt{P}}{H^{5/4}}=\frac{n_M\sqrt{P_M}}{H_M^{5/4}}=\text{constant} \tag{2-54}$$

令

$$n_s=\frac{n\sqrt{P}}{H^{5/4}} \tag{2-55}$$

如果功率的单位用马力，则 $P=13.32QH$ 马力，代入式(2-55)得

$$n_s=3.65\frac{n\sqrt{Q}}{H^{3/4}} \tag{2-56}$$

所以，比转速可以看做是流量为0.075 m^3/s、扬程为1 m、有效功率为1马力的泵的转速。将其代入式(2-56)中，得 $n_s=n$。

二、注意事项

(1)一台泵的比转速是唯一的。水泵铭牌上及型号中的比转速是由水泵设计工况（即最高效率点）下的流量、扬程和额定转数计算而得的。同一台水泵在不同转速下运行，水泵设计工况下的各个参数值按比例律变化，因此计算所得的比转速仍然不变。

(2)比转速是工况的函数，同一台水泵在不同工况下运转，有不同的比转速。为便于进行分析、比较，通常以水泵设计工况的比转速为该泵的比转速。

(3)比转速是由相似律推导出来的，因此比转速相等是水泵几何相似、运动相似、动力相似的必要条件，相似水泵有相同的比转速。但反过来说，比转速相等的水泵可能不相似。如50ZLQ－50型轴流泵与10HB－50型混流泵的比转速都是500，但由于两泵结构不同，所以两泵不相似。

(4)比转速公式中流量、扬程是对单级单吸水泵而言的，对于双吸泵应采用其设计流量的一半，对于多级泵应采用单级叶轮扬程。

(5)比转速是表示叶轮出口相似综合准则数，但是因各国采用的流量、扬程及功率的单位不同，所以比转速的数值也不同。各国比转速换算关系如表2-1所示。

表2-1　不同国家比转速换算关系对照

国别	中国、俄罗斯	美国	英国	日本
公式	$\frac{3.65n\sqrt{Q}}{H^{3/4}}$	$\frac{n\sqrt{Q}}{H^{3/4}}$	$\frac{n\sqrt{Q}}{H^{3/4}}$	$\frac{n\sqrt{Q}}{H^{3/4}}$
单位	$Q(m^3/s)$ $H(m)$ $n(r/min)$	Q(u·s·gpm) $H(ft)$ $n(r/min)$	$Q(gpm)$ $H(ft)$ $n(r/min)$	$Q(m^3/min)$ $H(m)$ $n(r/min)$
换算关系	1 0.070 6 0.077 6 0.471	14.16 1 1.096 6.68	12.89 0.912 1 6.079	2.12 0.15 0.165 1

注：1 ft＝0.304 8 m。

(6)比转速公式是特指泵抽送液体为清水的状况。

三、比转速的作用

比转速在水泵的理论研究、设计计算和使用中很重要,它的用处有以下几个方面。

(一)对叶轮进行分类

比转速的大小反映了水泵的水力特性。比转速与流量成正比,而与扬程成反比,所以低扬程、大流量的水泵比转速大,高扬程、小流量的水泵比转速小。根据比转速的大小,可对水泵进行分类,如表 2-2 所示。

(二)对叶片泵的性能进行分析

水泵的性能与比转速有关。为了分析水泵性能随比转速变化的关系,将叶片泵的性能曲线用相对性能曲线表示。详见图 2-20 ~ 图 2-22。

表 2-2　比转速与叶轮形状及性能曲线的关系

水泵类型	离心泵			混流泵	轴流泵
	低比转速	中比转速	高比转速		
比转速	50 ~ 80	80 ~ 150	150 ~ 300	300 ~ 500	500 ~ 1 000
叶轮简图	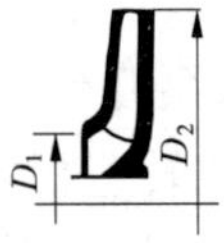				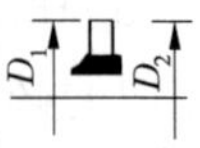
尺寸比	$D_2/D_1=2.5$	$D_2/D_1=2.0$	$D_2/D_1=1.8\sim1.4$	$D_2/D_1=1.2\sim1.1$	$D_2/D_1=1.0$
叶片形状	圆柱形	进口处扭曲形,出口处圆柱形	扭曲形	扭曲形	扭曲形

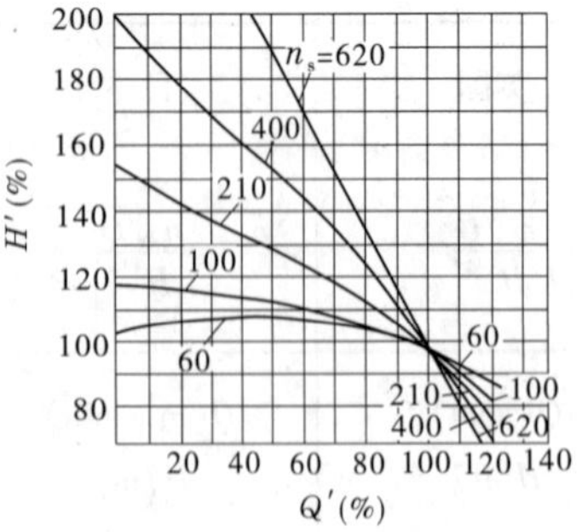

图 2-20　扬程相对性能曲线

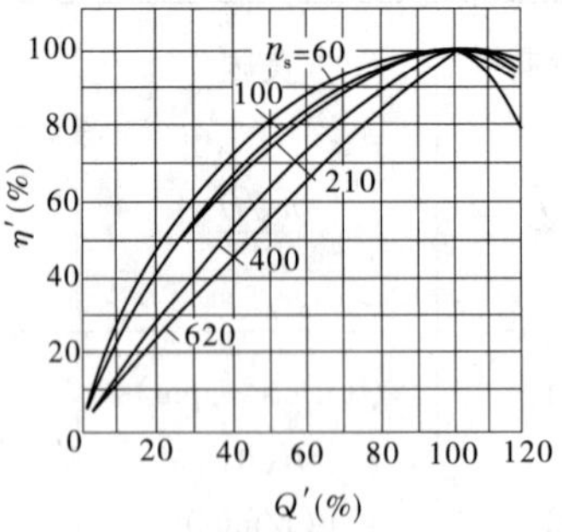

图 2-21　效率相对性能曲线

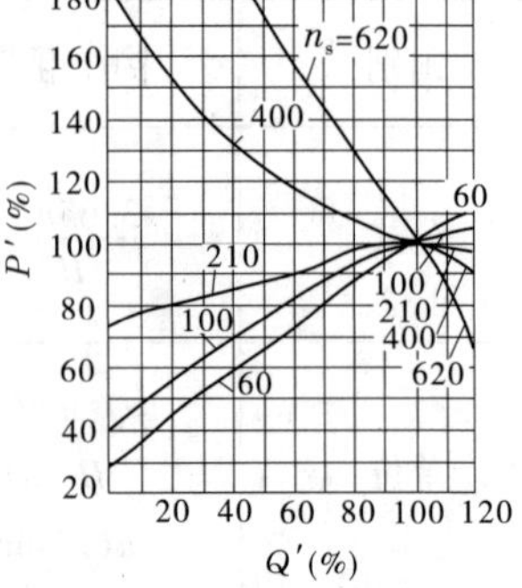

图 2-22　功率相对性能曲线

(三)利用 n_s 初选水泵

从水泵使用观点考虑,利用 n_s 可进行初选水泵。例如,当拟选水泵所需流量 Q、扬程 H 和转速 n 已知时,就可求出所选水泵的 n_s,从而确定出水泵的类型,进一步利用水泵性能曲线确定出泵的具体型号。

小 结

叶片泵的基本理论知识是对水泵运行管理、使水泵发挥更好效益的基石，泵的基本性能参数是表征水泵运行时工作状况的一组数据，水泵的工作特点是由其性能参数表达的。泵的基本方程是描述泵内能量传递的理论，是反映水泵如何将能量传递给流体、在传递过程中遵循规律的方程，特别注意的是，要学会用基本方程解释现实中的相关问题。叶片泵的性能曲线是反映水泵性能变化的规律，是指导水泵运行的先决条件，它对如何使用水泵，如何更好地发挥泵的效益有非常重要的作用。相似律、比例律是反映水泵产品系列特征的理论，对水泵的运行、研发有重要作用。比转速是判定水泵相似的必要条件，特别强调的是，在运用比转速公式时，要注意相关参数的取值。

思考题

1. 泵的基本性能参数有哪些？定义如何？

2. 什么是泵的基本方程？试推求叶片泵的基本方程。

3. 为何正值安装高度的离心泵启动前需要充水？

4. 为何离心泵采用向后弯曲形式的叶片？

5. 旋涡对水泵产生怎样的影响？

6. 试绘制叶轮进、出口速度三角形。

7. 什么是叶片泵的基本性能曲线？主要有哪些基本性能曲线？三种叶片泵的基本性能曲线有何异同？

8. 为何离心泵常采用关阀启动？轴流泵可否采用关阀启动？

9. 水泵相似条件有哪些？试写出简化相似律公式及比例律公式。

10. 什么是比转速？试写出其表达式。比转速有哪些用途？计算比转速时应注意哪些问题？

第三章　叶片泵的运行工况及调节

学习重点

本章主要学习在不同形式的抽水系统中，水泵的运行工作参数即工况点确定的图解法、数解法，管路特性和水池水位变化对泵工作状况的影响，水泵串、并联运行，泵在分支管路联合运行，泵站效率影响因素，水泵工况调节原理及计算。

学习要求

1. 掌握水泵工况定义及影响因素，掌握单泵工况点确定的图解法及数解法。

2. 掌握水泵串、并联运行工况点确定的方法，掌握水泵在分支管路运行工况的确定方法。

3. 掌握泵站运行效率的定义及表达式，并学会用其分析解决问题。

4. 掌握水泵工况调节的方法、原理及其计算，以指导水泵的运行管理。

5. 了解井泵并联运行工况的确定方法，为能更好地进行井泵站的设计及管理提供条件。

第一节　管路特性曲线

通过对水泵特性曲线的分析，可以看出，每台水泵在一定的转速下都有它自己固有的特性曲线，此曲线反映了该水泵本身潜在的工作能力。

水泵的过水部件是根据给定的一组流量 Q、扬程 H 和转速 n 值，按水力效率最高与汽蚀性能较好的要求设计出来的，符合这一组参数的工作状况叫做设计工况。

在泵站工程中，我们把水泵、动力机及其传动设备的组合体，称为水泵机组；把水泵机组及其配套管路（包括管路附件，即阀件及管件等）的组合体，称为抽水装置。如果再把进水池和出水池（或水塔）考虑在内，则形成一个抽水系统。在抽水系统一定的情况下，水泵实际运行时的流量 Q、扬程 H、功率 P、效率 η、允许吸上真空高度 H_{sa} 或者必需汽蚀余量 $(NPSH)_r$ 等一组性能参数，称为水泵的工况点，或称为水泵的工作点。它对应于水泵的 $Q \sim H$ 曲线、$Q \sim P$ 曲线、$Q \sim \eta$ 曲线、$Q \sim H_{sa}$ 曲线或 $Q \sim (NPSH)_r$ 曲线上的某一具体位置。

水泵的工作状况主要取决于水泵自身的性能、管路特性及上、下水位差的配合，这三个因素中任何一项发生变化时，水泵工况均随之变化，这些因素直接影响着水泵的运转状态及效能的发挥。

一、管道水头损失

前面介绍了水泵性能曲线，知道了水泵在一定转速下运行时，它的工作点一定在泵的性能曲线上。由于水泵运行时工作点不仅与水泵本身的性能曲线有关，而且与水泵的管路系统的性能有关，水泵运行在曲线的哪一点上，还不能具体确定，因此要知道水泵运行时的工作点，还必须对水泵的管路系统和它的性能进行分析与了解。水泵的管路系统就是指管路、管路附件、进水池和出水池水位的总和，如图 3-1 所示。其中，管路附件包括喇叭管、进水管、出水管、弯头、闸阀、拍门(止回阀)等。

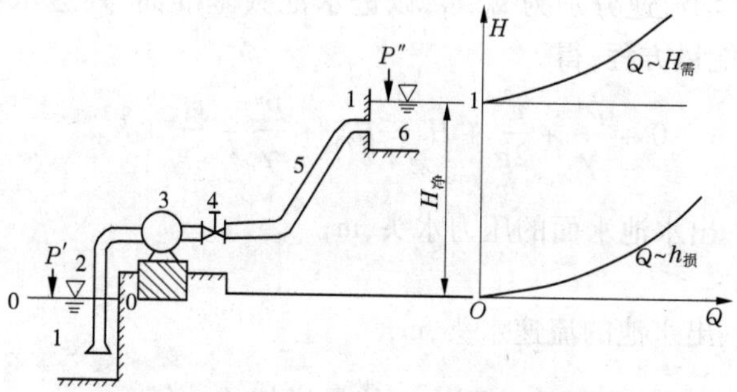

1—进水池；2—进水管；3—水泵；4—闸阀；5—出水管；6—出水池

图 3-1 抽水装置系统及管路特性曲线

在水力学中，我们已经知道，管路水头损失包括沿程水头损失 $h_{沿}$ 和局部水头损失 $h_{局}$ 两部分。对于一定的管路系统，管道长度、直径、配套阀件、管件均为已知，其损失大小随流量而变化。管路水头损失随流量变化而变化的关系曲线为管路水头损失曲线，管路水头损失为

$$h_{损} = h_{沿} + h_{局} = f\frac{L}{D}\frac{v^2}{2g} + \sum\xi\frac{v^2}{2g} = \left(f\frac{L}{D} + \sum\xi\right)\frac{Q^2}{2gA^2} \tag{3-1}$$
$$= (S_{沿} + S_{局})Q^2 = SQ^2$$

式中 L——管道长度，m；

D——管径，m；

A——管道截面面积，m^2；

f、$\Sigma\xi$——管路摩阻系数和各种局部阻力系数之和；

$S_{沿}$——管道沿程阻力参数，s^2/m^5，$S_{沿} = f\frac{L}{2gA^2D}$，当管材、管长和管径确定后 $S_{沿}$ 值为一常数；

$S_{局}$——管道局部阻力参数，s^2/m^5，$S_{局} = \frac{\Sigma\xi}{2gA^2}$，当管径和局部水头损失类型确定后 $S_{局}$ 值为一常数；

S——管道沿程和局部阻力参数之和，s^2/m^5，$S_{沿} = f\frac{L}{2gA^2D} + \frac{\Sigma\xi}{2gA^2}$，称为管道的阻力参数，它表示流量为 1 m^3/s 时管道内的水头损失大小。

该二次抛物线(如图 3-1 中 $Q \sim h_{损}$ 曲线)的曲率取决于管道的直径、长度、管壁粗糙度及局部阻力附件的布置情况，水头损失数值随着流量的增大而增大。应当指出的是，$h_{损}$ 包括进水管的进口损失和出水管的出水损失。为了减小损失，进水管的进口要制成喇

叭口形状,出水管的出口要逐渐放大,这对流量较大、出水管中流速较高的水泵(如大、中型轴流泵)尤其重要。

二、需要扬程曲线

如图 3-1 所示,设进水池水面(下水面)和出水池水面(上水面)上的大气压力分别为 P'、P'',两池水流的平均流速分别为 v_0、v_1,以进水池为基准面,列进水池水面 0—0 面、出水池水面 1—1 面的能量方程,得

$$0 + \frac{P'}{\gamma} + \frac{v_0^2}{2g} + H = H_{净} + \frac{P''}{\gamma} + \frac{v_1^2}{2g} + h_{损} \tag{3-2}$$

式中 $\frac{P'}{\gamma}$、$\frac{P''}{\gamma}$——进、出水池水面的压力水头,m;

$\frac{v_0^2}{2g}$、$\frac{v_1^2}{2g}$——进、出水池的流速水头,m;

H——单位重量液体从泵进口到出口能量增加的数值,m;

$H_{净}$——进、出水池水位差(淹没出流)或出水管口中心至进水池水位的高差(自由出流),称为泵站的净扬程,m。

进、出水池高差不大时,两水面上的大气压力差较小,可近似地认为相等,即认为进、出水池水面上压力水头差近似等于零。两池中流速自身及其差值水头较小,则两池中流速水头差可忽略不计,则式(3-2)可化简为

$$H = H_{净} + h_{损} \tag{3-3}$$

式中 H 为水泵提供的扬程,表示把单位重量的水从进水池输送到出水池所需要消耗的能量值,称为需要扬程,该值用 $H_{需}$ 表示,则式(3-3)可变为

$$H_{需} = H_{净} + h_{损} = H_{净} + SQ^2 \tag{3-4}$$

水泵在工作中需要把水送到某一高度,即把水由进水池送到出水池,不仅把水提高了一个高度 $H_{净}$,而且需要克服管路中的水头损失 $h_{损}$,前者对既定的排灌系统来说是一个常数,若以图形表示,是一条截距等于 $H_{净}$ 的直线;后者是一条与流量成平方关系的二次抛物线(即管路水头损失曲线,见图 3-1 中 $Q \sim h_{损}$ 曲线)。将两者纵向叠加得 $Q \sim H_{需}$ 曲线,表示管路中流量和水泵所需扬程的关系,称为管路系统特性曲线或需要扬程曲线。

第二节　水泵工况点确定

通过前面学习知道,当水泵的转速 n 不变时,水泵的扬程 H 随流量 Q 的增大而减小,呈下降曲线。$Q \sim H$ 曲线上的每一点都对应着泵的一个工作状态,相应有一组工作参数(Q、H、P、η、H_{sa}或$(NPSH)_r$等)。对于一台泵,在转速一定时,其基本特性曲线是不变的,它与管路和上、下水池中的水位变化等外界条件无关。在抽水系统中,泵的运行工况如何,泵能否在高效区运行,均与管路有着直接的关系。下面介绍水泵工况点的确定方法,水泵运行工况点的确定有图解法和数解法两种。

一、单泵工况点的确定

(一)图解法

由前知,泵的 $Q\sim H$ 曲线为一下降曲线,泵正常运行时,其形状不变;管路特性曲线为一上升曲线,说明当净扬程 $H_{净}$ 不变时,管道中通过的流量越大,扬水需要的能量也越大,它和水泵无关,但在抽水系统中,扬水所需要的扬程要靠水泵提供。如果把这两条曲线以同一比例画在同一坐标系中,可得一交点,如图 3-2 中的 A 点,则这一交点就称为该抽水系统中泵的工作点。它说明,当出水量为 Q_A 时,水泵所提供的扬程(能量)和扬水所需要的扬程(能量)恰好相等,故 A 点为供需平衡点,抽水装置处于稳定的运行工作状态。可见,泵的工作点实质上就是抽水系统供需能量的平衡点。下面就给予分析:若工况点不在 A 点而在 B 点,从图 3-2 可以看出,此时流量为 Q_B,水泵供出的能量 H_B 大于管路系统所需要的能量 $H_{B需}$,供需失去平衡,多余的能量($\Delta H=H_B-H_{B需}$)会使管中水流加速、流量增大,直到工作点移至 A 点达到能量供需平衡;反之,若工况点在 C 点,则水泵供给的能量 H_C 小于管路系统所需要的能量 $H_{C需}$,则能量供不应求,缺额一定的能量($\Delta H'=H_{C需}-H_C$),管中水流减速、流量减小,直到减至 Q_A。因此,只要水泵性能,管路性能和进、出水池水位等因素不变,水泵将稳定地在 A 点工作。

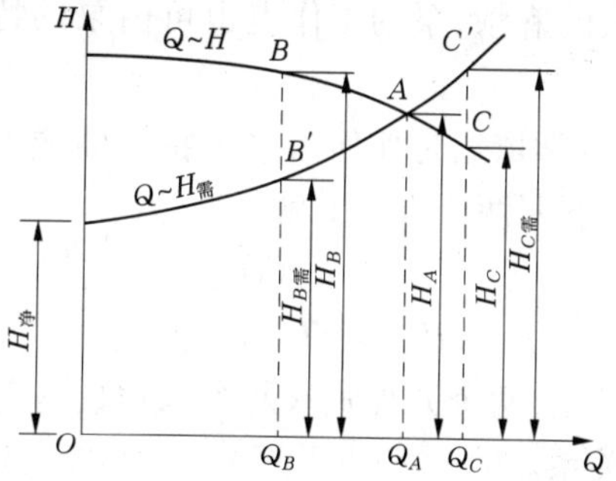

图 3-2　图解法确定水泵工况

这种图解方法可直观定量地得出该抽水系统中水泵的流量大小。如图 3-3 所示,工作点确定后,还可从泵的 $Q\sim P$、$Q\sim\eta$ 曲线查出此流量对应的轴功率(图中 B 点)和水泵效率(图中 C 点)。水泵运行时,一般要使工作点处在高效区内,这样泵站工作才较为经济。

在上、下水池水位经常变动即泵站净扬程多变的情况下,运用上述图解法确定水泵的工作点需绘制一系列 $Q\sim H_{需}$ 曲线,每一净扬程都需要对应绘制一条 $Q\sim H_{需}$ 曲线,工作烦琐。为此,介绍一种较为方便的图解方法——扣损法,如图 3-4 所示。

作图时,可以假想地把整个管路或相当长的一部分管路当做水泵的接管。如假想地把水泵的进口拉长到管道进口 K 点,把水泵出口假想地拉长到 M 点,把这一想象的水泵称为改装泵。从水泵扬程曲线的纵坐标减去整个管路或一部分管路的损失水头,也就是说,可以把水泵的接管当做水泵的进、出水流道,原水泵所产生的能量在接管内就消耗了相当大的一部分,剩余的扬程就是改装泵的扬程。具体做法是:先在 Q 坐标轴的下面画

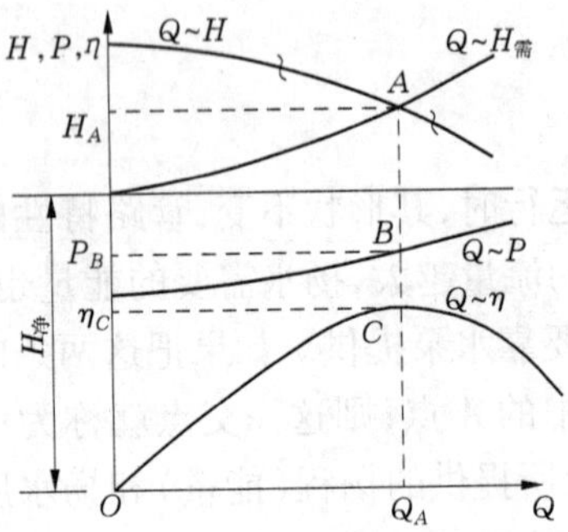

图 3-3　图解法确定水泵各工作参数

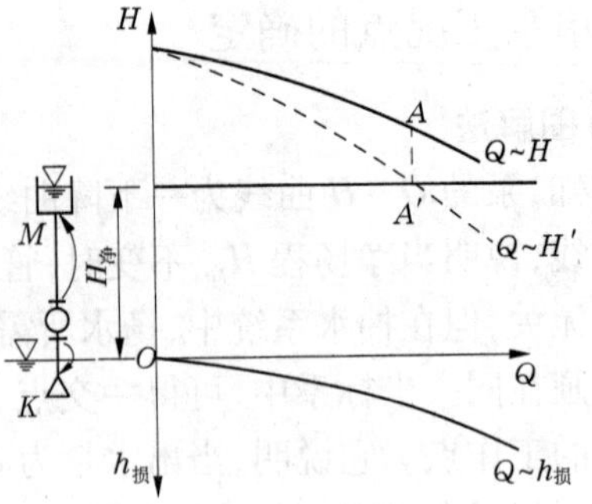

图 3-4　扣损法确定水泵工况点

出管路损失曲线 $Q \sim h_{损}$，再在水泵性能曲线 $Q \sim H$ 上减去相应流量的水头损失 $h_{损}$，得到改装水泵的性能曲线 $Q \sim H'$，它与净扬程 $H_{净}$ 水平横线相交于 A' 点，则 A' 点称为改装泵的工况点。再由 A' 点向上引垂线与 $Q \sim H$ 曲线交于 A 点，则 A 点即为水泵工况点。此法的优点是，当净扬程时常变化时，只需绘制一条水平线 $H_{净}$ 和一条垂直线 AA' 即可得到水泵的工况点。

（二）数解法

为了免去作图绘制曲线的麻烦，泵的工作点也可由泵的特性方程式和管路特性方程式联立求解而得。

水泵工况点的数解，其数学依据是如何由水泵特性曲线方程及管道系统特性曲线方程解出 Q 和 H 值，也即求解下列两个方程的解

$$H = f(Q) \tag{3-5}$$

$$H_{需} = H_{净} + SQ^2 \tag{3-6}$$

由式(3-5)和式(3-6)可见，两个方程式求两个未知数是完全可能的，关键在于如何来确定水泵的 $H = f(Q)$ 函数关系。

现假设水泵厂样本中所提供的 $Q \sim H$ 曲线上的高效段可用抛物线近似拟合，其方程的表达形式为

$$H = H_C - h_X \tag{3-7}$$

式中　H——水泵的实际扬程；

H_C——水泵在 $Q = 0$ 时所产生的虚总扬程；

h_X——相应于流量为 Q 时，泵体内的虚水头损失之和，$h_X = S_X Q^2$；

S_X——泵体内虚阻耗系数。

则

$$H = H_C - S_X Q^2 \tag{3-8}$$

其图形如图 3-5 所示。

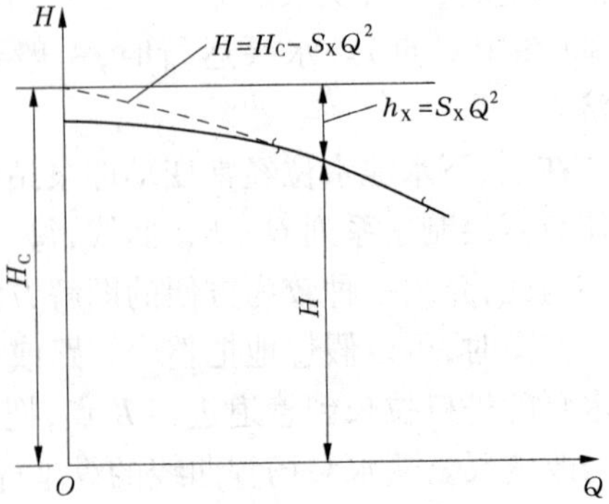

图 3-5　水泵扬程曲线的拟合

在高效段内选取两个点的坐标（可取高效区的两个端点 (Q_1, H_1)、(Q_3, H_3)），代入式(3-8)，此两点一定能满足此方程式，即

$$H_1 = H_C - S_X Q_1^2 \tag{3-9}$$

$$H_3 = H_C - S_X Q_3^2 \tag{3-10}$$

对于一台水泵而言，S_X 为

$$S_X = \frac{H_1 - H_3}{Q_3^2 - Q_1^2} \tag{3-11}$$

因 Q_1、Q_3、H_1、H_3 均为已知值，故可以求出 S_X 值。将式(3-11)代入式(3-8)可得

$$H_C = H_1 + S_X Q_1^2 \tag{3-12}$$

或

$$H_C = H_3 + S_X Q_3^2 \tag{3-13}$$

所以，H_C 和 S_X 经式(3-12)和式(3-13)可以求出，在得到了 H_C 和 S_X 值后，水泵的 $Q \sim H$ 特性曲线方程式即为已知。

当离心泵工作时，可联立式(3-4)及式(3-8)求解，此时在工况点处 $H_{需} = H$，可得

$$H_C - S_X Q^2 = H_{净} + SQ^2 \tag{3-14}$$

所以

$$Q = \sqrt{\frac{H_C - H_{净}}{S_X + S}} \tag{3-15}$$

式中，H_C、S_X、S 均为已知值，当 $H_{净}$ 一定时，即可求出水泵相应工况点的流量和扬程。需要说明的是，对于大多数单级离心泵来说，按式(3-8)画出的计算扬程曲线(见图 3-5 中虚线)在推荐使用范围内和实测扬程曲线(见图 3-5 中实线)相当接近，因此按式(3-8)解题可以得到足够准确的结果。应当指出，图 3-5 中虚线在 $Q = 0$ 时，往往偏离实线，所以 H_C 通常不等于水泵在试验性能曲线中 $Q = 0$ 时的扬程。

二、井泵工况点的确定

由于井的蓄水容积较小，而且一般情况下，水井的汇水流量相对于水泵的出水量较小，所以在水泵工作时，水井中的水面会随着井的出水量的大小而改变。水井在未抽水前的稳定水位称为静水位，静水位至上水面间的垂直高度称为静扬程，用 $H_{静}$ 表示。抽水后井中水位随抽水量的增大而逐渐下降，当井的出水量为一定值时，一般情况下，井中的水位会保持为某一定值，称为动水位。由水井的抽水试验可知，井水位的降深 S 和井的涌水量 Q 间的关系为一下降曲线，称为水井的降深曲线，用 $Q \sim S$ 表示，如图 3-6 所示。以静水位为基线，建立如图 3-6 所示的坐标系，由于井水位的降落，在 $Q \sim H$ 坐标系统中，$H_{净}$ 不再是一条水平线，而为一逐渐上升的曲线，即在 $H_{静}$ 的水平线上将 $Q \sim S$ 曲线叠加得到 $Q \sim H_{净}$ 曲线，这时再将管路特性曲线 $Q \sim h_{损}$ 对应地叠加在 $Q \sim H_{净}$ 曲线上，即得出 $Q \sim H_{需}$ 曲线。所以，在任意流量 Q 时的需要扬程为

$$H_{需} = H_{静} + S + h_{损} = H_{净} + h_{损} \tag{3-16}$$

对于长轴井泵，除地面上一般管路的沿程损失和局部损失水头外，还包括内装转动轴的泵输水管路损失水头 $h_{输损}$(m)和机座出水弯管局部损失水头 $h_{座损}$(m)，其值可根据下列经验公式计算：

当输水管直径 $D \leqslant 100$ mm 时，每 100 m 管长损失为

$$h_{输损} = 10^9 D^{-5.8} Q^2 \tag{3-17}$$

当 $D>100$ mm 时,每 100 m 管长损失为

$$h_{输损} = 63 \times 10^6 D^{-5.1} Q^2 \tag{3-18}$$

机座弯管损失水头为

$$h_{座损} = 7 \times 10^3 D^{-4.1} Q^2 \tag{3-19}$$

潜水电泵的输水管水头损失可按一般管路水头损失计算。

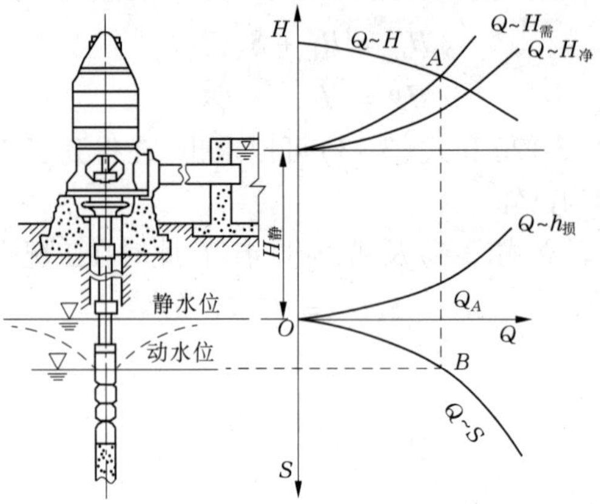

图 3-6　井泵工况点的确定

井泵工况点的图解法步骤如下：

(1)以井中静水位为基线,分别绘出井泵的 $Q\sim H$ 曲线和管路水头损失曲线 $Q\sim h_{损}$。必须指出,长轴井泵的性能曲线一般只绘出单个叶轮的性能曲线,对于多级叶轮的性能曲线,只要把单个叶轮的性能曲线在不同流量时相应的纵坐标成倍数增加即可得到。

(2)以井中静水位为基准线,绘出水井涌水量与降深的关系曲线 $Q\sim S$,再以出水池水面为基准线,绘一水平线,将 $Q\sim S$ 曲线对应地叠加在此水平线上,就得到净扬程与流量间的关系曲线 $Q\sim H_{净}$。

(3)把 $Q\sim H_{净}$ 曲线与 $Q\sim h_{损}$ 曲线在同一流量下纵坐标对应相叠加,就得到需要扬程曲线 $Q\sim H_{需}$。该曲线与井泵 $Q\sim H$ 曲线的交点为 A,则 A 点就是井泵的工作点。过工作点 A 作一垂线,交于降深曲线 $Q\sim S$ 于 B 点,则 B 点即为水井的工作点。

第三节　水泵的并联运行和串联运行

一、水泵的并联运行

在灌排泵站中,为了适应流量的变化,解决水量供求矛盾,往往装有多台水泵,在这种情况下,如果出水管路较长,为了节省管材,缩小出水建筑物的占地面积,降低工程造价,经技术经济比较后,可使几台水泵合用一条出水管。另外,我国北方常以群井开采地下水,供农田灌溉或城镇工业、生活用水。往往是一井一泵从井中吸水后,几台或十几台水泵汇入一根(或数根)主干管中再送入管网或沟渠中,或扬至出水池和水塔。这种多台水

泵联合运行，通过连络管共用一条出水管的运行方式，叫做水泵的并联运行。

水泵并联工作的特点如下：

(1)输水干管中的流量等于各台并联水泵出水量之和；

(2)各台水泵在并联点处提供的扬程相等；

(3)可以通过开停水泵的台数来调节泵站的流量和扬程，以达到节能和满足供水的目的；

(4)当并联工作的水泵中有一台损坏时，其他几台水泵仍可继续供水。

因此，水泵并联运行提高了泵站运行调度的灵活性和供水的可靠性，是泵站中最常见的一种运行方式。

(一)进水池水位相同时水泵的并联运行

首先介绍水泵并联性能曲线的绘制：在绘制水泵并联性能曲线时，先把各台并联水泵的 $Q \sim H$ 曲线绘在同一坐标图上，然后利用水泵并联工作特点的第(1)和第(2)条，把对应于同一 H 值的各个流量加起来，如图 3-7 所示，两台水泵并联运行情况，把水泵Ⅰ的 $Q \sim H_{\mathrm{I}}$ 曲线上的 1、1′、1″…分别与水泵Ⅱ的 $Q \sim H_{\mathrm{II}}$ 曲线上的 2、2′、2″…各点的流量相加，得到水泵Ⅰ与水泵Ⅱ并联后的流量 3、3′、3″…，然后连接 3、3′、3″…各点得水泵并联后的总和曲线，即并联水泵系统特性曲线 $Q \sim H_{\mathrm{I}+\mathrm{II}}$，这种等扬程下流量叠加的方法，实际上是将并联点前管道内水头损失视为零的情况下来绘制并联后水泵系统特性曲线的。在这种情况下，同型号的两台泵或更多台水泵并联后的总流量将等于某扬程下各台水泵流量之和。但是，并联点前管道内水头损失多数情况下是必须要考虑的，所以其绘制方法相对较为复杂。可采用扣损法，将各水泵并联点前管道内水泵损失曲线在泵的特性曲线上纵向减去，得到各并联泵的特性曲线后，再采用上述方法绘制即可。

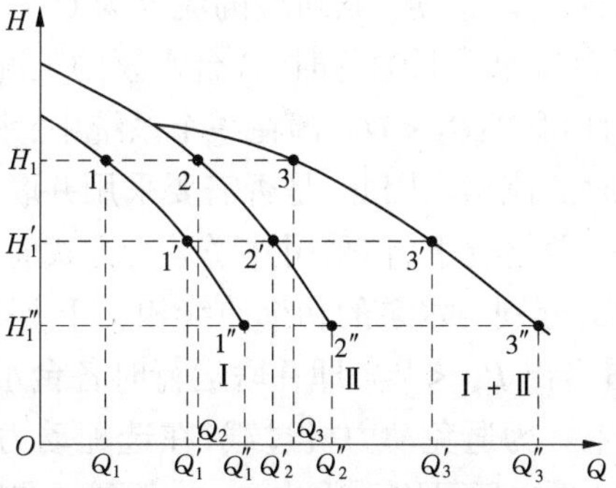

图 3-7　水泵并联曲线的绘制

1. 同型号水泵并联运行

1)并联点前管路中水头损失较小，可以忽略不计时

当并联点(C 点)前管路 AC 与 BC 较短时，其管路内水头损失较小，可以忽略不计。因此，两台水泵并联运行时，假想在并联点(C 点)处有一测压管，测压管内只可能有一个自由液面，所以两台泵在并联点(C 点)的扬程相等，即 $H_{\mathrm{I}} = H_{\mathrm{II}}$；由并联管路的特性可知，在管道 CD 内的流量为两台水泵的流量和，即 $Q = Q_{\mathrm{I}} + Q_{\mathrm{II}}$，所以为了求解水泵的工况点，需要先绘制并联水泵系统特性曲线，可将两台水泵的特性曲线 $Q \sim H_{\mathrm{I}}$ 和 $Q \sim H_{\mathrm{II}}$ 横向叠

加得到,如图 3-8 中 $Q\sim H_{\text{I}+\text{II}}$ 所示。

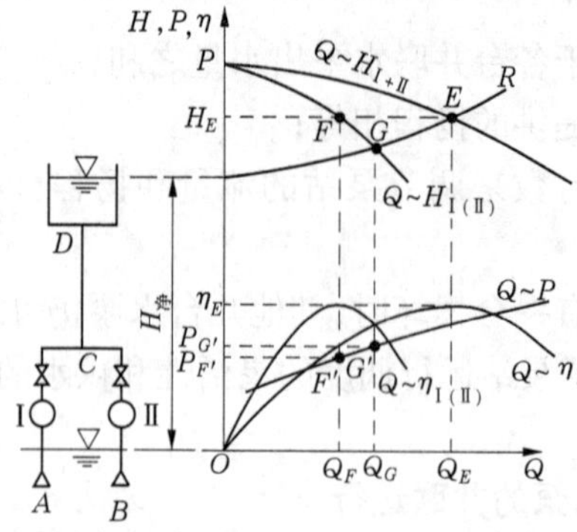

图 3-8　并联点前管路中水头损失可忽略时水泵并联运行工况点确定

由前述已知,管路 AC 或 BC 中水头损失可忽略不计。所以,为了将水由进水池提到出水池,管路中单位重力的水所需消耗的能量为

$$H_{需} = H_{净} + S_{CD}Q^2 \tag{3-20}$$

式中 S_{CD} 为管路 CD 的阻力参数,由式(3-20)可绘出管路系统性能曲线(如图 3-8 中 R 曲线),它与并联水泵系统特性曲线 $Q\sim H_{\text{I}+\text{II}}$ 相交于 E 点,则 E 点称为系统工况点。E 点的横坐标 Q_E 为两台水泵并联工作的总流量,纵坐标 H_E 为两台水泵的扬程。过 E 点向左作水平线与单泵的特性曲线 $Q\sim H_{\text{I}}$ 或曲线 $Q\sim H_{\text{II}}$ 相交于 F 点,则 F 点称为水泵Ⅰ(或水泵Ⅱ)的工况点(两者重合),即 F 点的横坐标 Q_F(等于 $Q_E/2$)就是并联运行每台水泵的流量。如果只开一台泵,则需要扬程曲线 R 与单泵扬程曲线 $Q\sim H_{\text{I}}$ 或曲线 $Q\sim H_{\text{II}}$ 相交于 G 点,则 G 点为单泵运行时的工况点,其对应的流量为 Q_G。

从图 3-8 中可看出,两台水泵并联运行时,各台水泵的工况点 F 位于每台水泵单独运行时工况点 G 的左边。由此可知:$Q_F < Q_G$,即在一个系统中,水泵并联运行时各台水泵的流量小于一台泵单独运行时的流量。因此,是否需要采用并联运行方式,需从运行和经济合理方面进行全面比较。一般情况下,在采用并联运行方式时,通常并联台数为 2 ~3 台。此外,过 F 点和 G 点作垂线,分别与水泵的功率曲线相交于 F′点和 G′点,对应的功率分别为 $P_{F'}$ 和 $P_{G'}$,从图上可以看得出 $P_{F'} < P_{G'}$,即并联运行时各台水泵的功率小于一台泵在同一系统中单独运行时的功率。为避免动力机过载,在选配动力机时要根据一台泵单独运行时的功率来配套。从图 3-8 中还可以看得出,在并联泵系统中单台水泵运行时,往往会使水泵的工作点偏离高效区较远,会使水泵有发生汽蚀的可能性;水泵并联后其效率为单泵效率曲线横坐标的叠加,各水泵的效率相等。

2)并联点(C 点)前管路 AC 与 BC 内水头损失不可忽略时

如图 3-9 所示,当并联点(C 点)前管路 AC 与 BC 较长,其管路内水头损失不可忽略时,仍然假想在并联点(C 点)处有一测压管,测压管内只可能有一个自由液面,说明两台泵提供给管道 CD 内的扬程仍然相等,即 $H_{\text{I}} = H_{\text{II}}$,在管道 CD 内的流量仍然为两台水泵的流量和,即 $Q = Q_{\text{I}} + Q_{\text{II}}$,由前已知,管路 AC 或 BC 中单位重量的水所需消耗的能量为

$$H_{需} = H_{净} + S_{AC}Q_{\text{I}}^2 + S_{CD}Q^2 \tag{3-21}$$

式中　S_{AC}、S_{CD}——管路 AC 和管路 CD 的阻力参数；

Q_{I}、Q——通过管路 AC(或 BC)和管路 CD 的流量。

因两台泵的流量相等，则

$$Q_{\text{I}} = Q_{\text{II}} = Q/2$$

将其代入式(3-22)得

$$H_{需} = H_{净} + (S_{AC}/4 + S_{CD})Q^2 \tag{3-22}$$

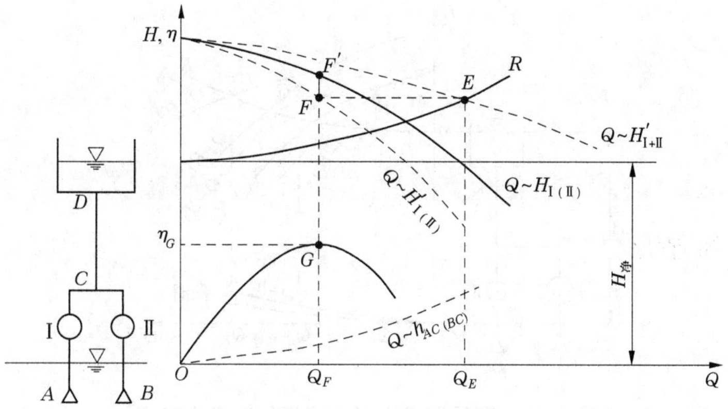

图 3-9　并联点前管路中水头损失不可忽略时水泵并联运行工况点确定

由式(3-22)可绘出管路系统性能曲线 R，再画出并联水泵系统特性曲线 $Q \sim H_{\text{I+II}}$，两者相交于 E 点，即为系统工况点。其余同前述。

当并联点(C 点)前管路 AC 与 BC 较长，其管路内水头损失不可忽略时，还可以采用另一种图解法，即扣损法。如图 3-9 所示，首先画出水泵的特性曲线 $Q \sim H_{\text{I}}$ 和曲线 $Q \sim H_{\text{II}}$(两者重合)，再画出并联点前管路 AC 或 BC 内水头损失曲线 $Q \sim h_{AC}$ 和曲线 $Q \sim h_{BC}$(两者重合)，并在 $Q \sim H_{\text{I}}$(或 $Q \sim H_{\text{II}}$)的基础上纵向减去 $Q \sim h_{AC}$(或 $Q \sim h_{BC}$)得到特性曲线 $Q \sim H'_{\text{I}}$ 和曲线 $Q \sim H'_{\text{II}}$，并将两者横向叠加，得到泵系统的特性曲线 $Q \sim H'_{\text{I+II}}$。另外，再绘制管路特性曲线 $H = H_{净} + S_{CD}Q^2$，与曲线 $Q \sim H'_{\text{I+II}}$ 相交于 E 点，则 E 点即为泵系统的工况点。过 E 点作水平线与 $Q \sim H'_{\text{I}}$(或 $Q \sim H'_{\text{II}}$)相交于 F 点，再过 F 点作垂线，交水泵特性曲线 $Q \sim H_{\text{I}}$(或 $Q \sim H_{\text{II}}$)于 F′，则 F′为水泵Ⅰ(或水泵Ⅱ)的工况点。

2. 不同型号水泵并联运行情况

由于两台水泵型号不同，所以水泵的特性曲线不同，两台水泵的特性曲线就不重合；若并联点前管路布置不对称，则自吸水管端 A 和管端 B 到并联点 C 的水头损失不一定相等。两台泵并联运行时，每台泵工况点的扬程也不相等，并联泵系统的特性曲线 $Q \sim H$ 的绘制不能直接采用同一扬程下流量叠加的原理，因此可使用扣损法。

如图 3-10 所示，仍然假想在并联点(C 点)处有一测压管，测压管内只可能有一个自由液面，说明两台泵提供给管道 CD 内的扬程仍然相等，即 $H_{\text{I}C} = H_{\text{II}C}$；在管道 CD 内的流量仍然为两台水泵的流量和，即 $Q = Q_{\text{I}} + Q_{\text{II}}$，此并联管路的特性跟前面几种情况是一样的，它不会随着装置形状的改变而发生变化。确定工况点时，首先画出水泵的特性曲线 $Q \sim H_{\text{I}}$ 和 $Q \sim H_{\text{II}}$，再画出并联点前管路 AC 或 BC 内水头损失曲线 $Q \sim h_{AC}$ 和 $Q \sim h_{BC}$，并在

$Q\sim H_{\mathrm{I}}$和$Q\sim H_{\mathrm{II}}$的基础上纵向减去$Q\sim h_{AC}$和$Q\sim h_{BC}$得到特性曲线$Q\sim H'_{\mathrm{I}}$和$Q\sim H'_{\mathrm{II}}$，利用并联管路的特性，将$Q\sim H'_{\mathrm{I}}$和$Q\sim H'_{\mathrm{II}}$横向叠加，得到并联泵系统的特性曲线$Q\sim H'_{\mathrm{I+II}}$。然后绘制管路特性曲线$H=H_{净}+S_{CD}Q^2$，与$Q\sim H'_{\mathrm{I+II}}$相交于E点，则E点即为系统的工况点。过E点作水平线与$Q\sim H'_{\mathrm{I}}$、$Q\sim H'_{\mathrm{II}}$相交于G点和F点，再过G点和F点作垂线，分别交水泵特性曲线$Q\sim H_{\mathrm{I}}$和$Q\sim H_{\mathrm{II}}$于G'点和F'点，则G'点和F'点分别为泵Ⅰ和泵Ⅱ的工况点。

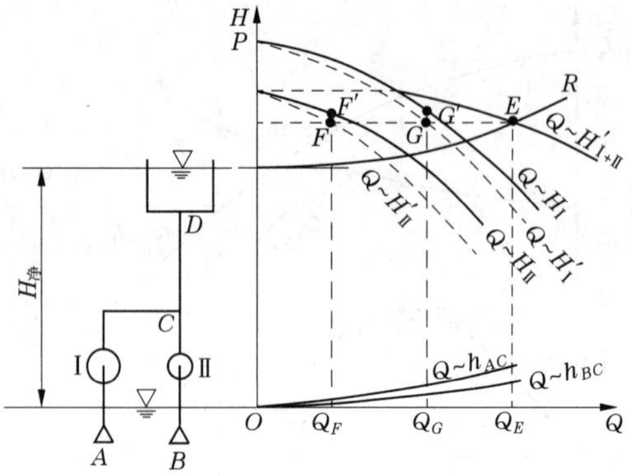

图 3-10　不同型号水泵并联运行工况点确定

需要注意的是，不同型号水泵并联运行时，应使各台泵的扬程基本相等，若不相等，至少泵的关死点扬程应基本相等或相近。否则，关死点扬程低的泵呈空载运行，使泵中液体温度上升导致泵的损坏，甚至有可能出事故。如果关死点扬程低的泵管道上未装逆止阀，则水将倒流，致使机组倒转。

（二）进水池水位不同时并联泵工作点的确定

如图 3-11 所示，为两台水泵并联从不同水位的进水池吸水的情况，水泵工作点确定步骤如下：

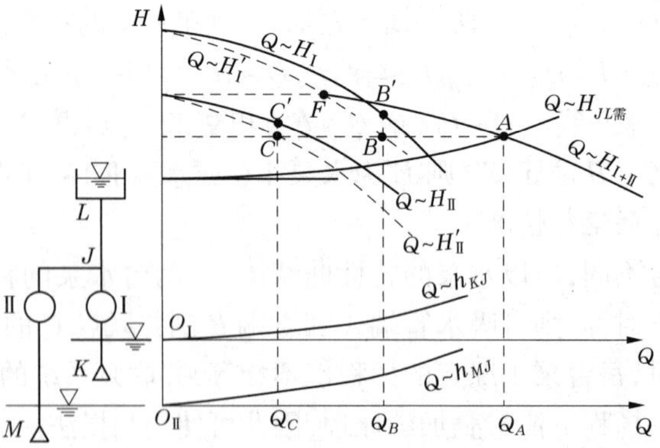

图 3-11　进水池水位不同时并联泵工作点的确定

(1) 以不同的进水池水位为基线，分别绘出两台水泵的扬程曲线$Q\sim H_{\mathrm{I}}$和$Q\sim H_{\mathrm{II}}$，即以$QO_{\mathrm{I}}H$坐标系绘制泵Ⅰ的扬程曲线$Q\sim H_{\mathrm{I}}$，以$QO_{\mathrm{II}}H$坐标系绘制泵Ⅱ的扬程曲线$Q\sim H_{\mathrm{II}}$。

(2)在各自坐标系中,分别绘制并联点(J 点)以前的管路水头损失曲线 $Q\sim h_{KJ}$ 和 $Q\sim h_{MJ}$。

(3)分别在各自的坐标系中,采用扣损法,在 $Q\sim H_{\text{I}}$ 的基础上,纵向减去 $Q\sim h_{KJ}$ 得到曲线 $Q\sim H'_{\text{I}}$,在 $Q\sim H_{\text{II}}$ 的基础上,纵向减去 $Q\sim h_{MJ}$ 得到曲线 $Q\sim H'_{\text{II}}$。

(4)将曲线 $Q\sim H'_{\text{I}}$ 和 $Q\sim H'_{\text{II}}$ 横向叠加,得到泵系统的特性曲线 $Q\sim H_{\text{I}+\text{II}}$。

(5)以出水池水位为基准线绘制管路 JL 的特性曲线 $Q\sim H_{JL需}$,与 $Q\sim H_{\text{I}+\text{II}}$ 曲线相交于 A 点,则 A 点称为系统工作点。

(6)过 A 点作水平线与曲线 $Q\sim H'_{\text{I}}$ 和 $Q\sim H'_{\text{II}}$ 分别交于 B、C 点,再分别过 B、C 点作垂线,与水泵的扬程曲线 $Q\sim H_{\text{I}}$ 和 $Q\sim H_{\text{II}}$ 分别相交于 B'、C' 两点,则 B'、C' 点分别称为泵Ⅰ和泵Ⅱ的工作点。

(三)两台井泵从不同静水位的井中取水工况

如图 3-12 所示,为两台不同型号水泵并联从不同静水位的水井中吸水的情况示意图,水泵工作点确定步骤如下:

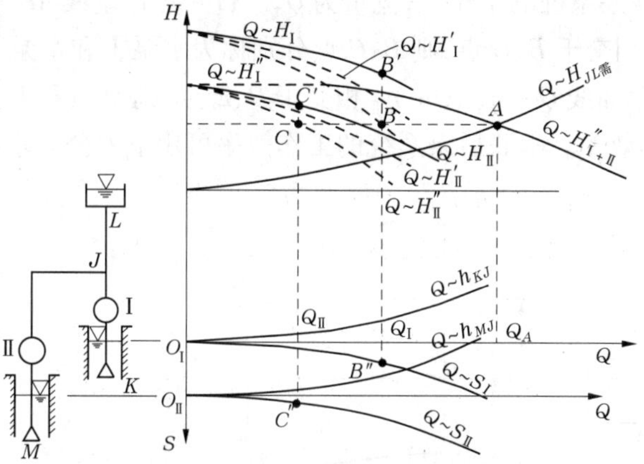

图 3-12　井泵并联运行工况点确定

(1)以水井的静水位为基线,分别绘出两台水泵的扬程曲线 $Q\sim H_{\text{I}}$ 和 $Q\sim H_{\text{II}}$,即以 $QO_{\text{I}}H$ 坐标系绘制泵Ⅰ的扬程曲线 $Q\sim H_{\text{I}}$,以 $QO_{\text{II}}H$ 坐标系绘制泵Ⅱ的扬程曲线 $Q\sim H_{\text{II}}$。

(2)在各自坐标系中,分别绘制并联点(J 点)以前的管路水头损失曲线 $Q\sim h_{KJ}$ 和 $Q\sim h_{MJ}$,以及水井的降深曲线 $Q\sim S_{\text{I}}$ 和 $Q\sim S_{\text{II}}$。

(3)分别在各自的坐标系中,在 $Q\sim H_{\text{I}}$ 的基础上,纵向减去 $Q\sim h_{KJ}$ 得到扬程曲线 $Q\sim H'_{\text{I}}$,在 $Q\sim H_{\text{II}}$ 的基础上,纵向减去 $Q\sim h_{MJ}$ 得到扬程曲线 $Q\sim H'_{\text{II}}$。

(4)在 $Q\sim H'_{\text{I}}$ 和 $Q\sim H'_{\text{II}}$ 的基础上分别纵向减去 $Q\sim S_{\text{I}}$ 和 $Q\sim S_{\text{II}}$ 得到扬程曲线 $Q\sim H''_{\text{I}}$ 和 $Q\sim H''_{\text{II}}$。

(5)将扬程曲线 $Q\sim H''_{\text{I}}$ 和 $Q\sim H''_{\text{II}}$ 横向叠加得到并联井泵系统的特性曲线 $Q\sim H''_{\text{I}+\text{II}}$。

(6)以出水池水位为基准线绘制管路 JL 的特性曲线 $Q\sim H_{JL需}$,与 $Q\sim H_{\text{I}+\text{II}}$ 曲线相交于 A 点,则 A 点称为系统工作点。

(7)过 A 点作水平线与扬程曲线 $Q\sim H''_{\text{I}}$ 和 $Q\sim H''_{\text{II}}$ 分别交于 B、C 点,分别过 B、C 点作垂

线，与曲线 $Q\sim H_{Ⅰ}$和 $Q\sim H_{Ⅱ}$分别相交于 B'、C'点，与曲线 $Q\sim S_{Ⅰ}$和 $Q\sim S_{Ⅱ}$分别相交于 B''、C''点，则 B'、C'点分别称为泵Ⅰ和泵Ⅱ的工作点，B''、C''点分别称为井Ⅰ和井Ⅱ的工作点。

二、水泵的串联运行

泵的串联运行是指前一台（第一级）泵的出水管接在后一台（第二级）泵的进水管上，依次相联，使水泵首尾相接，串接在同一管路中，由最后一台泵（末级）将水压送至出水管路。这种装置形式多用在管网中扬程较高而一台泵压力不足的情况，或作为在长距离输水、输油管线上加压之用。

在水泵串联工作系统中，其特点是经过每台水泵的流量相等，但串联系统的总扬程是各台水泵的扬程总和，即水获得的能量为各台水泵所供给的能量之和。串联后的总性能曲线可以用纵向叠加法绘出，即把同一 Q 值时的各台水泵的扬程值叠加起来，就得到该流量 Q 时的串联总扬程，如图 3-13 所示，两台水泵串联，则串联系统水泵的特性曲线是两台水泵的特性曲线在同一流量时的纵坐标叠加所得的，它和管路特性曲线 $Q\sim H_{需}$ 相交于点 A，则 A 点即为串联泵系统的工作点，流量为 Q_A。过 A 点作垂线 AE，分别与水泵的性能曲线 $Q\sim H_{Ⅰ}$、$Q\sim H_{Ⅱ}$ 相交于 B、C 点，则 B、C 点分别称为水泵Ⅰ和水泵Ⅱ的工作点。垂线 AE 分别与水泵的效率曲线 $Q\sim\eta_{Ⅰ}$、$Q\sim\eta_{Ⅱ}$ 相交于 D、E 点，则 D 点和 E 点对应的效率即水泵Ⅰ和水泵Ⅱ的工作效率。串联后泵系统的工作效率可用下列公式求解

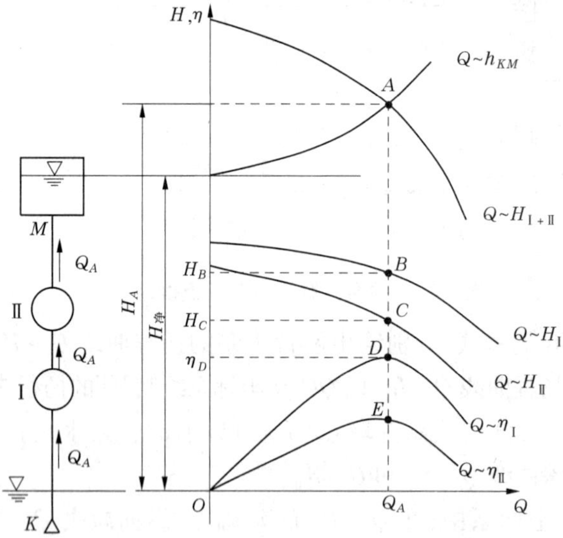

图 3-13 水泵串联运行工况点确定

$$\frac{\gamma Q(H_{Ⅰ}+H_{Ⅱ})}{1\,000\eta_{系统}}=\frac{\gamma QH_{Ⅰ}}{1\,000\eta_{Ⅰ}}+\frac{\gamma QH_{Ⅱ}}{1\,000\eta_{Ⅱ}} \tag{3-23}$$

所以

$$\eta_{系统}=\frac{H_{Ⅰ}+H_{Ⅱ}}{\dfrac{H_{Ⅰ}}{\eta_{Ⅰ}}+\dfrac{H_{Ⅱ}}{\eta_{Ⅱ}}} \tag{3-24}$$

在实际应用中应注意,因为泵壳及其部件是按一定受压强度设计的,如果串联台数过多,后级泵的材质强度可能不足而会导致水泵部件的损坏,所以采用串联装置形式时必须进行泵的强度验算。另外,采用不同型号泵串联时,由于各泵通过的流量相同,所以各泵的额定流量应相近。

多级泵实质上就相当于几台单级泵串联运行,因此当用一台泵抽水扬程不够时,可以选用多级泵。随着水泵制造工艺的提高,目前生产的各种型号水泵的扬程基本上已满足实践需要,所以一般情况下已很少采用串联工作的形式。

如果需要水泵串联运行,要注意各台串联泵的设计流量应基本相等或相近。因为通过大泵的流量也必须通过小泵,当小泵在后面一级工作时,小泵就可能在大流量的强迫下工作,功率增大,与小泵配套的电动机可能会过载;或当小泵在前面一级时会变成阻力,大泵发挥不出应有的作用,串联后的水泵不能保持在高效率区运行。如果两台泵的流量不一样大,则应将流量较大的泵放在第一级内,且后面的泵强度要大,以免泵受损坏。

第四节　水泵在分支管路上工作

在灌溉泵站或给水泵站中,有时会遇到同时向两个出水池供水或向两个水塔同时供水的情况。这种一台水泵同时向两个或多个分支管路供水时,称为水泵在分支管路上工作,或称为单泵向多水池同时供水。首先研究单泵向两个高水池(或水塔)供水情况(见图 3-14),假设在管路分支点 B 处安装一根测压管,依此测压管的水面高度可分析出水泵向两个不同高度的水池输水时,可能会存在 3 种不同的情况:①测压管内水面高于水池 C 内水面,即当 $H_B > H_C$ 时,水泵向两个高水池输水;②测压管内水面等于水池 C 内水面,即当 $H_B = H_C$ 时,水池 C 的水不进也不出,水面维持平衡,水泵单独向水池 D 输水(这是一种瞬间临界状态,在工程中意义不大);③测压管内水面低于水池 C 内水面,而高于水池 D 内水面,即当 $H_D < H_B < H_C$ 时,水泵与高水池 C 并联工作,共同向低水池 D 输水。

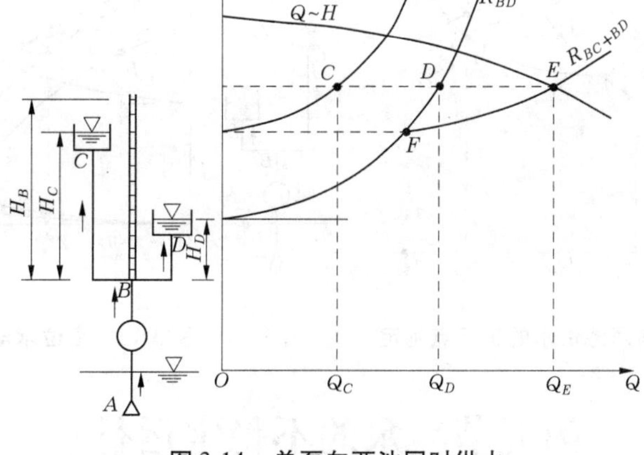

图 3-14　单泵向两池同时供水

对于第①种情况:如果 AB 管段较短,可不考虑其损失水头。分别以 C 池和 D 池作水平线，绘出管路 BC 段管路特性曲线 R_{BC} 和管路 BD 段管路特性曲线 R_{BD}，其方程形式分别为

$$H_{BC} = H_{CO} + S_{BC}Q^2 \tag{3-25}$$

$$H_{BD} = H_{DO} + S_{BD}Q^2 \tag{3-26}$$

式中　H_{CO}、H_{DO}——C 池、D 池与进水池水位差；

S_{BC}、S_{BD}——BC 段、BD 段管路阻力参数。

以下水面为基线绘出泵的 $Q \sim H$ 曲线。

对于分支管路来说，由于水池 C 和水池 D 均从 B 点引水，所以在 B 点处向水池 C 和水池 D 供水的扬程相等；而向水池 C 和水池 D 供水的流量和等于 B 点的流量，即 $Q_B = Q_{BC} + Q_{BD}$，所以可将两条管道的管路系统特性曲线 R_{BC} 和 R_{BD} 横向叠加，得管路系统特性曲线 R_{BC+BD}。该曲线与水泵特性曲线 $Q \sim H$ 相交于 E 点，则 E 点就是这一抽水系统中水泵的工作点。这时，泵的出水量为 Q_E，从 E 点作水平线和曲线 R_{BC}、R_{BD} 分别相交于 C、D 点，则 C 点对应的 Q_C 值为向 C 池供水的流量大小，D 点对应的 Q_D 值为向 D 池供水的流量大小，对应的 H_C 值为向 C 池供水的扬程，H_D 值为向 D 池供水的扬程，即 C、D 点分别为向 C 池和 D 池供水的工作点。若 AB 管路中水头损失较大，可采用扣损法，绘出水泵及两池的工况点。如图 3-15 所示的 A、D 点和 E 点。

对于第③种情况，如果 B 点水头为 $H_D < H_B < H_C$，则水池 C 也像泵一样向 D 池供水，称为高位水池和水泵联合工作。这时，只要将 C 池的管路特性曲线 R_{BC} 倒画，即在 C 池水面线上，减去管路 BC 内水头损失曲线 $Q \sim h_{BC}$ 得 $Q \sim H_{BC}$。用扣损法，将 $Q \sim H$ 减去 $Q \sim h_{AB}$，得 $Q \sim H'$ 曲线，将 $Q \sim H_{BC}$ 对应地横向叠加在 $Q \sim H'$ 上，得到一条合成曲线 $(Q \sim H') + (Q \sim H_{BC})$，该合成曲线与 D 池管路特性曲线 R_{BD} 的交点 F 即为所求的工作点，对应流量为 Q_F，过 F 点作水平线，分别相交于 $Q \sim H'$ 曲线和 $Q \sim H_{BC}$ 曲线于 G、H 两点，表示水泵和水池 C 向水池 D 供给的流量分别是 Q_H 和 Q_G；过 G 点作垂线交水泵性能曲线 $Q \sim H$ 于 G' 点，则 G' 点为水泵的工作点，如图 3-16 所示。

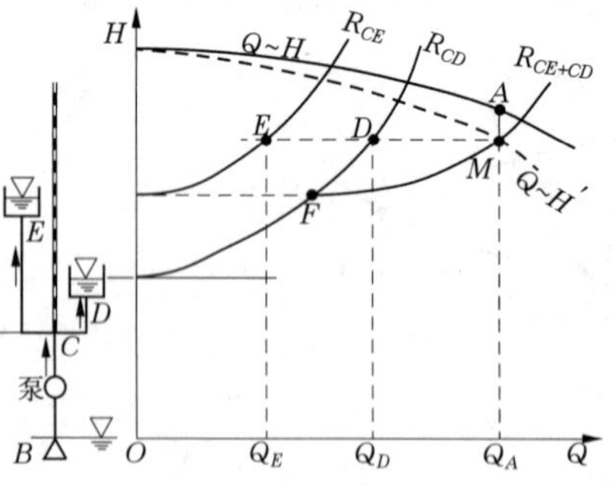

图 3-15　单泵同时向两池供水的工况点确定

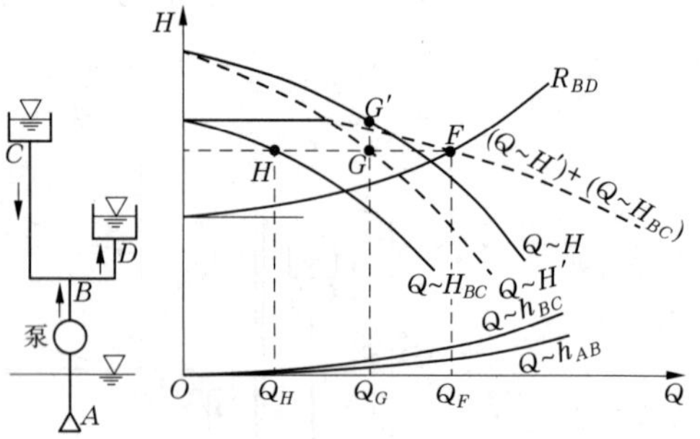

图 3-16　高位水池和水泵联合工作

第五节　泵的不稳定运行

泵的不稳定运行是指因为一些偶然因素（如水位、流量、转速等）的微量变化或者因

为振动等因素而使水泵发生工作点的漂移，导致水泵的流量时而变大时而变小的一种波动现象。它对泵的运行是非常不利的。

对于具有单一变化的陡降、缓降型 $Q \sim H$ 曲线，一般不会出现这种异常情况（见图 3-17）。水泵的工作点，当流量微量增大时，$H_{需} > H$，即泵提供的扬程小于提水流量为 Q 所需要的能量，则泵中水流流速（或流量）必然减小而恢复到原来的工作点 A；如果流量减小，这时 $H_{需} < H$，水流必然加速，即泵提供的扬程大于提水流量为 Q 所需要的能量，则泵中水流流速（或流量）必然增大而恢复到原来的工作点 A。所以，在扬程曲线单一变化的水中，扬程曲线和需要扬程曲线只有一个交点 A，它是抽水系统唯一稳定的工况点。

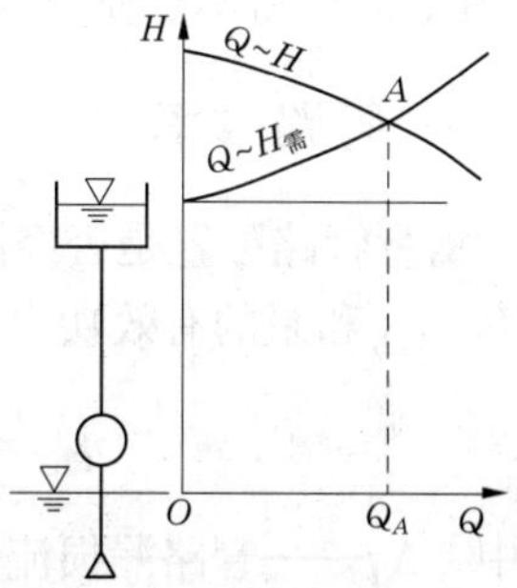

图 3-17　稳定运行工况点示意图

不稳定工况多发生在扬程（$Q \sim H$）曲线有驼峰的水泵上，如图 3-18 所示，扬程曲线呈弓形（见图 3-18（a））的流量上升段，因需要扬程曲线与水泵的扬程曲线有两个交点（A_0、A_1），如果工作点为 A_0（或 A_1），则该点是不稳定的，因流量 Q 微量增大（减小），工作点就移至 A_1（或 A_0）点。对于轴流泵来说，其 $Q \sim H$ 曲线一般呈马鞍形（见图 3-18（b）），如果工作点为 A_0，则该点是不稳定的，因流量 Q 微量增大，工作点就移至 A_1 点；流量 Q 微量减小，工作点移至 A_2 点；或工作点为 A_1（或 A_2）时，流量 Q 增大（减小），工作点可能会移至 A_0 或 A_2（A_0 或 A_1）点。

经以上分析，泵工况点是否稳定的判别式为

$$当\frac{\partial H_{需}}{\partial Q} > \frac{\partial H}{\partial Q}时，稳定$$

$$当\frac{\partial H_{需}}{\partial Q} < \frac{\partial H}{\partial Q}时，不稳定$$

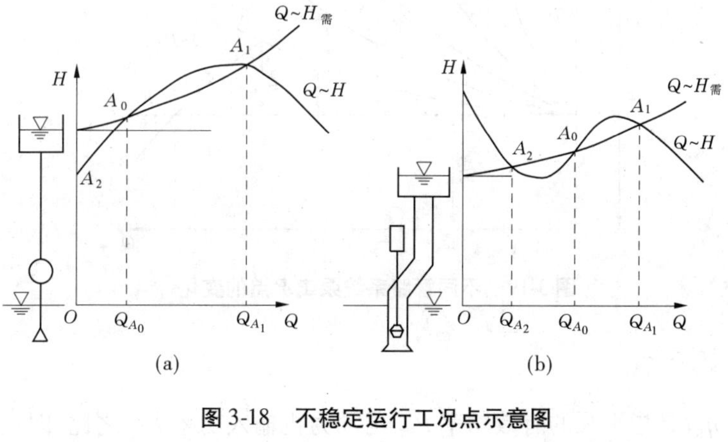

图 3-18　不稳定运行工况点示意图

第六节　泵站的运行效率

水泵在运行过程中，要求抽水系统既能满足扬程和流量的需要，又要尽力节约能源，达到高效、经济运行的目的。在泵选用时，首先应考虑使水泵的运行工作点落在高效区以内，同时要求管路系统配置得当，使得管路投资既不能太大，又使其水力阻力不太大，否则，其效能仍得不到充分发挥而导致能源的浪费。

一、管路效率

衡量管路配置是否经济合理，可用管路效率来判定。管路效率是指抽水装置的输出功率 $P_{装出}$ 和泵的有效功率 $P_{效}$ 之比，即

$$\eta_{管} = \frac{P_{装出}}{P_{效}} \times 100\% = \frac{\gamma(Q - \Delta q)H_{净}}{\gamma QH} \times 100\% \tag{3-27}$$

式中　Δq——管路漏损流量，一般可忽略不计。

如果管路漏损流量忽略不计，则

$$\eta_{管} = \frac{H_{净}}{H} \times 100\% = \frac{H - h_{损}}{H} \times 100\% = \left(1 - \frac{h_{损}}{H}\right) \times 100\% \tag{3-28}$$

当上、下水位差（即 $H_{净}$）为常数时，管路效率 $\eta_{管}$ 随管路损失水头的减小而增大。如图 3-19所示，不同管路配置情况的管路特性曲线 $Q \sim H_{需}$（分别用曲线 R_0、R_1、R_2、…、R_n 代替）与某泵特性曲线 $Q \sim H$ 得到的一系列工作点。可以看出，水力损失 $h_{损}$ 越小的管路系统，其管路效率越高。当 $h_{损} \to 0$，即管路特性曲线 $R \to R_0$ 时，$\eta_{管} = 100\%$，效率最高，随着管路特性曲线的变陡，$h_{损}$ 增大，管路效率逐渐减小。当曲线为 R_n 时，$\eta_{管} = \frac{H_{净}}{H_0} \times 100\%$（$H_0$ 为 $Q = 0$ 时的水泵扬程）最小。所以，在选配输水管路时，应尽可能地提高管路效率。

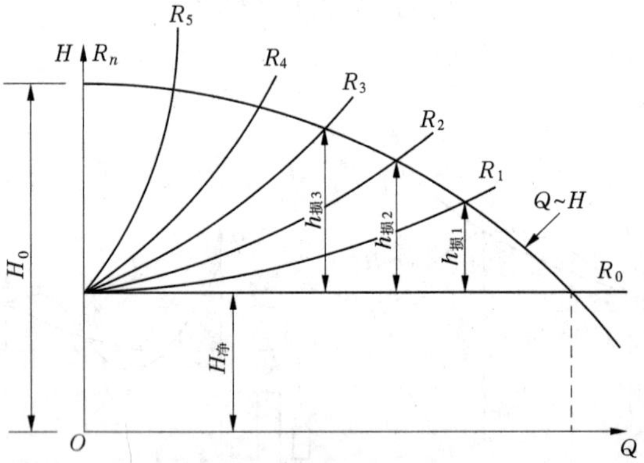

图 3-19　不同管路系统泵工况点的变化

二、机组效率 $\eta_{机}$

机组效率 $\eta_{机}$ 是指水泵的有效功率 $P_{效}$ 与动力机输入功率 $P_{入}$ 之比，即

$$\eta_{机} = \frac{P_{效}}{P_{入}} = \frac{P_{效}}{P}\frac{P}{P_{动出}}\frac{P_{动出}}{P_{入}} = \eta_{泵}\,\eta_{传动}\eta_{动} \tag{3-29}$$

式中　P——水泵轴功率，kW；

$P_{动出}$——动力机的输出功率，即传动装置输入功率，kW；

$\eta_{泵}$——水泵的效率；

$\eta_{传动}$——传动效率，传动装置的输出功率（与水泵的轴功率相等）与其输入功率的比值；

$\eta_{动}$——动力机效率，动力机输出功率（与传动装置的输入功率相等）与其输入功率的比值。

当代泵站所用的动力机主要有电动机和柴油机。电动机的能量消耗包括铜损、铁损、机械损耗和杂散损耗等。内燃机的能量损耗主要有机械损耗和热损耗。

三、装置效率 $\eta_{装}$

装置效率是指抽水装置的输出功率 $P_{装出}$ 和动力机输入功率 $P_{入}$ 之比，即

$$\eta_{装}=\frac{P_{装出}}{P_{入}}=\frac{P_{装出}}{P_{效}}\frac{P_{效}}{P}\frac{P}{P_{动出}}\frac{P_{动出}}{P_{入}}=\eta_{管}\,\eta_{泵}\,\eta_{传动}\eta_{动} \tag{3-30}$$

可知，装置效率是管路效率、水泵效率、传动效率和动力机效率的乘积。它综合反映了管路系统、水泵、动力机和传动设备对输入功率的有效利用程度。

令 $A=\eta_{传动}\eta_{动}$ 为常数，则运行效率的表达式(3-30)可改写成

$$\eta_{装}=\eta_{管}\,\eta_{泵}\,\eta_{传动}\eta_{动}=A\eta_{管}\,\eta_{泵}=A\frac{H_{净}}{H}\frac{\gamma QH}{P}=A\frac{\gamma QH_{净}}{P} \tag{3-31}$$

当 $H_{净}$ 为常数时，令 $A\gamma H_{净}=K$（为常数），则式(3-31)变为

$$\eta_{装}=K\frac{Q}{P} \tag{3-32}$$

所以，$\eta_{装}$ 随流量的增大和轴功率的减小而提高。

四、泵站效率 $\eta_{站}$

泵站效率是指泵站的输出功率 $P_{站出}$ 和输入功率 $P_{站入}$ 之比，即

$$\eta_{站}=\frac{P_{站出}}{P_{站入}}=\frac{P_{站出}}{P_{池}}\frac{P_{装出}}{P_{效}}\frac{P_{效}}{P}\frac{P}{P_{动出}}\frac{P_{动出}}{P_{站入}}=\eta_{池}\,\eta_{管}\,\eta_{泵}\,\eta_{传动}\eta_{动} \tag{3-33}$$

式中　$P_{池}$——进、出水池输入功率（与抽水装置的输出功率 $P_{装出}$ 相等），kW；

其余符号意义同前。

第七节　水泵运行工作点的调节

水泵实际运行时的工况点通常并不一定恰好和设计工况点一致，有时可能相差很远，以致运行不经济或不安全。所以，在泵站工程中，为了保证水泵能安全运行，为满足用户对水量、水压的要求或者使水泵运行工况在高效率区以实现节能运行等目的，往往需要改变水泵的流量、扬程而使其工作点发生变化。这种采用改变水泵的性能或者改变管路的特性或者两者都改变的方法来改变水泵工作点的措施，称为水泵的工作点调节，或称水泵的工况调节。

怎样进行水量的调节，泵、管、池相互关系及影响如何，能否安全运行等问题的解决不

仅取决于泵本身的工作特性，而且取决于管路特性及进、出水池水位等因素。

调节方法较多，现就常用的几种分述如下。

一、变速调节

通过改变水泵转速以改变水泵的性能，从而达到改变水泵工作点的目的，这种调节方法称变速调节。水泵是根据一定转速设计的，一般不应轻易改变，但有时从经济运行或对用水的需要等方面考虑，可在一定范围内予以增减。转速改变后，水泵的其他工作参数都随之相应变化，在相似工况下，它们的变化量符合比例律公式。

（一）转速改变后水泵特性曲线的变化

水泵的转速改变后，其性能变化可按比例律公式进行换算，应用比例律的前提是工况相似，如图 3-20 所示，水泵转速等于 n 时的性能曲线为 $Q \sim H$，为了得到水泵转速改变为 n' 时的性能曲线 $Q \sim H'$，需要在 $Q \sim H$ 上选取若干个点（1、2、3、4、5、6…），分别找出与之相似的工况点（1′、2′、3′、4′、5′、6′…），然后把它们连成光滑的曲线即可。下面以图 3-20 中 2 点为例来说明相似工况点的求解方法。

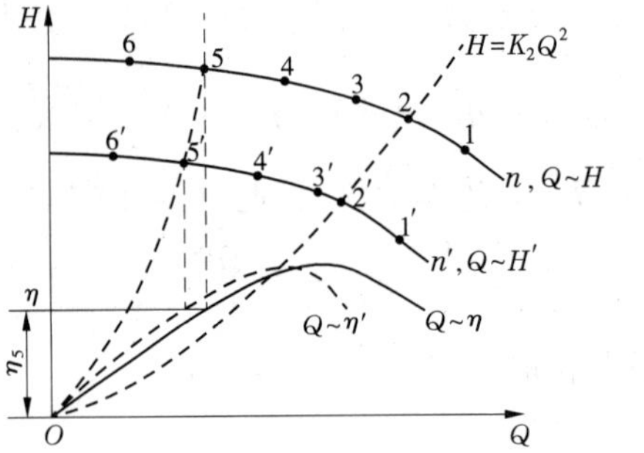

图 3-20　转速改变时水泵性能曲线的变化

由比例律公式（2-51）消去 n_1/n_2 得到

$$\frac{H_1}{H_2} = \left(\frac{Q_1}{Q_2}\right)^2$$

或

$$\frac{H_1}{Q_1^2} = \frac{H_2}{Q_2^2} = K$$

即

$$H = KQ^2 \tag{3-34}$$

式中 K 为常数。由式（3-34）可以看出，凡是符合比例律关系的工况点，均分布在一条以坐标原点为顶点的二次抛物线上，由于它是以比例律推求而来的，所以该抛物线上的各个点之间都是相似工况点。因此，此抛物线称为相似工况抛物线。由比例律的推导知，如果水泵变速前后的转速相差不太大，则相似工况点对应的效率可认为是相等的。因此，相似工况抛物线也就是等效率曲线。

将点 2 的坐标值（Q_2，H_2）代入式（3-34），可求出 K_2 值，再将 K_2 代回到式（3-34），写出通过 2 点的相似工况抛物线 $H = K_2Q^2$，则此方程式即代表一条与 2 点工况相似的抛物线。当水泵的转速为 n' 时，使用比例律公式，可得相似工况点 2′的坐标（Q'_2，H'_2），即

$$Q'_2 = \frac{n'}{n}Q_2$$

$$H'_2 = \left(\frac{n'}{n}\right)^2 H_2$$

利用同样的方法，可分别得到1、3、4、5、6…的相似工况点1′、3′、4′、5′、6′…，然后把1′、2′、3′、4′、5′、6′…连成光滑曲线即可得到水泵转速变为n'时的性能曲线$Q \sim H'$。

此外，我们在利用比例律时，认为相似工况下对应点的效率是相等的，因此只要已知图3-20中1、2、3、4、5、6…点的效率，即可按等效率原理求出转速为n'时相应的1′、2′、3′、4′、5′、6′…点的效率，将其连成光滑曲线即为变速后水泵的效率曲线，如图3-20中$Q \sim \eta'$所示。

（二）变速方法

改变水泵转速的方法大体有两种：一种是采用可变速的传动设备，如皮带传动、齿轮传动（见第六章第三节）、液压传动等；另一种是采用可变速的动力机，如柴油机、直流电动机、异步电动机（改变极对数、转差率或频率）等。目前，应用较为广泛的是变频调速方法。

（三）水泵转速的确定

实际运行中，变速调节主要用于以下几种情况。

1. 根据用户实际需求确定转速

如图3-21所示，如果已知水泵的额定转速n_0及其对应的$Q \sim H$曲线，用户需要的工况点$B(Q_B, H_B)$不在$Q \sim H$曲线上，若用变速调节，则水泵的转速n可按下面的方法确定。

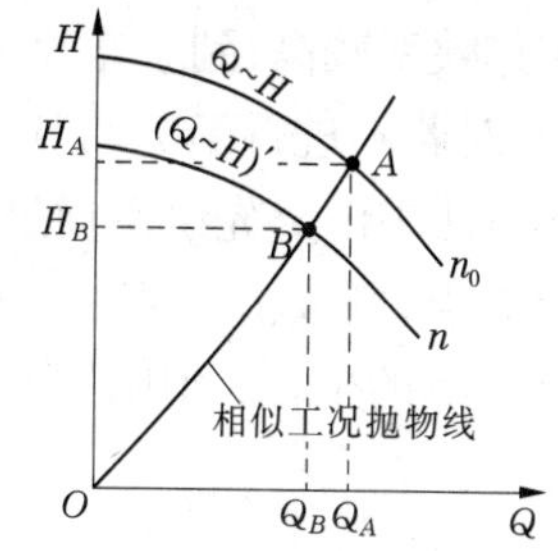

图3-21　变速前后$Q \sim H$曲线和相似工况抛物线

设通过B点相似工况抛物线方程为

$$H = K_B Q^2 \tag{3-35}$$

将B点坐标代入式(3-35)得$K_B = \frac{H_B}{Q_B^2}$，再将所得K_B代入式(3-35)，得通过B点的相似工况抛物线方程为

$$H = \frac{H_B}{Q_B^2}Q^2$$

点绘相似工况抛物线，它与水泵的额定转速n_0时的$Q \sim H$曲线相交于A点，查取A点的坐标（如Q_A），则A、B两点为相似工况点，利用比例律可求得所需的转速为

$$n = \frac{Q_B}{Q_A}n_0$$

2. 根据水泵运转效率最高确定转速

如图3-22所示，已知需要扬程曲线$Q \sim H_{需}$，水泵的额定转速n_0时的设计工况点$A(Q_A, H_A)$，泵在转速n_0时的工况点C不在高效率点，为了保持水泵在高效率点运行，可改变水泵转速满足需要。

设通过水泵高效率点$A(Q_A、H_A)$的相似工况抛物线方程为

$$H = K_A Q^2 \tag{3-36}$$

将 A 点坐标代入式(3-36)得 $K_A=\dfrac{H_A}{Q_A^2}$，再将所得 K_A 代入式(3-36)，得通过 A 点的相似工况抛物线方程为

$$H=\frac{H_A}{Q_A^2}Q^2 \tag{3-37}$$

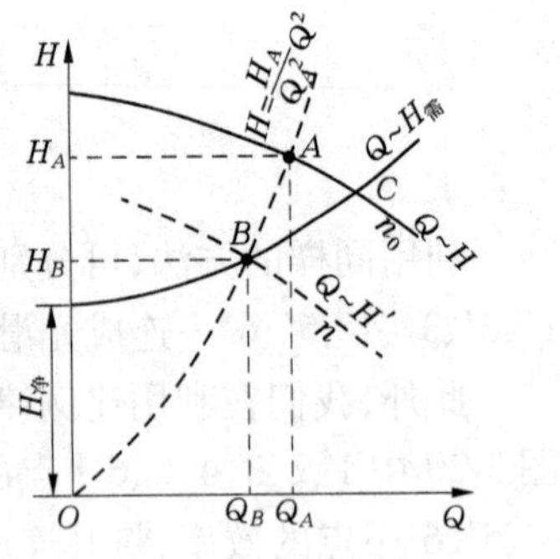

3-22　水泵最高效率时的转速确定

点绘相似工况抛物线，它与需要扬程曲线 R 相交于 B 点，查取 B 点的坐标（如 Q_B），则 A、B 两点为相似工况点，两点对应的水泵效率相等，由于 A 点为最高效率点，B 点亦为最高效率点，所以当水泵在 B 点运行时，即满足了水泵运行效率最高的要求。利用比例律可求得所需的转速为

$$n=\frac{Q_B}{Q_A}n_0$$

变速调节具有良好的节能效果，在叶片式水泵中得到了广泛应用。

3. 井泵变速调节计算

如图 3-23 所示，井泵的静扬程为 $H_{静}$，降深曲线为 $Q\sim S$，管路水头损失曲线为 $Q\sim h$，将其纵向叠加得 $Q\sim H_{需}$，它与水泵的 $Q\sim H$ 曲线相交于 A 点，即为水泵的工况点，此时水泵工作效率较高；到了丰水年份，地下水位上升，静扬程变为 $H'_{静}$，对应的工作点变为 B 点，此时若不进行工况调节，水泵效率将会下降，为了使井泵仍在高效率工况下运行，也可用图解法求解。先绘出通过 A 点的相似工况抛物线 $H=K_AQ^2$，与需要扬程曲线 $Q\sim H'_{需}$ 相交于 C 点，则 A、C 两点为相似工况点，两点对应的水泵效率相等，所以 C 点效率也较高。查取 C 点的坐标，利用比例律可求得所需的转速为

$$n=\frac{Q_C}{Q_A}n_0$$

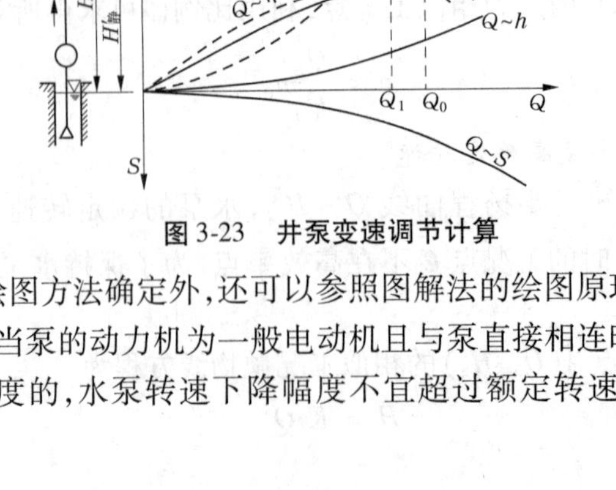

图 3-23　井泵变速调节计算

变速调节除用绘图方法确定外，还可以参照图解法的绘图原理，用数解法来确定。

需要指出的是，当泵的动力机为一般电动机且与泵直接相连时，改变转速是比较困难的；改变转速是有限度的，水泵转速下降幅度不宜超过额定转速的 20%，否则因降速过

多，水泵的效率会明显下降，应用比例律公式计算变速调节将引起较大的误差；另外，水泵的转速也不宜提高较多，一般不宜超过额定转速的10%，否则不但容易引起动力机超载、可能发生汽蚀，造成水压升高、机组振动等现象，而且会增加水泵零件的应力，易使设备损坏。所以，若要增加转速，要征得水泵生产厂家的同意。

4. 水泵的通用性能曲线

水泵转速改变后，其性能曲线也随着改变，根据水泵样本，画出转速 n_1 时的性能曲线 $Q\sim H$，然后在这条曲线上选取若干点，按式(3-34)画出相应的若干条相似工况抛物线（图中虚线），再给定不同的转速 n_2、n_3…，分别沿着不同的相似工况抛物线，反复运用比例律公式，点绘出各转速下的 $Q\sim H$ 曲线，就得到了一幅不同转速情况下的性能曲线图，如图3-24(a)绘有转速为 n_1、n_2、n_3 时的 $Q\sim H$ 曲线；再相应地绘出转速为 n_1、n_2、n_3 时的 $Q\sim\eta$ 曲线（见图3-24(b)）。为了使用方便，把这些曲线合并在一起，用同一个比例尺绘在同一个坐标内就可得到水泵通用性能曲线，如图3-24(a)所示。有了通用性能曲线，即可知道水泵在不同转速时的工作情况，或者可以确定出任何一组 Q、H 值下的 n、η 值。需要说明的是，根据试验数据点绘出的水泵等效率曲线在离开最高效率线稍远的区域，等效率曲线基本上和相似工况抛物线吻合。但在最高效率线附近，随着转速的降低，等效率曲线越来越偏离相似工况抛物线，最后在最高效率线上闭合，证明此时水泵的效率较低。所以，在一定的转速范围内相似工况抛物线就是等效率曲线，可以认为水泵的效率不随转速而变；而在转速下降较大时，水泵效率随转速的降低而降低。因此，水泵在较低的转速情况下运转是不经济的。

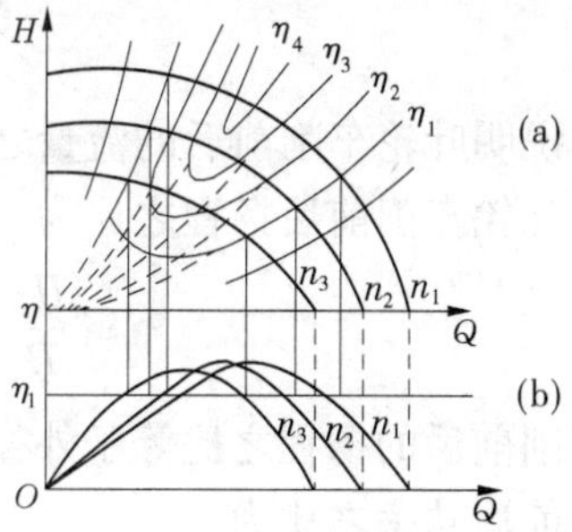

(a)通用性能曲线；(b)不同转速时的效率曲线

图3-24　水泵的通用性能曲线

二、变径调节

通过改变叶轮外径的大小以改变水泵的性能，从而达到改变水泵工作点的目的，这种调节方法称变径调节，亦称为车削调节或切削调节。此方法不改变泵的转速，而仅将叶轮外径 D_2 适当车削，即可改变水泵的工作点。

（一）车削定律

叶轮外径 D_2 被车削后与原有叶轮几何形状并不相似，所以不能直接利用相似特性公式。但车削量不大时，可作以下假设：①认为车削后叶轮出口过流面积及叶片出口安放角和原叶轮相同；②叶轮切削前后各种对应效率相等；③出口速度四边形相似（见图3-25）。

所以，叶轮切削前后流量之比为

$$\frac{Q_a}{Q}=\frac{\pi D_{2a}b_{2a}\psi_{2a}c_{m2a}\eta_{va}}{\pi D_2 b_2\psi_2 c_{m2}\eta_v} \tag{3-38}$$

式中，带下脚标“a”的参数为叶轮切削后的性能参数，其他符号意义同前。由前面假设条件可得

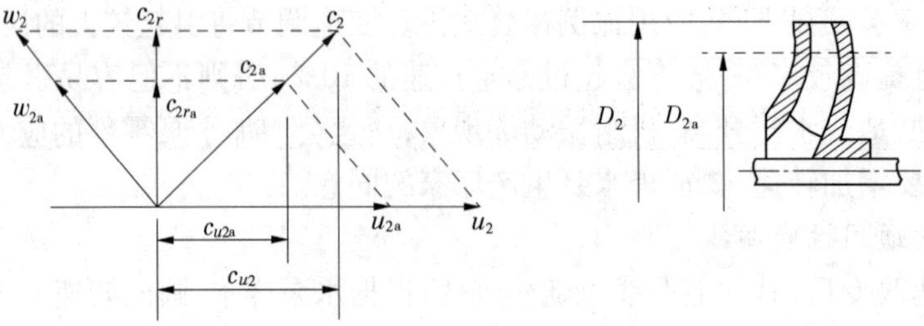

图 3-25　叶轮车削前后速度四边形

$$\frac{Q_a}{Q} = \frac{c_{m2a}}{c_{m2}} = \frac{D_{2a}}{D_2} \tag{3-39}$$

式(3-39)说明叶轮车削前后的流量之比和叶轮外径之比值的一次方相等。由水泵的基本方程可得叶轮车削前后扬程之比为

$$\frac{H_a}{H} = \frac{u_{2a}c_{u2a}}{u_2 c_{u2}} = \left(\frac{D_{2a}}{D_2}\right)^2 \tag{3-40}$$

即叶轮车削前后的扬程之比等于外径之比值的二次方。根据水泵轴功率计算公式,可得叶轮车削前后功率之比为

$$\frac{P_a}{P} = \frac{Q_a H_a}{QH} = \left(\frac{D_{2a}}{D_2}\right)^3 \tag{3-41}$$

即功率之比等于外径之比值的三次方。

式(3-39)、式(3-41)称为车削定律或切割定律、切削定律公式,它反映了水泵叶轮车削直径变小后,其工作参数的变化规律。

这三个公式的形式与比例律公式有相似之处,只不过一个为叶轮转速,一个为叶轮直径。叶轮车削后,水泵的性能参数可根据切割定律来换算。削去式(3-39)和式(3-40)中的 D_{2a}/D_2 得

$$\frac{H_a}{H} = \left(\frac{Q_{2a}}{Q}\right)^2$$

即

$$\frac{H}{Q^2} = \frac{H_a}{Q_a^2} = K$$

得

$$H = KQ^2 \tag{3-42}$$

式(3-42)为一通过坐标原点的抛物线,称为车削抛物线。因该式由车削公式变换而得,所以抛物线上各点均满足车削定律公式,该方程式称为车削抛物线方程,它的形式与相似工况抛物线公式完全相同,但车削定律与比例律是有本质区别的。比例律是根据相似理论推导出来的,车削定律是在本来并不相似的叶轮之间作了一些假定之后得到的。因此,按车削定律计算的结果与通过试验而得的结果具有一定的误差。根据国内外的试验和运行经验,叶轮外径车削量不能超过一定范围,不然原来的构造被破坏,使叶片出水端变厚,叶轮与泵壳间的间隙增大,使水泵效率降低太多,运行不够经济,而且车削量越多,效率下降越快。因此,车削量应控制在一定范围之内,只有这样才可认为车削前后相应的效率相等。各种水泵的允许车削量与水泵的比转速有关,参见表 3-1。从该表中可

以看出，比转速 n_s 超过 350 的泵不允许车削叶轮，故变径调节只适用于比转速较小的离心泵和一部分混流泵。

表 3-1　叶片泵叶轮最大车削量与车削后的效率值

比转速 n_s	60	120	200	300	350	350 以上
允许最大车削量 $\frac{D_2-D_{2a}}{D_2}(\%)$	20	15	11	9	1	0
效率下降值	每车削 10%，下降 1%		每车削 4%，下降 1%			

（二）车削定律应用

车削定律在应用上一般可能遇到以下三类问题。

第一类问题：已知叶轮的切削量，求切削前后水泵特性曲线的变化。即已知叶轮外径为 D_2 时的特性曲线 $Q\sim H$、$Q\sim\eta$、$Q\sim P$ 等，画出叶轮外径切削为 D_{2a} 时的相应的水泵特性曲线 $Q_a\sim H_a$、$Q_a\sim\eta_a$、$Q_a\sim P_a$ 等，如图 3-26 所示。

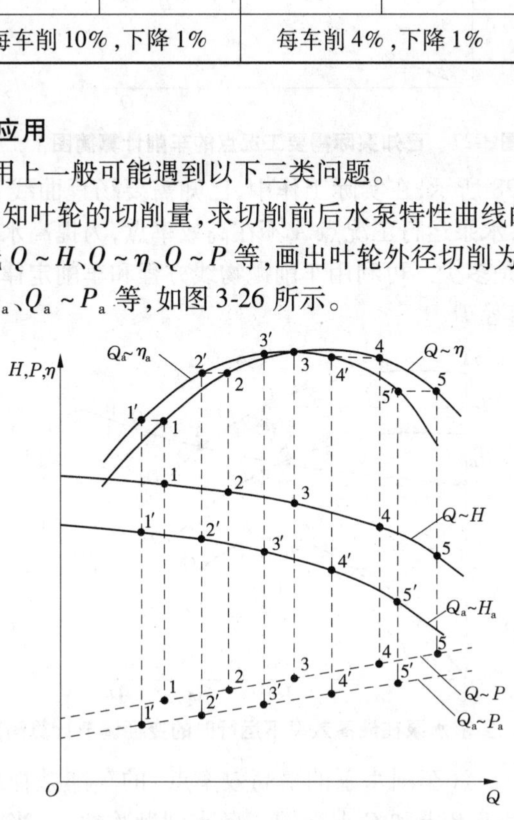

图 3-26　车削前后水泵特性曲线的变化

这一类问题的解决，我们在绘制切削后的 $Q_a\sim H_a$ 曲线时，先在已知的水泵 $Q\sim H$ 曲线上进行选点，如图上 1、2、3、4、5 等点，其流量分别为 Q_1、Q_2、Q_3…，扬程分别为 H_1、H_2、H_3…，然后利用式(3-39)、式(3-40)分别计算：

$$Q_{a1}=\frac{D_{2a}}{D_2}Q_1、Q_{a2}=\frac{D_{2a}}{D_2}Q_2、Q_{a3}=\frac{D_{2a}}{D_2}Q_3\cdots 和\ H_{a1}=\left(\frac{D_{2a}}{D_2}\right)^2H_1、H_{a2}=\left(\frac{D_{2a}}{D_2}\right)^2H_2、H_{a3}=\left(\frac{D_{2a}}{D_2}\right)^2H_3\cdots$$

，将 (Q_{a1},H_{a1})、(Q_{a2},H_{a2})、(Q_{a3},H_{a3}) 等点连成光滑曲线即为叶轮外径车削为 D_{2a} 后的 $Q_a\sim H_a$ 曲线。同理，也可绘制车削后的 $Q_a\sim\eta_a$、$Q_a\sim P_a$ 等曲线。

第二类问题：如图 3-27 所示，已知外径为 D_2 时的 $Q\sim H$ 曲线，用户实际需要的流量、扬程（如 $A(Q_A,H_A)$）不在 $Q\sim H$ 曲线上，可采用车削叶轮外径进行调节，与变速调节计算方法相似，可以利用车削抛物线方程和车削定律公式，通过图解法或数解法计算出车削后

的叶轮直径 D_{2a}。

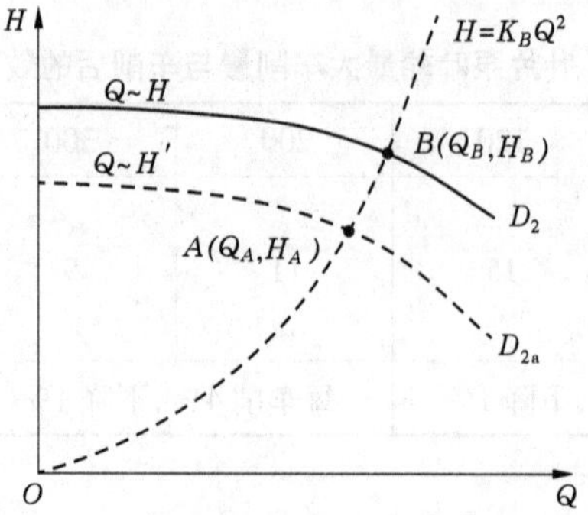

图 3-27　已知实际需要工况点的车削计算简图

第三类问题：如图 3-28 所示，在实际工作中，已知需要扬程曲线 $Q \sim H_{需}$ 和叶轮外径为 D_2 时的最高效率点 C，水泵运行工况点 A 不在高效率点，为提高水泵效率，采用变径调节，求车削后叶轮的外径是多少。可利用车削抛物线方程和车削定律，通过图解法或数解法计算出车削后的叶轮直径 D_{2a}。

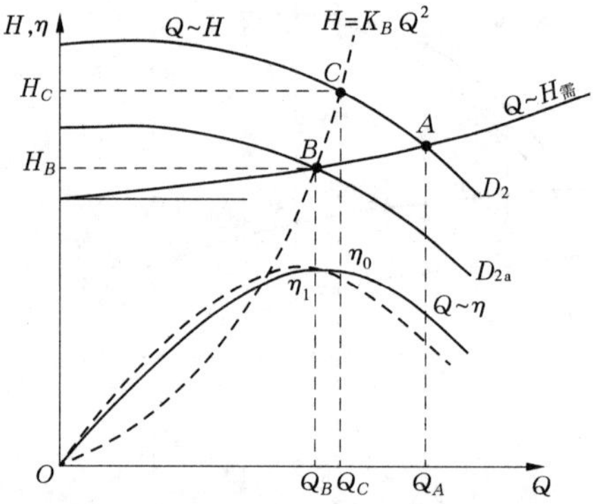

图 3-28　要求水泵在最高效率下运行时的变径调节计算简图

为此，首先求出通过 C 点（车削水泵的最高效率点）的车削抛物线，它与需要扬程曲线 $Q \sim H_{需}$ 相交于 B 点，由于 B 点和 C 点在同一条车削抛物线上，当车削量不大时，两点的效率相等，所以水泵在 B 点运行时的效率也最高。找出 B 点后，由车削定律公式即可计算得到 D_{2a}。所以，可得车削量为

$$\Delta D = D_2 - D_{2a} \tag{3-43}$$

按车削定律计算出的车削量一般偏大，实际车削量 ΔD 可按下式计算

$$\Delta D = K(D_2 - D_{2a}) \tag{3-44}$$

式中　K——车削修正系数。

求得切削后的叶轮直径 D_{2a} 值后，还可计算车削比，即

$$C = \frac{D_{2a}}{D_2} \times 100\% \tag{3-45}$$

叶轮车削量应有一定限度，否则会破坏原来的构造。同时，对于不同的叶轮应采用不同的车削方式，如图 3-29 所示。

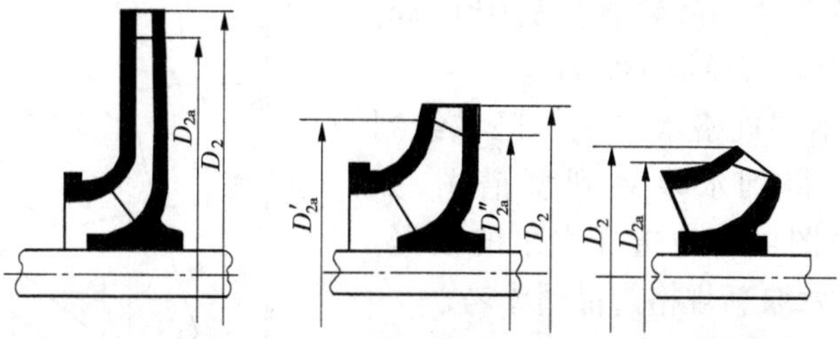

图 3-29　叶轮的车削方式

低比转速离心泵叶轮的车削量在前、后盖板和叶片上都是一样的；高比转速离心泵叶轮后盖板的车削量大于前盖板，且要使$\frac{D'_{2a}+D''_{2a}}{2}=D_{2a}$；混流泵叶轮只车削前盖板的外缘直径，在轮毂处的叶片完全不车削，以保持水流的流线等长，如果在叶轮出口处装有导流器或密封环，则车削时可只车削叶片，而不车削盖板。离心泵叶轮车削后，应把叶片锉尖，图 3-30中 B 为叶片出水舌端未锉之前的情况，A 为锉出水舌上表面的情况，从图中可以看出，锉上表面时，锉前两叶片之间的间距 L 与锉后间距 L_C 基本相等，可以认为出水断面基本没有改变，意义不大；图中 C 表示锉出水舌下表面的情况，锉后两叶片间距由 L'增大到 L'_C，水泵在相同流量时，扬程将有所提高，可以使水泵的性能得到较好的改善。

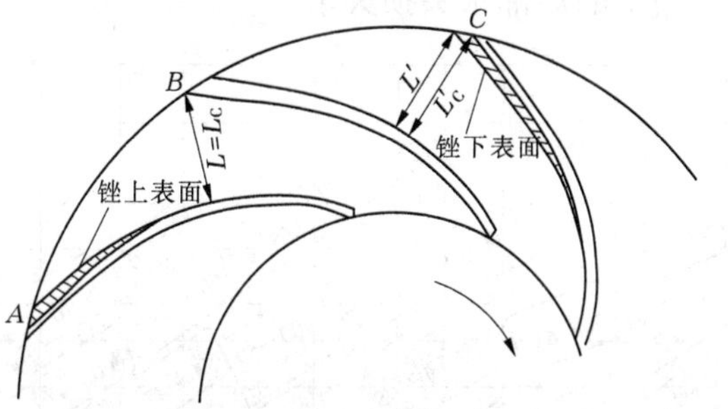

图 3-30　车削前后的叶片

（三）水泵的工作区域和系列型谱图

水泵叶轮车削后，会引起水泵性能的改变，可以扩大水泵的工作区域。水泵的工作范围是由制造厂规定的，水泵允许使用的流量区间，通常为水泵最高效率下降不超过 5% ~ 8% 的范围内，如图 3-31 中的 AB 段。把未经车削叶轮的水泵性能曲线和最大车削叶轮后的水泵性能曲线绘制在同一坐标系中，同时，在两条曲线上定出水泵性能曲线上高效区范围，连成四边形，就是水泵的工作区域。图 3-31 中 $Q\sim H$ 为水泵车削前的性能曲线，A、B 两点为高效率范围，$Q\sim H'$为叶轮按最大车削量车削后水泵的性能曲线。经过 A、B 两点作两条车削抛物线，交 $Q\sim H'$曲线于 C、D 两点。因为车削量不大时，车削抛物线上各点的效率不变，所以也是等效率线。C、D 两点为车削后的工作范围。图形 $ABDC$ 即为该泵的工作区域。水泵在此区域内工作，运行效率较高，选用水泵时，应使实需工况点落在该区域内。在离心泵的制造中，除标准叶轮直径外，有许多水泵还有车削后定型叶轮，用 A（表示叶轮第一次车削）或 B（表示叶轮第二次车削）等表示。如 S500 – 59 型水泵叶轮直径是

675 mm，S500－59A 型水泵叶轮直径是 630 mm，S500－59B 型水泵叶轮直径是 585 mm。

将同一类型、不同规格水泵工作区域绘制在同一张图上，就得到水泵系列型谱图，如图 3-32所示。这张图可作为选择水泵的依据，并可供研究和开发水泵新规格产品时参考。

叶轮车削后应做平衡试验，注意调整转子平衡；叶轮外径加大也可以达到调节水泵工况的目的。外径增加量仍按切割定律计算，但需考虑叶轮与泵壳之间的间隙，并应满足水泵零件的强度要求和不得使动力机超载。

三、变阀调节

通过改变出水管路中闸阀开启度的大小以改变管路的性能，从而达到改变水泵工作点的目的，这种调节方法称为变阀调节，亦称为节流调节。当出水管路上装有闸阀时，可以改变其开启度，如闸阀关小，管路中的局部水头损失增

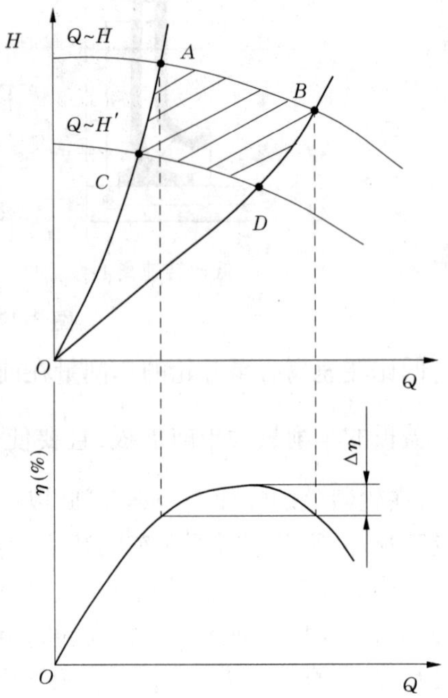

图 3-31　泵的工作范围

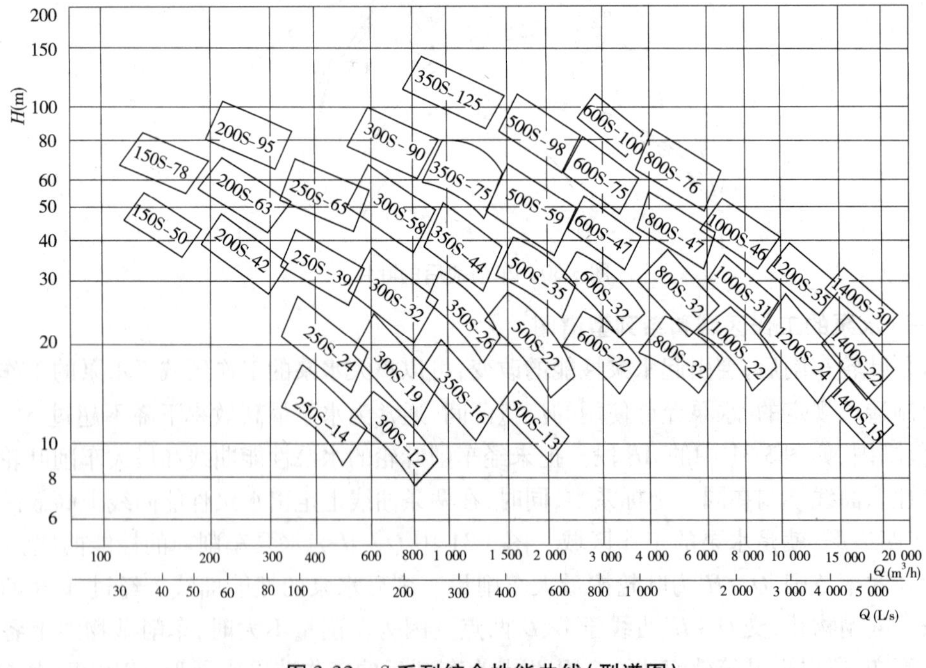

图 3-32　*S* 系列综合性能曲线（型谱图）

加，管道阻力参数 *S* 值变大，由管道水头损失计算公式（3-1）知，在通过相同流量时，管路中水头损失增大。所以，随着闸阀开启度的减小，管路系统性能曲线向左上方移动，工况

点也在 $Q\sim H$ 曲线上向左上方移动，如图 3-33 所示。闸阀关得越小，局部水头损失越大，流量也就越小。因此，采用变阀调节时，人为地增加了管道内水头损失，造成了能量的浪费，是不经济的。但由于变阀调节简单易行，在部分离心泵机组中仍有使用。特别对水泵工作点偏离额定点以右较远时，运行中可能使动力机超载，这时可用变阀调节使工作点左移，作为临时调节水泵流量之用。

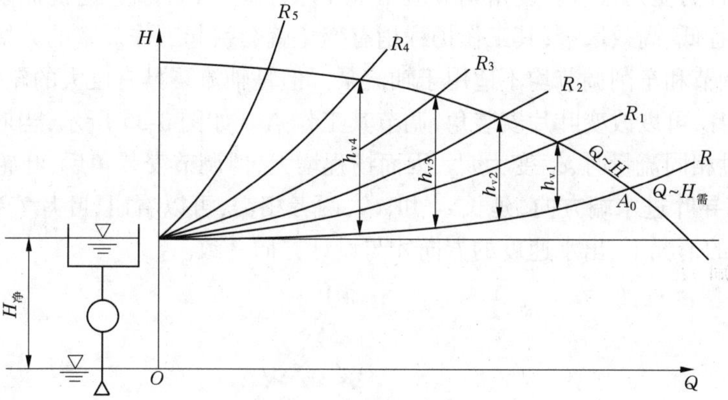

图 3-33　变阀调节原理

四、变压调节

通过改变水泵叶轮级数的多少以改变水泵的性能，从而达到改变水泵工作点的目的，这种调节方法称为变压调节。变压调节主要用于立式或卧式多级离心泵。

现以长轴井泵为例说明变压调节的原理和方法。当水泵的叶轮级数减少时，其性能曲线会下降，如图 3-34 中由 $Q\sim H$ 变为 $Q\sim H'$，若在不进行变压调节前，水泵的工况点在 A 点，水泵出水量偏大，工作点位于额定工作点以右，效率偏低，这时可减少叶轮级数，降低扬程，使工作点左移，使由原来的 A 点移至 B 点，提高了水泵效率。

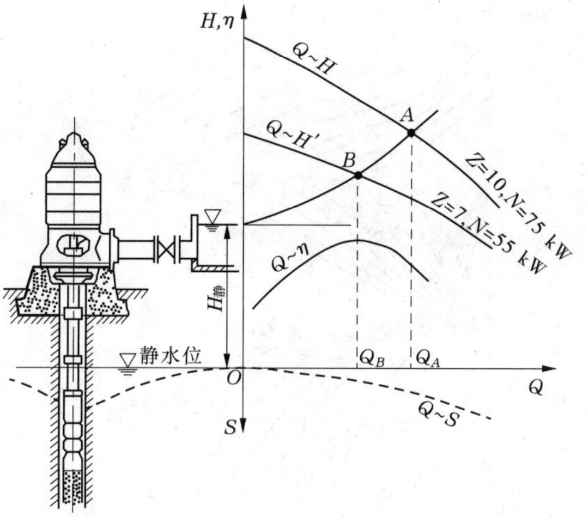

图 3-34　变压调节原理

变压调节的另一种方法是从进水口向泵内通入适量的空气，目的是使水的密度变小，从而降低泵的扬程，使工作点发生变化。

五、变角调节

通过改变叶片安装角度的大小以改变水泵的性能，从而达到改变水泵工作点的目的，这种调节方法称为变角调节。变角调节适用于叶片可调节的轴流泵与混流泵。

轴流泵扬程低、高效区窄，其工作扬程稍有变化就会引起工作效率的大幅度下降。如前所述，节流调节和车削调节均不适用于轴流泵。但是轴流泵具有巨大的轮毂，便于安装可以调节的叶片，可以改变叶片安装角，调节其工作点。如图 3-35 所示，当叶片安装角 β 增大、水泵通过相同流量时，c_{u2} 变为 c'_{u2}，因而扬程增大，但调节安装角后，叶轮的出水速度 c'_2 的方向偏离导叶进水端方向，延长 c_2 和 w'_2，两者相交，可以看出，叶片安装角加大后，要在流量较大的情况下，出水速度的方向才与设计方向一致。

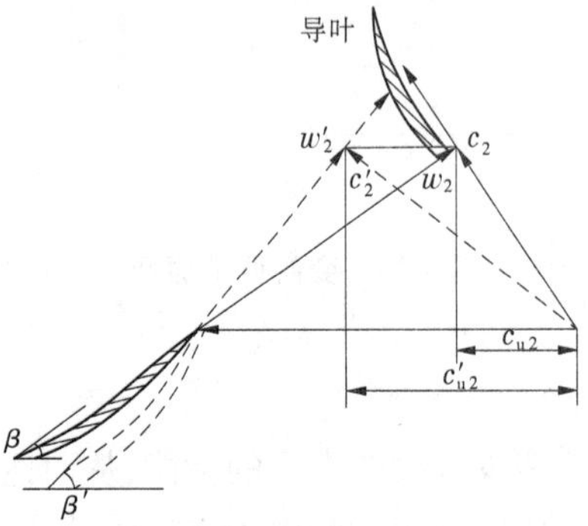

图 3-35　叶片安装角与叶片出口速度三角形的关系

（一）轴流泵改变叶片安装角后的性能曲线

变角后，轴流泵的性能曲线按一定的规律朝一个方向移动，如图 3-36 为轴流泵叶片在不同安装角度时的性能曲线，在转速不变的情况下随着安装角度的加大，$Q \sim H$、$Q \sim P$

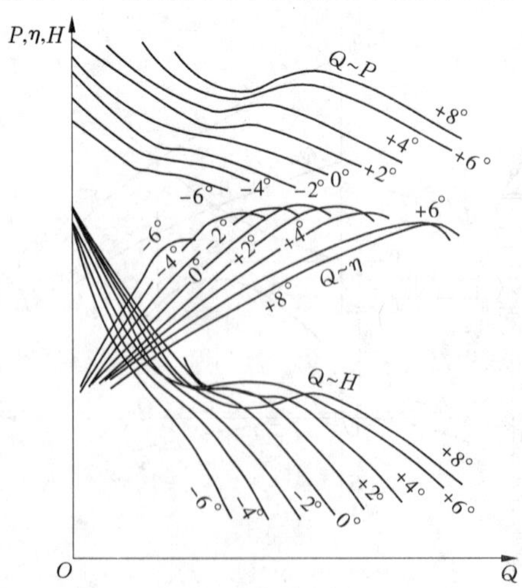

图 3-36　轴流泵叶片安装角与其性能曲线的关系

曲线向右上方移动，$Q \sim \eta$ 曲线几乎是以不变的数值向右水平移动。反之，当叶片安装角度减小时，各曲线则向相反的方向移动。为了使用上的方便，一般不绘制这种曲线，而是将 $Q \sim \eta$ 曲线和 $Q \sim P$ 曲线用数据相等的几条等效率曲线与等功率曲线，绘在 $Q \sim H$ 图上，这样，绘出了轴流泵的通用性能曲线，如图 3-37 所示。

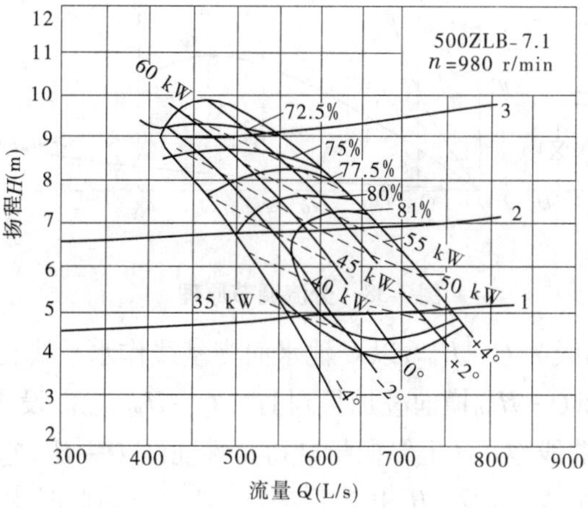

图 3-37　轴流泵通用性能曲线

(二)轴流泵的变角调节

一般情况下，轴流泵的调节主要不是为了调节流量，而是用来调节扬程的。由于灌溉期间水源水位是变化的，需要水泵的扬程变化较大，为了使水泵能在较高效率区域内运行，需要对轴流泵进行工况调节。

轴流泵在设计扬程时，将叶片安装角定为 0°，当上下游水位差变小时，将安装角调大，在保持较高效率的情况下增大出水量，更多地抽水，并使电动机满载运行。当上下游水位差变大时，将安装角调小，适当地减小出水量，使电动机不致过载运行。所以，采用变角调节不仅使水泵在最有利的工作状态下运行，达到高效率，较多地抽水，并且能使电动机长期保持或接近满载运行，以提高电动机的效率和功率因数。

此外，对全调节叶片，在启动时将叶片安装角调至最小，可以降低泵的启动负荷（大约只有额定功率的 1/4）；在停车之前，将叶片安装角调小，可以降低停车时的倒流速度，平稳地完成机组停车。

六、分流调节

在水泵出水管上接装一条支管或旁通管，分去部分流量来改变水泵的工作点，称为分流调节。当接装一分支管时，分流调节的原理和叶片泵在分支管路上工作原理完全相同（见图 3-38），水泵原来经过 *ABC* 管路向 *C* 池供水，后来发觉工作点（图中 *M* 点）偏左，允许吸上真空高度和动力机功率有余，水泵效率也很低，可以安装一条 *BD* 管向另一需要供水的 *D* 池供水来使工作点向右移。这样不仅发挥了机械的潜力，而且提高了抽水效率。

当接装旁通管时，其工作原理如图 3-38 所示。在出水管 *B* 点装一旁通管 *BD*，并在 *BD* 管上安设闸阀 *V*，用以调节旁通管通过的流量。设闸阀 *V* 全开时其阻力特性曲线为

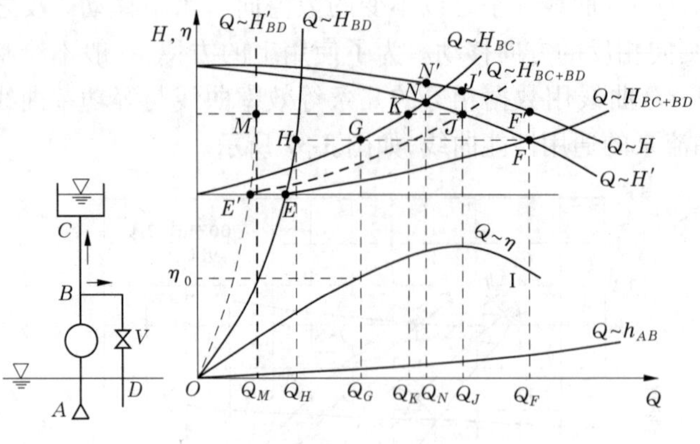

图 3-38　分流调节原理

$Q\sim H_{BD}$,BC 管段特性曲线为 $Q\sim H_{BC}$,以 C 池水面为基线作水平线交 $Q\sim H_{BD}$ 于 E 点,从 E 点开始将曲线 $Q\sim H_{BC}$ 和 $Q\sim H_{BD}$ 横向叠加得到曲线 $Q\sim H_{BC+BD}$。设 AB 管段水泵损失曲线为 $Q\sim h_{AB}$,在水泵性能曲线 $Q\sim H$ 上纵向折减得特性曲线 $Q\sim H'$,它与 $Q\sim H_{BC+BD}$ 曲线相交于 F 点,经过 F 点作垂线,与 $Q\sim H$ 相交于 F' 点,则 F' 点为此时水泵的工况点。从 F 点作水平线分别与 $Q\sim H_{BC}$ 和 $Q\sim H_{BD}$ 曲线相交于 G、H 点,则 G、H 点所对应的流量 Q_G 和 Q_H 为水泵实际向 C 池供水的流量和由支管 BD 分流的流量。如对应的水泵效率偏低,可调节旁通管 BD 上闸阀 V 的开度大小,使水泵的工作点左移。

如图 3-38 中曲线 $Q\sim H'_{BD}$(虚线)为旁通管上闸阀 V 开启度减小后所得的管路阻力特性曲线。以 C 池水面为基线作水平线交 $Q\sim H'_{BD}$ 于 E' 点,从 E' 点开始,将曲线 $Q\sim H_{BC}$ 和 $Q\sim H'_{BD}$ 横向叠加得到曲线 $Q\sim H'_{BC+BD}$,它与 $Q\sim H'$ 曲线相交于 J 点,经过 J 点作垂线,与 $Q\sim H$ 相交于 J' 点,则 J' 点为此时水泵的工况点。从 J 点作水平线分别与 $Q\sim H_{BC}$ 和 $Q\sim H'_{BD}$ 曲线相交于 K、M 点,则 K、M 点所对应的流量 Q_K 和 Q_M 为水泵实际向 C 池供水的流量和由支管 BD 分流的流量。水泵的工况点从 F' 点移至 J' 点。如此调节,直至旁通管上闸阀 V 完全关闭,旁通管流量为零,工作点移至 N' 点,这时向 C 池供水的流量达最小值 Q_N。所以,可以改变闸阀 V 的开启度,使水泵的工况点在 N' 和 F' 之间变化。

分流调节虽然引去了部分流量,但原管路系统仍然运行稳定,且调节方法简单,在梯级泵站级间水量调配中有所应用。另外,并联泵一台失电后倒泄流量也可用此法求得。

小　结

水泵工况是水泵选型、泵站工程设计及泵站运行管理的依据。由于现实中水泵工作的场所多种多样,所以要求掌握各种情况下水泵工况的确定方法,包括图解法及数解法。特别是水泵工况调节方法,它是提高水泵运行效率,使水泵发挥更大效益的必要手段。变速调节作为工况调节的一种方法已广泛应用于工程实践,此调节方法灵活,能适应多种条件下水泵工况的调节。建议到工程实践中体会学习各种情况下工况的确定及调节方法,为今后的泵站设计、运行管理打下坚实的基础。

思考题

1. 简述水泵机组、抽水装置、抽水系统的概念。

2. 什么叫水泵的工况? 影响因素有哪些?

3. 如何绘制管路特性曲线? 如何用图解法确定水泵的工况?

4. 什么叫水泵的串联运行? 水泵串联运行需要注意哪些问题?

5. 什么叫水泵的并联运行? 水泵并联运行需要注意哪些问题?

6. 什么叫泵站的效率? 影响泵站效率的因素有哪些? 如何提高泵站的运行效率?

7. 什么是水泵的工况调节? 简述各种调节的方法、原理。

8. 变速调节与变径调节有何异同点?

9. 有一泵转速为 $n = 1\,420$ r/min, $H = 14.7$ m, $Q = 73.5$ L/s, $N = 3.3$ kW。现改用转速为 2 900 r/min 的电机驱动,若工况保持相似,试求其相应的各参数值。

10. 已知某变径运行水泵装置的管道系统特性曲线 $H = 30 + 3\,500Q^2$ 和水泵在外径为 $D_2 = 300$ mm 时的 $Q \sim H$ 曲线(见图 3-39)。试用图解法确定保持静扬程不变,流量下降 10% 时,其直径应降为多少。

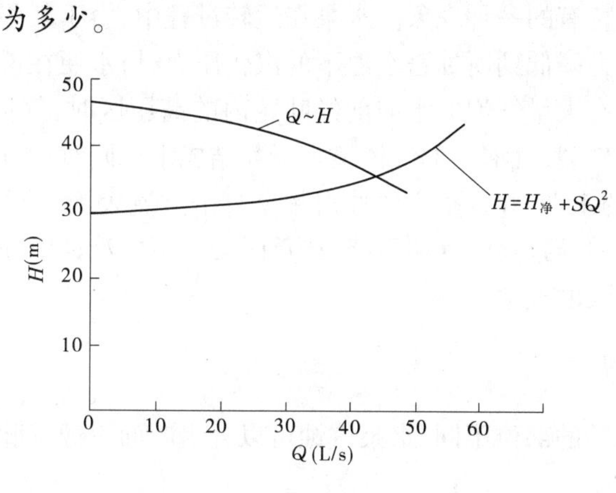

图 3-39

第四章　水泵的汽蚀与安装高程确定

学习重点

水泵汽蚀的概念、水泵汽蚀的类型及危害、吸上真空高度的概念、汽蚀余量的概念、水泵安装高度确定。

学习要求

了解汽蚀的概念，掌握汽蚀的类型及危害，掌握吸上真空高度及汽蚀余量的定义，重点掌握水泵安装高度的确定。

第一节　水泵的汽蚀

汽蚀是水力机械特有的一种现象。水泵在运转过程中，由于某些原因，在其过流部分的某些区域的绝对压力降低到所抽送水温下的汽化压力时，水便在该处开始汽化，产生气泡，形成汽液流，当含有大量气泡的水向前经叶轮内的高压区时，气泡周围的高压水致使气泡急剧地缩小以致破裂，气泡内的气体又重新凝结成水。同时，水质点以很高的速度填充空穴，产生很强烈的水击，并以很高的冲击频率打击过流表面，使材料边壁遭受侵蚀破坏，产生噪声和振动，并导致泵的性能下降，严重时会使泵中液体中断，不能正常工作。通常把这种现象称为水泵的汽蚀。

一、汽蚀的类型

根据泵内发生汽蚀的部位不同，水泵汽蚀可以分为叶面汽蚀、间隙汽蚀和粗糙汽蚀等三种基本类型。

(一) 叶面汽蚀

叶面汽蚀是指在叶片表面出现的汽蚀，也称为翼型汽蚀，这是水泵汽蚀的主要形式。

当水泵安装过高时，即使水泵在设计工况下运行，在叶片进出口背面也易出现低压区，如图 4-1 所示。当水泵在大流量工况下运行时，叶轮进口相对速度 w_1 的方向发生向前偏离，角 β_1 增大，叶片前缘正面发生脱流和旋涡，产生负压，有可能引起叶片正面发生汽蚀，如图 4-2 所示。当水泵流量小于设计流量时，角 β_1 减小，w_1 向后偏离，叶片背面产生旋涡，出现低压区，以致使叶片背面产生汽蚀。在上述两种工况下所产生的汽蚀现象中，其气泡的形成和破灭基本上发生在叶片的正、反面，称为叶面汽蚀。叶面汽蚀是水泵常见的汽蚀现象。

(二) 间隙汽蚀

间隙汽蚀是指当水流流经狭小通道或间隙时引起局部流速升高、压力下降到汽化压力时所形成的汽蚀。

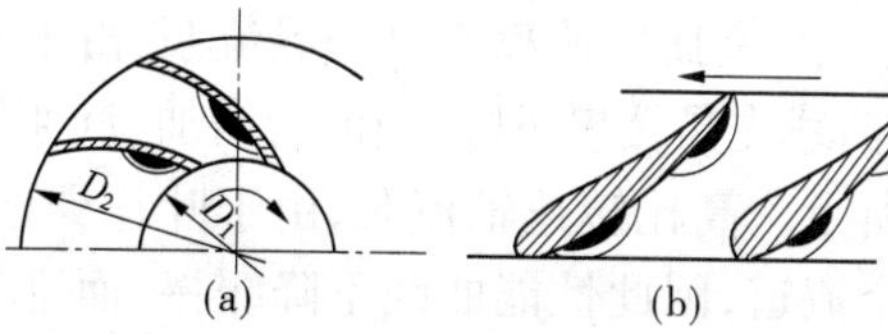

图 4-1　叶片背面的低压区

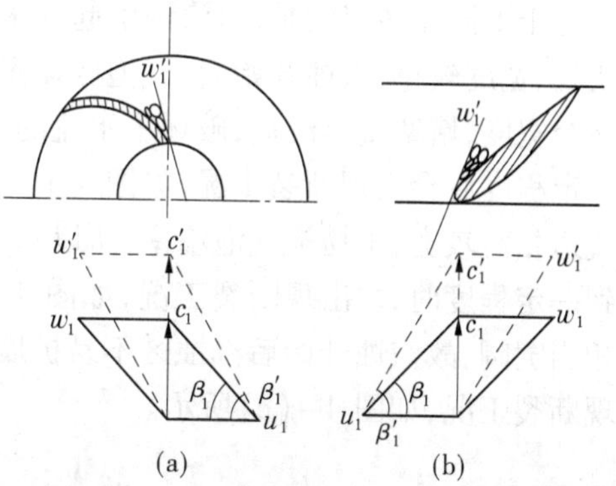

图 4-2　流量大于设计流量时叶片正面的旋涡汽蚀区

如图 4-3 所示,在离心泵密封环与叶轮外缘的间隙处,由于叶轮进、出水两侧的压力差很大,导致高速回流,造成局部压降,引起汽蚀。轴流泵叶片外缘与泵壳之间很小的间隙内,在叶片正、反面压力差的作用下,也因间隙中的反向流速大,造成局部压降,在泵壳对应叶片外缘部位引起汽蚀,在泵壳对应叶片外缘部位形成一圈蜂窝麻面汽蚀带。对于可调式叶片,叶片与轮毂体的结合间隙处也可能出现间隙汽蚀。

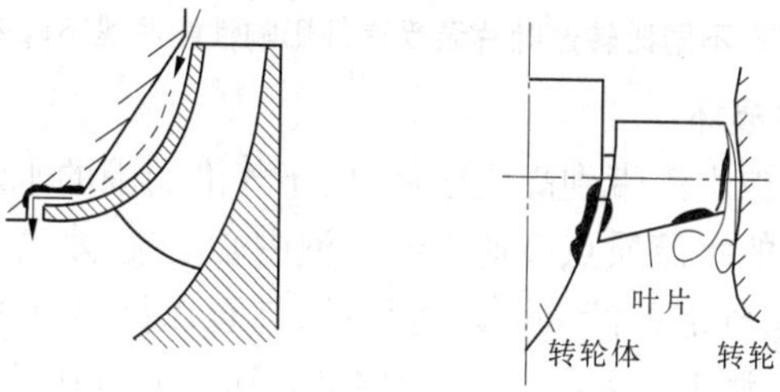

(a)离心泵密封环间隙汽蚀　　(b)轴流泵叶片间隙汽蚀

图 4-3　间隙汽蚀区

(三)粗糙汽蚀

粗糙汽蚀是指水流在经过泵内凹凸不平的粗糙过流部件表面时,在凸出物下游产生旋涡,引起局部压力降低所发生的汽蚀。水泵过流部件在铸造和加工时,形成的表面不平、砂眼、气孔等都可引起局部流态突然变化而造成汽蚀。

除上述三种基本汽蚀类型外,还存在一种涡带汽蚀。由于进水建筑物、进水构筑物设计不当,造成了水泵进口处水流的紊乱和旋涡,产生了涡带,把大量的气体周期性地带入水泵内,涡带的产生也会在叶片低压区产生汽蚀。涡带呈螺旋状非轴对称地在进水管内旋转,使进水管内的流速场和压力场发生周期性的变化,并引起噪声和振动。

二、水泵汽蚀的危害

(一)造成水泵性能恶化

水泵在产生汽蚀过程中会产生大量的汽泡,到达高压区时会发生溃灭现象,所以这一过程破坏了水流的正常流动规律,流道内过流面积减小,流动方向改变,因而叶轮和水流之间能量交换受到干扰和破坏,能量损失增加,从而引起水泵流量、扬程和效率的迅速下降,甚至达到断流状态。

对于不同比转速的泵,由汽蚀引起的水泵性能下降的特点不同。低比转速离心泵,叶槽狭长、宽度较小,汽蚀开始后,气泡区首先出现在叶片流道进口部位,并迅速扩展到流道的整个宽度,堵塞整个流道,破坏了水流的连续性,水泵性能曲线呈急剧下降的状态,发展到一定程度后会出现断裂工况,如图 4-4(a)所示。中、高比转速离心泵和混流泵,由于叶轮流道相对较宽,不易被气泡堵塞,所以水泵性能曲线先是缓慢下降,当流量增加、汽蚀发展到一定程度时,才出现断裂工况,如图 4-4(b)所示。高比转速轴流泵,由于叶片少,流道相当宽阔,故汽蚀开始后汽蚀区不易扩展到整个流道,因此性能曲线下降缓慢,而且不出现断裂工况,如图 4-4(c)所示。

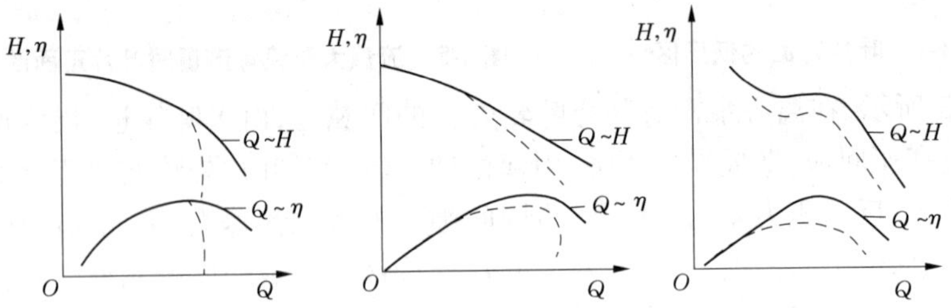

(a)离心泵　(b)混流泵　(c)轴流泵

图 4-4　不同比转速叶片泵受汽蚀影响性能曲线下降的形式

(二)过流部件遭到损坏

当离析出来的气泡被水流带到高压区后,由于气泡周围的水流压强增大,使气泡迅速凝结、溃灭,故气泡四周的水流质点高速地向气泡中心汇集,水流质点互相撞击,产生强烈的冲击。根据观察资料,气泡的溃灭可以毫秒计,甚至以微秒计的时间内完成,并集中作用在微小的金属表面上,瞬时局部压强急剧增加,其压力可达几十兆帕甚至几百兆帕以上。由于叶轮或泵壳的壁面金属材料在高压和高频的作用下,引起塑性变形和局部硬化,产生疲劳现象,性质变脆,很快会发生裂纹与剥落,以致金属表面形成麻点、坑穴、蜂窝状的孔洞。汽蚀的进一步作用,可使裂纹相互贯穿、孔洞相连,直到叶轮或泵壳被蚀坏甚至断裂,如图 4-5 所示。

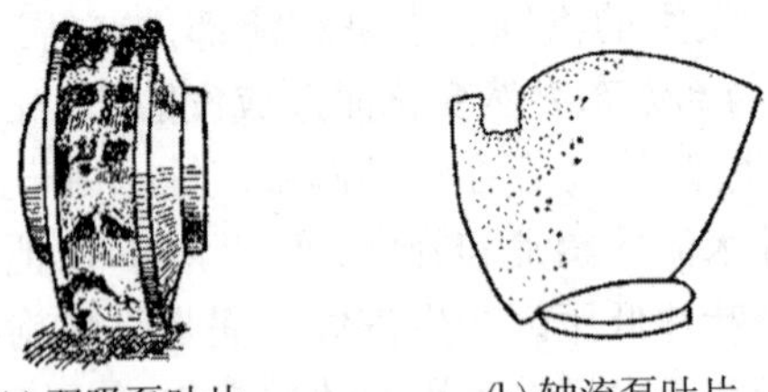
(a) 双吸泵叶片　(b) 轴流泵叶片

图 4-5　汽蚀坏的叶片

在汽蚀过程中,由于气泡体积缩小而温度升高,而且由于水锤冲击引起水流和壁面的变形也会引起温度增高。曾有试验证明,气泡凝结时的瞬时局部高温可达 300 ℃以上。在产生的气泡中夹杂有一些活泼气体(如氧气 O_2)及其离子等,借助气泡凝结时所释放出的热量,对金属起化学腐蚀作用,大大地降低了金属强度。

在高温、高压之下,水流会产生一些带电现象。过流部件因汽蚀产生温度差异,冷热过流部件之间形成热电偶而产生电位差，从而对金属表面发生电解作用（即电化学作用），金属的光滑层因电解而逐渐变得粗糙。表面光洁被破坏后，机械剥蚀作用才有效地开始。这样在机械剥蚀、化学腐蚀和电化反应等共同作用下，就更加剧了机械剥蚀的作用。

另外，当水中泥沙含量较高时，由于泥沙表面挟带着一定量的气泡，促进了汽蚀的产生，汽蚀又促进了磨蚀，破坏了水泵过流部件的表层，加快金属蚀坏的作用。

（三）产生噪声和振动

在汽蚀凝结溃灭时，由于产生的压强瞬时升高和水流质点彼此间的撞击及对泵壳、叶轮的打击，将使水泵产生强烈的噪声和振动现象。观测资料表明，它具有较广的频谱，测得的最高频率可达 100 万 Hz，因此噪声也是用来探测汽蚀是否已发生和消失的一种方法。当汽蚀振动频率与水泵自振频率接近时，会引起共振，其振动可引起机组基础或机座甚至整个泵房振动，从而使其振幅大大增加。在这种情况下，机组就不应该继续工作了。

可见，水泵汽蚀的危害是非常严重的，要很好地掌握水泵的吸水性能，正确地确定水泵安装高程，以防止汽蚀及其危害的发生。

第二节　汽蚀性能参数

水泵的汽蚀性能参数有两种表征方式，即汽蚀余量和吸上真空高度。汽蚀余量常用于轴流泵和大型混流泵，而吸上真空高度常用于离心泵和中、小型混流泵。

一、汽蚀余量参数

目前，对汽蚀问题的研究大多数是以液体汽化压力作为初生空泡的临界压力。由前面知道，泵内压力降低到所抽送水温的饱和汽化压力时，泵内就会产生汽蚀，为了使泵内不发生汽蚀，至少应使泵内水流的最低压力高于在该温度下水的饱和汽化压力。那么，在泵进口处的水流，除压力水头要高于汽化压力水头外，水流总水头（总能头）还应比汽化压力水头高出一富裕量，才能保证泵内不发生汽蚀。这一富裕量就是汽蚀余量。

（一）汽蚀余量

汽蚀余量是国际上通常采用的标准水泵汽蚀性能参数，常用 *NPSH* 表示。汽蚀余量是指在水泵进口断面处，单位重量的水所具有的超过抽送水温条件下饱和汽化压力水头的剩余能量。其大小用换算到水泵基准面的水头（m）表示。

根据汽蚀余量定义，可写出定义表达式

$$NPSH = \frac{p_s}{\rho g} + \frac{v_s^2}{2g} - \frac{p_v}{\rho g} \tag{4-1}$$

式中　*NPSH*——汽蚀余量，m；

$\frac{p_v}{\rho g}$——水流在工作温度时的汽化压力水头，m；

$\frac{p_s}{\rho g}$——泵进口断面上的绝对水头，m；

$\frac{v_s^2}{2g}$——泵进口断面上的平均速度水头，m。

(二)装置汽蚀

装置汽蚀余量是水泵进水管路装置给予水泵进口断面处单位重量的水所具有的超过抽送水温条件下饱和汽化压力水头的剩余能量,用$(NPSH)_a$表示。它也就是水泵装置给水泵提供的汽蚀余量。

如图 4-6 所示,当水泵安装于进水建筑物水面以上时,列断面 0—0(进水池水面)和断面 s—s(泵进口中心,即泵基准面)的能量方程,则得

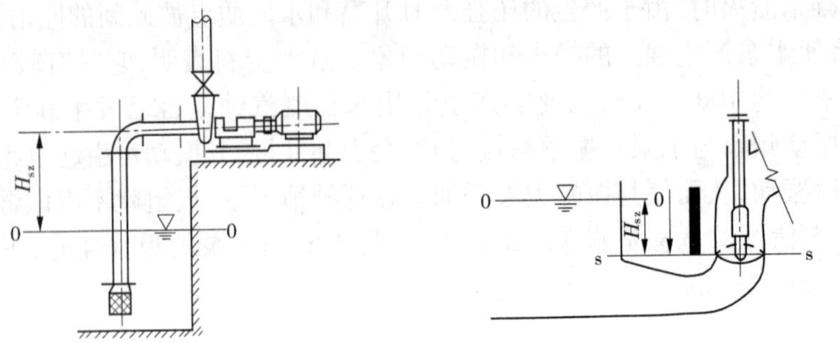

(a)泵基准面高于进水池水面　　(b)泵基准面低于进水池水面

图 4-6　装置汽蚀余量计算简图

$$0 + \frac{p_0}{\rho g} + \frac{v_0^2}{2g} = H_{sz} + \frac{p_s}{\rho g} + \frac{v_s^2}{2g} + h_s \tag{4-2}$$

式中　p_0——进水建筑物水面上的大气压强;

p_s——水泵进口处的绝对压强;

H_{sz}——水泵的吸水高度;

v_s——水泵进口的断面平均流速;

h_s——吸水管路的水头损失。

进水建筑物的流速水头很小,可以忽略不计。由式(4-1)和式(4-2)整理得

$$(NPSH)_a = \frac{p_s}{\rho g} + \frac{v_s^2}{2g} - \frac{p_v}{\rho g} = \frac{p_0 - p_v}{\rho g} - H_{sz} - h_s \tag{4-3}$$

当水泵安装于进水建筑物水面以下时,采用同样方法也可以导出装置汽蚀余量的计算公式。只是此时,水泵的吸水高度H_{sz}为负值,即水泵的倒灌(或淹水)深度。

为便于计算,在表 4-1 中给出了不同海拔高度下的大气压力值,在表 4-2 中给出了不同水温下的汽化压力值。

表 4-1　不同海拔高度下的大气压力值

海拔(m)	-600	0	100	200	300	400	500	600	700
H_a(m)	11.3	10.33	10.2	10.1	10.0	9.8	9.7	9.6	9.5
海拔(m)	800	900	1 000	1 500	2 000	3 000	4 000	5 000	
H_a(m)	9.4	9.3	9.2	8.6	8.1	7.2	6.3	5.5	

表 4-2　不同水温下的汽化压力值

水温(℃)	5	10	20	30	40	50	60	70	80	90	100
$\frac{p_v}{\rho g}$(m)	0.09	0.13	0.24	0.43	0.75	1.26	2.02	3.18	4.83	7.15	10.33

(三)临界汽蚀余量

临界汽蚀余量是指水泵内压力最低点的压强为抽送水温情况下的饱和汽化压力时，水泵进口处的汽蚀余量用$(NPSH)_c$表示。也就是说，临界汽蚀余量为水泵内发生汽蚀的临界条件。

由式(4-3)知，当泵在一定流量下运行时，影响水泵汽蚀余量的关键因素是水泵的吸水高度H_{sz}，随着H_{sz}的增加，汽蚀余量减小，当汽蚀余量减小到某一数值时，若泵内压力最低点的压力刚好为所抽送水温情况下的饱和汽化压力，此时，泵内即将发生但还未发生汽蚀，把此时的汽蚀余量称为临界汽蚀余量。由于泵内水流状态复杂，还不能用公式方法准确计算，所以实践中常用试验的方法确定临界汽蚀余量值。

(四)允许汽蚀余量

允许汽蚀余量是将临界汽蚀余量适当加大，以保证水泵运行时不发生汽蚀的汽蚀余量，用$(NPSH)_r$表示。它是根据实践经验人为规定的汽蚀余量值。其计算公式为

$$(NPSH)_r = (NPSH)_c + 0.3 \tag{4-4}$$

由于大型水泵一方面$(NPSH)_r$较大，另一方面从模型试验换算到原型水泵时，由于比尺效应的影响，0.3 m 安全值尚嫌小，所以大型水泵的$(NPSH)_r$可采用下式计算

$$(NPSH)_r = (1.1 \sim 1.3)(NPSH)_c \tag{4-5}$$

所以，泵在运行时，不产生汽蚀的条件是：$(NPSH)_a \geq (NPSH)_r$。

二、吸上真空高度参数

从汽蚀的发生机理可知，泵内压力降低是水泵发生汽蚀的直接原因，而泵进口处的压力大小是决定泵内压力大小的主要影响因素。因此，可以用水泵进口断面上的压力作为衡量水泵运行时是否发生汽蚀的指标。

(一)吸上真空高度

水泵吸上真空高度是指水泵进口处的真空度，也就是泵进口处的绝对压力小于大气压力的数值，用H_s表示，即

$$H_s = \frac{p_a}{\rho g} - \frac{p_s}{\rho g} \tag{4-6}$$

由式(4-6)及式(4-2)可得(此时$p_0 = p_a$)

$$H_s = \frac{p_0 - p_s}{\rho g} = H_{sz} + \frac{v_s^2}{2g} + h_s \tag{4-7}$$

即水泵的吸上真空高度为其吸水高度、进口平均流速水头与进水管水头损失之和。

(二)临界吸上真空高度

在大气压力为一个标准大气压、水温为 20 ℃清水的标准状态下，水泵开始产生汽蚀

时的吸上真空高度,称为临界吸上真空高度,用 H_{sc} 表示。

由式(4-7)知,当吸水高度、进口平均流速水头与进水管水头损失任意一项增大时,都会引起 H_s 的增大。当 H_s 增大到某一数值时,若泵内压力最低点的压力刚好为抽送水温情况下的饱和汽化压力,这时的吸上真空高度即为临界吸上真空高度。

由于泵内水流条件的复杂性,临界吸上真空高度也是通过水泵的汽蚀试验来确定的,它是水泵运行是否发生汽蚀的分界点。当 $H_s > H_{sc}$ 时,水泵将在汽蚀状态下运行;当 $H_s < H_{sc}$ 时,水泵不会发生汽蚀。

(三)允许吸上真空高度

在标准状况(大气压力为一个标准大气压、水温为 20 ℃)下,为了保证泵内不发生汽蚀而允许的水泵进口处的最大真空高度,称为允许吸上真空高度,用 H_{sa} 表示。允许吸上真空高度是为保证水泵运行时不产生汽蚀的吸上真空高度。我国国家标准规定,把试验得到的临界吸上真空高度 H_{sc} 减去 0.3 m 的安全余量作为允许吸上真空高度 H_{sa},即

$$H_{sa} = H_{sc} - 0.3 \tag{4-8}$$

为了防止水泵产生汽蚀,水泵样本中规定了水泵的允许吸上真空高度。在相同的流量和转速条件下,泵站的允许吸上真空高度越高,泵的抗汽蚀性能越好。

三、允许汽蚀余量与允许吸上真空高度的关系

允许吸上真空高度和允许汽蚀余量都是表征水泵汽蚀性能的参数,两个参数之间存在如下关系:为使水泵不产生汽蚀,装置提供的汽蚀余量应大于等于水泵的允许汽蚀余量。

将式(4-7)代入式(4-3)中得

$$(NPSH)_a = \frac{p_0 - p_v}{\rho g} - H_{sz} - h_s = \frac{p_0 - p_v}{\rho g} - H_s + \frac{v_s^2}{2g}$$

当取 $(NPSH)_a = (NPSH)_r$ 时,应当有 $H_s = H_{sa}$,即

$$(NPSH)_r = \frac{p_0 - p_v}{\rho g} - H_{sa} + \frac{v_s^2}{2g} \tag{4-9}$$

或

$$H_{sa} = \frac{p_0 - p_v}{\rho g} - (NPSH)_r + \frac{v_s^2}{2g} \tag{4-10}$$

以上两式就是两种不同形式的水泵汽蚀参数之间的换算公式。

第三节　水泵安装高程的确定

水泵基准面的高程,即水泵基准面的海拔高度,称为水泵安装高程。水泵安装高程必须满足水泵在任何条件下工作都不产生汽蚀,尽可能改善泵房施工条件,降低投资费用。

一、安装高度确定

(一)用允许吸上真空高度计算

1. 安装高度确定

水泵安装高度是指水泵的基准面到进水池最低运行水位之间的高差。卧式水泵多安

在进水建筑物水面以上，由式(4-7)可得水泵的安装高度计算公式为

$$H_{sz} = H_s - h_s - \frac{v_s^2}{2g} \tag{4-11}$$

式(4-11)中，随着 H_{sz} 的增加，水泵的吸上真空高度逐渐增大，当 H_{sz} 增大到 $[H_{sz}]$ 数值、水泵的 H_s 增大到水泵的允许吸上真空高度 H_{sa} 时，有

$$[H_{sz}] = H_{sa} - h_s - \frac{v_s^2}{2g} \tag{4-12}$$

式中　$[H_{sz}]$——水泵的安装高度；

其他符号意义同前。

在确定水泵的安装高度时，必须注意水泵制造厂样本中所给的 H_{sa} 是在下列条件下的允许吸上真空高度：①水泵的转速是设计转速；②大气压强水头为一个标准大气压强；③水的温度为 20 ℃。

2. 公式修正

当水泵的使用条件不同于上述三个条件时，应该进行修正。

(1)对转速的修正。可按下式近似计算

$$H'_{sa} = 10.09 - (10.09 - H_{sa})\left(\frac{n'}{n}\right)^2 \tag{4-13}$$

式中　H_{sa}、H'_{sa}——修正前、后水泵的允许吸上真空高度，m；

n、n'——修正前、后水泵的转速，r/min。

(2)对海拔和水温的修正。各地大气压的数值取决于各地的海拔高度(见表 4-1)，而水的饱和蒸汽压强是由水的温度而定的(见表 4-2)。所以，在大气压强水头不等于 10.33 m 与水温超过 20 ℃的情况下，允许吸上真空高度应由下式修正

$$H''_{sa} = H'_{sa} + \frac{p_a}{\rho g} - 10.33 - \frac{p_v}{\rho g} + 0.24 \tag{4-14}$$

(二)用允许汽蚀余量计算

由式(4-3)知

$$H_{sz} = \frac{p_0 - p_v}{\rho g} - (NPSH)_a - h_s \tag{4-15}$$

式(4-15)中，随着 H_{sz} 的增加，水泵的装置汽蚀余量会逐渐减小，当 H_{sz} 增大到 $[H_{sz}]$ 数值、水泵的 $(NPSH)_a$ 减小到水泵的允许汽蚀余量 $(NPSH)_r$ 时，有

$$[H_{sz}] = \frac{p_0 - p_v}{\rho g} - (NPSH)_r - h_s \tag{4-16}$$

式(4-16)适用于水泵的转速为设计转速情况下，当不是设计转速时，需要对其进行修正，可用下式计算

$$(NPSH)'_r = (NPSH)_r \frac{n'^2}{n^2} - 0.3\left(\frac{n'^2}{n^2} - 1\right) \tag{4-17}$$

当 n' 与 n 相差不大时，即符合标准规定 $\left|\frac{n'-n}{n}\right| \leqslant 20\%$，则 $0.3\left(\frac{n'^2}{n^2}-1\right)$ 很小，可以忽略，则

$$(NPSH)'_r = (NPSH)_r \frac{n'^2}{n^2} \tag{4-18}$$

在计算$[H_{sz}]$时，需要用$(NPSH)'_r$代替$(NPSH)_r$，用式(4-16)计算。

二、安装高程确定

水泵的安装高程，取水源设计最低水位加上相对应的安装高度，即

$$\nabla_a = \nabla_{min} + [H_{sz}] \tag{4-19}$$

式中　∇_a——水泵安装高程，m；

∇_{min}——进水池最低水位，m；

$[H_{sz}]$——水泵安装高度，m。

需要指出的是，水泵的安装高程应根据水泵在最大扬程、设计扬程及最小扬程时，分别按式(4-19)计算出安装高程，然后取最小值作为最终值。如果算出的安装高度$[H_{sz}]$为正值，表示该泵可以安装在水面以上，如卧式离心泵。但是若将立式轴流泵叶轮安装在水面以上，水泵启动前就要事先排气。因此，为了便于启动，常将叶轮中心线淹没于水下0.5～1.0 m。若安装高度$[H_{sz}]$为负值，表示该水泵必须安装在水面以下，其数值即表示叶轮中心必须淹没在水下的最小深度，不小于0.5～1.0 m。

第四节　预防和减轻水泵汽蚀的措施

泵在运行中是否发生汽蚀，由泵本身的性能和吸水装置的特性共同决定。所以，除从设计、制造等方面加以改善，提高泵的抗汽蚀性能外，还要从泵站设计及运行管理等方面注意。总之，汽蚀发生的原因主要有水泵制造工艺水平低、制造材料低劣、吸水损失过大、安装高程过高、进流条件不好等。

一、提高泵本身的抗汽蚀性能

提高泵本身的抗汽蚀性能：一是改进泵进口的结构参数，使泵具有尽可能小的必需汽蚀余量$(NPSH)_r$；二是在空泡不可避免的情况下，对叶轮或容易被汽蚀的地方采用耐汽蚀的材料，以提高泵的使用寿命。具体可采取以下几个方面的措施。

（一）选择适宜的进水部分几何形状和参数

泵进口部分的几何形状和参数直接影响其中水流速度的变化过程和水力损失，从而影响到$(NPSH)_r$。因此，可采用如下方法来降低$(NPSH)_r$：①选择水流渐变过程的吸水室几何形状和参数；②适当加大叶轮进口直径，加大叶轮前盖板曲率半径，增大叶片进口宽度，减小叶片进口厚度，以提高进口水流通过能力；③合理选择叶片进口冲角，如选择1°～15°的正冲角来改变大流量工况下的运转特性；④叶片进口边适当向叶轮进口延伸，以提早让水流增加能量；⑤对流道表面进行磨光、抛光或喷砂等处理，降低表面粗糙度，不仅可降低水力损失，还可减小空泡初生的概率。

（二）采用双吸式叶轮或降低转速运行

双吸泵或低转速泵可以有效地降低泵的必需汽蚀余量$(NPSH)_r$。因此，在泵的设计

中，常采用双吸泵或降低转速的方法解决泵的汽蚀问题。

（三）加设诱导轮

在离心泵叶轮前面装一个类似于轴流式的叶轮，这个叶轮称为诱导轮，如图4-7所示。诱导轮是一个叶轮负荷很低（最多只有几米扬程）的轴流式叶轮，但它与通常的轴流泵叶轮又有明显不同：轮毂小、叶片安装角小、叶片数少、叶栅稠密度大。这些特点使它具有高的吸入性能。诱导轮产生的扬程，对后面的离心叶轮起增压作用，但诱导轮的水力效率不很高，因此加装诱导轮后，离心泵的整体效率有所降低。

（四）提高叶轮表面的光洁度

叶轮表面的光洁度影响泵的汽蚀性能，光洁度愈高，其抗汽蚀性能愈好。

（五）选用抗汽蚀性较强的材料

选择如铸锰、青铜、不锈钢、合金钢等材料制造叶轮，或者用聚合物涂覆或喷镀过流部件的表面，均可抵抗汽蚀的冲击，减轻汽蚀危害。

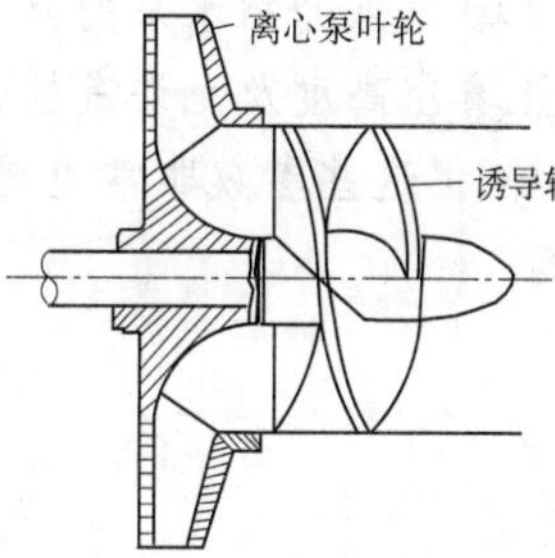

图4-7　离心泵叶轮前的诱导轮

二、泵站规划设计应注意的问题

（1）合理选择进水管道。尽可能地缩短进水管长度，减少不必要的弯头、闸阀等部件，适当加大进水管径，减小水力损失，并使泵进口的水流平顺，流速分布均匀，以提高装置汽蚀余量。

（2）合理确定安装高程。在设计泵站时，要充分考虑到水泵工作中可能遇到的各种工况，选择最不利的工况来确定安装高程，要使装置汽蚀余量大于水泵的允许汽蚀余量，或者水泵进口处的吸上真空高度小于水泵的允许吸上真空高度。这是防止汽蚀发生的最为关键的手段。

（3）设计好前池、进水池。进水建筑物内的水流要平稳、均匀，不产生旋涡。这不仅可以减少池中的水位降落，而且使进入叶轮水流的速度和压力分布均匀。这一点对于大口径、短进水管的泵尤为重要。

三、运行管理中应注意的问题

在水泵及吸水装置设计完好的情况下，水泵的汽蚀经常是由不合理运行造成的。为此，需要注意以下几点：

（1）尽量使水泵在额定工况或额定工况附近运行，使水泵在实际运行中的$(NPSH)_r$值最小。如果仍有汽蚀问题存在，需要采用降速及减小流量等方法来实现泵在较低的$(NPSH)_r$下运行。

（2）控制水泵的实际转速不高于其额定转速。在采用升速调节时，需要经过特别论证。

（3）泵在运行中发生汽蚀时，在吸水侧充入少量空气，可以缓和气泡破灭时的冲击，并减小汽蚀区的真空度，能减弱或消除汽蚀产生的噪声和振动，减轻或避免汽蚀的危害。当然，充气量不能过大，否则可能导致吸水困难。

(4)提高泵进口压力,将出水管的高压水引入泵的进口,可以提高叶轮进口的压强,从而提高泵的抗汽蚀性能。但减小了水泵的出水量,降低了水泵的效率。

(5)降低工作水温。夏季气温较高,可掺井水混合或在引水渠、进水建筑物处加遮热设施,以减轻汽蚀现象的危害程度。

小 结

本章重点介绍水泵的吸水特性。水泵的汽蚀影响水泵的使用寿命及水泵的工作。允许吸上真空高度及允许汽蚀余量是水泵安装高度确定的依据。本章概念较多,并相对较难理解,但这些参数非常重要,所以要重点掌握吸上真空高度及汽蚀余量等汽蚀参数的定义。

思考题

1. 什么是汽蚀?水泵汽蚀的类型及危害有哪些?

2. 什么是吸上真空高度、临界吸上真空高度、允许吸上真空高度?

3. 什么是汽蚀余量、装置汽蚀余量、临界汽蚀余量、允许汽蚀余量?

4. 如何确定水泵安装高度?用允许吸上真空高度及允许汽蚀余量计算水泵安装高度时,需要作哪些修正?

第五章　泵站工程规划

学习重点

灌区如何划分,站址如何选择;泵站工程规划的内容;如何确定泵站设计流量和设计扬程。

学习要求

1. 了解泵站的规划原则:泵站规划要全面安排、综合分析、因地制宜,尽量做到掌握尽可能多的资料,力求以最少的投入取得最大的产出,效益显著。

2. 能够根据进、出水线路,站址地形、地质条件和泵站作用,正确选择枢纽布置形式。

3. 依据泵站的基本资料,按照工程设计标准,计算泵站的设计流量,选择各种特征水位,组合各特征扬程。

第一节　泵站工程规划的内容和原则

一、泵站工程规划的内容

泵站工程规划的内容在很大程度上取决于兴建泵站的目的、规划内容和任务,因建站目的不同而有所差异,所需要的基础性资料也各有侧重。总体而言,泵站工程规划的主要任务包括以下几方面:

(1)收集当地水文、气象、地质和交通、能源、社会经济状况等资料,勘察地形、行政区划、水源和已有水利工程设施等情况。

(2)确定工程规模、控制范围及工程等级,确定灌溉或排水设计标准。

(3)确定工程总体布置方案。

(4)选择泵站站址,确定泵的设计扬程和设计流量。

(5)进行机组选型及配套,即选择适宜的泵型或提出研制新泵型的任务,选配动力机械和辅助设备,确定总装机容量。

(6)拟定工程运行管理方案。

(7)进行技术经济论证并评价工程的经济效益,为决策部门和泵站工程技术设计提供可靠的依据。

二、泵站工程规划的原则

(1)泵站工程规划必须以流域或区域水利规划为依据,按照全面规划、综合治理、合理布局的原则,正确处理灌溉与排水、自流与提水、灌溉排水与其他部门用水的关系,充分考虑泵站工程的综合利用。

(2)泵站工程的规模、控制范围和总体布置方案的确定,在很大程度上取决于兴建工程的目的,当地的经济、地形、能源、气象、作物组成,以及现有水利工程设施的情况等因素。规划中必须根据灌溉(或排水)区的地形、地貌特征,尽可能地照顾行政区划,充分利用现有水利工程设施,确定工程的控制范围和面积。

(3)工程总体布置应结合现有村镇或规划的居民点、道路、电网、通信线路、水利设施、林带等统筹考虑,合理布局。为了节约能源并便于运行管理,泵站和沟渠的布置必须遵循低田低灌、高水高排、内外分开、水旱作物分开的原则。在梯级提水灌溉工程中,应尽量减少两级泵站之间没有灌溉面积的空流段渠道长度和泵站级数,尽量使用同型号的水泵机组。

(4)灌溉或排水标准是确定泵站规模的重要依据,应根据灌溉区或排水区的水土资源、水文气象、作物组成,以及对灌排成本、工程效益的要求,按照国家最新颁布的《泵站设计规范》(GB 50265—2010)和《灌溉与排水工程设计规范》(GB 50288—99)等有关规定确定。

(5)泵站工程的技术经济论证和经济效果评价是确定泵站工程合理性与可行性,以及对不同方案进行比较与优化的依据。经济分析应按《水利建设项目经济评价规范》(SL 72—94)的规定进行。

第二节 设计标准

泵站规划中首先要解决的问题是设计标准问题,如排水泵站能够把多大暴雨产生的涝水在多长时间内排除,在选择水泵时按什么标准确定扬程、流量,在设计建筑物时以多高的水位作为防洪水位等,这些都与设计标准有关。

如果设计标准太低,虽然工程投资较少,但工程效益也小;反之,工程效益增加,工程投资也增加。因此,设计标准问题是一个技术经济问题,应根据国家统一编制的规范来确定。

一、泵站工程等级划分

泵站工程的规模是根据流域或地区规划所确定的任务,以近期为目标,兼顾远景发展的要求,综合分析所确定的。根据泵站的规划流量或装机容量,灌溉、排水泵站分为5个等级,见表5-1。对于工业、城镇供水泵站的等级划分,应根据供水对象、供水规模和重要性确定。

二、泵站建筑物级别划分

泵站建筑物的级别是根据泵站所属等级及其在泵站中的作用和重要性进行分级的,见表5-2。建筑物是指泵站运行期间使用的建筑物,根据其重要性分为主要建筑物和次要建筑物。主要建筑物是指失事后造成灾害或严重影响泵站使用的建筑物,如泵房、引渠、进水池、变电设施等;次要建筑物是指失事后不造成灾害或对泵站使用影响不大并易于修复的建筑物,如挡土墙、导水墙和护岸等。临时建筑物是指泵站施工期间使用的建筑物，如导流建筑物、施工围堰等。

表 5-1　灌溉、排水泵站等级指标

泵站等级	泵站规模	分类指标	
		装机流量（m^3/s）	装机容量（万 kW）
Ⅰ	大(1)型	≥200	≥3
Ⅱ	大(2)型	200～50	3～1
Ⅲ	中型	50～10	1～0.1
Ⅳ	小(1)型	10～2	0.1～0.01
Ⅴ	小(2)型	<2	<0.01

表 5-2　泵站建筑物级别划分

泵站等级	永久性建筑物级别		临时性建筑物级别
	主要建筑物	次要建筑物	
Ⅰ	1	3	4
Ⅱ	2	3	4
Ⅲ	3	4	5
Ⅳ	4	5	5
Ⅴ	5	5	—

三、泵站建筑物的防洪标准

泵站建筑物的防洪标准直接影响泵站建筑物的防洪水位，从而影响到工程造价的高低。根据表 5-1 可查出泵站工程的等级，再根据表 5-2 查出泵站建筑物的级别，然后由表 5-3查出泵站建筑物的防洪标准。

表 5-3　泵站建筑物防洪标准

泵站建筑物级别	洪水重现期（年）	
	设计	校核
1	100	300
2	50	200
3	30	100
4	20	50
5	10	20

第三节 灌溉泵站工程规划

一、灌区的划分

提水灌区的划分，须根据当地的地形、水源、能源、交通和行政区划分等条件对灌区进行分片、分级控制，并确定合适的泵站站址，从而达到工程兴建投资省、运行管理费用低、收效快的目的。一般常用的灌区划分方案有以下几种。

（一）单站一级提水，集中灌溉

如图 5-1（a）所示，在水源岸边修建一座水泵站 1，通过出水管道 2 将水抽送到出水池 3 后，再由干渠 4 分水控制全灌区的面积。这种划分灌区的方法适用于灌区地形等高线基本平行于水源，且高程变化不大、同时灌区面积不大、输水渠道不长、扬程较低（低于水泵扬程）的灌区。一些局部高地和地形高差不大的小型灌区均可采用该类方案。其特点是工程规模小，机电设备较少，机组效率较高，工程布置较集中，便于管理。

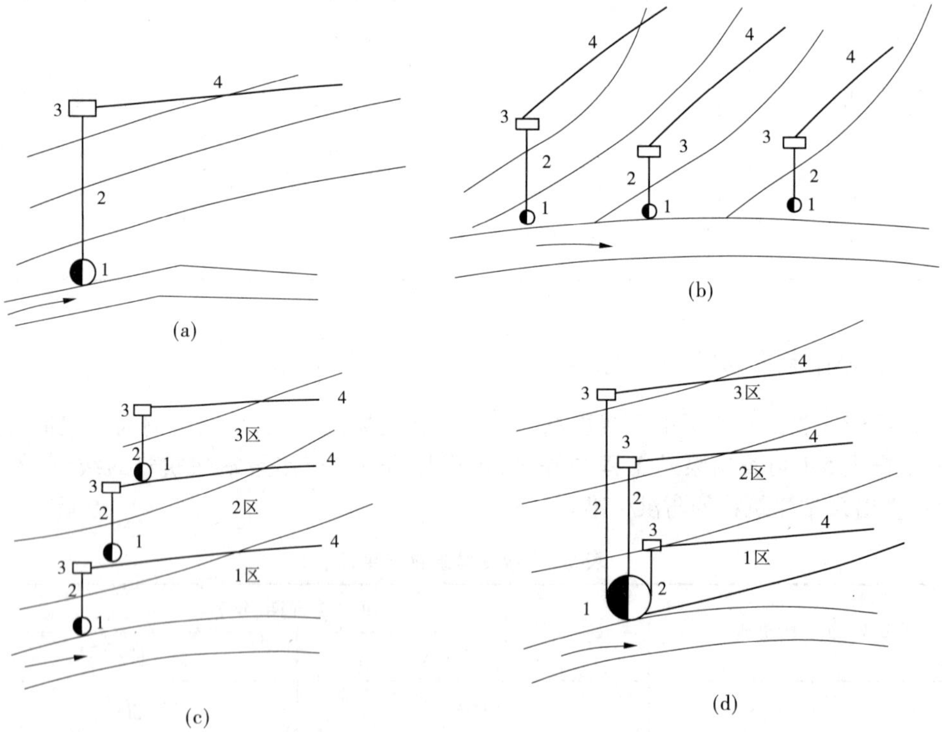

1—水泵站；2—出水管道；3—出水池；4—干渠

图 5-1 灌区的平面分区

（二）多站一级提水，分区灌溉

当灌区的等高线基本平行于水流，灌区土地面积较大时，若仍采用单站一级提水方案，势必导致输水渠道过长，过沟（河）的交叉建筑物增多，水量损耗大，上下游易发生用水纠纷，对灌溉管理造成麻烦。因此，常以渠长或以天然的沟（河）为分界，将灌区划分为几个单独的提水灌区。灌区沿岸边长条分布,每个灌区均在水源边单独建一泵站,均为一级提水,以控制灌区的宜灌面积,如图5-1(b)所示。这样可以减少跨越大沟的水工建筑物,也可缩短干渠的长度,减小水量和水头损失,从而达到减少工程投资和节约运行费用的目的,但分区灌溉也有机电设备多、输电线路长的缺点。所以,分区方案应进行相关技术经济论证,择优而行。

(三)单站分级提水,分区灌溉

此种方式适用于面积不大,但地形坡度较陡的灌区。当水源靠近高山,可以用一座泵站控制有明显高差的几个灌区时,为了避免抽高灌低,而采用在水源岸边修建一处泵站,安装一种或几种扬程的水泵,向不同高程的水池供水,高地用高池灌溉,低地用低池灌溉的方法,如图5-1(c)所示。采用这种分级供水的方式,可以由各级泵站所控制的面积决定其流量大小,从而达到节能的目的,但级数过多,不仅会增加工程投资,而且会给管理带来不便。因此,需要通过技术经济比较才能确定分级的最优方案。

(四)多站分级提水,分区灌溉

对于一些地形由缓变陡、面积较大、高差较大,水源与灌区的接壤长度较小的灌区,为了避免将水抽到高处再跌下来灌低地,即所谓的抽高灌低情况,可以将前一级泵站的出水池作为水源,修建二级、三级……泵站,以控制整个灌区面积,一般来说,下级站较上级站的控制面积小,如图5-1(d)所示。这样不仅可以节省工程投资,降低能源消耗,同时有利于水费征收及行政管理。

二、站址选择

站址选择是根据建站处的具体情况合理地确定泵站的位置,包括取水口、泵房和出水池的位置。站址选择是否合理,关系到泵站建成后的安全取水、工程造价和运行管理等问题。灌溉泵站站址的确定,应根据泵站工程的规模、特点和运行要求,与灌区的划分同时进行,选择具体站址还应考虑以下因素。

(一)水源

为了便于控制整个灌区的面积,减小提水高度,泵站建设地点应尽量选在灌区的上游、提水流量有保证、水位稳定、水质良好的地方。

(1)从渠道引水时,应选在等高线比较集中的地方。

(2)从河流直接取水时,应尽量选在河段顺直、主流靠近岸边、河床稳定、水深和流速较大的地方。一般选在河床狭窄处,若遇弯曲河段,则选在水深岸陡、泥沙不易淤积的凹岸顶冲的上下游,应力求避免选在有沙滩、支流汇入和分岔的河段。

(3)当从水库取水时,应首先考虑在坝下游;当在坝上游取水时,应选在淤积范围之外,并且站址选在岸坡稳定、靠近灌区、取水方便的地点。

(4)当从湖泊中取水时,应选在靠近湖泊出口的地方或远离支流的汇入口。

(5)当从感潮河段上取水时,应选在淡水充沛、含盐量低、可以长期取到灌溉用水的地方。

应该指出的是,在选择站址和取水口位置时,还应注意已有建筑物的影响,如在河段上建有丁坝、码头和桥梁时,由于桥梁的上游、丁坝与码头所在同岸的下游水位被淤高和水流紊乱，易形成淤积，因此站址和取水口位置宜选在桥梁的下游、丁坝和码头的上游，或对岸的偏下游。

（二）地形

站址处地形需开阔，岸坡适宜，这样有利于泵站建筑物的布置，要求开挖土方量较小，且有利于通风采光，便于对外交通和今后扩建等。

（三）地质

站址应选在岩土坚实、抗渗性能好的天然地基上。泵房及进水建筑物常需建在较深的开挖基面上，不仅要求地表附近地质良好，而且开挖基面以下的地质也要求良好。应尽量避开淤泥、泥沙所在地段，减少地基处理费用。若遇淤泥、流沙、膨胀土等不良地基，必须进行加固处理，否则不能作为建站的地址。

（四）电源

为了缩短输电线路的长度，减少工程投资，应尽可能地靠近电源。

（五）其他

站址处交通应方便，并尽可能靠近乡镇、居民点，以利于设备、材料的运输和运行管理。

三、分级提水区域的划分

对于地形高差较大的大型灌区，若采用单站一级提水灌溉方案，其设备功率及能耗要比采用分级提水方案大。所以，往往要采用多级提水方案。

在用单站一级提水灌溉（或排水）的情况下，不管扬水区各处的地面高程如何，必须将全部需要的水量抽到扬水区的控制高程处，而采用分级提水时，就可以减少这种能量的浪费，所以其设备功率的总和比不分级小，但是由于泵站数目增多，也可能会使土建费用增大。

在进行扬水区的分级时，首先应根据当地的具体条件和已有工程的经验初步确定级数，然后根据最小功率法确定各级泵站出水建筑物水位。因为前一级泵站出水建筑物的水位近似等于后一级泵站的站址高程，所以各级泵站出水建筑物水位确定后，其相应的站址高程即可确定。

（一）提水级数的划分

设地形总扬程为 H，灌溉总面积为 Ω，流量为 Q，在分别采用二级、三级和四级提水时，灌区面积与提水高程的关系曲线如图 5-2 所示。

如果采用单站一级提水方案，则设备功率（kW）为

$$P_1 = \frac{\rho g Q H}{1\,000\eta} = \frac{\rho g q \Omega H}{1\,000\eta} = K\Omega H \tag{5-1}$$

式中 q——设计灌水率；$m^3/(s \cdot hm^2)$；

η——泵站效率；

ρ——水的密度，kg/m^3；

Ω——控制面积，hm^2；

K——常数，$K = \dfrac{\rho g q}{\eta}$。

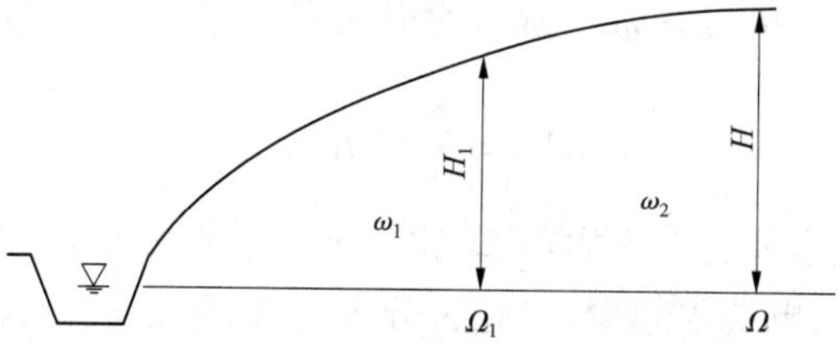

(a)二级提水

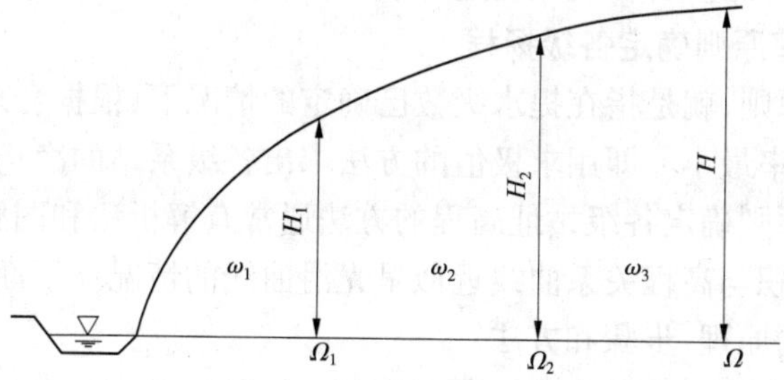

(b)三级提水

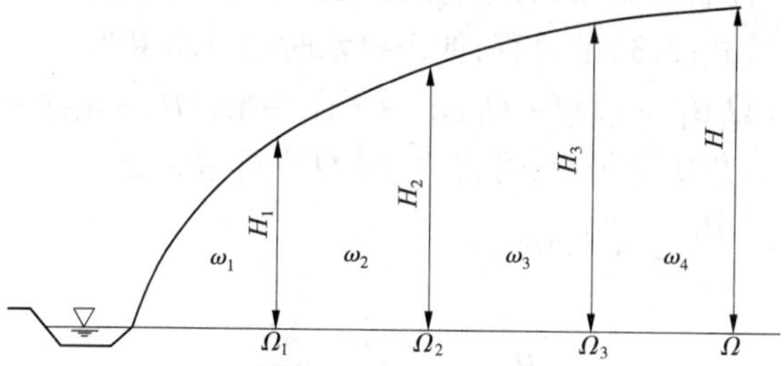

(c)四级提水

图 5-2　灌区面积与提水高程的关系曲线

若改用二级提水方案(见图 5-2(a)),其一级站的控制面积为 ω_1、相应的流量为 Q、扬程为 H_1,二级站的控制面积为 ω_2、相应的流量为 Q_2、扬程为 $(H-H_1)$,则其总设备功率为

$$P_2=\frac{\rho gQH_1}{\eta}+\frac{\rho gQ_2(H-H_1)}{\eta}=\frac{\rho gq\Omega H_1}{\eta}+\frac{\rho gq\omega_2(H-H_1)}{\eta}$$

$$=K[\Omega H_1+\omega_2(H-H_1)] \tag{5-2}$$

若将 $\omega_1=\omega_2=\dfrac{\Omega}{2}$,$H_1=\dfrac{1}{2}H$ 代入式(5-2),则

$$P_2=K\left[\frac{1}{2}\Omega H+\frac{\Omega}{2}\left(H-\frac{H}{2}\right)\right]=K\left(\frac{\Omega H}{2}+\frac{\Omega H}{4}\right)=\frac{3}{4}K\Omega H$$

即分两级提水的总功率比一级提水节省 1/4。

若改为三级提水方案(见图 5-2(b)),其一级站的控制面积为 ω_1、扬程为 H_1、流量为 Q,二级站的控制面积为 ω_2、流量为 Q_2、总流量为 (Q_2+Q_3)、扬程为 (H_2-H_1),三级站的灌溉面积为 ω_3、流量为 Q_3、扬程为 $(H-H_2)$,根据上述同样的算法,可写出三级提水的总设备功率为

$$P_3=K[\Omega H_1+(\omega_2+\omega_3)(H_2-H_1)+\omega_3(H-H_2)] \tag{5-3}$$

若将 $H_1=\frac{1}{3}H, H_2=\frac{2}{3}H, \omega_1=\omega_2=\omega_3=\frac{\Omega}{3}$ 代入式(5-3)，则三级提水的总设备功率为

$$P_3 = \frac{2}{3}K\Omega H$$

即分三级提水，比一级提水节省 1/3 的功率，比二级提水节省 1/12 的功率。由此可见，分级越多，设备功率就越低，电费也越少。当然，分级越多，泵站数目、机组数目、渠道、建筑物以及管理运行人员就会越多，投资和管理费用也会越多，同时在上下级站用水配合上也会出现一些新问题。因此，要合理地确定分级数目和站址高程就必须通过技术经济比较。

(二)按最小功率原则确定各级扬程

所谓最小功率原则，就是指在提水级数已确定的情况下，根据合理选定的各级站的高程建站，其总设备功率最小。即用求极值的方法求出各级泵站的净扬程。

按照最小功率原则确定各级站址高程的方法通常有解析法和图解法两种。后者比较简便，适用于灌区面积与高程关系曲线近似呈光滑曲线的情况。下面以四级提水为例，介绍最小功率图解法的原理、步骤和方法。

假定灌区总扬程为 H，各级泵站的出水池水位分别为 H_1、H_2、H_3、H_4，控制灌溉总面积为 Ω，相应各级水位下控制灌溉面积分别为 Ω_1、Ω_2、Ω_3、Ω_4，如图 5-2(c)所示。

参考建立式(5-2)、式(5-3)的过程，四级提水时的总功率为

$$P_4 = K[\Omega_1 H_1 + (\Omega_2-\Omega_1)H_2 + (\Omega_3-\Omega_2)H_3 + (\Omega-\Omega_3)H] \tag{5-4}$$

欲使四级提水时的总功率最小，可将 P_4 对 Ω 进行偏微分。

令 $\frac{\partial P_4}{\partial \Omega_1}=0$ 得 $H_1+\Omega_1\frac{\partial H_1}{\partial \Omega_1}-H_2=0$，则

$$H_2 - H_1 = \Omega_1\frac{\partial H_1}{\partial \Omega_1} \tag{5-5}$$

令 $\frac{\partial P_4}{\partial \Omega_2}=0$ 得 $H_2+(\Omega_2-\Omega_1)\frac{\partial H_2}{\partial \Omega_2}-H_3=0$，则

$$H_3 - H_2 = (\Omega_2-\Omega_1)\frac{\partial H_2}{\partial \Omega_2} \tag{5-6}$$

令 $\frac{\partial P_4}{\partial \Omega_3}=0$ 得 $H_3+(\Omega_3-\Omega_2)\frac{\partial H_3}{\partial \Omega_3}-H=0$，则

$$H - H_3 = (\Omega_3-\Omega_2)\frac{\partial H_3}{\partial \Omega_3} \tag{5-7}$$

可以看出，式(5-5)~式(5-7)具有共同的形式，等号左边分别表示二级站、三级站和四级站的扬程；等号右边乘积的第一部分分别表示相邻的前一级站的灌溉面积，第二部分分别表示各级站址处面积与高程关系曲线的坡度。所以，各级站的扬程就等于面积与高程曲线在该站址处的坡度乘以相邻前一级站的灌溉面积。这就是用图解法确定各级泵站站址高程的原理。

图解时，首先绘出灌区的面积与高程关系曲线，其做法是以一级站进水池水位高程为原点，以面积 Ω 为横坐标、扬程 H 为纵坐标，绘出面积与高程关系曲线 $H=f(\Omega)$，并从面积与高程关系曲线最高点分别向纵、横坐标作垂直线(见图 5-3)，然后按下述方法进行图解：

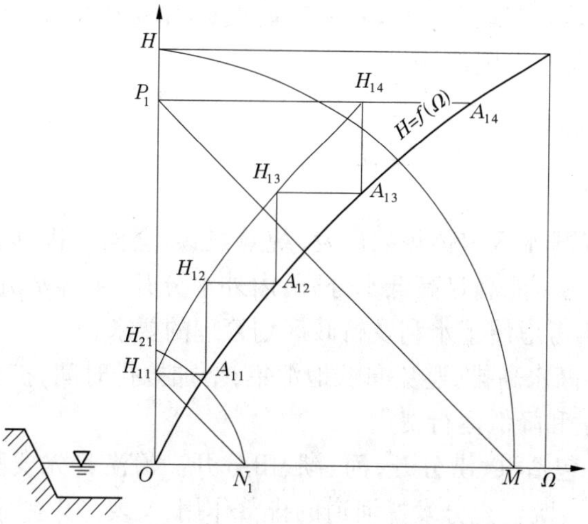

图 5-3　分四级提水时的图解

(1)假设第一次作图时一级站的扬程 $H_{11}=H/n$(n 表示分级的数目,本例 $n=4$),H_{11} 中的第一个注角 1 表示第一次作图,第二个注角 1 表示一级泵站,其余类推。

(2)从 $H=f(\Omega)$ 曲线纵坐标上的 H_{11} 处,向右作水平线,交 $H=f(\Omega)$ 曲线于 A_{11} 点(见图 5-3),该点的高程表示一级站出水池的水位(可近似地看做二级站的站址高程)。

(3)过 H_{11} 处的 $H=f(\Omega)$ 曲线斜率的平行线,与过 A_{11} 点作的纵垂线相交于 H_{12} 点,由 H_{12} 点向右作水平线,交 $H=f(\Omega)$ 曲线于 A_{12} 点,该点即为两级泵站出水池水位。

按上述方法,一直求出 H_{14} 和 A_{14} 的位置。若最后 H_{14} 的纵坐标值不等于 H,说明第一次作图时,假定的一级站的扬程 H_{11} 不正确,需根据比例关系 $H_{21}=\dfrac{H}{H_{14}}H_{11}$ 按照下面的步骤,求出第二次作图时一级站的扬程 H_{21} 值。

(4)以 $H=f(\Omega)$ 曲线的原点 O 为圆心、OH 为半径画圆弧,交横坐标轴于 M 点。

(5)过 H_{14} 点向左作一水平线,交纵坐标于 P_1 点,然后连接 P_1 和 M 两点。

(6)过 H_{11} 点作一平行于 P_1M 的直线,交横坐标于 N_1 点。

(7)以 O 为圆心、ON_1 为半径画弧,交纵坐标轴于 H_{21} 点,即为第二次作图时一级站的扬程 H_{21}。

然后,仿照上述步骤(2)和步骤(3)的方法,求其他各级站的扬程 H_{22}、H_{23} 和 H_{24}。若 H_{24} 的纵坐标仍不等于 H,则再按照 $H_{31}=\dfrac{H}{H_{24}}H_{21}$ 的关系,仿照上述步骤(4)~步骤(7),求出 H_{31} 后,再求 H_{34},直至最后一级泵站扬程的纵坐标和 H 相等。此时,所得 A_{ij}($i=1,2,\cdots,4$;$j=1,2,\cdots,4$)的纵坐标值即为各级泵站出水池水位高程(亦即下一级站的站址高程)。

在求得上述各级站址高程后,再考虑其他自然经济条件的限制,最终确定站址。

第四节　排水泵站工程规划

排水泵站的任务是排涝和排渍。在江河、湖泊沿岸修建的排水泵站,兼负提水灌溉任务的,称为排灌结合泵站。在地下水位较高,有防渍或治碱要求的地区修建泵站工程,应兼顾地下水位的控制,防止土壤盐渍化。

一、排水区的划分

(一)划分原则

排水区的划分应从排水区整体规划出发,统筹兼顾,全面安排,因地制宜地采取综合治理措施。在划分时,尽可能满足高低水分开、内外水分开、主客水分开、就近排水、自排为主、提排为辅,并适当考虑便于水利及行政区划管理的要求。

(1)高低水分开。高水高排,避免向低地汇集,增加抢排时间,扩大自排面积,也可减小排水泵站的装机容量和降低运行费用。

(2)内外水分开。包括洪、涝分开,河、湖、田分开。治涝首先要防洪,而河、湖、田三者在排蓄涝水的关系上,既要充分发挥河道的排蓄作用,又要考虑到湖泊能有效蓄涝和及时抢排田面涝水的作用。

(3)主客水分开。为了避免相邻地区的排水矛盾,要使上下游各排水沟渠涝水能畅排入河,防止客水流向下游造成下游农田的涝灾。

(4)就近排水。按此原则划分排水区,可以缩短排水时间,提高排水效果。

通过划分排水区的规划工作,合理确定畅排区、半畅排区和非畅排区。对于畅排区,以自排为主;对于半畅排区,以自排和提排兼顾;对于非畅排区,则以提排为主。

(二)划分类型

1. 沿江湖圩区排水区的划分

湖区、圩区地面虽然平坦,但也有一定高差,尤其是面积较大的地区,由于地形高差大,各处自流外排的情况不同,必须进行统一规划,分区排水。在分区时,应根据地势特点、承泄区水位条件,适当兼顾原有排水系统。对于地势较高、有自排条件的地区,划为高排区。对于地势较低、排水期间外水位长期高出田面的地区,划为低排区。介于二者之间的地区,采取自排与提排相结合的排水方式。

2. 半山半圩地区排水区的划分

这类圩区,圩后是丘陵山区或高地,圩前面临江湖,汛期外水位高于圩区内农田,同时客水流向下游,易成涝灾。分区时,要在山圩或高低分界处,大致沿承泄区设计外水位的等高线开挖截流,使山、圩分排,高、低分排,减小泵站的装机容量。

3. 滨海和感潮河道地区排水区的划分

对于滨海和感潮河道地区受洪水影响较小,而潮汐影响较大的排水系统,按地区高程划分排水区,地面高程高于平均高潮位的地区可划为畅排区,低于平均低潮位者为非畅排区,介于二者之间的为半畅排区。畅排区可以自由排水,非畅排区依靠排水站进行提排,而半畅排区则应考虑增加排水口,缩短排水流程,在出口建挡潮闸,利用落潮间隙自流抢排涝水。若这样处理后仍不能满足排水要求,再考虑建排水站,在涨潮期间闭闸提排。对这类地区的规划,应详细分析涝水、洪水和潮位的关系,以调整不合理的排水分区和排水出口。尽可能扩大畅排区和缩小非畅排区,减小排水泵站的容量和排水电耗,以求得更大的经济效益。

二、站点布局

(一)集中建站与分散建站

对于面积较大而地形起伏不大的地区,若地势单向倾斜,蓄涝容积大而集中,有骨干排水河道,排水出路单一则宜集中兴建大站。对于排水面积较小、地形较平坦、高差不大、而蓄水容积较大、行政区单一的地区,也以集中建站为宜。对于水网密集、排水出口分散、地势高低不平、高地要灌溉、低地要排水的地区,以分散建站为宜。

集中建大站的优点是:泵站的单位装机容量造价低,输电线路短,便于集中管理,但要求有完整的排水系统,需要开挖排水干沟,土方量较大,挖压耕地面积较大。分散建小站的优点是:工期短,收效快,便于发动群众自办自管,工程量小,挖压面积小,能排能灌,排灌及时,有利于发展农业机械和农村用电。由于涝区的情况复杂,故应根据具体情况因地制宜,采用以小型泵站为主,大、中、小型泵站结合的方式。

(二)一级排水与二级排水

排水站无论集中建站还是分散建站都有两种排水方式,即一级排水与二级排水。所谓一级排水,就是由排水站直接将涝水排入承泄区,见图5-4(a);或由排水站将涝水先排入蓄涝容积,而蓄涝容积的涝水则待外水位降低时再开闸自排,见图5-4(b)。

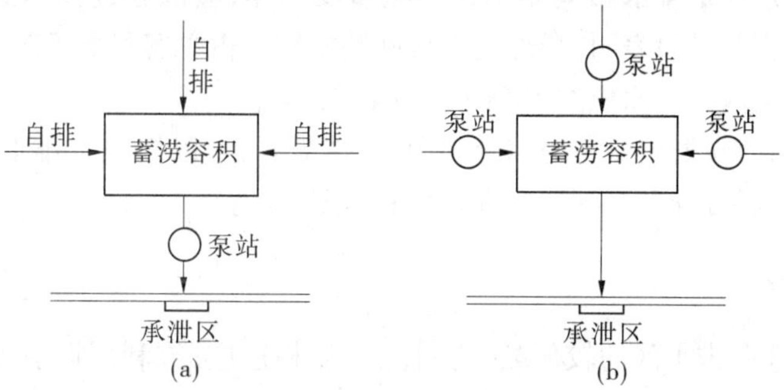

图5-4　一级排水方式

二级排水方式就是在低洼地区建小站,将涝水排入蓄涝容积内,这种站称为二级站或内排站,一般排水扬程较低。蓄涝容积内的涝水需要另外建站外排,这种站称为一级站或外排站,如图5-5所示。当蓄涝容积较大时,除利用泵站抽排外,还可以利用蓄涝容积滞蓄涝水,待外水位降低后再开闸排出滞蓄涝水,利用闸站配合排水,以减小外排站装机容量。

在实际工程中,上述两种排水方式也不是截然分开的,有的地方外排站可采用直接排田与排蓄涝容积相结合,在运行上采用先排田后排蓄涝容积的方式。由此可见,当泵站排田时为一级排水方式,而当排蓄涝容积时为二级排水方式,如图5-6所示。

一般对于排水面积不大、装机容量较小、扬程不高的涝区,宜采用一级排水方式。但对于排水面积较大、地形比较复杂、高低不平、扬程较高的排水区,宜采用二级排水方式;否则不仅低洼地区排水不及时,而且会过分增加排水沟渠的开挖深度,增加外排站的扬程,使整体工程量和泵站的装机容量相应增加,尤其是大型泵站,由于控制范围大,涝区内地形地势变化复杂,应特别重视二级排水的方式。此外,二级站(内排站)运行机动灵活,能适应局部低地排水或部分低地要排、高地要灌的需要。

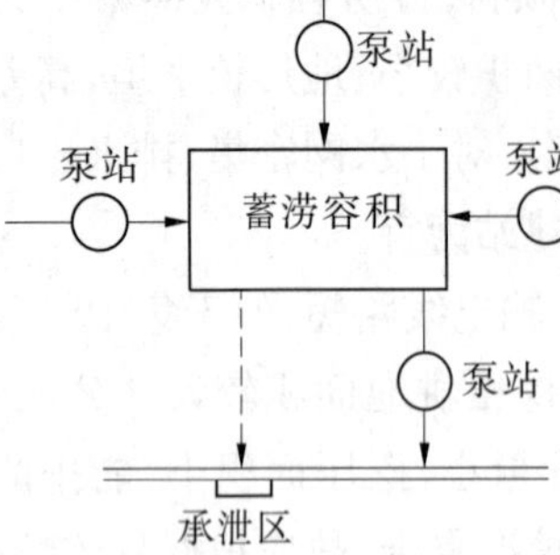

图 5-5　二级排水方式

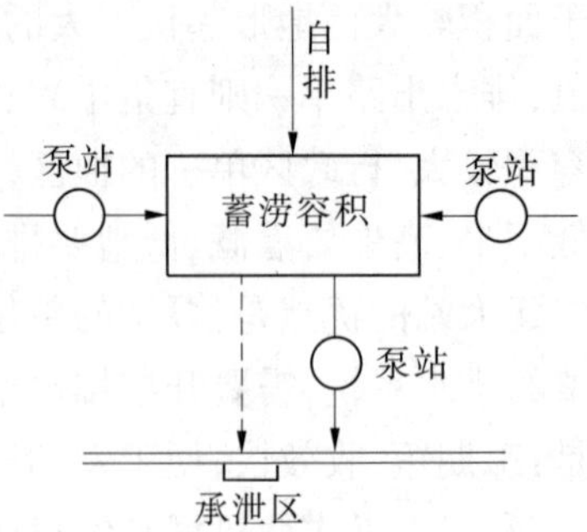

图 5-6　一、二级排水结合方式

在滨海和感潮河道的排水区,当可利用退潮排水,而蓄涝容积又较大时,内排站可将低地涝水先排入蓄涝容积,待退潮后再开闸排水,在这种情况下的内排站起外排站的作用,属一级排水方式。若蓄涝容积较小或退潮后外水位仍比较高,不能完全依靠开闸自排,则应另设外排站配合抽排涝水,这就是二级排水方式。

排水方式的选择是排水站规划中的一项重要工作,应该通过技术经济比较来确定。排水泵站建设的实践经验表明,合理的内排站装机容量占总容量的 5% ~30%,内排站控制的排水面积占全部排水面积的 10% ~35% 比较适宜。

此外,排水站的规划还要考虑综合利用,根据需要,可以把一座排水站建筑物设计成既能抽排提灌,又能自排自灌等形式,以提高工程效益等。

三、站址选择

(1)站址应选在排水区的较低处,与自然汇流相适应;或利用原有的排水系统,以便减少挖渠的土方工程量,减少占地面积。但应注意将来渠系调整对泵站的影响,要靠近河岸,以便缩短排水渠的长度。

(2)站址应选在外河水位较低的地段(即设在外河下游处),以便降低排水扬程,减小装机容量和能耗。

(3)要充分考虑自排的条件,尽可能使自排与抽排相结合。

(4)注意综合利用,注意远景和近期相结合。若有灌溉的要求,则应考虑灌溉引水口与灌溉渠首的高程和布置,尽可能做到排灌结合,提高设备利用率,扩大工程效益。

(5)站址和排水渠应选在河流顺直(或凹岸)、河床稳定、冲刷淤积较少的河段,应有一定的外滩宽度,以利于施工围堰和工料场的布置,但也不宜太宽,以免排水渠太长。尽可能满足正面进水和正面泄水的要求。

(6)站址应选在地质条件较好的地方,尽可能避开淤泥软土和粉细砂地层,避开废河道、水潭、深沟等易淤积的地方。

(7)要尽量靠近居民点,并充分考虑交通、用电等方面的条件。

第五节　泵站建筑物布置

泵站主要建筑物通常包括取水口、引渠、前池、进水池、泵房、出水管道和出水池等。与主要建筑物配套的辅助建筑物一般有变电所、节制闸、进场公路与回车场、修配厂和库房、办公及生活用房等。

泵站建筑物的总体布置应依据站址处地形、地质、水源的水流条件和泵站的性质、泵房结构类型及综合利用的要求等因素全面考虑、合理布局。设计中,首先应把主要建筑物布置在适当的位置上,然后按辅助建筑物的用途及其与主要建筑物的关系分别布置。泵站建筑物总体布置应尽量做到布局紧凑,便于施工及安装、运行安全,管理方便,经济合理,美观协调,少占耕地等。

此外,泵站各建筑物之间应有足够的防火和卫生隔离间距;满足交通道路的布置要求;一般应在引渠末端或前池、进水池的适当位置设 1 ~ 2 道拦污栅及其配套的清污设施;当从多泥沙水源取水时,应在水源岸边布置防沙建筑物,或在引渠的适当位置布置沉沙池等。

泵站引渠式输水干渠与铁路或公路干道相交时,站、桥或站、道宜分建且间距不应小于 50 m,以避免车辆噪声对值班人员工作的干扰和尘土飞扬污染泵房区域,保证泵站的安全运行。有通航任务的泵站枢纽,泵房、船闸应分建,必须合建时,要采取保证安全通航的有效措施。

一、泵站枢纽配套工程建筑物

(一)公路桥

根据已建泵站工程的运用经验,认为公路桥与站身合建可以利用靠近泵房进出水的墩墙做桥墩,以节省建桥投资,但车辆的频繁过往,容易污染站区环境,直接影响值班人员工作。为了节省建桥投资,又能避免过往车辆对站区的影响,可以考虑公路桥与防洪闸、节制闸或引水渠上的拦污栅桥合建。但在一般情况下还是以单独建公路桥为宜。

(二)船闸

船闸和泵站合建的形式虽然可以节省投资,但因为泵站运行时,进出口的流速较大,有时还可能出现横向流速,从而影响通航安全。有时,为了考虑船闸的布置要求而影响泵站进出水建筑物的布置,致使泵站的进水条件受到影响。在河网地区,由于航运是重要的运输方式,兴建泵站一般应该考虑航运要求,因而很多采用小型轴流泵的内排站都考虑了泵站与船闸合建的方式。这样节省了工程投资,但水泵进水条件较差,应该引起注意。

(三)自流排水闸

在平原湖区,在兴建泵站之前,一般都有排水闸。因此,在兴建泵站时,应该考虑自排和提排相结合的问题。结合的形式应力求简单,可在原排水闸一侧建站,新开排水渠道与原排水渠道相衔接。如果建站前无自流排水闸,则在枢纽规划布置时要慎重考虑自排条件,是建自排闸还是结合泵站的附属建筑物自排,应根据具体情况进行分析比较。一般来说,当扬程较低、内外水位变幅不大时,中、小型轴流泵站可考虑闸站结合的布置形式,以利于自排和提排相结合。

(四)节制闸

对于排灌结合、自流与提水排灌结合的泵站或有综合利用要求的泵站,需要设置各种控制闸。在满足排灌或综合利用的条件下,尽量减少闸的座数,以便于管理,并有利于自动化。

(五)水电站

为了充分利用水利资源,可利用汛后内湖水位高而有余水的情况进行发电。对于这种兼有发电任务的泵站枢纽,有分建和合建两种形式。分建式投资较大,但泵站运行单一,操作简单;合建式可在不影响排灌任务的前提下发电,提高设备利用率,但水泵机组应满足提水和发电的可逆机组的要求,技术上要求较高。

根据泵站担负的任务不同,泵站枢纽布置一般有以下几种布置形式。

二、灌溉泵站建筑物布置

(一)从江河、湖泊或灌溉渠道上取水的泵站

1. 有引水渠的布置形式

此形式适用于岸边坡度较缓、水源水位变幅不大、水源距出水池较远的情况。为了减小出水管长度和减少工程投资,常将泵房靠近出水池,用引水渠将水引至泵房。但在季节性冻土区应尽量缩短引水渠长度。对于水位变幅较大的河流,渠首可设进水闸控制渠中水位,以免洪水淹没泵房。图 5-7 所示为有引水渠的泵站枢纽布置,其建筑物由引水建筑物、进水建筑物、泵房、出水建筑物和附属建筑物等组成。引水建筑物包括进水闸、引水渠(或引水涵管)。当从多泥沙河流取水时,还要在引水渠段设置沉沙及冲沙建筑物。进水建筑物由前池、进水池或进水流道组成。泵房包括主泵房和辅机房。出水建筑物包括压力水管、出水池及分水建筑物等。附属建筑物包括变电站、管理处、仓库、修配厂及办公生活用房。

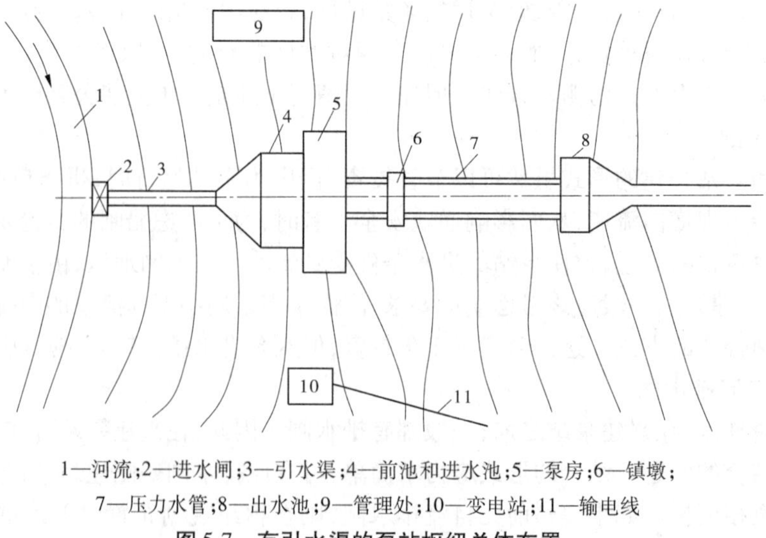

1—河流;2—进水闸;3—引水渠;4—前池和进水池;5—泵房;6—镇墩;
7—压力水管;8—出水池;9—管理处;10—变电站;11—输电线

图 5-7　有引水渠的泵站枢纽总体布置

2. 无引水渠的布置形式

当河岸坡度较陡、水位变幅不大或灌区距水源较近时，常将泵房与取水建筑物合并，直接建在水源岸边或水中。这种布置形式省去了引水渠，习惯上称为无引水渠泵站枢纽，如图 5-8 所示。

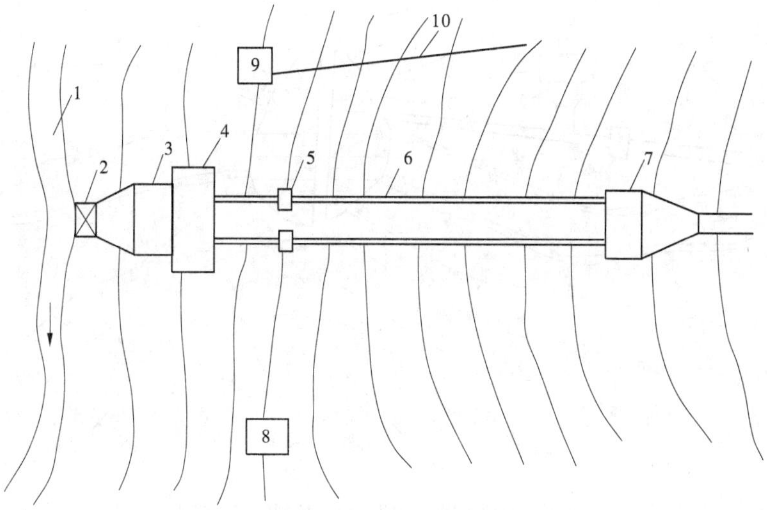

1—河流；2—进水闸；3—前池和进水池；4—泵房；5—镇墩；
6—压力水管；7—出水池；8—管理处；9—变电站；10—输电线

图 5-8　无引水渠的泵站枢纽布置

（二）从水库中取水的泵站

1. 从水库上游取水的泵站

从水库上游取水的泵站的布置形式与有引水渠、无引水渠的布置形式相同。当库水位变幅较大，设置固定式泵站有困难时，可采用浮船式或缆车式移动泵站。

2. 从水库下游取水的泵站

从水库下游取水的泵站一般有明渠引水和有压引水两种方式。明渠引水是将水库中的水通过泄水洞放入下游明渠中，水泵从明渠中引水，如图 5-9 所示。有压引水是将水泵的吸水管直接与水库的压力放水管相接，利用水库的压能，以减小泵站动力机的功率。每个吸水管路上均设闸阀。这样，可提高水泵安装高程，或省去抽真空设备，如图 5-10 所示。

3. 从井中取水的泵站

从井中取水的泵站通常将泵房布置在井旁的地面上。如果井水位离地面较深，超过水泵允许吸上真空高度，可将泵房建在地下。

三、排水泵站建筑物布置

汛期排水区的涝（渍）水如不能及时顺利地排出，必须利用泵站提排，但在承泄区的枯水期或洪峰过后却可以自流排水。因此，常建成自流排水和泵站提排两套排水系统的泵站枢纽工程。按照自流排水建筑物和泵房的相对关系，排水泵站建筑物布置分为分建

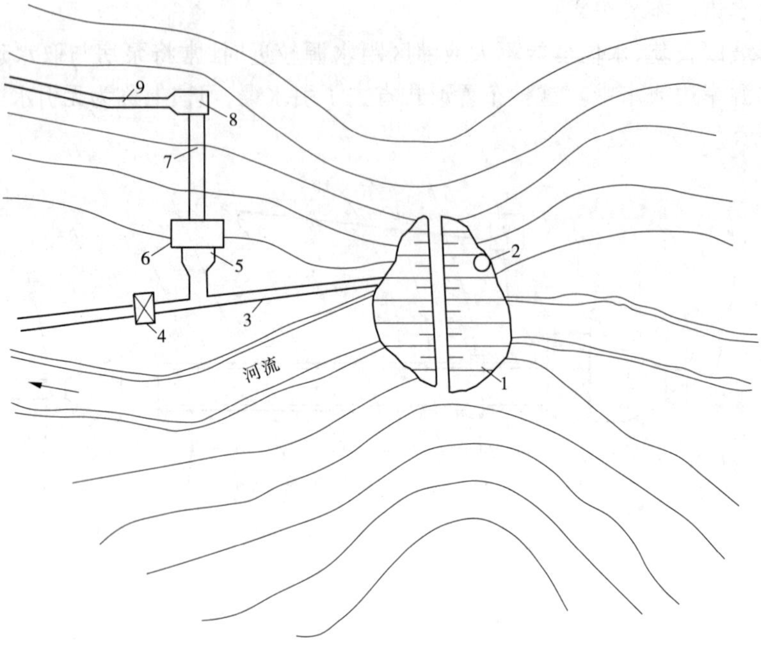

1—拦河坝;2—放水塔;3—明渠;4—控制闸;5—进水池;
6—泵房;7—压力水管;8—出水池;9—输水渠道

图 5-9　水库下游明渠引水泵站布置

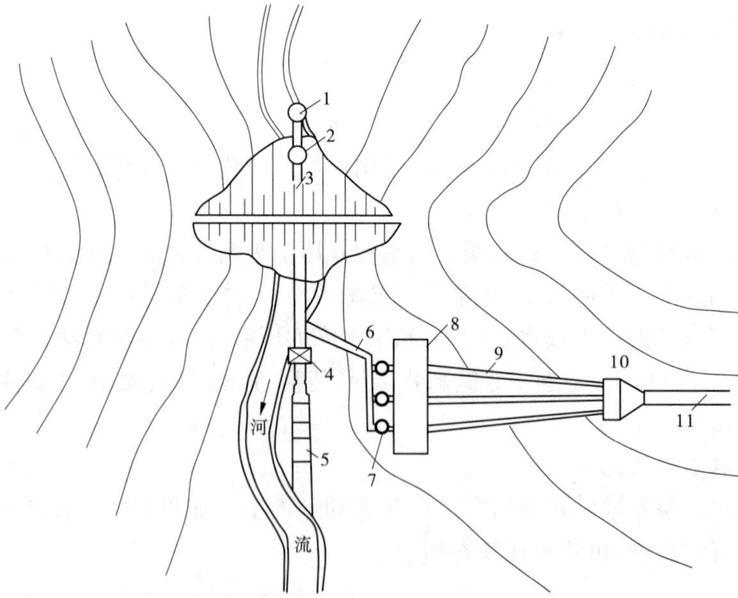

1—进水口;2—放水塔;3—放水洞;4—控制闸;5—跌水;6—有压引水管;
7—闸阀;8—泵房;9—压力水管;10—出水池;11—输水干渠

图 5-10　水库下游有压引水泵站布置

式和合建式两类。在分建式中,自流排水闸与泵房是分开建造的,而合建式则是将二者建在一起。

分建式布置与合建式布置相比,便于利用原有排水闸,且泵站有单独的前池和进水池,具有进水平顺、出水池易于布置等优点,因此实际工程中应用较多。

排水泵站的出水方式可以是出水池接明渠,也可以是出水池接暗管。按照泵房与围堤的相对位置,泵站建筑物布置可分为堤身式和堤后式。堤身式因泵房直接抵挡承泄区的洪水,一般应用于扬程不大于5 m的场合。堤后式则一般扬程为10 m左右。两种方式的布置和设计均应注意堤防安全并符合堤防的有关规定。

四、灌排结合泵站建筑物布置

一般排水区遇暴雨需排水,若承泄区水位低于排水干渠水位,可以自流排水;反之,则需泵站提排。由于受地形的影响低处排水时,高处需要灌溉;另外,由于季节间的气候差异,雨季需排水而旱季又需灌溉。这样,使同一泵站兼有排涝和灌溉任务则称为排灌结合泵站。

排灌结合泵站建筑物布置的形式很多,但就其主要特征可分为闸与泵房建在一起的合建式和分开建造的分建式。

排灌结合,并考虑自流排水、自流灌溉要求的泵站,因其承担的任务较多,所以布置形式也多,一般以泵房为主体,需充分发挥其附属建筑物的协调作用,以达到多目标的排灌结合效果。当冬、春季节需要从水源引水或提水灌溉时,各附属建筑物的控制高程、尺寸和水泵安装高程等均应根据引水时期水源的低水位研究确定。

第六节　泵站设计流量和设计扬程的确定

在规划阶段,合理确定泵站的设计流量和设计扬程是选泵和建站的重要依据。泵站设计流量和设计扬程也是衡量泵站规模的重要指标,由该指标可确定泵站等级、泵站建筑物级别及防洪标准。

一、泵站设计流量的确定

泵站类型不同,其设计流量的确定方法也不同。下面就灌溉泵站和排水泵站分别介绍如何确定设计流量。

(一)灌溉泵站设计流量

灌溉泵站设计流量就是在某一设计保证率下的提水灌区内,农作物的灌溉用水量或灌水定额。通常是根据灌区内气象、土壤、作物种类和耕作技术等因素估算作物需水量,再计算灌溉制度及灌溉用水过程线,然后采用灌溉用水过程中持续时间较长的最大一次灌溉用水量作为泵站设计流量。这种方法精确可靠,但较为复杂,一般用于大、中型灌区。对于小型灌区,可针对主要作物,粗略地拟定最大一次灌水定额或灌水率,然后计算泵站设计流量。

在设计灌水率确定的情况下,泵站的设计流量可由下式计算

$$Q = \frac{24Aq}{t\eta} \tag{5-8}$$

式中　Q——泵站设计流量，m^3/s；

q——设计灌水率，$m^3/(s \cdot hm^2)$；

A——泵站控制灌溉面积，hm^2；

t——泵站日开机小时数；

η——灌溉水利用系数。

在有调蓄容积的提水灌区，向调蓄容积供水的泵站设计流量应根据灌溉用水量过程线和调蓄容积的大小，适当延长泵站开机天数，削减设计流量。

在确定设计流量时，应同时确定加大流量和最小流量。加大流量是泵站备用机组流量与设计流量之和。一般情况下，不应大于设计流量的 1.2 倍。对于多泥沙水源和装机台数少于 5 台的泵站，经过论证，加大流量可以适当提高。最小流量可用 0.4 倍设计流量确定。

（二）农田排水泵站设计流量

农田排水包括排涝和排渍两部分。所谓排涝，即排除因降雨而引起的农田积水，以缩短淹水时间和深度；所谓排渍，即排除因地下水位过高而引起的农作物产量下降的那部分地下水量。考虑到工程的普遍性问题，这里只讨论排涝泵站。

确定排涝泵站设计流量前，需要首先明确排涝设计标准。排涝设计标准是指在设计暴雨情况下，为避免涝灾所允许的最长排水历时，一般包括设计暴雨频率、降雨历时、排水天数、设计外江水位频率等。目前，我国各地区都制定了自己的排涝设计标准，大多为 5～10年一遇的设计暴雨 3 d 排完。

在产流历时小于排水历时的小面积排水区，可用排水模数法计算泵站的设计流量。排水模数是指排水区内平均每平方千米排水面积的最大排水流量，其计算公式为

$$Q = qA \tag{5-9}$$

式中　Q——排水设计流量，m^3/s；

q——设计排水模数，$m^3/(s \cdot km^2)$，可以根据各地区经验公式确定；

A——控制排水面积，km^2。

二、泵站设计扬程的确定

一般而言，一个泵站有多个扬程，这是由于在运行期间，泵站上下游水位差经常变化。泵站扬程的变化会引起水泵工作参数的变化，为了保证水泵能够安全经济地运行，需要对泵站可能出现的各种扬程进行计算和分析。通常，选取一些对水泵运行有特殊意义的扬程进行计算，并以此作为泵站设计和水泵选型的依据。这些具有特殊意义的扬程称为特征扬程，特征扬程所对应的水位称为特征水位。下面首先分析特征水位，然后介绍各特征扬程。

（一）特征水位

在讨论特征水位时，需要首先明确的是：进水池水位是指水源水位减去水源至进水池之间的连接建筑物和拦污栅的水力损失，出水池水位是指渠首水位加上出水池与渠首间

的连接建筑物的水力损失。

1. 灌溉泵站的特征水位

1)进水池水位

(1)设计水位。是确定泵站设计扬程的依据。从河流、湖泊或水库取水时,取历年灌溉期水源保证率为85% ~95%的日平均或旬平均水位作为设计水位;从渠道取水时,取渠道通过设计流量时的水位作为设计水位。

(2)最高运行水位。是指泵站正常运行的上限水位,用以校核水泵的工作点和确定泵房挡水墙及电动机层楼板的高程。从河流、湖泊或水库取水时,取重现期5 ~10年一遇洪水的日平均水位;从渠道取水时,取渠道通过加大流量时的水位。

(3)最低运行水位。是指泵站正常运行的下限水位。它与最高运行水位一起作为确定泵站扬程变化范围的依据,同时作为确定水泵安装高程和进水闸底板高程的依据。从河流、湖泊或水库取水时,取历年灌溉期水源保证率为95% ~97%的最低日平均水位;从渠道取水时,取渠道通过单泵流量时的水位。

(4)平均水位。可以反映泵站长期运行过程中的扬程情况,对使泵站具有高的运行效率有重要参考价值。从河流、湖泊或水库取水时,取灌溉期多年日平均水位;从渠道取水时,取渠道通过平均流量时的水位。

(5)防洪水位。是采取防洪措施所依据的最高瞬时水位,要按泵站建筑物的级别由表5-3所规定的防洪标准(洪水重现期)确定。

2)出水池水位

(1)最高水位。当出水池接输水河道时,取输水河道的校核洪水位;当出水池接输水渠道时,取与泵站最大流量相应的水位。

(2)设计水位。用于确定泵站的设计扬程。它是根据灌溉设计流量的要求,从控制灌溉面积上的控制点地面高程,自下而上逐级推求到渠首(出水池)的水位。

(3)最高运行水位。用于确定泵站的最高扬程,取与泵站加大流量相应的水位。

(4)最低运行水位。用于确定泵站的最低扬程,取与泵站单泵流量相应的水位。

(5)平均水位。取灌溉期多年日平均水位,平均扬程是灌溉季节中泵站出现概率最大、运行历时最长的工作扬程。

2. 排水泵站的特征水位

1)进水池水位

(1)设计水位。是排水泵站经常出现的内涝水位,是计算泵站设计扬程的依据。排水泵站必须满足在设计扬程下排除设计流量的要求。进水池设计水位的确定还与排水区有无蓄涝容积等关系密切。在一般情况下,可根据排田或排湖的要求,由排水渠首端的设计水位推算到站前的水位作为进水池的设计水位。在有排涝要求且蓄涝容积不大的情况下,一般以较低耕作区(占排水面积90% ~95%)的涝水能排除为原则,确定排水渠道的设计水位,取由调蓄区设计水位或内排站出水池设计水位推算到站前的水位。南方一些省常以排水区内耕作区90%以上的耕地不受涝的高程作为排水渠的设计水位。

(2)最高水位。由于排水泵站的建成,建站前历史上出现过的最高内水位一般不会再现。按我国各地规划的排涝标准,《泵站设计规范》(GB 50265—2010)规定以排水区建站后重现期 10 ~ 20 年一遇的内涝水位作为进水池的最高水位。但是,近年来不少泵站在特大洪涝的年份,经常出现超扬程、超负荷、虹吸式出水形式的外水位超驼峰等现象,迫使泵站无法运行,所以建站后,仍然有可能出现历史最高内水位;在堤防决口或分洪时,还有可能出现更高的内水位。因此,在特大洪涝的年份有不少泵站出现电机被淹的情况。在排水区规划设计时,应根据泵站的重要性和当地的经济条件,适当考虑上述因素,正确地确定进水池的最高水位。

(3)最高运行水位。是排水泵站正常运行的最高水位,超过此水位将会增加涝灾损失,蓄涝区的控制工程也可能受到破坏。因此,最高运行水位应在保证排涝效益的前提下,根据排涝设计标准和排涝方式,通过综合分析计算确定。一般情况下,取按排水区允许最高涝水位的要求推算到站前的水位;对有集中调蓄或与内排站联合运行的泵站,取由调蓄区最高调蓄水位或内排站出水池最高运行水位推算到站前的水位。

(4)最低运行水位。取按降低地下水埋深或调蓄区允许最低水位的要求推算到站前的水位。这是排水泵站正常运行的下限水位,是确定水泵安装高程的依据,低于此运行水位,将会使水泵发生汽蚀和振动,给泵站运行带来困难。在确定最低运行水位时应注意以下要求:①满足作物对降低地下水位的要求,一般按大部分耕地的平均高程减去作物的适宜地下水埋深,再减去 0.2 ~ 0.3 m;②满足蓄涝区预降最低水位的要求;③满足盐碱地区控制地下水位的要求,一般按大部分盐碱地平均高程减去地下水临界深度,再减去排水渠道水头损失。在存在多种要求时,选其中最低者作为最低运行水位。

(5)平均水位。是考核泵站是否经常在高效区运行的依据,对于排水泵站而言,可取与设计水位相同的水位。

2)出水池水位

由于排水泵站的承泄区往往是河流、湖泊等,因此排水泵站的出水池水位变化较大,而且对泵站工程的造价、安全和经济运行都有很大影响。

(1)设计水位。取承泄区重现期为 5 ~ 10 年一遇洪水的 3 ~ 5 d 的平均水位,这是确定泵站设计扬程的依据。在设计扬程下,泵站必须满足设计流量的要求。据调查,我国各地的排涝设计标准有所不同。泵站出水池设计水位多数采用重现期 5 ~ 10 年一遇的 3 ~ 5 d平均水位。有的采用某一涝灾严重的典型年汛期外河最高水位的平均值,也有的采用泵站所在地大堤防汛警戒水位作为泵站出水池设计水位。由于设计年的选择具有一定的区域局限性,任意性较大。因此,《泵站设计规范》(GB 50265—2010)规定取重现期为 5 ~ 10 年一遇的 3 ~ 5 d 平均水位作为泵站出水池设计水位。具体计算时,可根据历年外河水位资料,选取每年排涝期 3 ~ 5 d 连续最高水位平均值进行排频,然后取相应于重现期为 5 ~ 10 年一遇的外河水位作为设计水位。对于某些经济发展水平较高的地区或有特殊要求的粮棉基地和大城市郊区,若条件允许,对于特别重要的泵站,可以适当提高出水池设计水位。

(2)最高运行水位。当承泄区水位变化幅度较小,水泵在设计洪水位能正常运行时,取设计水位。当承泄区水位变化幅度较大时,取重现期 10 ~ 20 年一遇洪水的 3 ~ 5 d 的平均水位,这是确定泵站最高扬程的依据。对于采用虹吸式出水流道的块基型泵房,该水位也是确定驼峰底部高程的主要依据。最高运行水位还与外河水位的变化幅度有关。设计重现期应保证泵站机组在最高运行水位工况下能安全运行，不应低于确定设计水位时采用的重现期标准。因此，规范规定外河水位变化幅度较小时，可取设计洪水位为最高运行水位；外河水位变化幅度较大时，取重现期10～20年一遇的外河3～5 d平均水位作为最高运行水位。对于特别重要的排水泵站，排涝设计标准可适当提高。

(3)最低运行水位。取承泄区历年排水期最低水位或最低潮水位的平均值，这是确定泵站最低扬程和流道出口淹没高程的依据。在该水位下，要求泵站仍能安全运行。

(4)平均水位。取承泄区排水期多年日平均水位或多年日平均潮水位，这是考核泵站是否经常在高效区运行的依据。在该水位下，泵站的装置效率高，能源消耗低。

(5)防洪水位。是确定泵站建筑物防洪墙顶部高程的依据，是计算分析泵站建筑物稳定安全的重要参数。直接挡洪的泵站防洪水位应按表5-1上的规定确定；不直接挡水的泵房，因泵房前设有防洪闸（或涵洞）承担防洪任务，泵房设计时可不考虑防洪水位的作用。

3. 供水泵站的特征水位

1）进水池水位

(1)设计水位。从河流、湖泊或水库取水时，取水源保证率为95%～97%的日平均或旬平均水位；从渠道取水时，取渠道通过设计流量时的水位。

(2)最高运行水位。从河流、湖泊或水库取水时，取重现期为10～20年一遇洪水的日平均水位；从水库取水时，根据水库调蓄性能论证确定；从渠道取水时，取渠道通过加大流量时的水位。

(3)最低运行水位。从河流、湖泊或水库取水时，取水源保证率为97%～99%的最低日平均水位；从渠道取水时，取渠道通过单泵流量时的水位。

(4)平均水位。从河流、湖泊或水库取水时，取多年日平均水位；从渠道取水时，取渠道通过平均流量时的水位。

2）出水池水位

(1)设计水位。取与泵站设计流量相应的水位。

(2)最高运行水位。取与泵站加大流量相应的水位。

(3)最低运行水位。取与泵站单泵流量相应的水位。

(4)平均水位。取输水渠道通过平均流量时的水位。

(二)特征扬程

1. 设计扬程

设计扬程是指泵站进、出水池设计水位的差值，再加上进水池至出水池间的管道水力损失。

在水泵尚未选型、管道尚未配套的情况下，难以准确计算出管道的沿程水力损失和局部水力损失。因此，在已知设计流量和净扬程的前提下，可根据可能选用的水泵的流量、净扬程和拟采用的管道布置方式，凭经验或参考相似泵站估计水力损失。

如果不计水力损失，将泵站进、出水池设计水位的差值称为设计净扬程。

泵站设计扬程是水泵选型的主要依据，在该工况下，泵站（水泵）必须满足设计流量要求。

2. 平均扬程

平均扬程是指在加权平均净扬程的基础上，计入进水池至出水池间的管道水力损失后的结果；或者按泵站进、出水池平均水位差，并计入水力损失来计算。

其中，加权平均净扬程可根据水文系列资料在泵站运行期内所出现的分时段净扬程、流量和历时用下式求出

$$\overline{H}_{净}=\frac{\sum H_iQ_it_i}{\sum Q_it_i} \tag{5-10}$$

式中 $\overline{H}_{净}$——加权平均净扬程，m；

H_i——第 i 时段泵站净扬程（进、出水池水位差），m；

Q_i——第 i 时段泵站提水流量，m^3/s；

t_i——第 i 时段历时，d。

平均扬程对水泵选型也有重要指导意义，在选择水泵时，应使水泵在该扬程下处于高效区运行，从而使能量消耗最少。

有时，将式(5-10)所确定的加权平均净扬程简称为平均净扬程。

3. 最高扬程

最高扬程是指泵站出水池最高运行水位与进水池最低运行水位之差，并计入进水池至出水池间的管道水力损失。在不计入水力损失时，这一扬程称为最高净扬程，也是泵站运行上限扬程。

水泵在该扬程下运行时，其流量虽然小于设计流量，但必须保证其运行稳定性，即必须满足水泵机组的振动和噪声不超过允许的范围、机组稳定运行等要求。

4. 最低扬程

最低扬程是指泵站出水池最低运行水位与进水池最高运行水位之差，并计入进水池至出水池间的管道水力损失。在不计入水力损失时，这一扬程称为最低净扬程。在该工况下运行时，水泵流量最大，因此必须保证机组不发生汽蚀，机组不发生有害振动和噪声等，对于离心泵站，还要保证电动机不过载。

小 结

(1)泵站工程规划是流域规划和地区水利规划的一个组成部分，涉及面广，影响因素也十分复杂，必须按照全面安排、综合治理、因地制宜、合理布局的原则，正确处理自流与提水、上游与下游、局部与整体、近期与远景、农田灌溉与其他用水部门的关系。用系统工程的观点、系统分析的方法，全面地、综合地进行分析研究，以最少的工程投入，达到最多的产出，使工程最大限度地发挥效益。

(2)泵站工程就是利用机电提水设备及其配套建筑物，给水流增加能量，使其满足兴利除害要求的综合性系统工程。泵站工程的规划应力求经济上合理、技术上可行。

(3)灌溉和排水区域的划分没有一定的模式，主要根据地形、水源(或泄水区)，结合考虑行政区划。排水区内要尽可能自流排水，以节省能耗，机排区提倡内外排相结合的两

级排水方式。抽水灌区的划分,根据地形、水源等条件,可采用分级或分区等多种形式。

(4)泵站的特征水位是泵站设计的重要依据,必须认真调查、充分论证,泵站的特征扬程是由特征水位合理组合确定的。

(5)泵站的站址选择应根据工程规划的规模、特点和运行要求,与灌区的划分一起考虑,选择出最佳位置。泵站站址的选择要做到合理,就应充分考虑到水源、地形、地质、交通、能源等因素。

思考题

1. 什么是泵站工程?
2. 泵站工程规划的主要内容是什么?
3. 搞好泵站工程规划,必须处理好哪几个关系?
4. 从河道取水的泵站与从水库取水的泵站枢纽总体布置有哪些区别?
5. 灌溉泵站的站址选择应遵循哪些原则?
6. 提水灌区的划分方式有哪些? 各适用于什么场合?
7. 何为最小功率法? 采用最小功率法确定站址高程有何优、缺点?
8. 如何正确了解泵站的设计流量与水泵的设计流量的关系?
9. 简述泵站枢纽的组成。各有何功能和作用?
10. 泵站的水位有哪些? 水位与扬程有什么关系? 如何确定特征扬程?

第六章 水泵选型和配套

学习重点

本章主要学习选择水泵机组的原则、方法和步骤,应注意的问题及水泵与动力机之间的传动方式,管路附件的选择等。如何确定性能好、效率高、经济安全的水泵及与之配套的动力机是难点。

学习要求

水泵是泵站中的主要设备,是确保灌排工程正常、高效、经济、安全运行的关键所在。同时,水泵又是配套动力、辅助设备选型和泵站枢纽建筑物设计的主要依据。通过本章的学习,能够根据所给资料独立完成水泵选型、动力机和辅助设备选型配套的有关问题。

第一节 水泵选型

水泵的选型与配套关键在于合理地选择水泵。水泵选型是依据泵站特征扬程、设计流量及其变化规律,确定水泵类型、型号和台数。关于设计流量和特征扬程的确定,第五章已作了阐述。现分别介绍水泵选型的原则、方法、步骤和选型中的几个问题。

一、水泵选型的原则

(1)应满足泵站设计流量、设计扬程及不同时期供水排水的要求。

(2)水泵在长期运行中,多年平均扬程下泵站效率高,运行费用低;在最高及最低扬程时,水泵应能安全稳定运行,不离开水泵的高效区工作范围。在设计标准的各种工况下,水泵机组不出现汽蚀、振动和超载等现象。

(3)优先选用系列化、标准化及更新换代产品。应选用性能良好,高效区宽广,与泵站扬程、流量变化相适应的泵型。当系列产品不能满足要求时,可按规定程序研发试制新产品。对于扬程变幅较大的泵站,宜选用 $Q\sim H$ 曲线陡降的水泵;对于流量变化较大的泵站,宜采用 $Q\sim H$ 曲线平缓的水泵。

(4)按照选定的机组建站,要求设备投资和土建投资最省,易于施工、运行、维修和管理。

(5)对于梯级泵站,水泵的型号与台数应确保上下级泵站之间的流量协调要求。

(6)尽量兼顾水利综合利用开发的特点。

二、水泵选型的方法和步骤

水泵选型是泵站工程规划设计的重要内容,应与灌溉(排水)区域的划分同时进行。泵型选择的最终依据是灌溉(排水)区域划分确定的泵站流量、扬程及其变化规律。在实际工程规划中，首先在灌溉或排水设计标准与工程控制范围的基础上，拟定灌溉（排水）区域划分的可行方案及各方案的工程总体布置；其次根据泵站规划设计确定流量、扬程及其变化规律，选择水泵、配套动力机与辅助设备；最后进行各方案的技术经济分析，选择最优方案。通常，水泵选型的方法和步骤如下：

（1）根据泵站设计扬程，在水泵产品样本或有关手册上，利用“水泵性能表”或“水泵系列型谱图”初步选出扬程符合要求而流量不等的几种水泵，并根据排灌设计流量及每种泵型的设计流量算出每种泵型所需要的台数。

（2）根据泵站设计流量和所选单泵流量 Q_i 确定不同泵型的水泵台数 n_i，并力求满足以下要求

$$Q_{设} = \sum n_i Q_i \tag{6-1}$$

式中　$Q_{设}$——泵站设计流量；

Q_i——所选泵型的单泵流量，用相应于泵站设计扬程或平均扬程时的水泵流量；

n_i——相应于 Q_i 的泵型的水泵台数。

（3）根根初步选出的水泵，确定管径及管路的具体布置，作出管路系统特性曲线。由水泵性能曲线和管路系统特性曲线求出在设计扬程、平均扬程、最高扬程和最低扬程时的工作点。校核所选水泵在设计扬程下水泵的流量是否满足要求，在平均扬程下水泵是否在高效区运行，在其他扬程下能否保持水泵运行的稳定性。如果不符合要求，可采取调节措施或另选其他泵型，使其尽可能在合理范围内运行。

（4）根据选型原则，对各种方案进行全面的技术经济比较，选出其中最优泵型和台数。

（5）选配动力机和辅助设备，拟定泵房的结构形式和布置方式等。

（6）由所选水泵型号及其配套设备的特点，按照经济技术要求，合理核算建设成本和运行成本，最终确定合理泵型及台数。

三、水泵选型中应注意的问题

（一）水泵类型的选择

水泵类型主要是根据扬程选择的，同时要考虑地区特点和泵站性质来选择。选型时，需要注意以下几点：

灌溉或给水泵站，扬程较高，宜选用离心泵和混流泵；对于排水泵站，一般扬程较低（矿山或井下排水泵站除外），常选用混流泵和轴流泵。一般来说，当扬程小于 10 m 时，宜选用轴流泵；当扬程为 5 ~ 30 m 时，宜选用混流泵；当扬程为 20 ~ 100 m 时，宜选用单级离心泵；当扬程大于 100 m 时，可选用多级离心泵或其他类型泵。

一般来说，灌溉泵站扬程较高，多采用卧式或立式离心泵或混流泵，井灌区采用井用潜水电泵或长轴深井泵。排水泵站（包括排滞泵站和排涝泵站）扬程较低，多采用立式或卧式轴流泵或混流泵。流量较小的低扬程泵站，为便于安装检修甚至流动作业，也可采用斜式轴流泵。需经常移动的水泵，为解决吸水问题，有时采用自吸泵。

必须指出的是，混流泵和轴流泵、离心泵的扬程有一部分是重叠的。设计扬程在混流泵与轴流泵都可使用的场合，应优先选用混流泵，因为混流泵的高效率区比轴流泵的宽；

当流量变化时，轴功率变化较小，动力机经常在额定功率附近运行，比较经济；适应流量范围广，在需要小流量的场合可以连续运转；混流泵站的土建投资省，安装检修方便等。设计扬程在离心泵与混流泵都可使用的场合，若扬程变化较大，一般宜选用离心泵。

（二）水泵结构形式的选择

水泵结构形式常用的有立式、卧式和斜式三种。

（1）卧式泵对安装精度的要求比立式泵低，且便于检修，但一般在水泵启动前要进行排气充水；泵房平面尺寸相对较大，但荷载分布较均匀，适用于地基承载力较低、水源水位变幅不大的泵站。

（2）立式泵的泵房平面尺寸相对较小，水泵叶轮淹没于水下，启动方便；电动机安装在上层，便于通风、防潮。但泵房高度较大，对安装精度要求较高，且检修麻烦，适用于水源水位变幅较大的泵站。

（3）斜式轴流泵安装、检修方便，可安装在岸边斜坡上，其叶轮淹没于水下，便于启动，但轴承受力不均匀，大型泵的偏磨现象较严重。

总之，应综合考虑泵站的性质、水源水位变幅、泵房的地基和适宜的开挖深度等条件来确定采用何种类型的水泵。一般情况下，同一泵站或灌排区域内的主要水泵应尽可能选用同一种类型。

（三）水泵台数的确定

泵站中水泵的数量应满足泵站设计流量所需的水泵台数与备用水泵台数之和。确定水泵台数时，应考虑以下几个问题：

（1）建设费和运行费。建设费包括机电设备费和土建工程费。机组台数多少对泵站建设费和运行管理费影响较大。水泵台数多，会增大泵房平面尺寸，从而增加泵站投资（包括设备费和基建费）。在同样流量情况下，一般机组台数越少，其建设费和运行费越低。

（2）运行管理。水泵台数越少，在设备总容量一定的前提下，单机容量越大，运行效率越高，需要的运行管理人员及维修费用等越少；一般来讲，机组台数少，管理运行较为方便，且需要的运行管理人员也少。

（3）供（排）水的适应性和可靠性。机组台数越多，越容易适应不同时期灌排流量的要求，减小运行中个别机组发生故障对灌排需求的影响；机组台数少，流量调节受到一定限制，一旦机组发生故障，对全站的生产影响较大，供（排）水的适应性和可靠性均较差。

（4）排灌站性质。对于灌溉泵站，当流量小于 1 m^3/s 时，可选用 2 台；当流量大于 1 m^3/s 时，可选用不少于 3 台；高扬程提灌的梯（多）级泵站，除根据流量要求确定主水泵的台数外，还需考虑选配 1 ~ 3 台流量较小的小型调节机组，以适应各种流量工况下的正常安全运行。排水泵站因其设计流量及变化过程具有大而快的特点，因此应采用多台数的方式，一般当流量小于 4 m^3/s 时，可选用 2 台；当流量大于 4 m^3/s 时，应选用不少于 3 台。灌排结合泵站，必须满足灌溉和排水的流量及扬程要求，宜采用多台数的方案，其台数根据灌排流量的相对关系而定。

（5）联合运行。并联运行的水泵，其设计扬程应接近，并联运行的台数不宜超过 4 台；串联运行的水泵，其设计流量应接近，串联运行的台数不宜超过 2 台，并应对第二级泵壳进行强度校核。

(6)备用机组。备用水泵的台数,应根据供水的重要性及年利用小时数确定,并应满足机组正常检修要求。对于重要的城市供水泵站,工作泵 3 台及 3 台以下时,应设 1 台备用泵;工作泵多于 3 台时,宜设 2 台备用泵。对于灌溉泵站,装机 3 ~ 9 台时,其中应有 1 台备用泵;装机多于 9 台时,应有 2 台备用泵。对于多泥沙水源或含腐蚀介质的工作环境的泵站,可适当增加备用泵台数。当排水流量较大,且所需水泵台数较多,能够满足加大流量的要求时,一般不另设备用泵。对于年利用小时数很低的泵站,可不设备用泵。

一般水泵台数以 3 ~ 9 台为宜。流量变化幅度大的泵站,台数宜多;流量比较稳定的泵站,台数宜少。

【例 6-1】 某提水灌区,泵站设计净扬程为 21 m,流量为 0.6 m^3/s。试初选泵型。

解:1. 扬程的计算

在管路布置没有具体确定以前,管路损失扬程 $h_{损}$ 按 $15\% H_{净}$ 估算,则

$$H = H_{净} + h_{损} = 21 + 0.15 \times 21 = 24.15(\mathrm{m})$$

2. 初选泵型

因为设计扬程较高,宜选离心泵。查水泵产品样本,水泵扬程符合泵站设计扬程的泵型有 250S－24、300S－19、350S－26 及 500S－22 等,四种泵型的台数计算如表 6-1 所示。

表 6-1　泵型台数的计算

型号	单泵流量(m^3/s)	台数
250S－24	0.13	5
300S－19	0.22	3
350S－26	0.35	2
500S－22	0.56	1

根据选型原则和选型中应考虑的问题,初选 350S－26 型水泵 2 台。因为它的建设费和运行费可能最低,管理运行较方便。

第二节　动力机选型

水泵型号确定后,还要合理地选配与之配套的动力机型号。少数水泵已有配套动力机(如某些中、小型叶片泵,潜水电泵,长轴深井泵等),但大多数水泵仍需根据当地动力条件、水泵的运行状况、维护管理及环境条件确定合适的动力机。

一、动力机类型

驱动水泵的机械常用的有电动机和柴油机。电动机的优点是容易启动,操作简单,运行可靠,管理方便,成本较低,且便于实现自动化。但是,输电线路及其他附属设备的投资较大,同时功率受电源电压影响较大。柴油机不受电源限制,机动灵活,适应性强,在小功率的情况下,每千瓦的投资比电动机少,但运行时易发生故障,使用、操作、维护保养等技

术要求较高。

动力机类型应根据泵站现场条件、水泵运转状态、可靠性及运行管理费用等选定。在泵站现场条件和运转状态方面,对于电源充分保证的地区,可按照保证水泵正常运转所需的电源选择电动机。对于电源缺乏的地区,或年运转时间受限制的地区,一般选用柴油机。在可靠性方面,对于正常降雨排水不良、暴雨时容易发生涝灾、外水位较高且持续时间长的地区,为防止电源故障,可考虑电动机与柴油机并用。在运转费用方面,对于年运行时间比较长、排水比灌溉运转时间短的地区,应进行比较确定。

除最常用的电动机和柴油机外,在条件特殊的地区还可采用利用其他能源为动力的动力机,如利用水能的水轮泵和水锤泵,利用风能的风车,利用太阳能的太阳能泵及用于小型临时性水泵机组的汽油机等。

二、电动机选型

电动机的种类可分为异步电动机、同步电动机、直流电动机、交流电动机等。驱动水泵的电动机均是三相交流电动机,一般中、小型泵站采用异步电动机,大型泵站采用同步电动机。

电动机的选择应根据电源容量的大小和电压等级,水泵的轴功率和转速,所采用的传动方式及运行环境等条件确定电动机的类型、容量、电压和转速等。

(一)电动机类型选择

(1)电力排灌站单机容量小于100 kW,因在启动转矩、转差率和其他性能方面没有特殊的要求,一般可选用Y系列防护式普通鼠笼型异步电动机,额定电压是220/380 V。它具有效率高、启动转矩较大、噪声较小、防护性能良好等优点。

(2)单机容量介于100~300 kW,可采用对应于旧型号JS、JC的新型Y系列异步电动机或YR系列异步电动机(型号中的S、C和R分别表示双鼠笼型转子、深槽鼠笼型转子和绕线型转子)。双鼠笼型与深槽鼠笼型是鼠笼型异步电动机的特殊形式,启动性能好,适用于启动负载较大和电源容量较小的场合。绕线型转子异步电动机适用于电源容量不足以供鼠笼型异步电动机启动的场合,启动电流小、发热量少,但价格较贵,适用于启停频繁的场合,在水泵中应用较少。以上三大系列的电动机的电压为220/380 V、3 000 V或6 000 V。

(3)单机容量大于300 kW,可采用对应于旧型号YSQ、YRQ系列的新型异步电动机或TZ系列同步电动机(型号中的Q表示特别加强绝缘,T表示同步,Z表示座式滑动轴承)。这些系列电动机的额定电压为3 000 V或6 000 V。同步电机成本较高,但其有较高的功率因数和效率,适用于大型泵站。

使用条件比较特殊的水泵需要配置特殊形式的电动机,如深井泵通常配用YLB立式空心轴电动机等。

(二)配套电动机的功率

水泵的配套功率,即配套动力机的功率$P_{配}$(kW)可按下式确定

$$P_{配} = K\frac{\rho g Q H}{1\,000\eta_{泵}\ \eta_{传}} \tag{6-2}$$

式中　ρ——水的密度,kg/m^3;

H——水泵的最不利工作扬程,m;

Q——水泵在最不利工作扬程下的流量,m^3/s;

$\eta_泵$——水泵在最不利工作扬程下的效率;

$\eta_传$——机组传动效率,由电动机与水泵的传动方式确定,见表6-2;

K——电动机的功率备用系数,又称配套系数、安全系数,对于大功率的电动机,K取小值,对于小功率的电动机,K取大值。

表6-2　机组传动效率

传动方式	联轴器连接	平皮带	三角皮带	齿轮(1级)
机组传动效率	0.99~1	0.90~0.98	0.90~0.96	0.96~0.98

功率备用系数K是考虑了一些非恒定因素对功率的影响而定的,如水泵填料的松紧、电动机和水泵额定转速之间的微小差值、水泵和电动机性能试验中的允许误差、机组在长期运行中可能出现的水泵和管道特性变化、地基松动或沉陷产生机组振动及水源含沙量变化引起的水泵轴功率增值等。K值选择非常重要,如果过大,不仅造成动力浪费,而且电动机经常在欠载情况下运行,其功率因数和效率均将降低;如果过小,电动机又有超载的危险。为此,可按表6-3选取K值。

表6-3　动力机的功率备用系数K值

泵轴功率(kW)	<1	1~5	5~10	10~50	50~100	>100
电动机	2.5	2~1.3	1.3~1.15	1.15~1.1	1.1~1.05	1.05
柴油机	1.7~1.3	1.3~1.5	1.15~1.1		1.08~1.05	1.05

(三)电动机的转速

电动机的转速由水泵额定转速和采用的传动方式确定。若为直接传动,则电动机与水泵的额定转速相同。若采用间接传动,两者额定转速之比等于传动比。相同容量的电动机,额定转速越高,体积越小,效率越高,功率因数越大,也越经济。

【例6-2】　某泵站已有一台400HW-8型混流泵,其转速$n=730$ r/min,水泵轴功率为36.5 kW,采用直接传动。试选配电动机。

解:1.计算配套功率

已知水泵轴功率36.5 kW,查表6-3电动机功率备用系数K取1.12,直接传动效率$\eta_传$取0.99,代入式(6-2)得

$$P_配 = K\frac{P}{\eta_传} = 1.12 \times \frac{36.5}{0.99} = 41.3(\text{kW})$$

2.选择电动机

根据水泵转速$n=730$ r/min,电动机的配套功率$P_配=41.3$ kW,查《电机产品样本》,选择Y2801V1-8型异步电动机,其技术数据如表6-4所示。

表 6-4　电动机技术数据

型号	额定功率（kW）	转速（r/min）	电压（V）	效率（%）	功率因数 cosφ	启动电流/额定电流	启动转矩/额定转矩	最大转矩/额定转矩	净重（kg）
Y2801V1－8	45	740	93.2	91.5	0.8	6.0	1.8	2.0	592

第三节　机组传动方式与传动设备

动力机与水泵之间的能量传递主要是通过传动设备来完成的。传动设备在水泵各机组之间起着主要作用，不仅影响到传动效率，还影响到整个泵站的效率，应合理地选用传动设备。

一、传动方式简介

将动力机的机械能传递给水泵的装置称为传动设备。常用的传动方式分为直接传动与间接传动两种。水泵和动力机最好的传动方式即采用直接传动，但当两者的转速不一致，或旋转方向不同，或轴线不在一条直线上时，就应采用间接传动。目前，水泵机组最常用的传动装置有联轴器传动、带传动、齿轮传动。联轴器传动为直接传动，带传动、齿轮传动为间接传动。

随着现代制造工业、自动控制技术的发展，水泵机组已向高速、自动和可调（转速）化方向发展，新的技术如液压传动、磁力传动、变速电动机、变频调速等已逐渐应用。

二、直接传动

直接传动是指水泵和动力机共同用一根轴传动或两轴之间用联轴器连接的传动方式。只有当机、泵转速相同或相近，转向相同，并且两轴线重合时，才能采用直接传动。直接传动的优点是结构简单，传动平稳，安全可靠，占地面积小，传动功率大，传动效率高；缺点是不便于转速调节。

目前，大部分水泵的额定转速是按照电动机额定转速的档次设计的，所以电动水泵机组常采用联轴器传动。联轴器结构分为刚性和弹性两种。

（一）刚性联轴器

刚性联轴器是由刚性元件组成的联轴器，有多种结构形式，图 6-1 所示的凸缘联轴器应用较广。它由两个带凸缘的半联轴器和连接它们的螺栓组成，轴和半联轴器用键连接。用于立体机组的凸缘联轴器，与轴连接除用键外，还用拼紧螺母拧紧。

刚性联轴器结构简单，传递功率不受限制，而且能承受轴向力，在立式机组中常被采用。但由于刚性连接对两轴的对中性要求很高，无法补偿运行中产生的两轴偏斜和位移，并且缺乏缓冲和吸振的能力，在卧式机组中很少采用。

（二）弹性联轴器

弹性联轴器具有较好的弹性和缓冲减振功能，常用的弹性联轴器有圆形销和爪形两

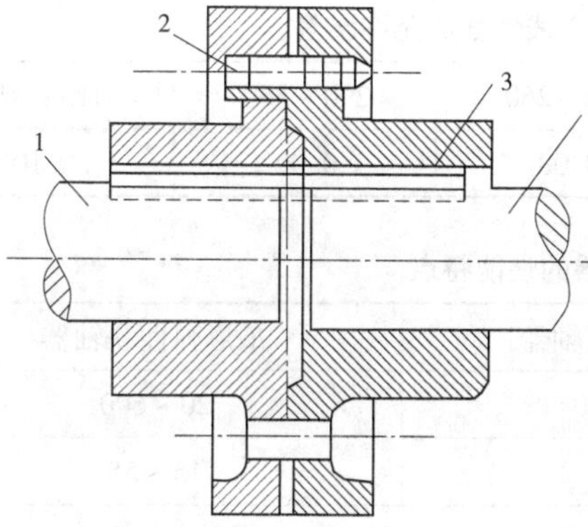

(a)键连接

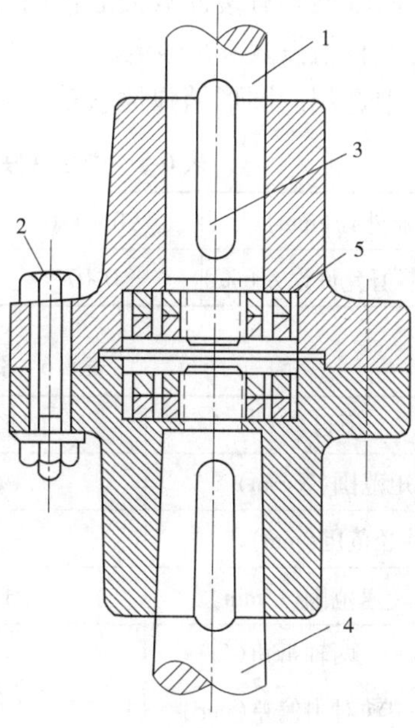

(b)键加拼紧螺母连接

1—动力机轴;2—连接螺栓;3—键;4—泵轴;5—拼紧螺母

图 6-1　刚性凸缘联轴器

种,如图 6-2 和图 6-3 所示。圆形销弹性联轴器由半联轴器、圆形销、挡圈和用橡胶或皮革制成的弹性圈组成。圆形销材料常为 MC 尼龙,具有一定的弹性,可缓和冲击,但对温度比较敏感,不宜用于温度较高的场合。圆形销弹性联轴器在安装中不要求两轴严格对中,运行时允许一定的变形。

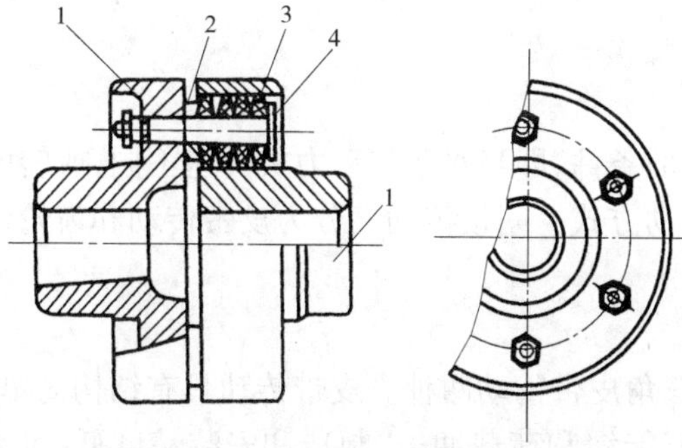

1—半联轴器;2—挡圈;3—弹性圈;4—圆形销

图 6-2　圆形销弹性联轴器

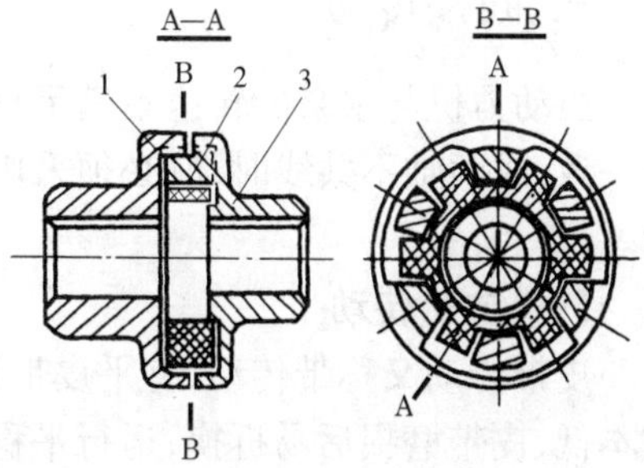

1—水泵半联轴器;2—弹性块;3—动力机半联轴器

图 6-3　爪形弹性联轴器

爪形弹性联轴器是由两半爪形联轴器和用橡胶制成的星形弹性块组成的,结构简单,拆装方便,对机组安装要求不高,但联轴器本身的制造精度要求较高,而且传递力矩较小,适用于小型卧式机组。

弹性联轴器具有缓冲减振的作用,因此在卧式机组中被广泛采用,装配后两个联轴器轴心线的偏移值按表6-5确定。弹性联轴器已经标准化,可按所需直径和传递的扭矩从标准产品中选用。圆形销弹性联轴器和爪形弹性联轴器的性能特点见表6-6。

表6-5 弹性联轴器两轴轴心线偏移值允许误差

联轴器外径(mm)	90~170	190~260	290~360	410~640
轴心线偏移值允许误差(%)	0.07	0.08	0.09	0.10

表6-6 弹性联轴器的性能特点

项目		圆形销弹性联轴器	爪形弹性联轴器
扭矩范围(N·m)		60~15 000	20~600
轴径范围(mm)		25~180	15~55
最大转速范围(r/min)		1 100~5 400	3 800~10 000
允许使用偏差	两轴折角(′)	≤40	≤40
	轴对中偏差(mm)	0.14~0.20	0.10d+0.25(d为轴径)
使用条件		正反转变化多,启动频繁,高转速(低转速不宜使用),使用温度为20~50 ℃	小功率、高转速;一般油泵及控制器使用;没有急剧的冲击载荷,轴的扭转应力在25 MPa以下
优点		弹性较好,能缓冲减振,不需润滑	外形尺寸小,飞轮力矩很小,结构简单,拆装方便
缺点		加工要求较高,造价较高	星形橡胶垫易碎

三、间接传动

当动力机与水泵的转速不满足直接传动的条件,即当水泵与动力机转速不同,或转向不一致,或两轴不共线时,就必须采用间接传动方式。间接传动又分为皮带传动和齿轮传动。

(一)皮带传动

皮带传动又称带传动,有平皮带传动和三角皮带传动两种。皮带传动具有结构简单,成本低,皮带磨损后易拆换,运行平稳无噪声,能缓和荷载冲击,制造和安装精度低,可增加带长以适应中心距较大的工作条件等优点;缺点是传动比不易严格控制,占地面积大,两轴均受一定的弯曲应力,皮带的寿命较短等。

1. 平皮带传动

平皮带传动按布置方式可分为开口式、交叉式和半交叉式三种方式,如图6-4所示。

1)开口传动

这种传动布置简单、应用广泛,适用于两轴互相平行、旋转方向一致的情况。

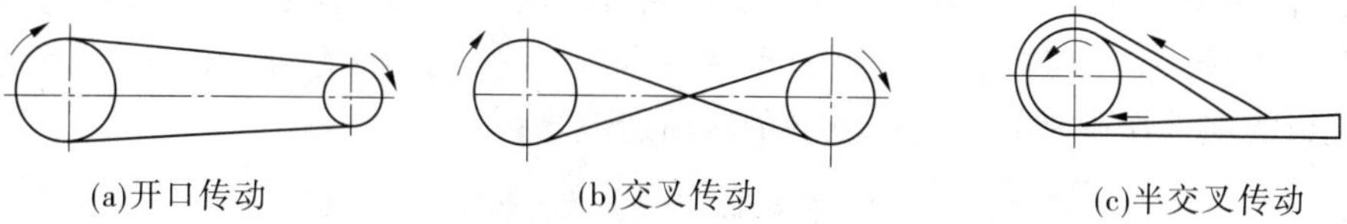

图6-4　带传动形式

2)交叉传动

这种传动适用于两轴互相平行、转向相反的情况。其优点是包角比开口传动的大,但传递功率不宜过大,容许载荷不超过开口传动的85%。

3)半交叉传动

这种传动适用于两轴交叉成90°的定向旋转、皮带轮不能倒转的情况。

2.三角皮带传动

三角皮带传动可分为开口传动和交叉传动两种。与平皮带传动的不同之处在于:三角皮带为梯形断面,安装在梯形的皮带轮槽中;皮带滑动小,传动平稳;两轴间距比平皮带的小,而且三角皮带磨损快、寿命短。

(二)齿轮传动

齿轮传动是靠两个齿轮的轮齿啮合运行来传递功率的。齿轮传动的适用范围广,传递功率可高达数万千瓦,圆周速度可达150 m/s,单级传动比可达$i=8$或更高。常用的有圆柱形齿轮、伞形齿轮(见图6-5)。齿轮传动具有传递效率高、瞬时传动比精确、结构紧凑、占地面积小、操作安全、功率和速度适用范围广等优点,但制造复杂、价格昂贵,主要应用于大、中型泵站。

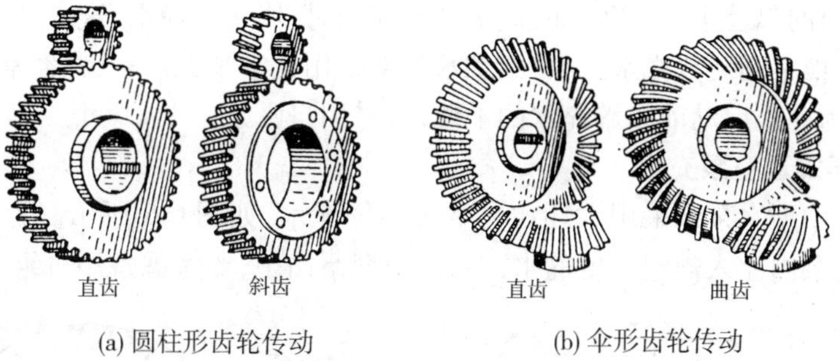

图6-5　齿轮传动

根据水泵轴和动力机轴相对位置不同,采用不同的传动齿轮。当两轴平行时,采用圆柱形齿轮;当两轴相交时,采用伞形齿轮。

以上各种传动方式的比较见表6-7。

四、液压传动

液压传动主要是通过液压联轴器内的液体压力将动力机轴上的扭矩传递给水泵轴,通过改变液压联轴器内的液体容积来调节水泵转速。

液压联轴器工作平稳、可靠、自润滑,能够在较广的范围内无级调速,实现动力机无负荷启动，但结构复杂。当动力机转速等于水泵转速时，传动效率为 95% ~97%；当水泵转速降低为 25% ~30% 时，传动效率为 68% ~70%。采用此种传动方式，还可避免停机时由于机组的惯性作用和管网内水流的倒流而造成水锤。

表 6-7　传动方式比较

传动方式	传动效率	传动功率（kW）	传动比	占地面积	平稳性	综合利用
平皮带	0.90 ~ 0.98	22 ~ 29	1:5以内，最好 1:3	较大	有振动	较方便
三角皮带	0.90 ~ 0.96	29 ~ 74	1:7以内，可达 1:10	较大	振动小	方便
齿轮传动	0.90 ~ 0.99	不受限制	1:8以内	小	平稳安全	方便
联轴器	0.99 ~ 1.00	不受限制	1:1且机泵转向一致	小	平稳安全	不方便

第四节　辅助设备及其选择

泵站中除主泵、动力机、传动装置、出水阀等主要部件组成的设备外，要实现水泵正常启动和运行，还需借助一些辅助设备。辅助设备的类型与泵站的规模、主泵类型和安装形式、动力机及传动方式的种类等有关。现介绍泵站中主要的辅助设备。

一、充水系统

离心泵在启动前必须向泵体内充水，又称灌水、补水。当水泵安装在进水池最低水位以上，小型水泵的口径小于 100 mm，进水管带底阀时，用人工冲水，进水管不带底阀时，用真空水箱或其他手动装置充水。大、中型水泵多采用真空泵充水；一些经常移动的小型农业排灌用泵，为克服启动前频繁充水的不便，常采用自吸泵。

（一）水环式真空泵充水

目前，大、中型水泵多采用水环式真空泵抽气充水，如图 6-6 所示。为了保证工作可靠，启动前，向泵内注入规定高度的水，在大、中型泵站中，要考虑备用机组。

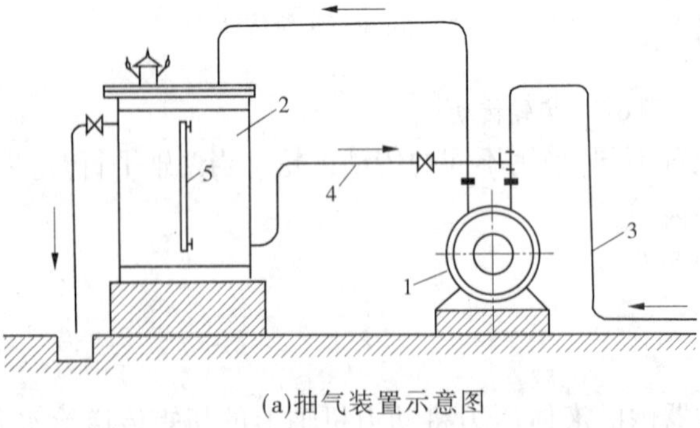

(a)抽气装置示意图

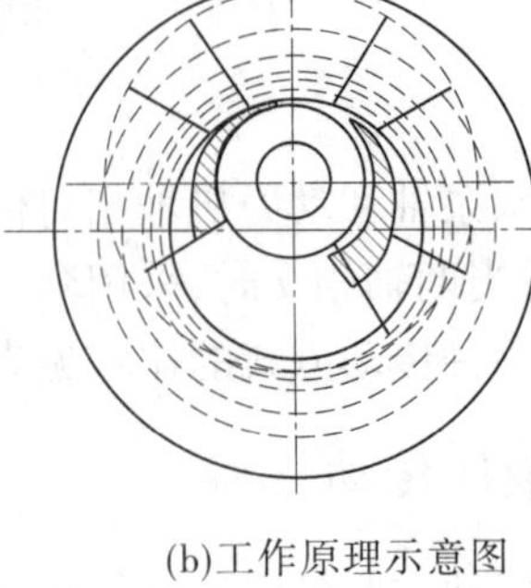

(b)工作原理示意图

1—水环式真空泵；2—水气分离箱；3—连接泵壳顶部的通气管；4—循环水管；5—水位管

图 6-6　水环式真空泵抽气装置及工作原理示意图

1. 水环式真空泵工作原理

水环式真空泵的构造特点是泵轴上安装了对于圆柱形泵壳偏心的星形叶轮，启动前向真空泵内注入适量的水，当叶轮旋转时，由于离心力的作用将水甩至泵体四壁，形成一个和泵轴同心的水环。水环上部的内表面与轮壳相切，水环下半部的内表面则与叶轮壳形成了一个气室，这个气室的容积在右半部是递增的。在前半圈中随着泵壳与水环间容积的增加而形成真空，因此空气通过抽水管及真空泵泵壳端盖上月牙形的进气口被吸入真空泵内；在后半圈中，随着泵壳与水环间容积的减少而空气被压缩，经过泵壳端盖上另一个月牙形排气口被排出。叶轮不断旋转，水环式真空泵就能把空气抽走。

2. 水环式真空泵选型

真空泵的抽气性能表明，抽气量随着真空度的增加而减小。真空泵是根据水泵及进水管所需要的抽气量选择的，而抽气量又与造成真空所要求的时间和在进水管及水泵内空气的体积有关，可按下式计算

$$Q_a = KK_1V\frac{1}{T} \tag{6-3}$$

式中　Q_a——出水管闸阀以前管路及泵壳所需要的抽气量，m^3/s；

K——安全系数，考虑缝隙及填料函的漏损，可取 1.5 左右；

K_1——吸程变化系数，$K_1 = H_a/(H_a - H_{吸})$，H_a 为进水池大气压所具有的水柱高度，m，$H_{吸}$ 为进水池最低水位至泵壳顶部的垂直距离，m；

T——形成真空所需要的时间，s，一般取 180 ~ 300 s；

V——出水管闸阀至进水建筑物水面之间管道和泵壳内的空气总体积，m^3。

根据计算的 Q_a 选择合适的真空泵，但泵体内所需要的抽气量是按最大值考虑的，具有较大的安全值，实际抽气时间可缩短。

（二）真空水箱充水

这种充水装置是通过进水管先把水吸入具有一定真空的水箱中，而水泵则从水箱中吸水，如图 6-7 所示。

用真空水箱进行充水时，首先要打开水箱顶部的阀门 4，从漏斗 6 中灌水入真空水箱 2，待灌到与伸入水箱的进水管口齐平后，关闭阀门 4，这时即可启动。主水泵启动后，水箱中水位下降，水箱上部形成真空，进水建筑物水面与真空水箱内形成压差，使进水建筑物中的水进入水泵，无须再进行充水。水箱的容积 V 可由下式计算

$$V = KK_1V_1 \tag{6-4}$$

式中　V——水箱的容积，m^3；

K——容积系数，随设备和安装的具体条件而定，一般可取 1.3 左右；

K_1——吸程变化系数，$K_1 = H_a/(H_a - H_{吸})$，H_a 为进水池大气压所具有的水柱高度，m，$H_{吸}$ 为进水池最低水位至水箱的进水管口上缘的垂直距离，m；

V_1——进水管在最低水位以上的容积，m^3。

水箱高度一般取其直径的两倍。水箱用钢板制作，钢板厚采用 3 ~ 5 mm，具体数值经计算确定。水箱的位置应靠近水泵，其底部应略低于泵轴线，太低会使水箱的有效容积减小，太高又会增加水泵进水管长度，从而增大水箱的体积。伸入水箱的进水管口离水箱顶

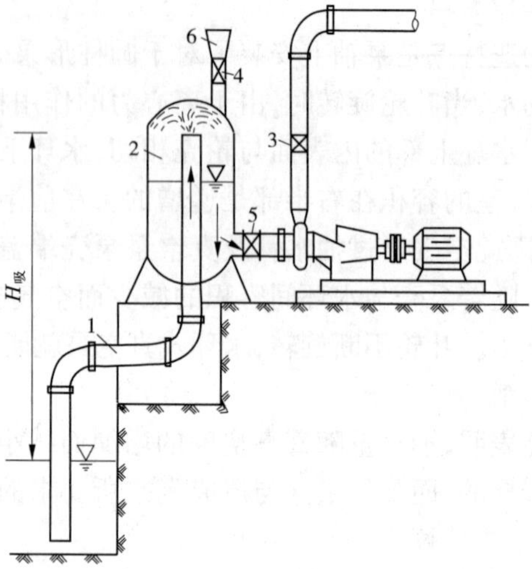

1—进水管;2—真空水箱;3、4、5—阀门;6—漏斗

图 6-7　真空水箱充水装置

部的距离必须大于进水管出口的流速水头,但距离增大,会使水箱的有效容积减小,距离减小,又会增加水力损失。这种充水方法的最大优点是使水泵经常处于充水状态,可随时启动,水箱制作简单,投资少,口径在 200 mm 以下的小型水泵均可以采用。

(三)其他充水设备

除以上充水设备外,泵站充水系统还有射流真空泵充水、内燃机排气自吸装置充水、在普通离心泵进水管处安装手压自吸装置充水等方法。

二、供水系统

大型泵站的供水系统主要包括技术供水、消防供水和生活用水。其中,技术供水占总供水量的 85% 左右,主要用于供给主机组及其他设备的必要用水,包括冷却水系统、润滑水系统、水封系统等。

(一)冷却水系统

需要供给冷却水的机器设备有柴油机、电动机、齿轮减速机、液压联轴器、大型水泵的轴承等。冷却水的水源可用清水(自来水、井水等)和河水等,一般由冷却水泵、冷却水电动阀、示流器等设备组成,若采用河水,还包括水处理装置。

(二)润滑水系统

润滑水系统是指向立式混流泵和轴流泵的导轴承供水的系统,多数与冷却水系统组成共用系统,有时也自成单独系统,一般包括润滑水泵、润滑水电动阀(或电磁阀)、示流继电器等。

(三)水封系统

水封系统主要用于卧式机组,其作用是确保水泵轴封部位的密封,由高架水池单独形成系统,有时也与冷却水系统一起组成共用系统,一般包括水泵、水封用电动阀或电磁阀等。

三、起重设备

泵房内主机组及管路附件等设备的安装和检修都需要起重设备。选择起重设备的依据是泵房内最重设备（一般是动力机或水泵）的质量、机组台数和必需的起吊高度。

当最大设备质量不超过1 t、机组不超过4 台时，一般不设置固定起重设备，而采用Sh型环链手动葫芦配三角架。当设备最大质量在5 t以下，或设备质量虽不超过1 t而机组数目较多时，可在泵房内设置手动单轨小车，配手拉葫芦，或电动葫芦，或手动单梁桥式起重机。

当大、中型泵站中的最大设备质量超过5 t，且泵房的跨度较大时，常采用电动双梁桥式起重机。此类起重机的构造、安装要求较高，详见产品样本。

选型时，小型泵站或采用柴油机组的泵站，可采用手动起重设备；大、中型泵站采用电动桥式起重机时，除根据起吊重量和起吊高度因素外，起重机轨道中心距应尽量采用产品样本中的标准尺寸。当采用标准尺寸使泵房跨度增加过多时，可采用0.5 m倍数的非标准尺寸，订货时须向厂家特别声明。

四、通风和采暖设备

泵站通风和采暖方式与当地气候条件、泵房形式、电动机的形式和散热量及泵房空气系数的要求等因素有关。

（一）通风设备

泵站设置通风设备通常有以下目的：防止从动力机、传动装置、自备发电机、配电盘等放出的热量使室内温度上升，防止因各种油类汽化产生的室内污染，供给柴油机燃烧所必需的吸入空气，用于地下辅机房等的防潮换气等。主泵房和辅机房夏季室内空气系数应符合表6-8 和表6-9 的要求。

表6-8　主泵房夏季室内空气系数

部位	室外计算温度（℃）	地面式泵房			地下或半地下式泵房		
		温度（℃）	相对湿度（%）	平均风速（m/s）	温度（℃）	相对湿度（%）	平均风速（m/s）
电动机层工作地带	<29	<32	<75	不规定	<32	<75	0.2～0.5
	29～32	比室外高3	<75	0.2～0.5	比室外高2	<75	0.5
	>32	比室外高3	<75	0.5	比室外高2	<75	0.5
水泵层		<33	<80	不规定	<33	<80	不规定

泵房的通风方式可分为自然通风和机械通风。

1. 自然通风

自然通风包括风压通风（由于自然风力作用引起的空气对流）和热压通风（依靠室内外温差形成的热压引起的空气对流）。风压通风随季节、时间而变，无风时则风压不能保证。因此，在计算通风时，往往只作热压通风计算。热压通风的工作原理如图6-8 所示。

表 6-9　辅机房夏季室内空气系数

部位	室外计算温度(℃)	地面式辅机房			地下或半地下式辅机房		
		温度(℃)	相对湿度(%)	平均风速(m/s)	温度(℃)	相对湿度(%)	平均风速(m/s)
中控室、载波室	<29	<32	<70	0.2	<32	≤70	不规定
	29~32	<32	<70	0.2~0.5	比室外高 2	≤70	0.2
	>32	<32	<70	0.5	<33	≤70	0.2~0.5
计算机室		20~25	≤60	0.2~0.5	20~25	≤60	0.2~0.5
开关室		≤40	不规定	不规定	≤40	不规定	不规定
蓄电池室		≤35	≤75	不规定	≤35	不规定	不规定

当泵房内的空气温度比泵房外的空气温度高时,室内的空气容重比室外的空气容重小,因而在泵房的下部,泵房外空气柱所形成的压力大,于是在这种由温度差而形成的压力差的作用下,泵房外的低温空气就会从泵房的下部窗口进入泵房内,同时泵房内温度较高的空气上升,在热力作用下就会从泵房上部窗口排至泵房外,这样泵房内外就形成了空气的自然对流。热压的大小取决于泵房内外空气的容重差和下部进风口与上部排风口之间的距离,可按下式计算

$$\Delta p = (\gamma_{a2} - \gamma_{a1})h_a \tag{6-5}$$

式中　Δp——泵房内外温差产生的热压,kPa;

h_a——下部进风口和上部排风口中心线之间的高差,m;

γ_{a1}、γ_{a2}——泵房内、外空气容重,kN/m^3。

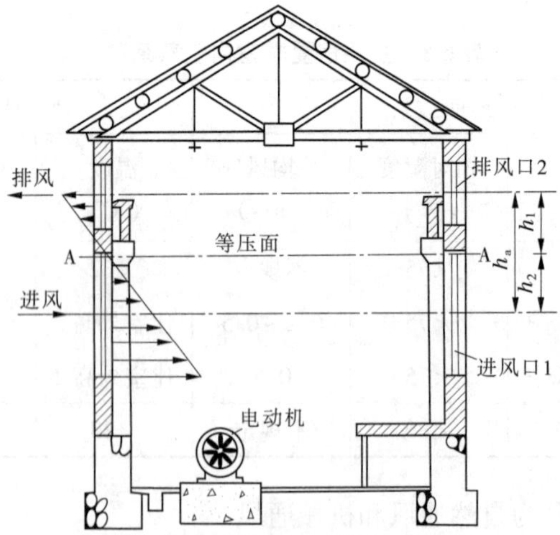

图 6-8　热压通风工作原理示意

从式(6-5)可看出,在泵房内外空气密度一定的情况下,欲增加热压通风的效果,只需增大两个窗户中心距离即可,这也是泵房窗户做成高低窗口的主要原因。自然通风的设计是根据泵房的散热量来计算通风所需要的空气量,根据泵房内外的温差来计算所需要

的空气量,以及根据泵房内外的温差来计算所需要的进、排风口面积的。然后与实际所开门窗面积相比较,如果需要的面积小于实际所开门窗面积,则自然通风能满足要求;反之,要调整门窗面积和高度,甚至加设机械通风设备。

1)泵房热源散热量

在泵房中主要热源是电动机,其他设备的散热量及太阳辐射热等可以按相当电动机散热量的10%考虑。泵房的总散热量 Q 可按下式计算

$$Q = 1.1\beta \frac{1-\eta_m}{\eta_m} P_m N \tag{6-6}$$

式中　Q——泵房内总散热量,kJ/h;

β——热功当量,kJ/(h·kW),$\beta = 3\ 610$ kJ/(h·kW);

η_m——电动机效率(%);

P_m——单台电动机输出的最大功率,kW;

N——同时运行的电动机台数。

2)通风所需的空气量

根据上述热压通风工作原理可知,进入泵房内的冷空气传入室内的热量与泵房内的散去总量之和等于排出的热空气所带走的热量,可用下式表示

$$G = \frac{Q}{C(t_1 - t_2)} \tag{6-7}$$

式中　Q——散热量,kJ/s;

G——通风量,kg/s;

C——空气比热,kJ/(kg·℃);

$t_1 - t_2$——泵房内外温差,℃,一般采用3~5 ℃。

3)所需进、排风口面积

如图6-8所示,泵房墙上开有进风口与排风口。当泵房外无风时,由于泵房内温度高于泵房外温度,形成内外空气柱重力压差,冷空气从下部进风口进入,热空气从上部排风口排出。设进风口和排风口的面积分别为 A_1 和 A_2,两者中心线的高差为 h。在上下风口之间一定高度上存在着内外压力相等的一个平面,即在这一平面上泵房内外压力差等于零,此面称为中和轴,有时也称等压面,如图6-8中A—A所示。两窗口中心与中和轴间的高差分别为 h_1 和 h_2。两风口内外压力差即由泵房内外温差而引起的热压 Δp 为

$$\Delta p = \zeta \gamma_a \frac{v^2}{2g} \tag{6-8}$$

式中　ζ——进、排风窗口局部阻力系数;

v——进、排风窗口风速,m/s;

γ_a——空气重度,kN/m³。

进、排风口面积为

$$A = \frac{gG}{\gamma_a v} \tag{6-9}$$

2. 机械通风

机械通风又叫强制通风,是利用风机增加泵房进风或排风,或同时增加进、排风口压

差，使泵房满足通风降温要求的通风方式。机械通风可分为机械排风、机械进风和机械进排风三种。当电动机容量较大时，采用第二种或第三种通风效果较好。

1）机械通风计算

机械通风计算主要计算机械通风所需要的风量及风压，以决定是否需要采用通风机械并以此作为选择通风机的依据。

（1）电动机的散热量。每台电动机的散热量可以取电动机排风口排出的热量为92.5%，电动机机壳等辐射出来的热量为7.5%。

（2）通风所需空气量。通风所需空气量的计算公式为

$$G = \frac{Q}{C\Delta t} \tag{6-10}$$

式中 Δt——电动机进、排风口温差，℃，当电动机用通风管排风时，电动机进、排风口温差为15～18 ℃。

另外，在电动机样本中一般都给出电动机的冷却空气量，可与所计算的通风空气量相比较，选大者。

（3）通风所需风压计算。通风所需风压计算实际上就是计算空气在通风管中流动的压力损失。当该损失比较小时，可以靠电动机本身的风扇来克服，即风扇自动排风；当损失较大时，必须靠通风机来克服，因此风压也是选择通风机的一个依据。在计算通风管道时，可初选管道截面，根据需要的排风量计算空气流速。工业建筑中风速常取为4～12 m/s，离风机最远一段正常风速取1～4 m/s，离风机最近一段采用风速6～12 m/s。然后根据通风管路系统布置情况，分别计算沿程及局部阻力。

在实际计算时一般不直接用公式，而是利用已制成的图表。对于矩形风道，必须先求出等流速当量直径 d_d，然后查表计算

$$d_d = \frac{2ab}{a+b} \tag{6-11}$$

式中 a、b——矩形管道的边长。

局部阻力系数 ζ 可查表，求得风压沿程阻力损失与局部阻力损失之和，即当需要通风机时，可根据计算的风量及风压进行选择。

2）风道布置及构造

在进行风道布置时，应尽可能减少风道长度和不必要的弯头，不占或少占泵房有效面积。可以一台电动机布置一根风道，布置在泵房的进水侧或出水侧，也可以是一根或两根干管，用支管接至电动机。干管一般从泵房的两端通向室外。排风管的通风机（换气扇）一般放在出口处，高度越高通风效果越好。风道要求严密不漏气，材料一般用铁皮或薄钢板，也可用砖、石、混凝土砌成或塑料管，在铁皮通风管中，接缝用咬口。为保护金属不锈蚀，可涂油漆。为了调节排风量，可在排风道上靠近电动机处设活动风门。

（二）采暖设备

电动机冷却进风温度低于5 ℃时，引起电动机出力和效率的降低，因此在冬季运行电动机，当室温低于5 ℃时，应采取适当取暖措施提高室温。冬季不运行的泵站，当室温低于0 ℃时，为防止无法放空积水的设备冻胀破坏，必须采取局部取暖措施。在泵站的计算

机室、中控室和载波室中,根据电气设备及运行人员工作要求条件,室温不应低于15 ℃。

采暖设备供电应按照气候和泵站的燃料供应等具体条件,选用空调、电炉或锅炉等取暖设备。

五、其他辅助设备

泵站的辅助设备除以上阐述之外,还包括排水系统、燃料系统、启动系统、油压系统、供油系统、照明设备等辅助设备,在此不再阐述。

小　结

(1)叶片泵的选型。水泵选型的要点是根据设计扬程的大小初步界定水泵的大致类型——离心泵、轴流泵、混流泵等,确定所适用的型谱图或性能表;依据满足设计扬程要求的单泵流量:(总设计流量/单泵流量)+1=水泵台数,单泵设计流量=总设计流量/水泵台数;依据实际条件需要确定采用简单装置还是复杂装置,设计管路的管材、管径、管长及管路附件;管路设计后注意扬程的校核(管路损失的校核)。

(2)动力机配套。根据工程实际地点的能源情况确定与水泵配套的动力机是柴油机还是电动机,确定水泵与动力机之间的传动方式;计算配套功率并选配与水泵配套的动力机型号。需要注意的是,对于小型水泵,生产厂家在提供的水泵性能表中已经列入了其常用的配套动力机型号,可直接采用,不需再通过计算来选配动力机。

思考题

1. 为什么扬程是泵型选择的主要依据?按设计扬程和多年平均扬程选泵有什么差别?

2. 选择水泵时应考虑哪些因素?

3. 水泵选型的方法与步骤是什么?

4. 水泵台数与泵站的运行性能、投资有什么关系?

5. 泵站常用的动力机有哪几种?电动机有哪些优、缺点?

6. 当按照规划给定的设计扬程选择不到合适的水泵时,如何对扬程偏高或偏低的现有水泵进行改造,以便使用?

7. 为什么选择的动力机额定功率必须稍大于水泵的额定轴功率?为什么转速要基本上相等?

8. 电动机选型、配套应考虑哪些因素?

9. 水泵与动力机的传动方式有哪些?各有什么优、缺点?

第七章 泵 房

学习重点

如何合理地选择泵房类型,进行泵房内部布置及确定泵房尺寸,特别需要了解泵房结构形式的选择主要取决于机组类型、进出水位及其变幅、地形条件、地质及水文地质条件。要分析不同类型泵房的特点,因地制宜,确定泵房尺寸,在泵房初拟尺寸后,进行整体稳定分析校核是难点。

学习要求

1. 学习本章后,能够根据灌溉和排水的任务,以选择的水泵及动力机型号、进出水池水位变化情况、地质条件确定泵房结构类型。

2. 按照不同类型泵房的特点,不同机组类型及其所需要的辅助设备,可进行泵房内部布置,确定泵房所需要的尺寸。

3. 在初步拟定泵房尺寸后,能对不同运行工况进行泵房整体稳定分析计算。

第一节 泵房设计的内容与原则

一、泵房设计的内容

泵房也称为机房、厂房,它是安装水泵、动力机及其附属设备的建筑物,是泵站的主体工程。泵房的主要作用是为水泵机组及运行人员提供良好的工作环境。因此,合理地设计泵房,对节省工程投资,发挥工程效益,以及延长设备使用寿命等方面都有很大的影响。

泵房设计内容包括:①泵房结构类型的选定;②泵房内部布置方式和各部分尺寸的拟定;③泵房整体稳定分析;④泵房结构设计。

二、泵房设计原则

(1)在保证设备安装、运行、检修等项工作方便而且可靠的原则下,使泵房尺寸最小、布局紧凑、结构合理。

(2)在泵房可能遇到的各种外力作用及其最不利的组合下,满足整体稳定要求,构件满足强度和刚度要求,保证结构有足够的强度和寿命。

(3)泵房尽可能坐落在稳定的地基基础上,避开可能发生的滑坡和坍塌的影响范围。

(4)保证泵房水下部分不渗水,泵房水下结构部分应进行抗裂或限裂校核及防渗处理。

(5)符合防火、照明、通风、散热、采光和防潮等要求。

(6)节省钢材、木材、水泥等建筑材料用量,减少工程投资。

(7)满足内外交通运输的要求。

(8)便于利用现代的建筑和施工方法,以利于今后的发展等。

三、泵房设计所需基本资料

(1)泵站的性质和规模等。

(2)水泵机组的型号、台数、外形尺寸、安装尺寸等。

(3)泵站枢纽的1/100 000~1/10 000地形图和地质资料。

(4)主要建筑物处的1/2 000~1/200地形图和地质剖面图。

(5)当地的国民经济状况、能源及材料供应情况、施工技术力量。

(6)重要材料、设备、器具价格,原材料及人工单价。

四、泵房设计步骤

(1)根据选择的水泵类型、水源水位变幅及地基条件确定泵房的结构类型。

(2)根据泵房内部设备布置及通风、照明、防噪的要求和泵房整体稳定条件,确定泵房的各项尺寸及材料。

(3)进行细部结构及特种构件计算。

第二节　泵房的结构类型及适用场合

目前,在机电排灌、跨流域调水、城镇及工业供水排水等部门,创造了各种各样的泵房形式。在规划设计中应根据各种泵房的特点,结合当地的具体情况加以选择,以达到经济、安全和适用的目的。泵房形式很多,一般根据其是否可以移动分为固定式和移动式两大类。

一、固定式泵房

固定式泵房不随水位涨落而改变位置。按其基础结构形式的不同,通常分为分基型、干室型、湿室型和块基型四种。中、小型泵站中采用分基型、干室型、湿室型固定式泵房,其结构形式与适用情况各不相同。

(一)分基型泵房

分基型泵房的结构与单屋工业厂房相似,主要特点是水泵机组的基础与泵房的基础分开建造。泵房的地板与室外地面高于进水池水位,泵房无水下结构,所以泵房结构简单,材料来源广,施工容易,可以采用砖、石、木等当地材料,工程造价比较低。进水池与泵房分开,泵房的地板较高,通风、采光与防潮条件都比较好,有利于机组的运行与维护。分基型泵房适用以下情况:

(1)进水池水位变幅小于水泵的有效吸程$H_{效吸}$,$H_{效吸}$等于水泵的允许吸水高度减去泵轴到泵房地板的高度,如图7-1所示。

(2)适合安装中、小型卧式离心泵和混流泵机组。

(3)泵房处的地质条件较好,地下水位低于泵房的基础。分基型泵房进水侧岸坡可

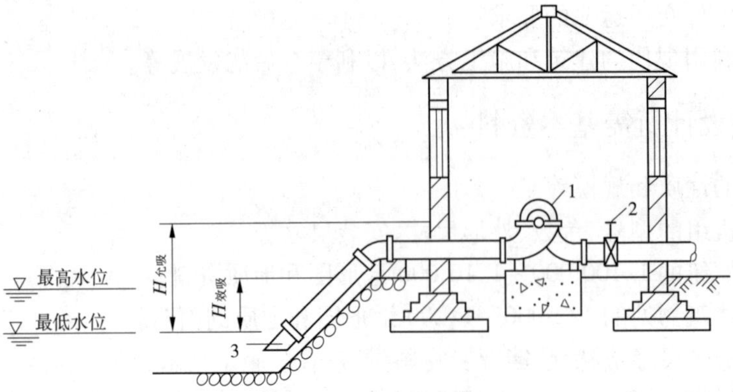

1—水泵;2—闸阀;3—平削管

图 7-1　斜坡式分基型泵房

采用以下三种形式:①若地质条件较好,可将进水侧岸坡做成护坡(也叫斜坡式),如图 7-1 所示。护坡面用块石护砌,护坡式泵房施工简单、挖方少,但吸水管较长,增加了吸水管路的水头损失。②若地质条件较差,可将进水侧做成直立式挡土墙,以增加泵房的稳定性,如图 7-2 所示。挡土墙式泵房可以缩短吸水管路长度,但增加了工程投资。③在挡土墙上部采用护砌的斜坡,在泵房进水侧底部建挡土墙,增加泵房的稳定性,这种形式称为混合式泵房,如图 7-3 所示。

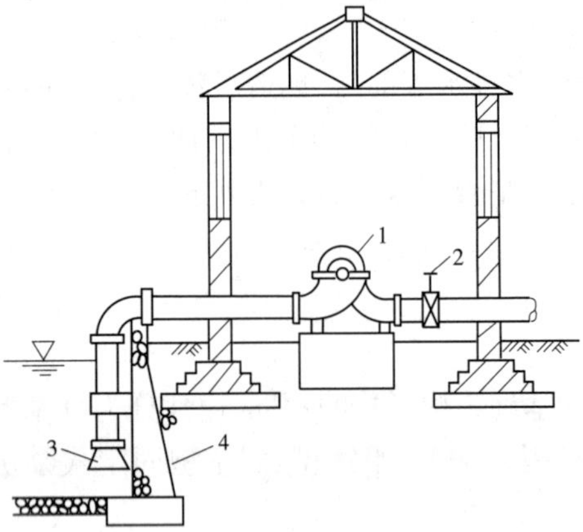

1—水泵;2—闸阀;3—进水喇叭;4—挡土墙

图 7-2　挡土墙式分基型泵房

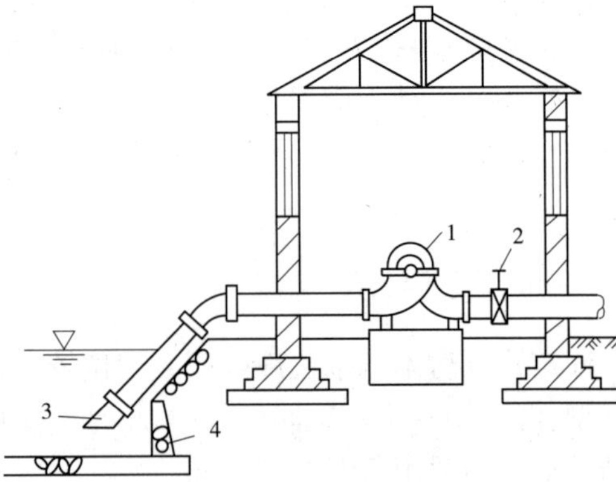

1—水泵;2—闸阀;3—平削管;4—挡土墙

图 7-3　混合式分基型泵房

为保证泵房的稳定和使水流平稳地进入叶轮,泵房至岸边应有一段距离。通常,水泵进口前水平管段的长度不应小于其管径的 3 ~ 5 倍。

(二)干室型泵房

当水源水位变幅超过水泵的有效吸程,站址处的地下水位又较高时,宜采用干室型泵房。为防止洪水淹没泵房、地下水渗入泵房,将泵房的底板与洪水位以下泵房的侧墙浇筑成钢筋混凝土整体结构,使泵房底部形成一个防水的地下干室。水泵机组安装在干室内,所以称为干室型泵房,如图 7-4 所示。

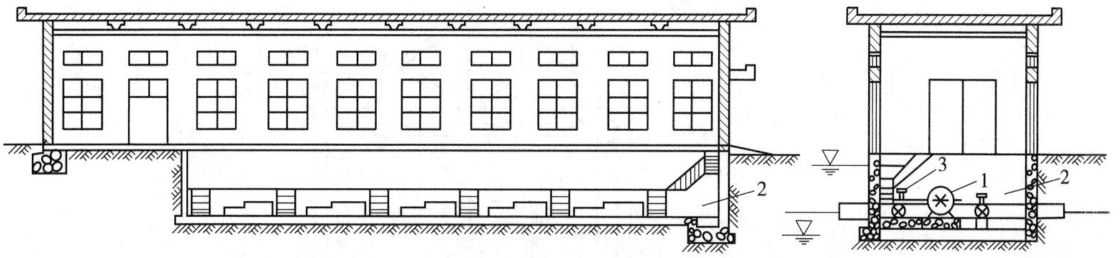

1—水泵；2—干室；3—闸阀

图 7-4　干室型泵房

干室型泵房水下结构复杂、工程量大、造价高，适用于以下情况：

(1)进水池水位变幅大于水泵有效吸程。

(2)卧式或立式离心泵与混流泵机组。

(3)泵房的地基承载力较小。

(4)地下水位较高。

干室型泵房的平面形状常采用矩形、圆形和瓶式等几种。在立面上有一层和多层，不论是立式还是卧式水泵机组都可采用。矩形干室型泵房适用于水泵台数较多的情况。圆形干室型泵房适用于水源水位变幅较大(如 8 ~ 10 m)、机组台数较少的情况。圆形干室型泵房受力条件好，节省建材，但当地下干室较深时，需增设通风设备。

(三)湿室型泵房

湿室型泵房的主要特点是泵房的下部有一个与前池相通的、充满水的地下室，湿室不仅起着进水池(或称进水间)的作用，同时湿室中的水重可以平衡部分水的浮托力，增加了泵房的整体稳定。湿室型泵房的上部结构与干室型基本相同，而下部结构常用圬工或钢筋混凝土等材料，适用于中、小型轴流泵、混流泵和立式离心泵机组。泵房分上、下两层，上层安装电动机与配电设备等，为电机层；进水池布置在泵房下面，形成一个湿室，安装水泵，为水泵层。泵房的优点是：湿室内有水，有利于泵房的稳定；水泵直接从湿室吸水，吸水管路短，水头损失小。湿室型泵房适用于以下情况：

(1)进水池水位变幅较大。

(2)适合安装中、小型立式轴流泵或导叶式混流泵机组，也可安装中、小型卧式轴流泵机组。

(3)站址处地下水位较高。

根据地形、地质及建筑材料等条件，湿室型泵房的结构形式又可分为墩墙式、排架式、圆筒式、箱式和圬工泵房等五种。较常用的有墩墙式和排架式。

1. 墩墙式湿室型泵房

除进水侧外，其他三面都是挡土墙，每台水泵之间用隔墩分开，单独形成进水室，支承水泵和电机的梁直接搁在隔墩上，如图 7-5 所示。这种结构的优点是水泵工作可以采用浆砌石结构，并可以就地取材，施工简单。但由于后墙填土具有较大的水平推力，为了满足抗滑稳定，需要增加泵房重量。这样既增加了地基应力，也加大了工程投资。所以，只有在地基条件较好、砖石材料较方便的地区才被采用。

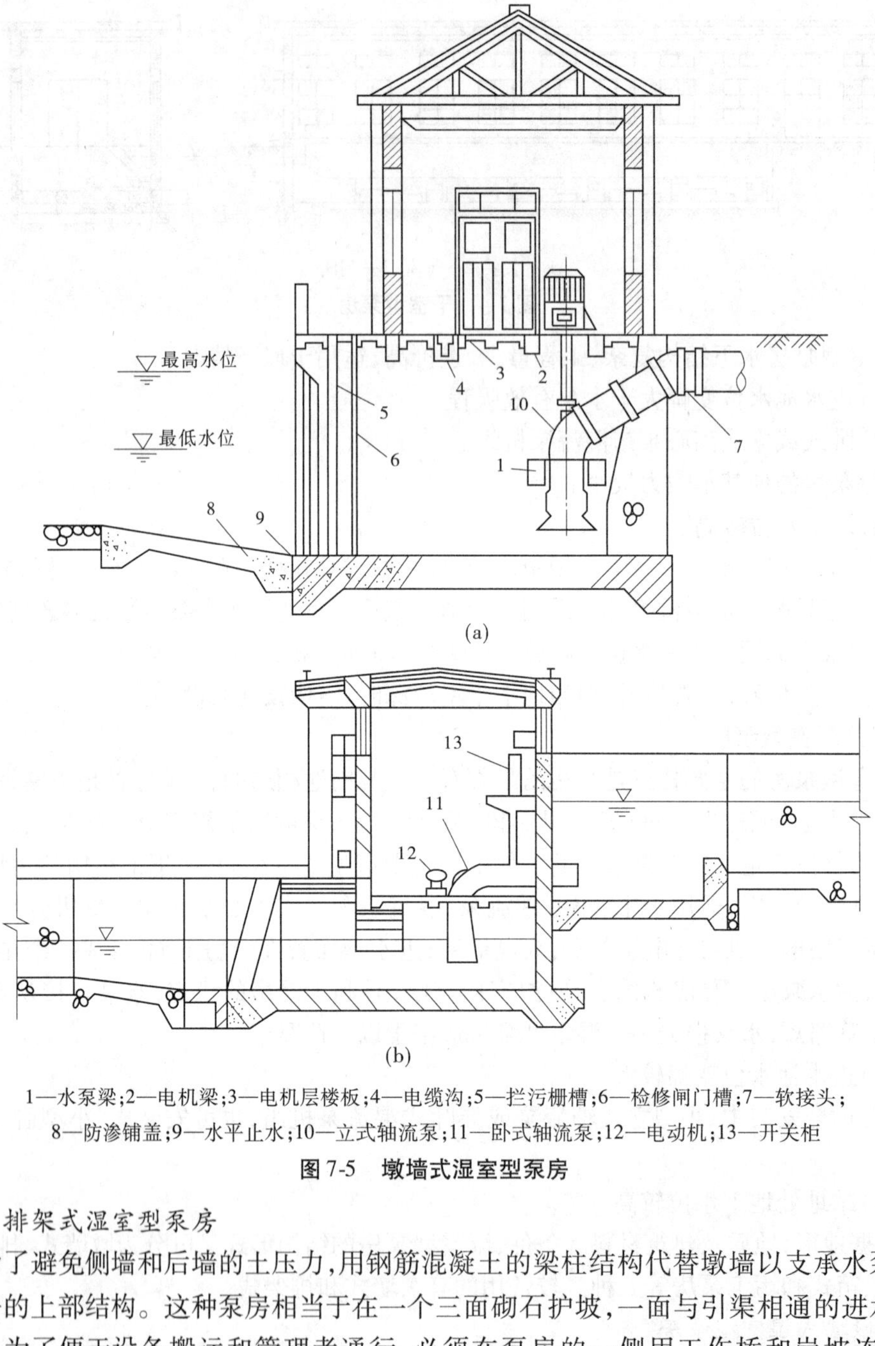

1—水泵梁;2—电机梁;3—电机层楼板;4—电缆沟;5—拦污栅槽;6—检修闸门槽;7—软接头;
8—防渗铺盖;9—水平止水;10—立式轴流泵;11—卧式轴流泵;12—电动机;13—开关柜

图 7-5　墩墙式湿室型泵房

2. 排架式湿室型泵房

为了避免侧墙和后墙的土压力,用钢筋混凝土的梁柱结构代替墩墙以支承水泵机组和泵房的上部结构。这种泵房相当于在一个三面砌石护坡,一面与引渠相通的进水池中兴建。为了便于设备搬运和管理者通行,必须在泵房的一侧用工作桥和岸坡连接,如图 7-6所示。这种泵房的优点是没有侧墙及后土压力,可不必考虑泵房的抗滑稳定问题。所以,排架式泵房的优点是结构轻、用材省、地基应力小而且分布较均匀;缺点是水泵检修不方便,护坡工程量大,尤其是遇到细砂地基,在外江水位很高时,可能发生管涌,威胁江堤安全。因此,一般要求泵房远离堤脚,但这样又会增加输水涵管的长度。若遇淤泥或泥质黏土,则要求边坡很缓,也不经济。所以,通常在地基条件较好的地方才采用这种形式。

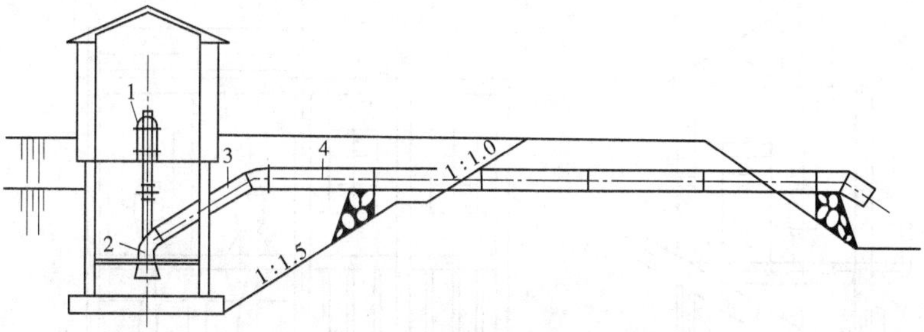

(a)泵站纵剖面图

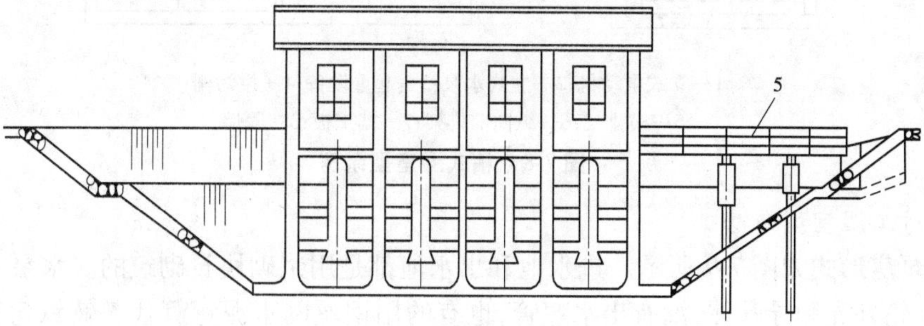

(b)泵站前视图

1—立式电动机;2—立式轴流泵;3—出水钢管;4—混凝土管;5—工作桥

图 7-6　排架式湿室型泵房

3. 圆筒式湿室型泵房

圆筒式泵房平面为圆筒形,四周填土,用引水涵管将湿室与引渠连通,如图 7-7 所示,这样,一方面避免了墩墙式因侧向填土而造成的水平滑动和应力不均匀,另一方面解决了排架式的边坡管涵及护坡工程量大的难题。圆筒的材料可采用钢筋混凝土,也可采用砖石砌筑,但进水条件较差,施工立模也较麻烦。对于机组台数不超过 3 台、地基条件较差的地方采用这种形式比较经济。

4. 箱式湿室型泵房

该泵房相当于在排架式泵房的三面加筑一定高度的挡土板,中间每隔二三台水泵设检修隔墩。墩高超出进水室最高水位。在进水室前设检修闸,如图 7-8 所示。该泵房的主要优点是挡土板可控制三面填土高度,借以达到控制土压力的目的。与墩墙式相比,增加了泵房的稳定性;与排架式相比,刚度大,能适应软基沉陷,抗震性好,对外交通方便。

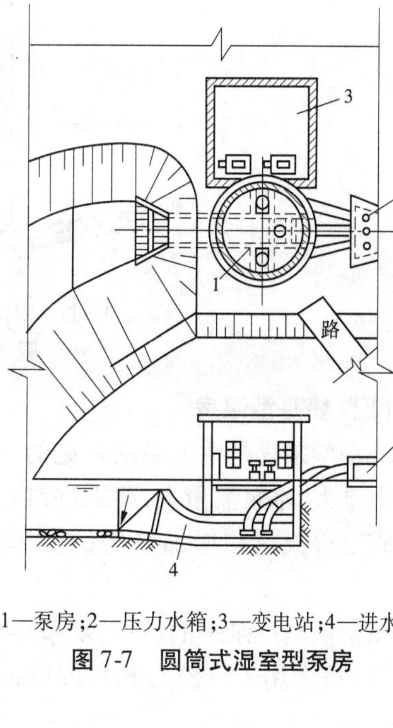

1—泵房;2—压力水箱;3—变电站;4—进水室

图 7-7　圆筒式湿室型泵房

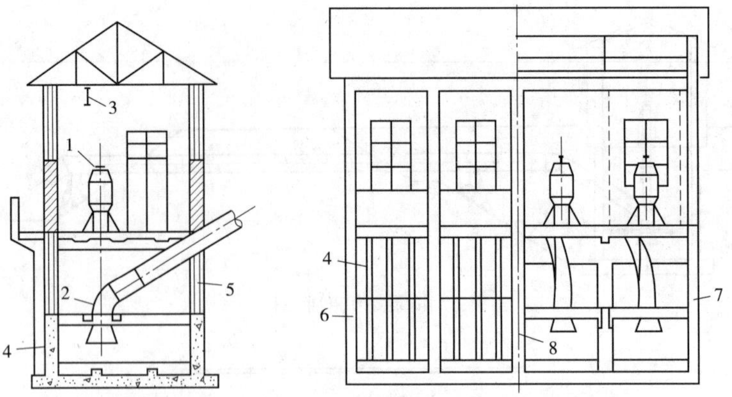

1—立式电动机；2—立式水泵；3—起重设备；4—拦污栅；
5—横排架；6—纵向前排架；7—挡土板；8—隔墙

图 7-8　箱式湿室型泵房

5. 圬工湿室型泵房

该泵房形式如图 7-9 所示。进水池和出水池都是用浆砌块石砌筑的。水泵一般只有叶轮、叶轮外壳和导叶体，没有出水弯管，也有的用钢丝网水泥弯管代替铸铁弯管。由于水泵和泵房的构造都很简单，而且可以利用当地材料，造价低，施工简单，所以适用于洪枯水位变化很小、扬程很低的小型泵站。

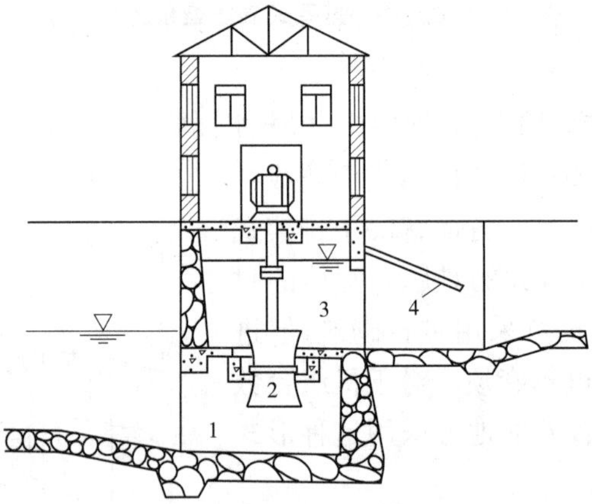

1—进水室；2—圬工室；3—出水室；4—拍门

图 7-9　圬工湿室型泵房

（四）块基型泵房

块基型泵房是大型泵站常见的一种泵房形式，如图 7-10 所示。大型水泵的口径大，机组重量大，水泵流量大，要求进口有良好的流态，因此要求有精心设计的进水流道。为了节省工程投资和增加泵房的整体稳定性，常常将泵座、进水流道和泵房底板浇筑在一起。

根据块基型泵房的特点，块基型泵房适用于以下情况：

（1）可适用于口径大于 1 200 mm 的大型水泵。

(2)该泵房形式本身重量大,抗浮和抗滑稳定性好,在需要泵房直接挡水时,采用块基型较为有利。

(3)由于块基型结构整体性好,可适用于各种地基条件。

块基型泵房的结构形式很多,其主要影响因素有水泵机组的结构形式、进出水流道形式和主机组的支承结构形式等。根据水泵的结构形式,块基型泵房有立式、斜式、卧式机组的泵房。

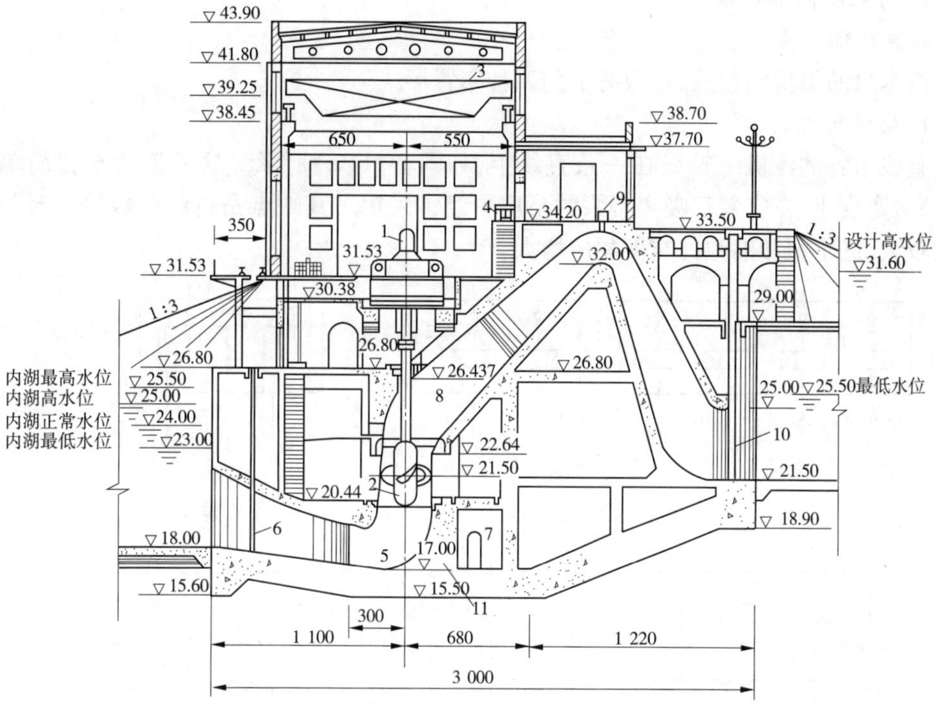

1—1 600 kW 主电动机;2—2 800 mm 主水泵;3—桥式吊车;4—高压开关柜;5—进水流道;6—检修闸门;7—排水廊道;8—出水流道;9—真空破坏阀;10—防洪闸门;11—块基

图 7-10　虹吸出水块基型泵房剖视图(4 层结构)　(单位:高程,m;尺寸:cm)

二、移动式泵房

在水源水位变幅较大、建固定式泵站投资大、工期长、施工困难的场合建站时,应优先考虑泵船及泵车等移动式泵房。因为它具有较大的灵活性和适应性,没有构造复杂的水下建筑物,所以施工期短、收效快、投资少,但运行管理比固定式泵站复杂,参见相关资料。

第三节　泵房内部布置及主要尺寸的确定

泵房布置主要指主机组及其辅助设备的布置,即确定泵房平面和立面各部分的位置与尺寸。中、小型水泵机组的辅助设备比较简单,一般有配电、充水、排水、起重、通风等设备。泵房布置应符合下列原则:满足设备布置、安装、运行及检修的要求;在满足主机组正常运行和维护要求的前提下，尽可能在泵房内的空地上布置辅助设备，不增加泵房不必要的平面和立面尺寸；安全可靠、管理方便、整齐美观；泵房内外交通和运输方便；泵房有良好的通风和采光条件，满足防潮、防火、防噪声等技术规定。泵房主要尺寸的确定是指机组间距与泵房的长、宽、高的确定。

一、卧式机组泵房布置及尺寸确定

（一）泵房内部布置

1. 主机组布置

按水泵的类型和台数，一般有下列四种布置形式。

1）直线布置

直线布置的各机组轴线在一条直线上，如图 7-11（a）所示。这种形式布置简单、整齐，泵房宽度小，在安装双吸离心泵的泵房中经常采用。其缺点是机组台数较多时，泵房长度较大，进水池和前池的宽度相应增大。

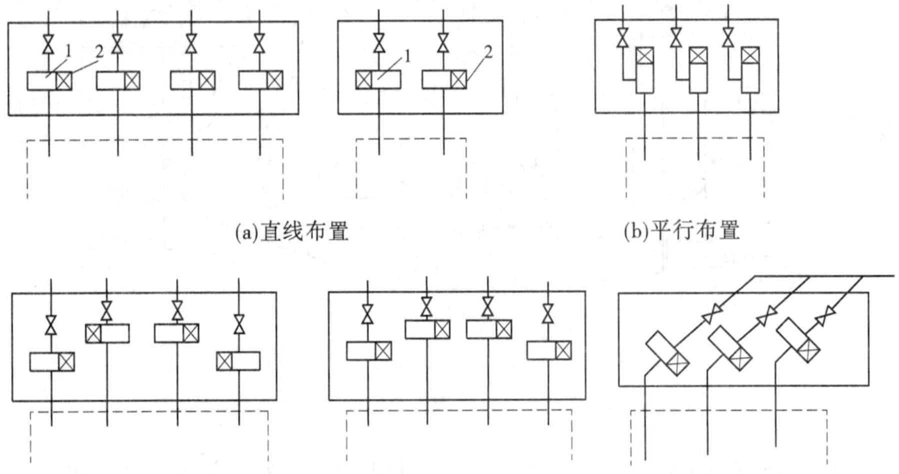

(a)直线布置　(b)平行布置

(c)双列布置　(d)斜向布置

1—水泵；2—电动机

图 7-11　卧式机组布置形式

2）平行布置

平行布置的各机组轴线相互平行，如图 7-11（b）所示。与直线布置相比，泵房的长度和进水池的宽度较小，机组的间距较小，但泵房的宽度较大。安装卧式蜗壳式混流泵、单吸离心泵的泵房都可采用此形式。

3）双列布置

双列布置的机组在泵房内双行排列，相互交错，同向或对向布置，如图 7-11（c）所示。这种形式可缩短泵房长度，一般多用于机组台数较多的双吸离心泵泵房。其缺点是增加了泵房宽度，机组运行管理不便。对于双吸离心泵，当要求泵轴调换方向时应向水泵厂提出要求。

4)斜向布置

斜向布置是介于直线布置和平行布置之间的一种形式,如图 7-11(d)所示。对于卧式蜗壳式混流泵或单吸离心泵,斜向布置可以减少进、出口连接弯头,从而减小水头损失。另外,泵房宽度比平行布置小,但进出水池的水流条件较差。

2. 配电设备布置

配电设备是用来接收、变换和分配电能的电气装置,中、小型泵站的户内设备包括开关电器设备,限制短路电流和防御过电压的电气设备,以及继电保护、测量、监视控制操作设备等。无论是高压配电还是低压配电,目前都采用成套装置,通常称开关柜或配电屏。它是将有关的配电设备安装在封闭或半封闭的金属柜中,由专门工厂成批生产,用户可根据需要选用具有一定规格尺寸的开关柜。

1)布置方案

配电设备布置有分散布置、一端布置和一侧布置三种。

分散布置是将开关柜分散布置在各机组段靠墙的空地上,一般适用于小型泵站。

一端布置是在泵房进线端建配电间,如图 7-12(a)所示。其优点是泵房跨度小,泵房进、出水侧墙壁均可开窗,有利于通风和采光。但当机组台数较多时,操作人员不便监视远离配电间的机组运行情况,电缆铺设较长。一端布置适用于机组较少的泵站。

一侧布置是将配电间布置在泵房的进水侧或出水侧,一般以出水侧居多,如图 7-12(b)所示。其优、缺点恰好与一端布置相反。为弥补使泵房跨度加大的缺点,可以在泵房一侧向外凸出布置,如图 7-12(c)所示。一侧布置适用于机组较多的泵站。

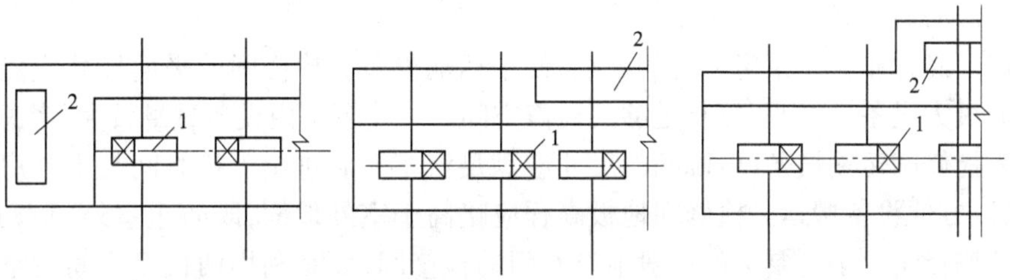

(a)一端布置 (b)一侧布置 (c)凸出布置

1—机组;2—配电柜

图 7-12 配电间平面布置

2)布置要求

配电间的尺寸主要取决于开关柜的数目和尺寸,以及必要的安装、操作、检修空间。开关柜的数目按设计要求而定,通常每一个机组配用一台。配电柜的类型很多,不同规格尺寸差别较大,维护方式也不相同。有的可靠墙设置,有的则不能靠墙设置,应根据要求布置。配电柜应有一定的安全操作空间,通常为 1.5～2.0 m。

为避免因泵房地面积水使电气设备受潮,配电间的地面应高出泵房地面 10～15 cm,一般与泵房内的交通道布置在同一高程上。

配电间应设一个向外开启的事故便门,并应装锁,但在室内开锁时不需要钥匙。

从开关柜至机组的电缆要整齐地用电缆架架空布置,也可将电缆铺设在泵房地面下的电缆沟内。

3) 配电柜类型

常用的低压配电柜有 BSL－1 型和 BDL－1 型两种，其外形尺寸为 2.14 m×0.90 m×0.60 m(高×宽×厚)。前者双面维护，不靠墙；后者单面维护，可靠墙布置，后面无须留检修空间。配电柜前需有 $b \geqslant 1.5$ m(低压)或 2.0 m(高压)的安全操作空间；双面维护配电柜后需有 $a \geqslant 0.7 \sim 0.8$ m(低压取小值、高压取大值)的检修空间，配电柜组的两侧需有 $a \geqslant 0.7 \sim 0.8$ m 的检修空间。

各厂生产的高压开关柜的尺寸不同，常用的 GG－1A 型的外形尺寸为 3.10 m×1.20 m×1.20 m(高×宽×厚)。一端布置的配电间长度一般取为主泵房的一个开间的长度，宽度一般与主泵房相等。对于大型泵站，平面尺寸可适当增加，此情况下一般后墙与主泵房平齐。当主电机为高压时，为了副机组及其他辅助设备的运行，同时也需要布置低压配电间。一侧布置的配电间尺寸可根据其内部布置的需要及地形地质条件确定。布置在上层的配电间，长度一般与主机房一致，宽度应根据其内部布置和最小尺寸的要求，以及吊物孔的尺寸进行计算。取水泵站若小于主机房宽度，一般与主机房后墙平齐；若大于主机房宽度，一般与主机房前墙平齐。

配电柜的数目按设计要求而定，通常每台机组需要一个开关柜，另外需要配置进线柜(母线柜)、电流互感器、电压互感器柜各一个。为了便于监视主机运行，安装配电柜进出电缆，防止噪声干扰和积水浸入，一般配电间的地板应高于主机组地坪，其高度一般都与泵房内交通道相同。配电间一般都应专设一个朝外开的便门，以备发生事故之用。

3. 检修间的布置

检修间经常布置于泵房大门的一端，便于运输设备。检修间的平面尺寸应能放得下泵房内的最大设备，四周还要有足够的检修空间。一些泵房内设备重量较大，考虑到载重汽车驶入检修间运输设备，检修间的尺寸应满足汽车顺利进出。检修间与主泵房之间不设隔墙，以方便设备搬运。检修间地板高程应略高于室外地面，既防止室外雨水流入，又不影响车辆行走。小型泵房内一般不设专门的检修间，而是利用两机组之间的空地来检修机组。

4. 充水设备布置

离心泵在启动前必须向泵体内充水，一般口径大于 300 mm，台数较多时，多采用真空泵充水。真空泵与其他设备组成一个真空泵抽气充水系统，其位置应合理布置，否则会影响主机组的运行。为不增加泵房尺寸，常把真空泵抽气充水系统布置在墙角处或主机组进水管道间的空地上。

5. 交通道布置

为便于工作人员巡视和物件搬运，通常在泵房出水侧沿长度方向布置主要通道，其宽度不小于 1.5 m。一般通道宽度不宜小于 1.0 m。主通道高于泵房的地面高程，通常和配电间地面等高。当兼作闸阀的操作台时，还应计入闸阀操作手柄的高度。

6. 排水设备布置

排水设备是用于排除泵房内的积水的，常采用明沟排水。沿泵房的纵向设置主排水沟，沟底以 2% 左右的斜坡通向排出口；再设若干条辅助排水沟，通向需排水的设备处，组成一个简单的排水系统。主排水沟出口处水位高于进水池水位时,排水系统自流排水;若进水池水位较高,不能自排,应在排水出口处建集水井,用排水泵抽排。

7. 起重设备布置

为便于水泵或电动机的安装和检修,泵房内应设有起重设备。常用的起重设备有用三脚架装手动葫芦、单轨吊车、桥式吊车等,应根据最重吊运部件和吊具的总重量按表7-1的规定选用。

表7-1　泵房内起重设备形式

起重力(kN)	起重设备形式
<10	移动吊架或固定吊钩
10~20	手动单轨吊车
20~50	手动桥式吊车
>50	手动或电动桥式吊车

8. 通风设备的布置

水泵站的泵房大多位于坡脚处,地势低,通风条件较差。泵房通风不良,容易造成室内湿度大、温度高,使机组效率下降,设备老化过快,使用寿命短,不利于运行管理人员的身心健康,所以要处理好泵房的通风问题,对深度较大的干型泵房,更应处理好通风问题。

泵房的通风方式有自然通风和机械通风,有条件的尽可能采用自然通风。自然通风一般是在泵房的两侧墙的中部设高低两层通风窗,窗口总面积应不小于室内地面面积的25%,上下两层窗的距离应大一些,以利于提高通风效果。自然通风包括热压通风和风压通风。有风时靠风压通风,泵房的一侧进风,一侧出风;无风时靠热压通风,下层窗进风,上层窗出风。如果自然通风无法满足泵房通风散热的要求,需采用机械通风,利用风扇(或风机)通风换气。

(二)泵房尺寸确定

为使泵房结构构件逐步达到标准化、系列化,必须使泵房主要尺寸和标高符合建筑统一模数制。我国规定的统一模数制以100 mm为基本单位,用“M_o”表示。

泵房的柱距一般为6M_o的倍数。对于小型泵房,可采用4M_o柱距。必须指出的是,水泵进出水管路不允许在其下通过,否则需要进行调整。设在泵房两端的配电间、检修间柱距,可取与主泵房的柱距相同或根据需要确定。

1. 泵房长度

泵房长度指泵房两山墙轴线间的距离,图7-13为分基型泵房的剖面图和平面图。其根据主机组台数、布置形式、机组间距、边机组段长度和检修间的布置等因素确定,且应满足设备的运行、维护、安装和检修的要求,达到紧凑、整齐、美观的目的。其用下式表述为

$$L = n(l_0 + l_1) + L_1 + L_2 \tag{7-1}$$

式中　L——泵房长度,mm;

L_1、L_2——配电间、检修间的长度,mm;

l_0——主机组(基础)的长度,mm;

l_1——主机组基础间距或机组到墙壁之间的距离,mm;

n——主机组台数。

卧式机组的电动机抽芯有多种方式，在安装位置抽芯需加大机组间距，增大泵房投资，多数情况下是将电动机定子与转子一起吊到检修间或其他地方进行抽芯。机组段长度主要考虑电动机吊装的要求，有空气冷却器时，还要考虑空气冷却器的吊装，另需布置楼梯时，注意不能因楼梯而额外增加边机组段长度，否则楼梯另外考虑。

泵房机组布置时还需要注意以下问题：

(1)机组间距应等于每台水泵要求的进水池宽度与池间隔墩厚度之和，两者如果不一致，应调整机组间距或管路布置，使两者统一。

(2)机组中心距一般为泵房柱距，要调整使其符合建筑模数，以便采用建筑标准件；检修间、配电间的柱距可与机组间距相同，也可不同，根据其需要而定。

(3)进、出水管路避免在墙柱下通过，以免管壁超压而损坏。

(4)对于卧式泵进水管中心线的距离应符合下列要求：①单列布置时，相邻机组之间的净距不应小于1.8～2.0 m；②双列布置时，管道与相邻机组之间的净距不应小于1.2～1.5 m；③就地检修的电动机应满足转子抽芯的要求；④应满足进水喇叭管布置及水工布置的要求；⑤边机组段长度应满足设备吊装及楼梯、交通道布置的要求。

(5)卧式机组安装检修间长度应满足设备进入泵房的要求，但不宜小于5.0 m。

2. 泵房跨度

泵房跨度B是泵房进、出水侧(或柱)轴线之间的距离，见图7-13，根据主机组及辅助

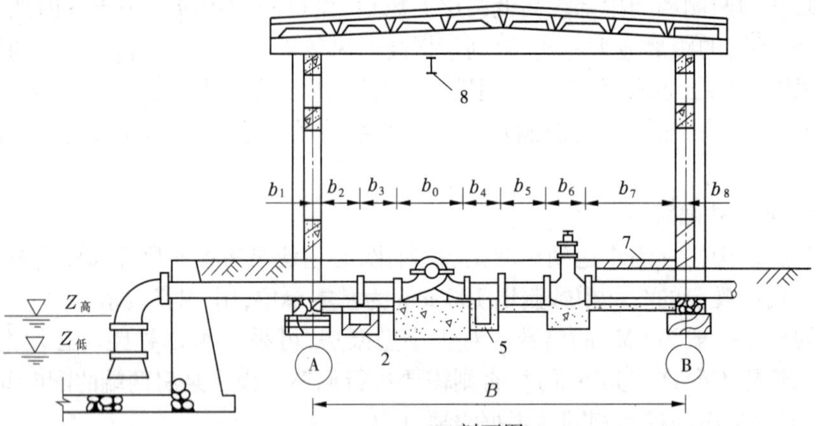

(a)剖面图

1—启动器；2—电缆沟；3—配电柜；4—真空泵机组；5—排水沟；6—踏步；7—花纹钢盖板；8—单轨吊车；$Z_高$—进水池最高运行水位；$Z_低$—进水池最低运行水位

图7-13　分基型泵房布置

设备、电气设备布置要求，进、出水流道(或管道)的尺寸，工作通道宽度，进、出水侧必需的设备吊运要求等因素，结合起吊设备的标准跨度确定，即

$$B = b_0 + b_1 + b_2 + b_3 + b_4 + b_5 + b_6 + b_7 + b_8 \tag{7-2}$$

式中　B——泵房跨度，mm；

b_1、b_8——轴线到泵房墙内侧的距离，mm；

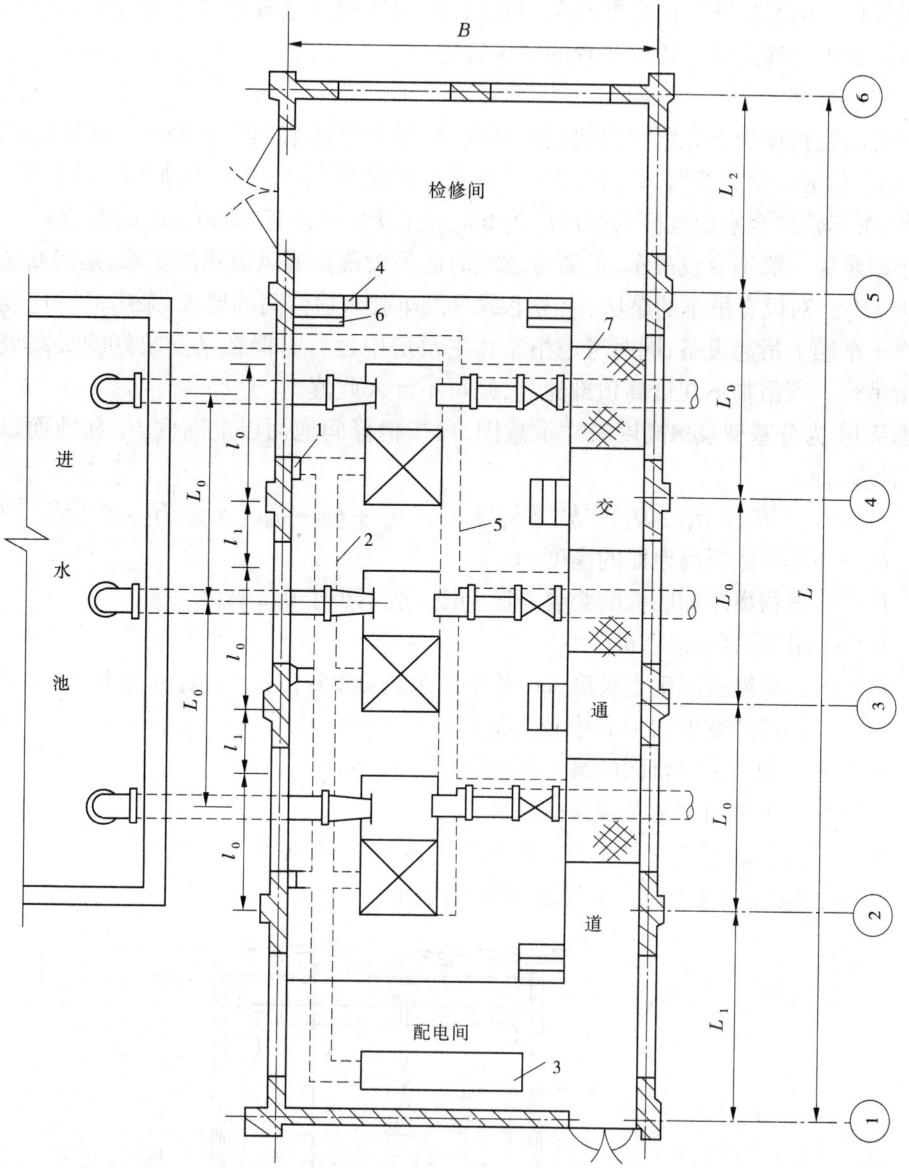

(b)平面图

续图 7-13

b_2——水平管长，mm，根据管道检修空间而定，一般不小于 300 mm；

b_3——偏心渐缩管长度，mm；

b_0——水泵长度，mm，查样本可得；

b_4——同心渐扩管长度，mm；

b_5——水平接管长度，mm，根据闸阀的操作及闸阀、管道检修需要而定；

b_6——闸阀长度，mm；

b_7——交通道宽度，mm。

卧式机组的泵房宽度应根据水泵、阀门和所配置的其他管件尺寸，并满足设备安装、检修及运行维护通道或交通道布置的要求确定。

3. 泵房高度

泵房高度指屋架下弦距室内地面的高度，以屋架下弦底面标高表示。按照建筑模数制的规定，泵房高度一般取 $3M_0$ 的倍数。有吊车的泵房，牛腿至室内地面的高度应为 $3M_0$ 的倍数；吊车轨顶至室内地面的高度应为 $6M_0$ 的倍数（允许有 ±200 mm 的差值）。

小型泵房一般不专设吊车，但需考虑临时起吊设施及通风散热的要求，泵房高度一般不低于 $4M_0$。对设有吊车的泵房，应考虑载重汽车驶入检修间的要求，泵房高度应满足吊车从汽车车厢上吊起设备，同时考虑吊车在主泵房中运行时能在已安装好的最高设备顶部自由吊行。若吊物不在最高顶部通过，则可不计入此值。

图 7-14 为分基型泵房高度尺寸示意图，可按检修间地面以上高度 H_1 和地面以下高度 H_2 计算，即

$$H = H_1 + H_2 = h_1 + h_2 + h_3 + h_4 + h_5 + h_6 + h_7 + H_2 \tag{7-3}$$

式中 h_1——车厢底板离地面的高度，m；

h_2——吊物离车厢底板的必要高度，m，一般不小于 0.2 m；

h_3——最高吊物高度，m；

h_4——起重绳索的垂直长度，m，对于水泵为 $0.85x$，对于电动机为 $1.2x$（x 为起重部件的宽度），取其中较大值；

h_5——吊钩到吊车轨面的最小距离，m；

h_6——吊车轨面到吊车顶部的距离，m；

h_7——吊车最高点到屋面大梁底面的距离，m，一般不应小于 0.3 m；

H_2——检修间地面到主泵房地面的距离，m。

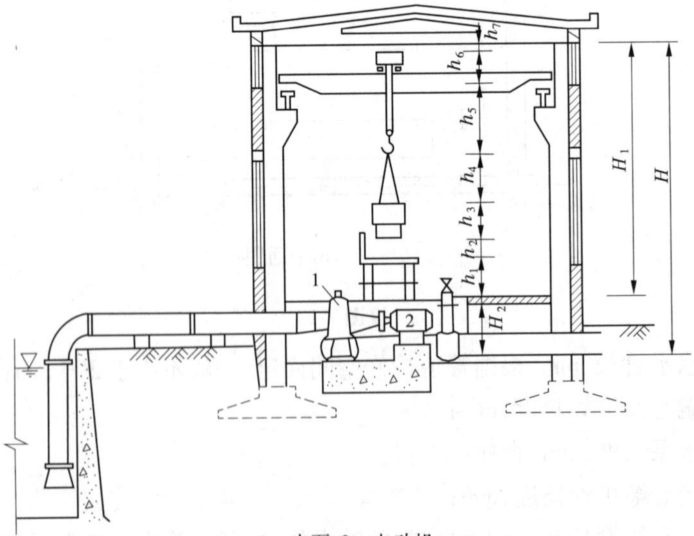

1—水泵；2—电动机

图 7-14　分基型泵房高度尺寸示意图

若 $H_2 < h_8 + h_9 - (h_1 + h_2)$，则按下式计算

$$H = h_3 + h_4 + h_5 + h_6 + h_7 + h_8 + h_9 \tag{7-4}$$

式中　h_8——最高一台水泵或电动机到泵房地面的距离，m；

h_9——吊物底部至最高一台水泵或电动机顶部的距离，m，一般不小于0.5 m。

对于泵房电动机层以上净高，应满足水泵或电动机整体吊运或从运输设备上整体装卸的要求。在大型卧式机组的四周，宜设工作平台。平台通道宽度不宜小于1.2 m。

对于吊运设备与固定物的距离，应满足采用刚性吊具时，垂直方向不应小于0.3 m；采用柔性吊具时，垂直方向不应小于0.5 m。同时，水平方向不应小于0.4 m。

4. 各部高程

1）泵房地面高程

根据水泵安装高程$\nabla_{安}$，泵房地面高程按下式计算

$$\nabla_{地} = \nabla_{安} - Z_1 - Z_2 \tag{7-5}$$

式中　Z_1——水泵轴线到水泵底座的距离，m，由水泵样本查得；

Z_2——水泵基础顶面到泵房地面的距离，m，一般取0.1～0.3 m。

2）检修间地面高程

考虑防洪安全，检修间地面高程须高于进水池最高水位0.5～1.0 m。为了防止雨水流入泵房，室内地面高程须高出室外地面0.2～0.5 m。

二、立式机组泵房布置及尺寸确定

（一）泵房布置

中、小型立式机组多采用湿室型泵房，其设备布置比较简单。泵房内主机组布置多为直线布置，配电间一般布置在泵房出水侧，也有的布置在泵房一端或进水侧。立式轴流泵叶轮淹没于进水池最低水位以下，无须充水设备，只是水泵启动前需向填料函和上导轴承加注清水润滑。为吊运水泵层的设备，电机层楼板上每台机组旁须设吊物孔或做活动楼板。

（二）平面尺寸

立式机组泵房平面尺寸需满足水泵层和电机层两方面的布置要求。水泵层的平面尺寸主要根据水泵进水条件和水下建筑的结构形式来确定。电机层的平面尺寸可参考卧式机组泵房尺寸确定。当水泵层、电机层所需的尺寸不一致时，应取其中较大的尺寸。若相差较大，则分别计算确定，当电机层宽度大于水泵层宽度时，可将上层做成悬臂式结构，以减少水下结构的工程量；当电机层宽度小于水泵层宽度时，可将下层做成伸向河床，以利于泵房的整体稳定。

1. 长度确定

立式泵房的长度计算方法一般与卧式泵房完全相同，见式（7-1）。墩墙型泵房及进水建筑物内设有隔墩的泵房长度主要取决于机组的布置和进水室的尺寸，可按下式计算

$$L = \max[(m-1)l + l_0 + 2l_1, m(D_0 + 2a + \delta) + (m-1)\delta] \tag{7-6}$$

式中　l——机组纵向中心距，m；

D_0——进水管进口（喇叭口）直径，m；

δ——隔墩的厚度，m，一般采用0.8～1.0 m，通过结构计算确定（若设缝墩，隔墩数

与机组数相等）；

a——两台机组间隔墩的厚度，$a \geqslant 0.3 \sim 0.5$ m；

m——进水管喇叭口至站墩（中墩或边墩）之间的距离，m。

2. 宽度确定

泵房下部结构的宽度计算与卧式单排竖向布置的计算方法相同；主泵房上部结构的宽度主要取决于电机层的设备布置，电机层的宽度要兼顾定型的桥式吊车的规格；主泵房水泵层跨度的确定主要取决于水泵机组的布置，还应考虑集水、排水廊道的布置要求等因素；联轴器层内设备比较简单，主要是布置油、气、水管道及电缆等，因此联轴器层的尺寸不是由设备布置的要求确定，而是根据安装检修的要求及结构联结要求而定的，一般与电机层宽度相同。泵房的平面尺寸除满足机组和设备要求外，还应满足建筑模数制的要求。

（三）立面尺寸

泵房高度的确定主要取决于水泵的安装高程及水泵机组高度。首先计算水泵的安装高程，然后根据叶轮中心线至进水流道底部的高度计算出进水流道底部高程，根据泵轴及电动机轴的长度确定电动机层楼板高程。屋面大梁的下缘高程取决于泵轴的吊装高度或电动机的吊心高度（两者中取最大值），其高程应满足被吊起的最低部件通过电机定子上方，并留有一定的安全超高（见图 7-15）。

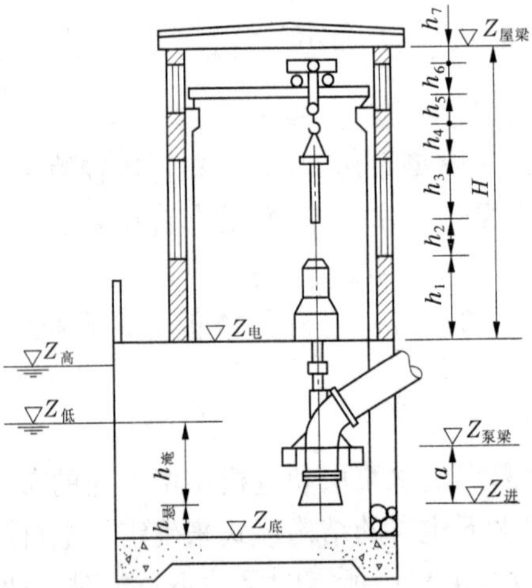

图 7-15　立式泵房立面尺寸

为了便于检修填料函，拆装联轴器，检修电动机下部结构及油、气、水管道和阀件，一般使联轴器层与填料函大致在相同的高程，同时在电动机大梁下方应留有工作人员通行的足够高度。有时，为了满足净空高度的要求，可以使联轴器层高程低于填料函的高程。

（四）各部高程

1. 水泵喇叭管口高程 $Z_进$

该高程根据进水池最低运行水位 $Z_低$ 和管口的临界淹没深度 $h_淹$，按下式计算

$$Z_进 = Z_低 - h_淹 \tag{7-7}$$

该高程还应满足水泵汽蚀性能的要求。

2. 泵房底板高程 $Z_{底}$

该高程根据管口高程 $Z_{进}$ 和管口的悬空高度 $h_{悬}$，按下式计算

$$Z_{底} = Z_{进} - h_{悬} \tag{7-8}$$

3. 水泵梁高程 $Z_{泵梁}$

该高程根据管口到水泵梁顶部的垂直距离 a（a 值由水泵样本查得），按下式计算

$$Z_{泵梁} = Z_{进} + a \tag{7-9}$$

4. 电机层楼面高程 $Z_{电}$

电机层楼面高程的确定与卧式机组检修间地面高程要求相同，但须注意以下两点：

(1)按以上确定的楼面高程，若低于水泵样本中水泵和电动机间最小转动轴长所要求的高程，则应按后者确定。

(2)水泵厂生产的泵轴，其长度每隔 100 mm 一档，确定楼面高程时应考虑这一因素。

5. 屋面大梁底面高程 $Z_{屋梁}$

屋面大梁底面至电机层楼面的垂直距离为泵房高度 H，则

$$Z_{屋梁} = Z_{电} + H \tag{7-10}$$

泵房高度 H 根据式(7-3)或式(7-4)计算。

第四节　泵房整体稳定分析

泵房内部布置及尺寸拟定之后，为保证泵房在不同工况时均能保证整体稳定，还需对泵房进行整体稳定分析。其内容包括抗滑、抗渗、抗浮、抗倾和地基稳定分析，若不能满足要求，必须对泵房内的设备布置进行修改，对尺寸重新进行拟定或改变泵房结构形式，对泵房地基处理等，使泵房满足稳定要求。

泵房结构形式及适用条件不同，稳定分析的内容也不同。一般分基型泵房由于地下水位低，只进行地基稳定分析；干室型泵房因地下水位高，除进行地基稳定分析外，还须进行抗浮、抗滑稳定分析；湿室型泵房五个分析内容全部进行。

泵房稳定分析可采用一个典型机组段或一个联段（几个机组共用一块底板，以底板两侧的永久变形缝为界）作为计算单元。

一、泵房的荷载组合

（一）荷载计算

作用在泵房上的荷载主要包括自重、静水压力、扬压力、土压力、泥沙压力、波浪压力、地震作用及其他荷载等。

(1)自重。包括泵房结构自重、填料重量和永久设备重量。

(2)静水压力。根据各种运行水位计算，多泥沙河流应考虑含沙量对水容重的影响。

(3)扬压力。包括浮托力、渗透压力，根据实际情况计算。

(4)土压力。根据地基条件、回填土性质、泵房结构、可能产生变形等因素，按主动或静止土压力计算。

(5)泥沙压力。按泥沙淤积情况及泵房位置计算。

(6)波浪压力。按经验公式计算。

(7)地震作用。按国家现行标准的规定计算。

(8)活荷载。包括人群荷载、设备活荷载等。

(二)荷载组合和计算

荷载组合可分为基本组合和特殊组合。在不同的计算情况下,荷载组合也不同。泵房稳定分析时一般区分为完建、运行、检修和校核等情况。

(1)完建情况。指泵房土建工程和设备安装已完成,但未拆除围堰,泵房前无水。

(2)运行情况。指泵站正常运行,泵房进出水侧均有水。

(3)检修情况。一般在低水位时进行检修。在墩墙式湿室型泵房检修水泵时,可逐孔检修,只抽空一孔进水池的水。前池和进水池清淤时,需将池内的水全部抽空。

(4)校核情况。指出现洪水、止水失效等非常情况。

不同计算情况下的荷载组合如表 7-2 所示。

表 7-2　不同计算情况下的荷载组合

荷载组合	计算情况	荷载							
		自重	静水压力	扬压力	土压力	泥沙压力	波浪压力	地震作用	其他荷载
基本组合	完建情况	√	—	—	√	—	—	—	√
	设计运行情况	√	√	√	√	√	√	—	√
特殊组合	施工情况	√	—	—	√	—	—	—	√
	检修情况	√	√	√	√	√	√	—	√
	核算运用情况	√	√	√	√	√	√	—	—
	地震情况	√	√	√	√	√	√	√	—

泵房稳定分析时应选择最不利的情况进行计算。若同时存在几种最不利的情况,则分别进行计算。

二、抗渗稳定分析

泵房进、出水侧水位差形成对泵房的渗透压力,因此泵房尺寸确定后,应有足够的地下轮廓线长度,避免地基土壤出现管涌或流土等渗透变形。地下轮廓线长度是从水流的入渗点开始,沿建筑物的不透水地下轮廓线到渗流的逸出点。中、小型泵站设计中,常用勃莱法或莱茵法计算最小渗径长度。

(一)勃莱法

勃莱法计算最小渗径长度的公式为

$$L = \sum L_{\mathrm{H}} + \sum L_{\mathrm{V}} \geqslant C_{\mathrm{B}} H \tag{7-11}$$

式中　C_{B}——勃莱系数;

L_{H}、L_{V}——水平、铅直防渗长度,m;

H——作用水头,m。

(二)莱茵法

莱茵法计算最小渗径长度的公式为

$$L = \frac{1}{3}\sum L_{H} + \sum L_{V} \geqslant C_{L}H \tag{7-12}$$

式中 C_L——莱茵系数。

三、抗滑稳定分析

由于泵房受有水平荷载、垂直荷载的作用,为保证泵房基础不沿基础面水平滑动和深层滑动,必须进行抗滑稳定分析。

泵房沿基础底面的抗滑稳定安全系数按下列公式之一计算

$$K_{c} = \frac{f\sum G}{\sum H} \geqslant [K_{滑}] \tag{7-13}$$

$$K_{c} = \frac{f'\sum G + G_{0}A}{\sum H} \geqslant [K_{滑}] \tag{7-14}$$

式中 K_c——抗滑稳定安全系数;

$\sum G$——作用在泵房基础底面上的全部竖向荷载(包括扬压力),kN;

$\sum H$——作用在泵房基础底面上的全部水平荷载,kN;

A——泵房基础底面面积,m^2;

f——泵房基础底面与地基之间的摩擦系数,可按试验资料确定,无试验资料时可查规范选用;

f'——泵房基础底面与地基之间摩擦角的正切值,即 $f' = \tan\varphi_0$;

G_0——泵房基础底面与地基之间的黏结力,kPa;

$[K_{滑}]$——抗滑稳定安全系数允许值。

上述计算所得的抗滑安全系数不能满足要求时可采取以下一种或几种抗滑措施:

(1)改变泵房结构的布置和尺寸。

(2)降低出水侧的填土高度,或在出水侧采取排水措施,降低墙后地下水位。

(3)适当增加底板齿坎的深度。

(4)增设阻滑板,则抗滑稳定安全系数 K_c 可按下式计算

$$K_{c} = \frac{f'\sum G + G_{0}A}{\sum H} + \frac{f\sum G'}{\sum H} \tag{7-15}$$

式中 $\sum G'$——阻滑板上全部竖直力的代数和,kN。

四、抗浮稳定分析

干室型泵房不允许进水,进水侧水位高或地下水位高时,受很大的浮力,必须进行抗浮校核。泵房抗浮稳定程度以安全系数 K_f 表示,其计算公式为

$$K_{f} = \frac{\sum V}{\sum U} \geqslant [K_{f}] \tag{7-16}$$

式中 K_f——抗浮稳定安全系数；

$\sum V$——作用于泵房基础底面上的全部重力，kN；

$\sum U$——作用于泵房基础底面上的扬压力，kN；

$[K_f]$——泵房抗浮稳定安全系数的允许值，不分泵站级别和地基类别，基本荷载组合下为1.10，特殊荷载组合下为1.05。

如果计算的 K_f 不满足抗浮稳定要求，可增加泵房的自重或将底板适当伸出并回填土，以利用其上的土重而加大泵房的抗浮能力。

五、地基稳定分析及处理措施

（一）地基稳定分析

为了保证地基的整体稳定，在各种荷载组合情况下，泵房基础底部对地基的压力（简称基底压力或地基反力）应符合要求，地基应力不均匀系数（即最大基底压力与最小基底压力的比值）不应大于规定的容许值。泵房的基底压力可按偏心受压公式计算。干室型地基应力的校核工况，是指泵房土建施工完毕，机组已经安装，进水建筑物水位为设计最低水位时的工况。在机组台数较少的情况下，以整个泵房为计算单元；当机组台数较多时，可沿泵房长度方向将泵房底板分块，取一台机组与相邻两台机组的中线之间的范围作为计算单元。

1. 最大地基应力

最大地基应力按下式计算

$$R_{max} = \frac{\sum Y}{BL}\left(1 + \frac{6e}{B}\right) \leqslant [R] \qquad (7\text{-}17)$$

式中 $\sum Y$——作用在泵房上的所有竖向荷载，kN；

B——泵房底板在偏心方向的宽度，m；

L——泵房底板长度，m；

e——泵房上的所有荷载向底板中心简化的偏心距，m；

$[R]$——地基承载力，kPa。

2. 最小地基应力

最小地基应力以不出现拉应力计算

$$R_{min} = \frac{\sum Y}{BL}\left(1 - \frac{6e}{B}\right) > 0 \qquad (7\text{-}18)$$

3. 地基应力不均匀系数

在进行地基稳定计算时，除校核地基承载能力外，还要校核地基应力不均匀的分布程度，地基过大的不均匀沉陷可能导致泵房倾斜，影响机组正常运行，或拉裂沉陷缝的止水，影响防渗，应避免发生过大的不均匀沉陷，所以必须将泵房基底压力的不均匀系数 η 限制在一定的范围内，即

$$\eta = \frac{R_{max}}{R_{min}} \leqslant [\eta] \qquad (7\text{-}19)$$

式中 $[\eta]$——地基应力不均匀系数允许值。

$$[\eta]=\begin{cases}1.5\sim2.0 & \text{黏土地基}\\2.0\sim2.5 & \text{中密实砂土地基}\\2.5\sim3.0 & \text{坚硬砂土地基}\\\infty & \text{新鲜岩石地基}\end{cases}$$

若计算所得的 η 值不能满足要求,可调整泵房内部布置,或改变泵房结构和尺寸,或采取工程措施,减小站后土压力和水压力,使基底压力的分布尽量均匀。

必须指出的是,R_{max} 及 R_{min} 相差过多是不利的,特别是在软土地基上会造成基础的倾斜。对于基础底面和基土脱离也是不允许的,即在一般情况下必须予以保证(即基础底面均为压力)。

如果地基资料齐全,对于重要的大型排水站来说,还需要进行地基的变形计算,计算地基的最大沉降量,校核其变形是否满足设计要求,以确定沉降量,保证地基的变形完成后,建筑物的标高接近于设计标高。

泵房的整体稳定分析计算是一项烦琐而又十分重要的工作,泵房满足稳定要求后,才能进行各部位的结构计算,稳定计算过程中往往要调整数次才能满足要求。为了使得泵房在各种荷载组合作用下均能达到自身的稳定,首先要做到泵房的本身荷载尽量对称,防止偏心过大,否则难以调整或土建投资过高。

(二)常用的地基处理措施

如果在设计中出现不能满足稳定要求,可以针对具体情况采取下述措施:

(1)将底板向进水侧或出水侧方向延长,利用改变基础宽度的办法减小偏心程度。

(2)用减轻(挖空)或增加(填砂或放水)某一侧及某一部位重量的方法,使地基应力分布尽量均匀。

(3)改变底板的底部形状,如做成齿墙状或反拱、反连拱状,或者根据需要将部分底板做成向进水侧或出水侧方向倾斜,以达到降低进口或出口处挡土墙高度的目的,对泵房的稳定有利。

(4)进行必要的地基处理,如换砂基或打板桩及加做阻滑板等。

采取上述措施后,都会不同程度地改变垂直力或水平力的数值,因此应重新校核地基反力。

六、抗倾稳定分析

把作用于泵房上的所有荷载向底板底截面简化的主矢须位于底板底截面核心之内。

对于矩形底板

$$e_B \leqslant \frac{B}{6}, e_L \leqslant \frac{L}{6} \tag{7-20}$$

对于圆形底板

$$e \leqslant \frac{D}{6} \tag{7-21}$$

第五节　泵房的结构设计

泵房是由基础、墙体、楼板层、屋盖、门窗几大部分所组成的建筑物，不同结构形式形成不同类型的泵房。下面介绍分基型、干室型、湿室型三种常见泵房的主要构件的结构设计。

一、分基型泵房

（一）基础

机组基础一是用来固定水泵和电动机的相对位置，二是用以承受机组重量及其运转时的振动力。基础应有足够的强度和刚度（见图7-16）。

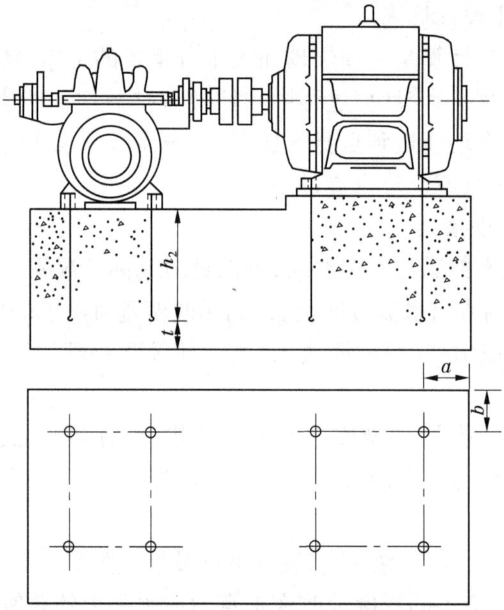

图7-16　不带底座的机组基础

基础的平面尺寸根据水泵样本中的安装尺寸来确定。机组地脚螺栓的螺孔中心离机墩边缘的距离（见图7-16）a 应不小于0.3 m，b 应不小于0.25 m。机墩高度根据地脚螺栓埋深和螺栓弯钩下缘至墩底的距离确定。螺栓最小埋深可参照表7-3确定。螺栓弯钩下缘离基础底面的最小距离为10～20 cm。

表7-3　螺栓最小埋深

螺栓直径（mm）	末端有弯钩的螺栓埋深 h_2（cm）	螺栓直径（mm）	末端有弯钩的螺栓埋深 h_2（cm）
<20	40	32～36	60
24～30	50	40～50	70～80

(二)地基应力校核

1. 承载力校核

机组基础除受到静力作用外,还受到动力作用,振动过大不仅影响机组正常运转和工作人员的健康,而且会引起地基附加沉陷,引起泵房损坏,因此基础设计时应使基础应力满足地基允许承载力的要求。因实际上很难估计地基受动力影响的效果,常按静荷载下的地基允许承载力[R]乘以振动折减系数 ψ 计算。地基应力应满足下列条件

$$P \leqslant \psi[R] \tag{7-22}$$

式中　ψ——由于动力影响对地基承载力降低的折减系数,电动机机组取 0.8;

[R]——修正后静载作用下的地基允许承载力,kPa,详见有关地基基础设计规范。

2. 振动频率校核

基础的自振频率不能与基础的强迫振动频率(机组的旋转频率)相同或相近,以防止出现共振现象。若机组和基础的重心及作用力都通过基础底面形心并在同一条直线上,这时仅产生垂直振动。基础铅直振动的自振频率(Hz)均按下式计算

$$\omega_0 = \sqrt{\frac{C_Z F}{M}} \tag{7-23}$$

式中　F——基础底面面积,m^2;

M——机组和基础的质量,t;

C_Z——地基抗压刚度系数,t/m^3。

C_Z 的物理意义是单位底面面积的地基土壤产生单位弹性均匀压缩变形所需要的荷载。根据实测资料分析,C_Z 与土壤性质和基础底面面积有关。当基础底面面积大于 20 m^2 时,C_Z 值变化不大,可视为常数;当基础底面面积在 20 m^2 以下时,C_Z 值与基础底面面积的立方根成反比。在动力基础的振动计算中,最好现场实测 C_Z 值。

基础强迫振动频率 ω 与机组的转速 n 有下述关系

$$\omega = \frac{\pi n}{30} \tag{7-24}$$

式中　ω——基础强迫振动频率,Hz;

n——机组转速,r/min。

如果 $\omega_0 = \omega$,在理论上振幅值将为无限大(即引起共振),所以在设计时应尽量避开共振区,即使 $\left|\frac{\omega_0 - \omega}{\omega}\right| \geqslant 0.25$。

3. 振幅校核

机组运转时产生的振幅应符合规范的要求。高频率转动机组的振幅虽然考虑土的阻尼作用,但仍然会产生相当大的数值,必须进行校核。这是由于机组本身尽管有很好的静平衡,但机组转动时总会产生离心力,其大小取决于设计、制造、安装和维修等因素,通常可按下式简化计算

$$a = \frac{Q_1 \omega_0}{2\lambda C_Z F} = \frac{e m \omega^2 \omega_0}{2\lambda C_Z F} \tag{7-25}$$

式中　λ——阻尼系数,$\frac{2\lambda}{\omega_0} = 0.2 \sim 0.5$,对于混凝土可取 0.45;

Q_1——离心力，kN；

e——机组转动质量中心与转动中心的偏心距，m，不同转速的偏心距见表 7-4；

m——机组转动部分的质量，t；

其他符号意义同前。

按有关规范要求，计算的 a 值不应大于 0.15 mm。

表 7-4 偏心距

转速(r/min)	偏心距(mm)
3 000	0.05
1 500	0.2
≤750	0.3～0.8

4. 偏心距校核

为了防止机墩产生有害的不均匀沉陷，应验算机组和机墩共同重心对机墩底面形心的偏心距 e_0。当 e_0 值不能满足下列要求时，应重新拟定机墩的尺寸。

$$\left.\begin{aligned}&\text{当}[R] \leqslant 147\ \text{kPa 时} \quad && e_0 \leqslant 3\%L \\ &\text{当}[R] > 147\ \text{kPa 时} \quad && e_0 \leqslant 5\%L\end{aligned}\right\} \tag{7-26}$$

式中 $[R]$——地基土容许承载力，kPa；

L——重心偏差方向的机墩长度，m。

二、干室型泵房

干室型泵房水上部分同分基型泵房，水下部分一般由墙、底板、楼梯组成。下面分别讨论其墙体和底板的结构设计。

（一）干室侧墙

干室侧墙（指水下墙部分）承受回填土（包括地面活荷载）的主动土压力、水压力（临水面的水压力及地下水产生的渗水压力）及上部砖墙（包括屋面系统和吊车系统及风载）传递下来的垂直力、弯矩及剪力。

干室型机房的干室侧墙的计算取决于侧墙的结构形式和尺寸。当干室侧墙不高（如在 5 m 以下）时，侧墙无支承，可取侧墙的单宽截面，按上端自由、下端嵌固的偏心受压构件进行计算。当侧墙较高时，可做成扶壁式的挡土墙形式，如果两扶垛之间的侧墙的高宽比大于 2，按连续梁计算；如果高宽比小于 2，按双向板计算。

挡土墙上的荷载一般考虑下列两种组合情况：

（1）上部砖墙未建，干室墙已建成，墙后已回填土，地下水位达到设计最高水位，干室墙承受的荷载在图 7-17 中 N_1 为干室墙自重，E_1 和 E_2 分别为墙后土压力和水压力。

（2）上部机房已建成，干室墙外尚未填土，地下水位低于或等于干室墙脚。干室墙上的荷载为干室墙自重 N_1 及上部结构传给干室墙的荷重 N_2（偏心距为 e），如图 7-18 所示。

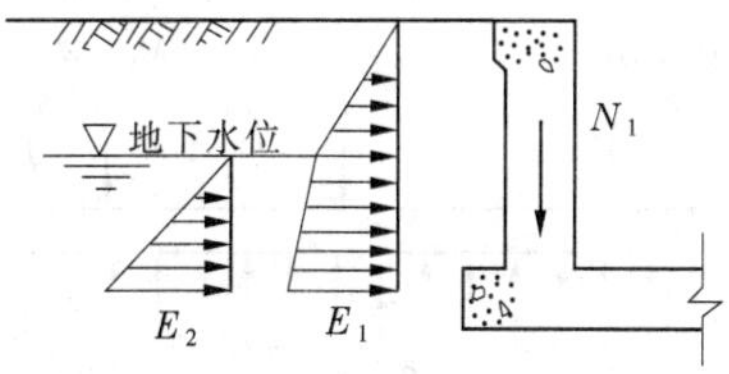

图 7-17　干室侧墙的荷载组合(一)

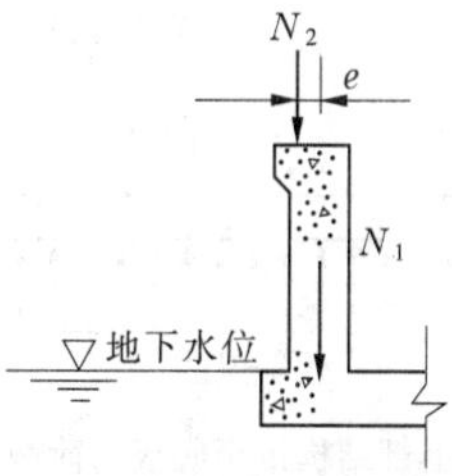

图 7-18　干室侧墙的荷载组合(二)

(二)底板

干室型泵房底板的长宽比一般大于 2,长边支承对底板内力的影响很小,故沿进出水方向截取底板的单宽板条,按单跨梁计算,如图 7-19 所示。底板内力计算可采用倒置梁法、截面法或弹性基础梁法,由于干室墙和底板经常受到水压力的作用,一般不允许出现裂缝,故需进行抗裂验算。

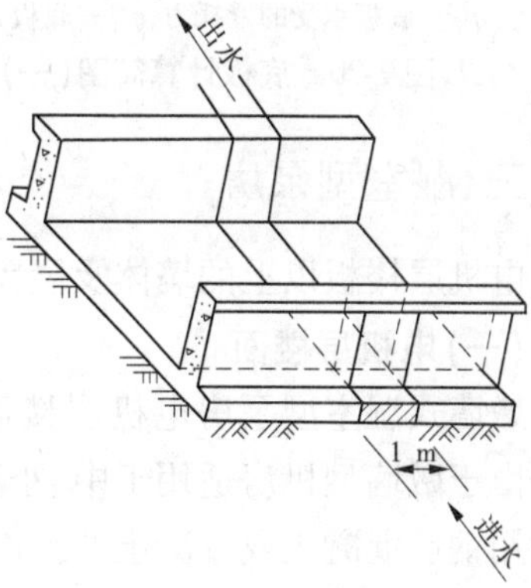

图 7-19　干室底板截条

1. 底板荷载分析

底板所受的荷载除地基反力外,还有如下几种:

(1)上部砖墙及水下墙的自重等通过壁柱传给底板,假定其作用线与水下墙中心线重合,不考虑铅直荷载的偏心及横向力引起的弯矩作用。

(2)土压力、水压力及地面活荷载对水下墙底部产生的弯矩传至底板。

(3)泵房周围地下水对底板产生的浮力。

(4)泵房内设备重量。

(5)底板自重。

2. 底板荷载组合

计算工况的选择、荷载分析与计算方法、计算截条的取法有关。干室型的底板可按弹性地基梁法进行静力计算。该法是将梁和地基都视为弹性体,梁受外荷载作用发生弯曲变形,地基受压产生相应沉陷,梁和地基紧密接触,它们的变形是一致的,所以按平面变形问题计算地基反力和梁的内力。这样,地基反力不作均匀分布的假设,而是根据实际荷载予以计算,是待求的数值,水下墙不作为底板支座处理,而是作为外荷作用于底板上。由此可见,该法克服了倒置梁法的缺点,计算结果较前法精确。取进、出水方向单宽的横向截条进行计算,截条应该选择包括吊车柱和包括主机组两种情况。

计算工况及荷载组合一般可采取以下两种:

(1)竣工期限。土建施工完毕,周围未回填土,正在进行机电安装,泵房周围达到设计最高水位。以此计算底板负弯矩,配置底板上层钢筋(见图 7-20)。

(2)运行时期。泵房外达到设计最高水位。可以此计算底板正弯矩,配置底板下层钢筋(见图 7-21)。最后需要指出的是,水下墙及底板经常受到水压力作用,要求具有抗裂性,应进行抗裂(按不允许出现裂缝或限制裂缝开展宽度)计算。

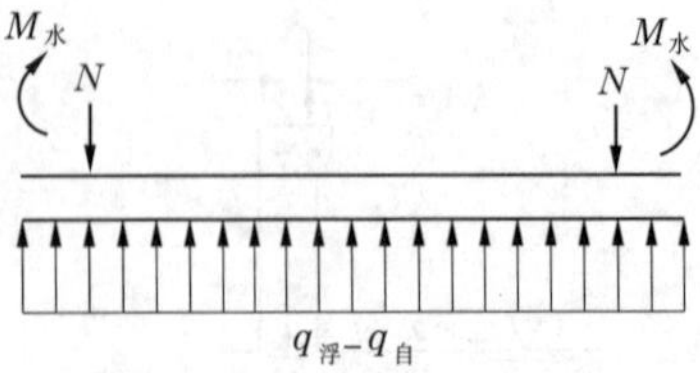

N—上部结构传至底板的荷载；
$M_水$—水压力对水下墙产生传至底板的弯矩；
$q_浮$—底板承受的浮托力；$q_自$—底板自重

图 7-20　底板计算简图(一)

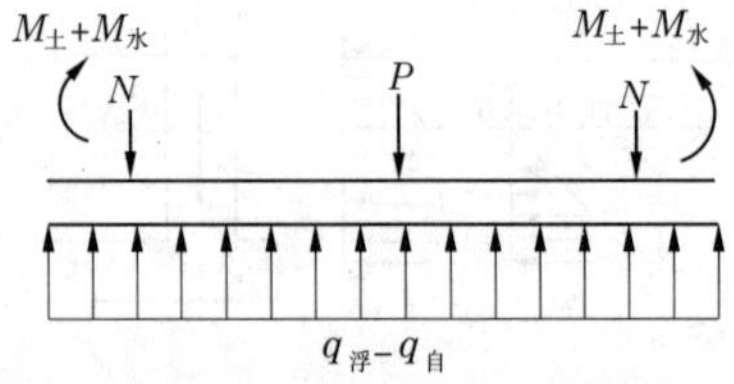

$M_土$—土压力及活荷载对水下墙产生传至底板的弯矩；
P—主机组及其基础重

图 7-21　底板计算简图(二)

三、湿室型泵房

电机层楼板以上的墙体及屋盖同分基型泵房，其楼板常采用钢筋混凝土梁板结构。

(一)电机层楼面

墩墙式湿室型泵房电机层楼面结构由楼面板、过墙梁(即砖墙支承梁)和电机梁组成。由于墩墙型机房适用于中、小型轴流泵站，电机层楼面的荷载不大，楼面构件太多，故多采用钢筋混凝土或混凝土的预制梁、板。

1. 楼面板

楼面板一般采用槽形板，过墙梁大多采用矩形或 T 形截面的直梁，它们简支于隔墩和边墩上，按承受均布荷载的简支梁设计。为了节约钢材，楼面板和过梁也可采用混凝土预制拱形梁，拱形梁一般可按双铰等截面圆弧拱设计。作用于楼面板上的荷载有静荷载(楼面板自重)和活荷载(包括人群荷载及设备安装检修荷载)，见图 7-22。

2. 电机梁

电机梁一般由两根梁组成，用以支承电动机和机座。对于单机容量较大的机组，还在两主梁之间设置两根与其正交的次梁，构成“井”字形梁。主梁和次梁的截面均为矩形，两根梁之间的距离根据电机底座尺寸来确定，同时考虑水泵从电机梁之间吊进、吊出的尺寸要求。作用于电机梁上的荷载有静荷载和动荷载。

1)静荷载

(1)电机梁自重 q_1(kN/m)。

(2)传至一根电机梁上的楼板荷重 q_2(kN/m)及楼板上的活荷载 q_3(kN/m)，根据电机梁和楼板的布置情况而定。

(3)电动机定子及电机底座的重量 P_1(kN)，定子重量若无资料，可按电动机重量的 60% 估算。

2)动荷载

(1)电动机转子重量 P_2(kN)，若无资料，可按电动机重量的 40% 估算。

(2)弯管对水流的作用与水流对泵壳的作用力大小相等、方向相反。水流对弯管冲击力的水平分力为 F_x，其数值与 R_x 相等，但方向相反。至于水流对弯管冲击力的垂直分力 F_y，因其方向是向上的，故在设计水泵梁时不考虑此力。图 7-23 中，x 轴的动量方程为

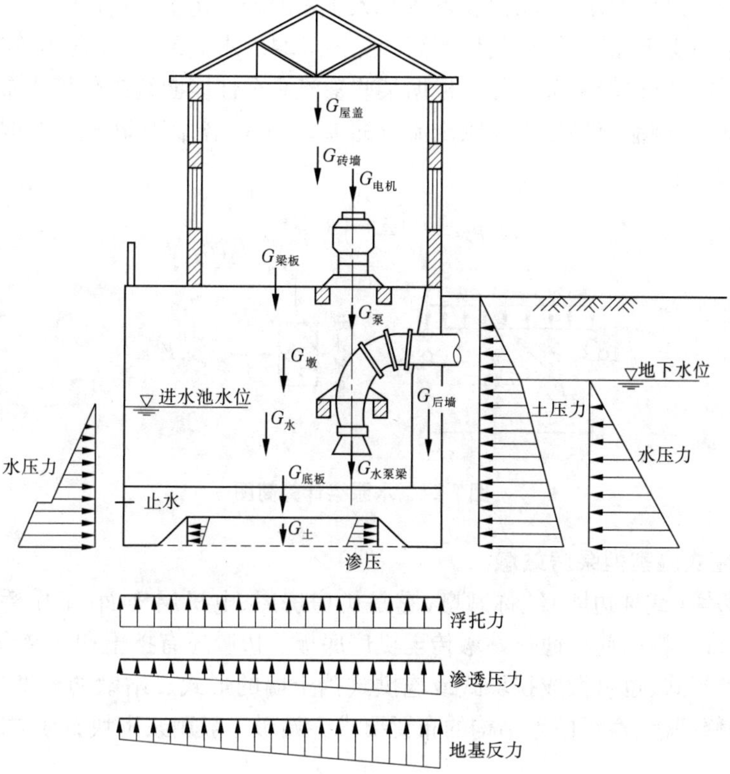

图 7-22　墩墙型泵房荷载组合

$$P_1\cos\alpha - R_x = \frac{\gamma Q}{g}(0 - v_2\cos\alpha)$$

故
$$R_x = P_1\cos\alpha + \frac{\gamma Q}{g}v_2\cos\alpha \tag{7-27}$$

式中　Q——水泵倒逆流量，m^3/s；

α——弯管出口中心线与水平线的夹角(°)；

v_2——断面的流速，m/s；

P_1——1—1 断面的水压力，kN，$P_1 = \bar{P}_1\pi D^2/4$，$\bar{P}_1$ 为 1—1 断面的平均压力，kN，$\bar{P}_1 = \gamma\left(h_1 - \frac{v_1^2}{2g} - h_w\right)$，$h_1$ 为出水建筑物最高水位与 1—1 断面中心高程差，m，h_w 为压力水管出口至 1—1 断面间的水头损失，m。

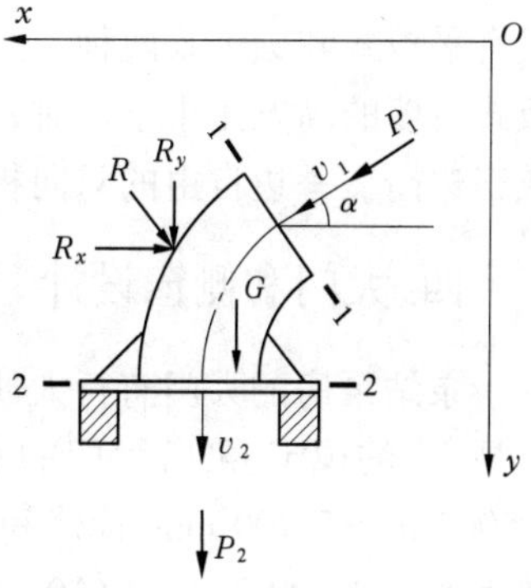

图 7-23　水管弯上的作用力

3. 水泵梁

水流倒冲时，作用于水泵梁上的水平力为 F_x，它使水泵梁在水平方向的平面产生侧向弯曲，故需在梁的进水方向一侧配置受力钢筋。由于水泵座与两根水泵梁固定构成一个整体，每根水泵梁承受的水平力 P_x 可近似地采用集中荷载的一半，即 $P_x = \mu F_x/2$。因为突然停机时冲击力较大,所以动荷载系数μ大于一般的规定值,取$\mu=2.0$。

当水泵梁简支于隔墩上时,其计算简图见图7-24。水流倒冲时,压力管道内为非恒定流,倒泄流量的计算比较复杂。如果根据某些轴流泵全性能曲线来估算水泵倒逆流量,在额定扬程情况下,倒泄流量为水泵额定流量的1.2~1.6倍,高比转速水泵取较大值,低比转速水泵取较小值。

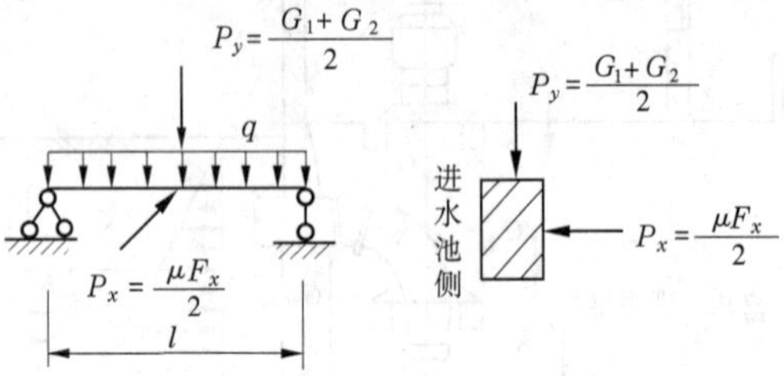

图7-24 水泵梁计算简图

(二)墩墙式湿室型泵房站墩

中墩和边墩(或称边墙)统称站墩,它是机房房屋、电机层楼面、工作桥、水泵梁等结构的支承,上部结构的荷重通过站墩传至机房底板。边墩还有挡土和防渗作用,多做成重力式挡土墙的形式,也可做成扶垛式或连拱式挡土墙的形式。站墩的长度应能满足机房及工作桥、检修门槽、拦污栅等结构的布置要求。站墩一般用浆砌块石或混凝土或钢筋混凝土筑成。

(三)墩墙式湿室型泵房后墙

泵房前、后墙根据高宽比可按双向板和单向板计算。前墙承受水压力,必要时考虑浪压力及波浪壅高,其底部及两侧分别和底板及墩固结,上部可认为与电机层楼板铰支。后墙视泵房的形式不同可以是挡水墙(堤身式)或挡土墙(堤后式),作用荷载按具体情况进行考虑,其底部及两侧分别和底板及墩固结,上部与出水流道固结,属于四边固结的板。水泵室出水侧的挡土墙称为后墙,一般用浆砌块石或混凝土或钢筋混凝土筑成,其结构形式有平板式和圆拱式两种。当平板式后墙的高宽比大于2时,可按连续梁计算内力;当平板式后墙的高宽比小于2时,可根据后墙与站墩、底板的联结情况,按三边固结一边自由,或三边简支一边自由的双向板计算内力。

四、大门和侧窗设计

泵站泵房的大门有行人便门、检修间大门、配电间大门等。根据《泵房建筑统一化基本规则》的规定,泵房大门的宽度和高度均以300 mm为模数。行人便门的规格尺寸为1 500 mm×2 700 mm,检修间若通行载重汽车,大门的最小尺寸为2 400 mm×3 000 mm,较大的为3 300 mm×3 600 mm;若通行重型载重汽车,大门最小尺寸为3 600 mm×3 600 mm。泵房的侧窗可采用标准设计图,其宽度和高度的尺寸均以300 mm为模数。

五、屋盖

屋盖由屋面和支承结构两部分组成,前者起围护作用,后者支承屋面,并将荷载传递至立柱或墙身上。泵站泵房常用的屋面有斜屋面和平屋面两种。

（一）斜屋面

小型泵站常用双坡人字屋架和平瓦屋面所组成的斜屋面。其结构自上而下为平瓦、挂瓦条、顺水条、防水层（一般为沥青油毡）、屋面板、桁条和屋架，屋面坡度一般采用20°~30°。屋架为一桁架结构，其下弦即为屋顶横梁，简支或铰接于立柱顶端。

（二）平屋面

平屋面的屋面板一般采用预制的钢筋混凝土槽形板、肋形板、预应力圆孔板等。板长按屋面主梁的间距而定，板宽根据运输条件而定，一般为0.5~1.0 m，板的高度一般不小于跨度的$\frac{1}{40}$~$\frac{1}{35}$，见《静力设计手册》。平屋顶的坡度平缓，泄水缓慢，因此对防水问题应特别注意。

小　结

(1)泵房作用。泵房是安装主机组及其辅助设备的建筑物，是整个泵站的主体工程，其主要作用是为机电设备及工作人员提供良好的工作条件。

(2)泵房的结构形式。受主机组的类型、水源或进水池水位变幅、站址的地形和地质条件等因素的影响，泵房形式主要有分基型、干室型、湿室型、块基型4种。

分基型适用于：①中、小型卧式离心泵或混流泵机组；②水源或进水池水位变幅小于水泵的有效吸上高度；③建站处地基的地质条件较好，地下水位低于泵房基础。

干室型适用于：①卧式或立式离心泵、混流泵机组；②进水池水位（或水源水位）变幅大于有效吸程；③泵房地基承载力较低或地下水位较高。

湿室型适用于：①中、小型立式或卧式轴流泵；②进水池（或水源）水位变幅较大；③地下水位较高。

(3)主机组布置。机组有直线布置、平行布置、双列布置和斜向布置4种布置形式。

(4)辅助设备布置。配电设备、检修间的布置——集中和分散布置，常见的是一个集中、另一个分散，或两个集中；充水设备——真空泵，常布置于进水侧角落；排水设备——排水沟，布置于出水侧；通风采光设备——前后上下两排、两层窗，可外加排气扇；起重设备——根据最重部件的重量选择，可单轨亦可双轨吊车；交通设备——水平交通（主副交通道）和垂直交通。

(5)尺寸确定。考虑机组的尺寸和辅助设备的布置要求空间，以及保证机组正常运行和检修等所要求的空间，兼顾房屋建筑模数综合考虑确定。

(6)泵房整体稳定分析。泵房结构形式不同、适用条件不同，稳定分析的内容也不同。一般分基型泵房由于地下水位低，只进行地基稳定分析；干室型泵房因地下水位高，除进行地基稳定分析外，还须进行抗浮、抗滑稳定分析；湿室型泵房5个分析内容全部进行。

思考题

1. 泵站类型分为哪几类? 各自适用条件是什么? 各有什么结构特点?

2. 主机组布置形式有哪几种? 各适用于什么条件? 各有什么优、缺点?

3. 泵站的主要辅助设备有哪些? 试述每种辅助设备的布置要求。

4. 泵房内通常安放哪些设备? 在布置这些设备时,如何考虑既布置紧凑又满足运行拆装要求?

5. 泵房的尺寸如何确定?

6. 湿室型泵房和干室型泵房的结构有什么区别? 尺寸确定时有何不同?

7. 卧式机组、立式机组泵房的平面尺寸主要取决于什么条件? 如何确定?

8. 立式轴流泵块基型泵房的水泵层底板高程、电机层底板高程及吊车梁上轨顶高程分别根据什么控制?

9. 什么叫机组一列式布置和机组双列交错式布置? 它们各有什么优、缺点? 适用条件是什么?

第八章　进、出水建筑物设计

学习重点

泵站进、出水建筑物组成;前池、进水池的形状和尺寸对水流流态及水泵性能的影响,在设计时应考虑哪些问题;泵站引水明渠、前池、进水池、出水池设计。

学习要求

泵站进、出水建筑物是保证机组能否充分发挥其应有的效应,提高泵站效率,达到安全、节能、降低工程造价、降低抽水成本的主要建筑物。进、出水建筑物选型和设计的正确与否直接影响到机组的安全运行、机组性能的发挥程度和工程投资、年运行费的高低。因此,学习者要掌握进、出水建筑物设计的一般方法。

第一节　引水建筑物

泵站进、出水建筑物一般包括引渠、前池、进水池和出水池,对于大型泵站往往包括进水流道和出水流道,泵站进、出水建筑物直接影响水泵性能、运行效率、工程造价等,是泵站设计中关键内容之一。

泵站工程的引水建筑物主要是指引水渠,是泵站工程的重要组成部分,必须科学合理地作出布置和尺寸拟定。

一、引水渠的作用

引水渠是连通水源(或排水区)与泵房的明渠,简称引渠。其主要作用有以下几方面:

(1)可以使泵房尽可能接近灌区(或承泄区),以缩短输水管道的长度,从而节省工程投资和能量损耗。

(2)为水泵正向进水提供条件。

(3)可以避免泵房与水源直接接触,从而简化泵房结构和方便施工。

(4)对于从多泥沙的水源中抽水的泵站,还可以提供设置沉沙池的场地并为前池利用自流冲沙提供必要的高程。应当指出的是,在水源水位变幅较大、地面坡度又比较平坦、设置引渠不经济时,也可以采用引水管道。

二、对引水渠的要求

(1)有足够的过水断面,以满足引水流量的要求。

(2)应尽量避开地质构造复杂、渗透性大和有崩塌可能的地段,渠身宜坐落在挖方地基上,并应少占耕地。

(3)要有拦污、沉沙、冲沙(对于多泥沙河流)、拦冰(对于寒冷地区)等设施,防止污物、有害泥沙、冰块进入前池。

(4)应为前池、进水池提供良好的水流条件,动能损失要小。渠中流速要小于不冲流速而大于不淤流速,以防止冲刷和淤积。

(5)尽量顺直(必须转弯的土渠弯道半径应大于5倍渠道水面宽,石渠及衬砌渠弯道半径宜大于3倍渠道水面宽,弯道终点与前池进口之间宜有大于8倍渠道水面宽的直段长度),尽量减少引渠上的建筑物,以减小水力损失。

三、引水渠的设计

(一)引水渠类型

1. 自动调节引水渠

通常引水渠较短,底坡平缓。为保证引渠有足够的输水能力,用泵站的最大流量作为引渠的设计流量,按明渠均匀流设计。渠中水面线与渠底平行。当提水流量小于引渠设计流量时,水面线为壅高曲线。当停机时,渠中流量等于零,其水面线为水平线,与水源水位齐平。为保证渠道沿线不发生漫溢现象,采用渠首顶部与渠尾顶部高程相同,并高出水源设计最高水位。这种形式的渠道具有一定的调节容积,为适应泵站的流量变化创造了条件,故称这种渠道为自动调节渠道。其缺点是挖方量大,泵房应有防洪设施。

2. 非自动调节引水渠

当引渠较长,且泵站附近的渠道处于半挖半填的地段时,如果采用自动调节渠道,则挖方量较大,经济上不合理。可采用堤顶线平行渠底坡线。当渠中通过设计流量时,水面平行渠底。当提水量小于设计流量或等于零时,为防止水流漫溢渠顶,常在引水渠末端设置溢水建筑物或在渠首设闸控制。

(二)引水渠断面设计

引水渠断面设计包括渠道的纵、横断面设计。纵、横断面的设计是相互联系并互为条件的,在实际工作中不能截然分开,往往需要将两者设计交替进行,反复计算和比较,最后确定合理的设计方案。

渠道设计应满足纵向稳定和平面稳定的要求。纵向稳定是指渠道在设计条件下不发生冲刷,也不发生淤积,或者在一定时期中冲淤平衡。平面稳定是在设计条件下渠道不发生左右摆动,渠床和两岸不会局部冲刷或淤积。引渠采用泵站最大流量为设计流量,按明渠均匀流进行断面设计,用不冲流速和不淤流速进行校核。经技术经济比较后确定出最佳方案,其原则和方法见《农田水利学》。

第二节 前 池

前池中水的流态对水泵的正常运转有直接的影响,在设计时必须予以充分重视,使之既能满足水流条件好,又能达到工程造价低、管理方便的要求。

一、前池的作用

前池是衔接引渠和进水池的水工建筑物。它的作用是:平顺扩散水流,将引渠的水均匀地送至进水池,为水泵的运行提供良好的吸水条件;前池的容积能起到一定的调节作用,从而在水泵的流量突然发生改变时,减少引渠和前池的水位波动。

二、前池的类型

根据水流方向可将前池分为两大类,即正向进水前池和侧向进水前池。

(一)正向进水前池

前池的来水方向和进水池的进水方向一致,引渠、前池和进水池的中心线在一条直线上,称为正向进水前池,如图 8-1 所示。

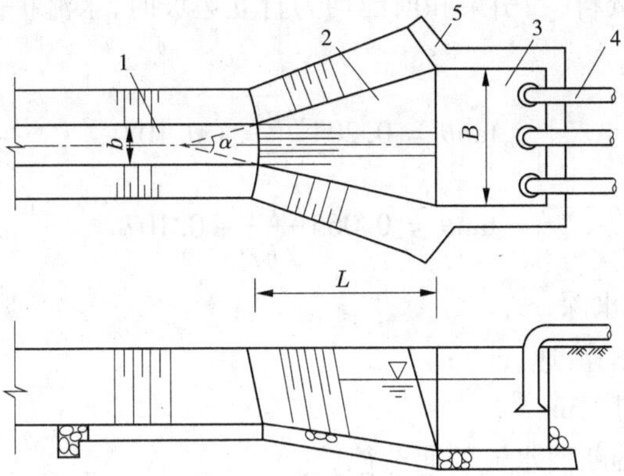

1—引水渠;2—前池;3—进水池;4—吸水管;5—翼墙

图 8-1　正向进水前池

正向进水前池的特点是形式简单,施工方便,过水断面逐渐扩散,流速分布较为均匀,池内的水流平顺,因此在实际中采用较多。但若机组台数较多,致使前池尺寸加大,工程投资增加或总体布置困难,则采用侧向进水前池。

(二)侧向进水前池

前池的来水方向和进水池的进水方向正交或斜交,引渠、前池和进水池的中心线为折线,称为侧向进水前池,如图 8-2 所示。

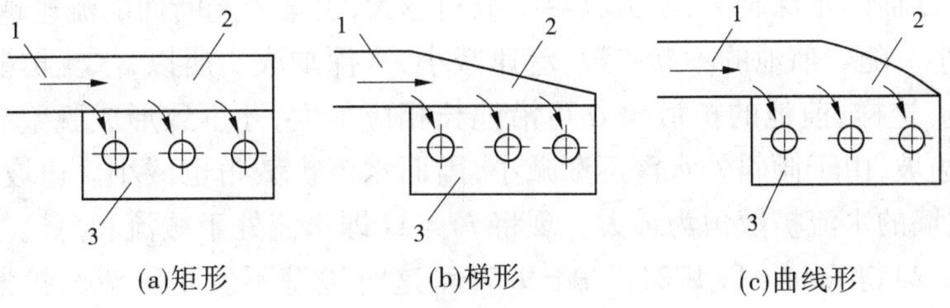

1—引水渠;2—前池;3—进水池

图 8-2　侧向进水前池

由于流向的改变,侧向进水前池的流态比较紊乱,流速分布不均,容易产生回流和旋涡,出现死水区和回流区,影响水泵吸水。

三、正向进水前池尺寸的确定

(一) 前池扩散角

前池扩散角 α 是影响池中流态及前池尺寸的主要因素。水流在边界条件一定的情况下,有它的天然扩散角,亦即不发生脱壁回流的临界扩散角。如果前池扩散角 α 等于或小于水流的扩散角,则前池内不会产生脱壁回流。但 α 过小,将使前池的长度加大,从而增加工程量。因此,前池扩散角等于水流扩散角时,最为经济合理。

水流扩散角 θ 随引渠和前池的断面形状及水力因素的不同而变化。水流扩散示意如图 8-3所示,根据试验资料,当引渠和前池均为直立边坡时,水流扩散角 θ 可由下列经验公式计算

$$\tan\theta = 0.204\frac{\sqrt{gh}}{v} + 0.107 \tag{8-1}$$

或

$$\tan\theta = 0.065\frac{1}{\sqrt{Fr}} + 0.107 \tag{8-2}$$

式中 h——引渠末端水深,m;

v——引渠末端的流速,m/s;

g——重力加速度,m/s^2;

Fr——引渠末端断面水流的弗劳德数。

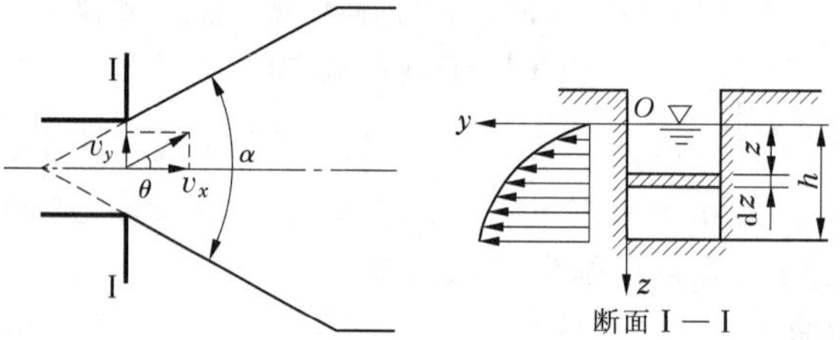

图 8-3　水流扩散示意

引渠内水流一般为缓流,$Fr<1$,则 $\theta>20°$。由式(8-1)可以看出,在其他条件相同时,引渠末端断面的水深越大,水流临界扩散角越大;引渠末端断面的流速越大,则水流临界扩散角越小。随着前池的不断扩散,流速减小,水深加大。所以,水流扩散角是沿池长逐渐加大的。这样,前池的扩散角 α 可沿池长相应加大,才不致形成脱壁。如果前池侧壁是倾斜的边坡,由于倾斜处水深逐渐减小,因而水流扩散角也减小。边坡越缓,扩散角越小,直立边墙的水流扩散角为最大。现将 $Fr=1$(即水流处于缓流和急流之间的临界状态)代入式(8-2)得 $\tan\theta=0.172$,即 $\theta=9.75°$,这时边壁不发生脱流的扩散角 $\alpha=2\theta\approx 20°$,由于引水渠和前池中水流一般为缓流,所以其扩散角可大于 20 °,但根据有关试验和工程实践,前池扩散角应小于 40 °。

多台机组共用一个进水池,在部分机组工作时,池中会出现回流和旋涡影响水泵正常运转。为此,可在前池和进水池中设置隔墩,每台水泵都有独立的前池和进水池,这时前池扩散角 α 可取为 20°左右。这不仅改善了水流条件,而且因总的前池扩散角加大,缩短了前池的长度,减少了工程量。

(二)前池长度

根据已选定的扩散角 α,在引水渠末端底宽 b 与进水池宽度 B 已知的条件下,前池的长度 L 可用下式计算

$$L = \frac{B - b}{2\tan\frac{\alpha}{2}} \tag{8-3}$$

由于水流的天然扩散角随断面水深的增加和流速的减小而增大,因此前池的扩散角可随水流方向而逐渐增大。所以,前池的边壁可由直线式变为折线式或曲线式(见图 8-4),这样可缩短前池的长度,减少工程量,降低工程造价。

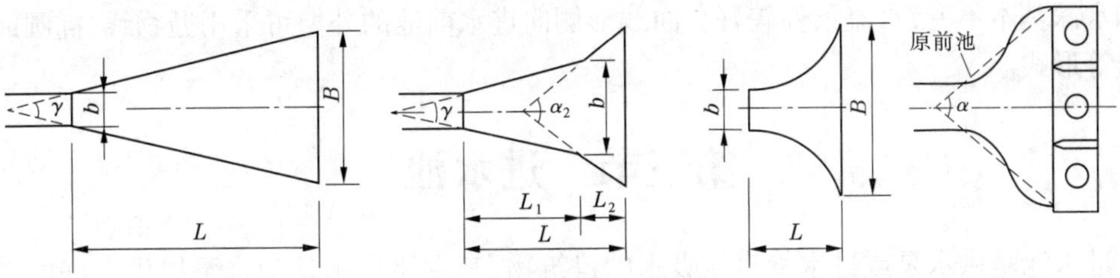

图 8-4　折线扩散和曲线扩散的前池

(三)前池池底纵向坡度

由于引渠末端底部高程一般比进水池底部高,因此引渠和进水池连接时,前池的形状不仅在平面上扩散,在剖面上也有一个向进水池方向倾斜的纵坡 i,其值为

$$i = \frac{\Delta H}{L} \tag{8-4}$$

式中　ΔH——引渠末端渠底高程和进水池池底高程之差,m;

L——前池长度,m。

若前池较长,亦可将此坡度设置在进水池一侧。但是,坡度 i 的大小对进水池的流态有影响。因此,前池纵坡不宜太大,特别应避免倾角为 90°的纵坡。另外,纵坡对工程量也有影响,纵坡 i 越小,前池的开挖量也越大。因此,前池的纵坡应适中,通常不宜陡于 1:4。为减少工程量,可将靠近引渠一侧的前池池底做成平底,而将靠近进水池一侧的前池底坡做成 1:4的坡。

(四)前池中的隔墩

前池中加设隔墩,可以避免在部分机组运行时池中产生回流和偏流,从而可以缩短池长,加大扩散角 α。同时,加设隔墩后,减小了前池的过水断面,增加了池中流速,可以防止泥沙淤积。

隔墩形式有半隔墩和全隔墩两种。半隔墩是在前池当中设若干个像桥墩一样的隔墩,实际上只起导流作用。如果把这些隔墩延伸至进水池后墙,即每个进水池都有各自的前池,这样的隔墩称为全隔墩。

(五)前池的翼墙

翼墙是连接进水池和前池之间的边墙。它对减少泵站工程造价和改善边侧进水池流

态都起一定的作用。翼墙形式多采用直立式,但也可采用扭坡、圆弧形翼墙。

四、侧向进水前池

侧向进水前池主要有单侧向和双侧向两类,泵站常采用双侧向式前池。另外,侧向进水前池根据边壁形状又分为矩形、锥形和曲线形。

矩形侧向进水前池结构简单,施工方便,但工程量较大,同时流速沿池长渐小,在前池的后部容易发生泥沙淤积。这种前池的长度 L 等于进水池的总宽度 B,池宽 b 可取设计流量时引渠的水面宽度。

锥形侧向进水前池的特点是流量沿程减小。其过水断面也相应缩小,以保证池中流速和水深基本不变,水流条件较好。曲线形侧向进水前池的外壁可采用抛物线、椭圆或螺旋线等形式。

第三节　进水池

进水池是供水泵或进水管直接吸水的建筑物,其主要作用是为水泵提供良好的吸水条件。试验和观测表明,进水池中水流流态对水泵进水性能具有显著影响。如果池中水流紊乱,出现旋涡,空气进入水泵,不仅会减少水泵出水量,降低水泵的效率,甚至会引起水泵汽蚀,引起水泵机组产生噪声、振动而无法工作。进水池中水流流态除取决于前池的来水外,还与进水池几何形状、尺寸,吸水管在池中的相对位置等因素有关。因此,必须合理选择进水池形式,正确确定进水池尺寸。

一、进水池中的流态对水泵性能的影响

(一)旋涡的形成及其对水泵性能的影响

进水池中的旋涡有表面旋涡和附壁旋涡两种。

1. 表面旋涡

当进水池的水位下降时,池中表层水流流速增大,水流紊乱,在进水管后侧的水面上首先会出现凹陷的旋涡,如图 8-5(a)所示。当水位继续下降(仍保持水泵流量不变)时,表层流速增大,旋涡的旋转速度也随之加大,旋涡中心处的压力进一步降低,水面凹陷在大气压力的作用下逐渐向下延伸,随着凹陷的加深,四周水流对其作用的压力也随之增大,故旋涡随水深的增加而变成漏斗状。当这种漏斗状的旋涡尾部接近进水管口时,因受水泵吸力影响而开始向管口弯曲,空气开始断断续续地通过漏斗旋涡进入水泵,如图 8-5(b)所示。如果水位继续下降,则会形成连续向水泵进气的漏斗状旋涡,如图 8-5(c)所示。若池中的水位再继续下降,进水管周围的漏斗旋涡数目将会增加,并很快连成一体,形成与进水管同轴的柱状旋涡,如图 8-5(d)所示,使大量空气进入水泵。

水泵吸入空气后,其性能会明显恶化,水泵的效率和扬程都会明显下降。因此,防止表面旋涡将空气带入水泵是进水池设计的重要任务之一。

2. 附壁旋涡

当进水池设计不合理时,不仅池中流速分布不均匀,而且会在池壁和池底产生局部压

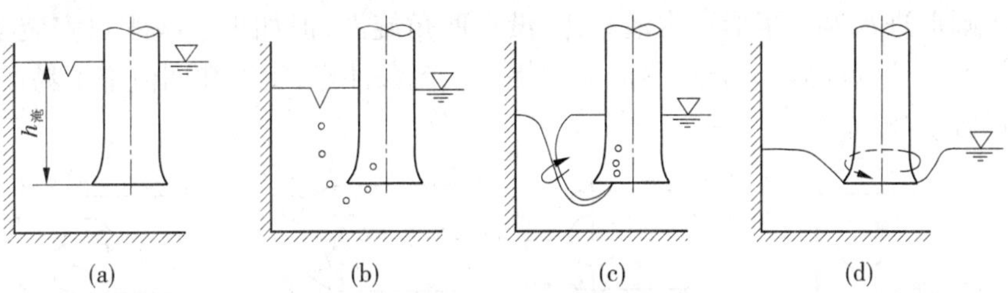

图 8-5　水泵或进水管周围的旋涡

力下降。流速分布不均匀不仅会产生表面旋涡,而且在水中也会产生旋涡。旋涡中心的压力很低,低压区旋涡中心的压力则更低。当压力下降至汽化压力时,旋涡中心区的水即被汽化,并呈白色带状,故又称涡带。这种旋涡常常是一端位于池壁(或池底)而另一端位于管口的涡带,如图 8-6 所示。它会将其中心部分的气体带入水泵,当气体被带到高压区时,气泡破裂,产生周期性的振动和噪声,影响水泵的性能和寿命。

(二)回流对水泵性能的影响

当进水池或前池设计不合理时,在池中平面或立面可能会出现围绕水泵(或进水管)旋转的回流现象,如图 8-7 所示。这种回流虽然不会将空气带入水泵,但对水泵的性能有很大影响。在图 8-7(a)中,池中的流速分布均匀,水泵周围无回流。而图 8-7(b)、(c)由于进水条件差,在池中均产生回流,但回流的旋转方向不同,前者逆时针方向,后者顺时针方向。如果水泵叶轮的转动是顺时针方向,如图 8-7(b)中水泵叶轮与回流旋转方向相反,相当于增加了水泵的转速,水泵的扬程和功率增加,甚至可能使动力机超载,而水泵效率却会降低。图 8-7(c)中的水泵叶轮与回流旋转方向相同,水泵的扬程、功率和效率也都会明显下降。

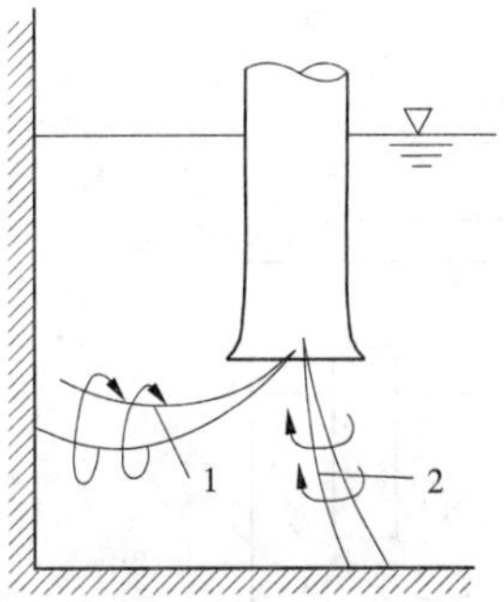

1—附壁旋涡;2—附底旋涡

图 8-6　附壁旋涡

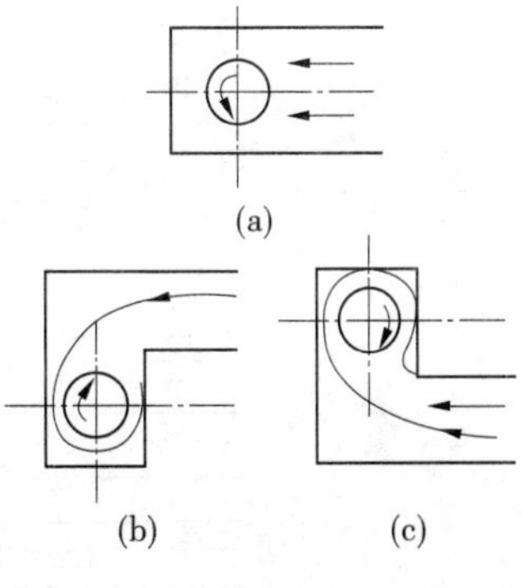

图 8-7　池中的水流周向运动

二、进水池形状和尺寸的确定

(一)进水池平面形状

目前,使用较多的进水池有矩形、多边形、半圆形和平面对称蜗形,如图 8-8 所示。不同形式的进水池有不同的流态。矩形进水池两角和水泵(或进水管)的后侧易产生旋涡,受前池流态影响,池中易产生回流;多边形进水池基本消除了两角处的旋涡,但仍可能产生回流；半圆形进水池与矩形进水池相比，没有两角旋涡，但如果泵吸水口安装于半圆的圆心处，易产生柱状旋涡和回流；平面对称蜗形水流条件好，旋涡和回流都不易产生，可以获得满意的进水流态。

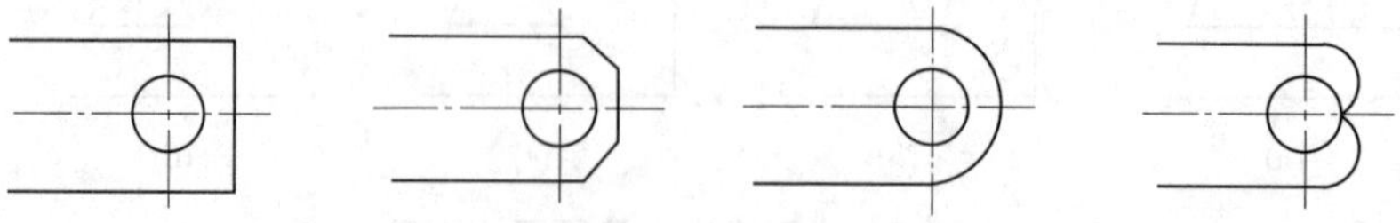

(a)矩形　(b)多边形　(c)半圆形　(d)平面对称蜗形

图 8-8　进水池平面形状

试验观测表明，在进水池各同名尺寸均取相同值的情况下，平面对称蜗形进水池的泵站装置效率较矩形进水池提高 2% ~4%。但是，由于施工较复杂，中、小型泵站中使用不多。矩形、多边形进水池施工方便。半圆形进水池后壁的受力条件好，可做成拱形挡土墙，节省建筑材料。为了改善水流条件，在采用这些形式的进水池时，要采取消除旋涡和回流的措施。

（二）后壁距的确定

进水管口至池后壁的距离 T 的大小关系到进水池内旋涡的形成。设进水管口直径为 $D_{进}$，在 $T/D_{进}=0$ 的情况下，即使管口淹没深度很小，进水池也不易出现旋涡，仅在后壁两角可能出现较小的回流，如图 8-9（a）所示。当 $T/D_{进}$ 从零逐渐增大时，不但后壁两角回流区增大，出现旋涡，还由于流线曲度增加，水泵后侧出现了回流区及旋涡，恶化了水流条件，如图 8-9（b）所示。后壁距越大，旋涡和回流产生的情况也越严重。但适当的后壁距有利于管口的四周均匀进水。

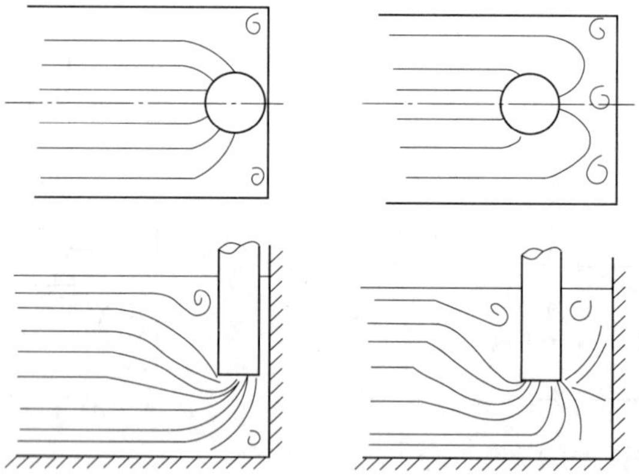

(a)　(b)

图 8-9　后壁距对流态的影响

（三）进水喇叭口直径的确定

进水喇叭口直径 $D_{进}$ 是进水池设计的主要依据之一。增大 $D_{进}$ 时，进入喇叭口的流速减小，相应的池中流速也降低，临界淹没深度也会减小，但增加了水池的工程量。而过小的 $D_{进}$ 虽然可以减小进水池尺寸，但又会增加喇叭进口的阻力损失，一般可取 $D_{进}=(1.3\sim1.5)D$（其中，D 取值为：对于卧式泵，取为进水管直径；对于立式轴流泵，取为叶轮直径;而对于立式混流泵,则取为叶轮进口直径)。

(四)进水池长度的确定

进水池长度过长,利于池中流速的调整均匀,但会增加工程量;池长过短,进水池的有效容积小,水泵启动时,进水池水位急速下降,由于淹没深度不足,造成启动困难,甚至无法启动。进水池池长可根据单位时间内进水池的有效容积是总流量的多少倍来计算

$$L = K\frac{Q}{Bh} \tag{8-5}$$

式中 h——进水池水深,m;

Q——泵站总流量,m^3/s;

B——进水池宽度,m;

K——秒换水系数,$K = 30 \sim 50$。

注意:任何情况下,应保证从进水管口中心到进水池进口的距离至少为 $4D$。

(五)进水管口至池底距离(即悬空高度)的确定

悬空高度 $H_{悬}$ 是指进水管口至池底的垂直距离。若悬空高度过大,除增加工程量外,还会造成图 8-10 所示的单面进水情况,使管口流速和压力分布不均,水泵效率下降,有时还会形成附壁旋涡,产生振动和噪声。若悬空高度过小,则进入喇叭口的流线过于弯曲,增加进口水力损失,水泵效率显著下降,并会产生附底旋涡。适宜的悬空高度可以创造良好的进水条件。

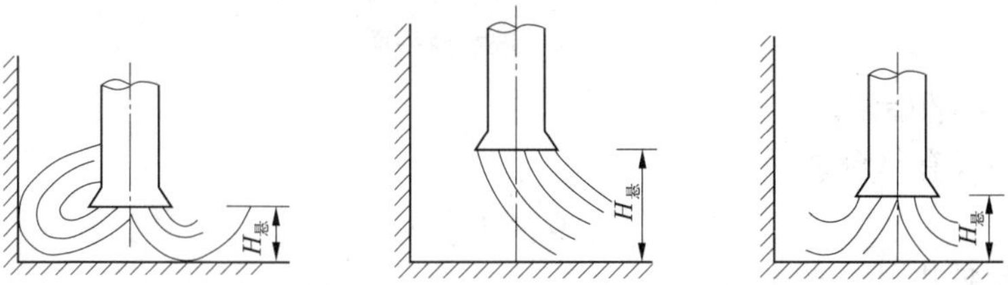

(a)过小　(b)过大　(c)适宜

图 8-10　不同悬空高度进口流线形状

根据《泵站设计规范》(GB 50265—2010),进水口悬空高度可按如下标准选用:

(1)喇叭管垂直布置时,取$(0.6 \sim 0.8)D$(D 为喇叭管进口直径,下同)。

(2)喇叭管倾斜布置时,取$(0.8 \sim 1.0)D$。

(3)喇叭管水平布置时,取$(1.0 \sim 1.25)D$。

(六)淹没深度的确定

淹没深度是指进水管口在进水池水面以下的深度。表面旋涡开始断断续续地将空气带进水泵时的管口淹没深度,称为临界淹没深度 $h_{临淹}$。为了保证水泵不吸入空气,进水池中的最小淹没深度必须大于临界淹没深度,即 $h_{淹} > h_{临淹}$。

影响临界淹没深度的因素很多,主要因素有管口直径 $D_{进}$、进口流速 v、后墙距 T 及悬空高度 $H_{悬}$ 等。目前,计算 $h_{临淹}$ 的方法较多,多数为根据试验资料整理出来的经验公式。用不同方法求得的临界淹没深度 $h_{临淹}$ 会有很大的出入。因此,在选用时必须注意其试验条件,否则会导致较大的误差。

根据《泵站设计规范》(GB 50265—2010),喇叭口的淹没深度可按如下标准选用:

(1)喇叭管垂直布置时,大于(1.0~1.25)D;

(2)喇叭管倾斜布置时,大于(1.5~1.8)D;

(3)喇叭管水平布置时,大于(1.8~2.0)D。

(七)进水池池宽的确定

进水池池宽B对池中旋涡、回流和水头损失都有影响。B过小,会使池中流速过大,管口阻力损失增大;B过大,又会有利于旋涡的形成,且增加工程造价。试验表明,当$B=(2\sim5)D_{进}$时,进水管的过水能力和入口阻力系数变化都较小。通常,可取B等于进水喇叭口的圆周长度,即$\pi D_{进}$,或取其整数倍,使$B=3D_{进}$即可;或者进水池池宽按下列方法确定(见图8-11)。

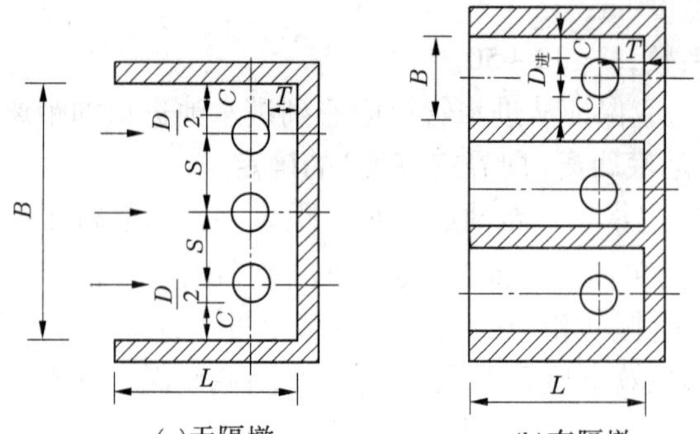

图8-11　进水池平面

(1)边距C的确定。

对于池中只有单台泵时

$$C = D_{进} \tag{8-6}$$

对于多台泵共用一池时

若$D_{进}\leqslant 1$ m　　$C=D_{进}$　　(8-7)

若$D_{进}>1$ m　　$C=(0.5\sim1.0)D_{进}$　　(8-8)

(2)间距S的确定。

$$S \geqslant (2\sim2.5)D_{进} \tag{8-9}$$

(3)池宽的确定。

对于池中只有单台泵时

$$B = (2\sim3)D_{进} \tag{8-10}$$

对于多台泵共用一池时

$$B = (n-1)S + D_{进} + 2C \tag{8-11}$$

式中　n——水泵台数。

(八)进水池的安全超高的确定

进水池的深度除满足进水要求外,还应留有一定的安全超高Δh,其值大小除考虑风浪影响因素外,对大型泵站还应考虑停泵时所形成的涌浪,特别是对具有长引渠和多级联合运行的泵站,由于引渠和上一级泵站连续来水,可能导致前池和进水池漫顶而淹没泵房等事故。因此,应设置溢流设施,或增大安全超高。

三、消除池中旋涡的措施

对于无法满足上述尺寸要求的进水池或设计不合理的进水池，为了防止池中产生表面旋涡、附壁旋涡、回流等不良水流状态，可以采取如下措施：

(1)当管口淹没深度小于临界淹没深度而出现进气旋涡时，可以在进水管上加盖板，如图 8-12(a)、(b)、(c)所示，也可以采用双进水口，如图 8-12(d)所示，以减小管口进水流速。

(2)为了防止附底旋涡，可在管口下的底板上设导水锥，如图 8-12(e)所示。

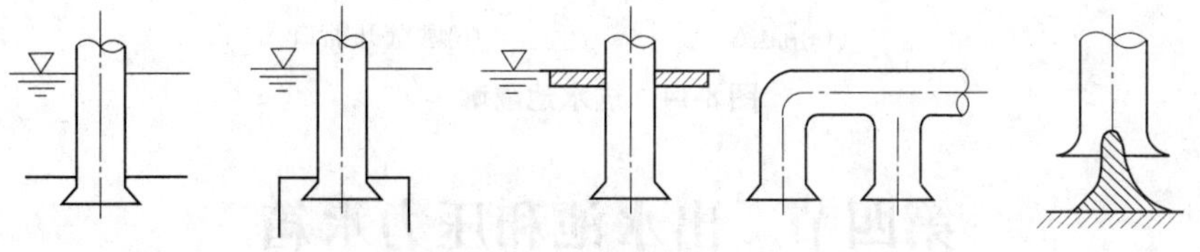

(a)水下平盖板　(b)水下π形盖板　(c)水上盖板　(d)双进水口　(e)加导水锥

图 8-12　防旋涡措施之一

(3)为了防止回流的产生，可采用后墙隔板(见图 8-13(a))、管后隔板(见图 8-13(b))、水下隔板或隔柱(见图 8-13(c)、(d))、池底隔墙(见图 8-13(f))。

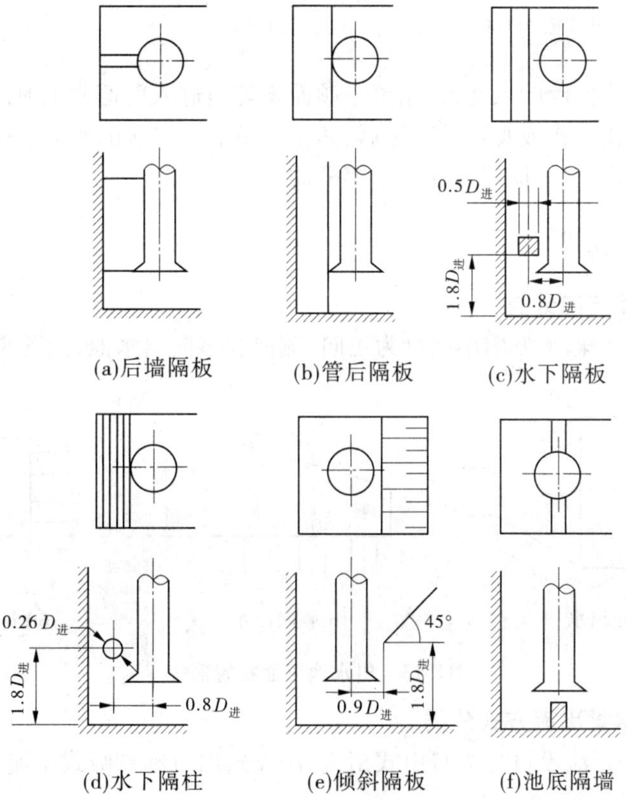

图 8-13　防旋涡措施之二

(4)对于多机组泵站，可在进水池中加设隔墩以稳定水流并防止发生旋涡，如图 8-14 所示。试验表明，隔墩应稍离后墙并在墩壁开豁口，使各池水流相通，能较好地改善池中水流条件。

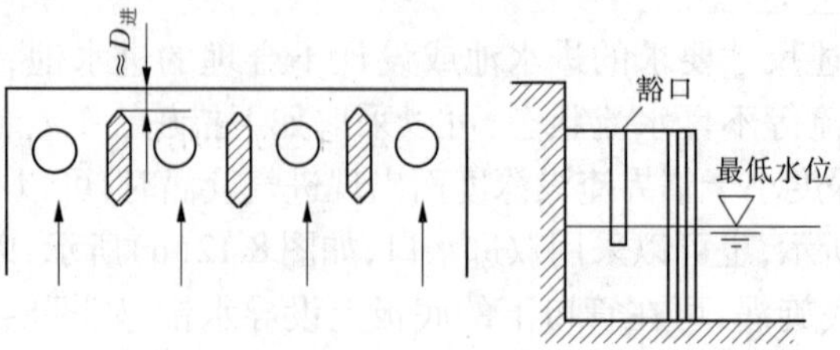

(a)隔墩 (b)墩壁开豁口

图 8-14 进水池隔墩

第四节 出水池和压力水箱

出水池是衔接出水管道与灌溉(或排水)干渠(或承泄区)的建筑物,用来汇集水泵出水管道的水流,并在池中消散出水管道水流的余能,使水流平顺地进入灌溉干渠或承泄区。

一、出水池的主要作用

(1)消散出水管出流的余能,使水流平顺而均匀地进入渠道或承泄区。
(2)当机组停止工作或管道被破坏后,防止渠道或承泄区的水流通过出水管倒流。
(3)在某些场合,保证同时向几条干渠分流。

二、出水池的类型

(一)根据水流方向分类

出水池按出水和输水方向不同分为正向、侧向和多向出水池,如图 8-15 所示。

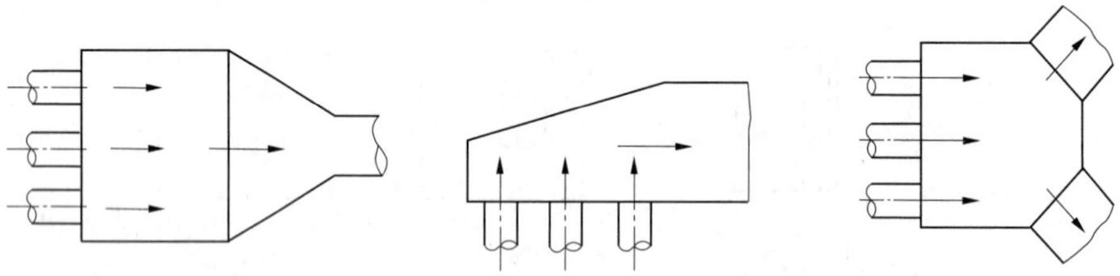

(a)正向出水 (b)侧向出水 (c)多向出水

图 8-15 出水池平面布置形式

(二)根据出水管出流方式分类

按出水管口是否淹没可分为自由式出流、淹没式出流和虹吸式出流。

1. 自由式出流

自由式出流的管道出口位于出水池水面以上(见图 8-16(a))。这种出流方式浪费了高出于水池水面的那部分水头,减小了出水量。但由于施工、安装方便,停泵时又可防止池水倒流,所以多用于临时性或小型泵站中。

2. 淹没式出流

淹没式出流的管道出口淹没在池中水面以下，管出口可以是水平的，也可以是倾斜的（见图8-16(b)）。为了防止正常或事故停泵时渠水倒流，在出口有时增设拍门、蝶阀或在池中修建挡水溢流堰。淹没式出流出水池是泵站较为常用的一种出流方式。

3. 虹吸式出流

虹吸式出流（见图8-16(c)）兼有自由式出流和淹没式出流的优点。这种出流方式既充分利用了水头，又可防止水倒流。但为此需要在管顶增设真空破坏装置，以便当突然停泵时放入空气，截断水流。这种截流方式多用于大型轴流泵站中。

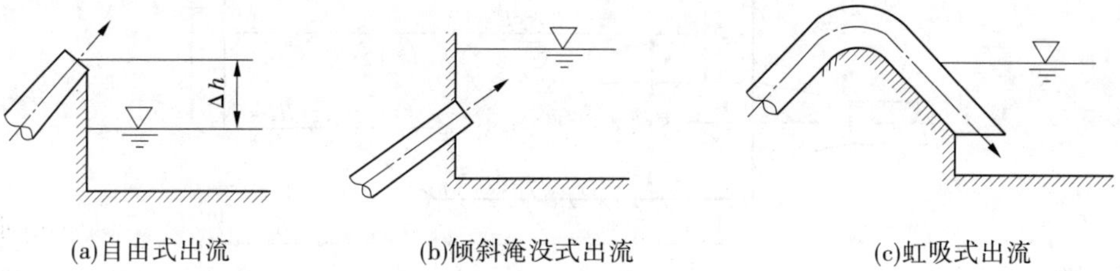

图8-16　出水管道的出流方式

(三)根据断流方式分类

1. 拍门式

在出水管口安装拍门，用以防止池水倒灌。为减少水泵正常运行时出水管口的水头损失，常在拍门上装平衡锤。为减轻水泵停机拍门关闭时出水管内形成的负压，在靠近拍门的出水管道上设有通气孔。

2. 虹吸式

出水管与出水池之间用虹吸管连接。在虹吸管顶部设置真空破坏阀，停机时，阀门自动打开，破坏真空，从而截断水流。

3. 溢流堰式

出水池内设溢流堰，防止停机时池水向出水管倒灌。其缺点是溢流堰使池中水位抬高，加大了水泵扬程。

三、出水池尺寸的确定

出水池尺寸应根据地形、地质、水流条件、出水管根数等因素确定。图8-17所示为出水池各部分尺寸。

(一)正向出水池

1. 水平淹没出流出水池长度的确定

当出水管口淹没水平出流时，按水面旋滚法计算出水池长度。试验表明，出水池上部水流形成的水滚长度与管口淹没深度之间呈抛物线关系。假定出水池长度等于水滚长度，则

$$L_K = Kh_{淹}^{0.5} \tag{8-12}$$

$$K = 7 - \left(\frac{h_p}{D_0} - 0.5\right)\frac{2.4}{1 + \frac{0.5}{m^2}} \tag{8-13}$$

式中　D_0——出水管直径,m;

L_K——出水池长度,m;

K——试验系数;

h_p——台坎高度,m;

m——台坎坡度,$m=h_p/L_p$,L_p 为斜坡水平长度,m,当垂直台坎时,$m=-\infty$,当 $h_p=0$ 时,$m=0$。

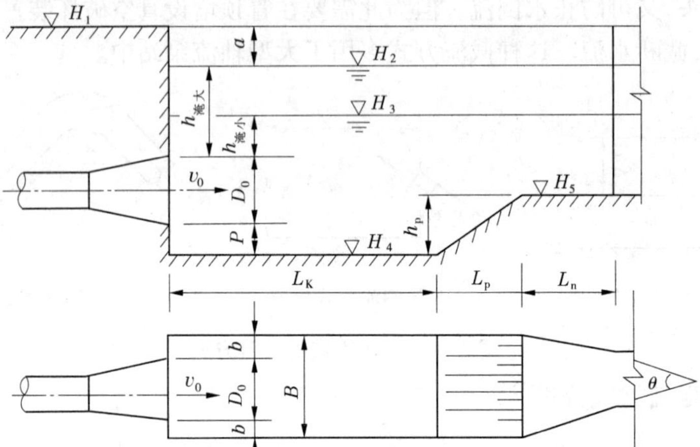

图 8-17　出水池各部分尺寸

2. 倾斜淹没出流出水池池长的计算

倾斜淹没出流出水池尺寸如图 8-18 所示。

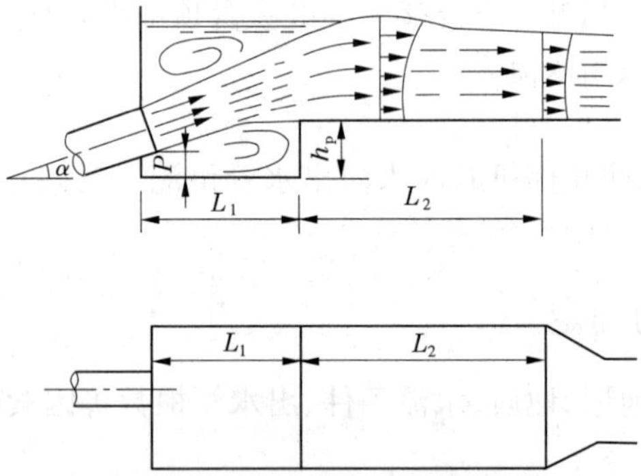

图 8-18　倾斜淹没出流出水池尺寸

1)无池坎池长计算

当出水管道末端为倾斜布置,出水池池底和干渠渠底同高时,为无池坎布置,这时池长可按下式计算

$$L_K = 3.5 \times (2.7 - h_{淹}) - 0.2\alpha \tag{8-14}$$

式中　α——管口出流倾斜角度。

2)有池坎池长计算

对于有池坎的倾斜淹没出流,池长计算公式为

$$L_K = L_1 + L_2 \tag{8-15}$$

L_1 为池长的前部，出水管道流出的主流由于受底部旋涡的挤压，基本不产生扩散。为了将底部旋涡限制在池坎内，这时

$$L_1 = \frac{h_p - P}{\tan\alpha} \tag{8-16}$$

L_2 为坎后水流流速调整需要的长度，它随 h_p 的减小而增大，可按下式计算

$$L_2 = 2 \times (3D_0 - h_p) \tag{8-17}$$

应注意的是，以上公式适用于 $15° < \alpha < 45°$ 的情况，当 $\alpha < 15°$ 时，可按水平淹没出流公式(8-13)计算。

3. 出水池其他尺寸的确定

1）出水管道出口直径 D_0

为了减小出水管道出口的动态损失和使出水池中水流平稳，一般将出水管道出口的断面扩大，使管口流速控制在 1.0 ~2.0 m/s 的范围之内。

2）管口下缘至池底的距离 p

此段距离主要用以防止池中泥沙或杂物等淤塞出水口，以及方便施工和检修，一般采用 0.1 ~0.3 m。

3）管口上缘淹没深度 $h_{淹}$

淹没深度太小，不能保证淹没出流方式；但淹没深度过大，将会增加出水池的池深和池长。一般可采用

$$h_{淹小} = (1 \sim 2)\frac{v_0^2}{2g} \tag{8-18}$$

由式(8-18)所确定的最小淹没深度 $h_{淹小}$ 的数值不能小于 0.1 ~0.2 m。

4）出水池宽度 B

从施工和水力条件考虑，最小单管出流宽度为

$$B_{单} \geqslant (2 \sim 3)D_0 \tag{8-19}$$

多管出流的池宽为

$$B = (n-1)\delta + n(D_0 + 2b) \tag{8-20}$$

式中　n——出水管数目；

δ——隔墩厚度，m；

$D_0 + 2b$——一根管子的池宽，b 为出水池边缘至池壁（或隔墩）的距离，m，对于中、小型泵站，$b = (0.5 \sim 0.6)D_0$。

5）出水池池顶高程 ∇H_1

出水池池顶高程是根据干渠最高水位 ∇H_2 加上安全超高 a 确定的，即

$$\nabla H_1 = \nabla H_2 + a \tag{8-21}$$

当 $Q \leqslant 1\ m^3/s$ 时，$a = 0.4$ m；当 $Q > 1\ m^3/s$ 时，$a = 0.5$ m。

6）出水池底板高程 ∇H_4

如图 8-17 所示，它是根据干渠最低水位 ∇H_3 来确定的，即

$$\nabla H_4 = \nabla H_3 - (h_{淹小} + D_0 + P) \tag{8-22}$$

式中　$h_{淹小}$——最小淹没深度，m。

（二）侧向出水池

1. 池宽 B

池宽 B 可用下列经验公式计算

$$\frac{B}{D_0} = 2\sqrt{2Fr - \frac{h_{淹}}{D_0}} \tag{8-23}$$

式中　Fr——管口水流弗劳德数；

$h_{淹}$——管口上缘淹没深度。

对于单管出流，一般可采用

$$B = (4 \sim 5)D_0 \tag{8-24}$$

对于多管侧向出流，池宽随汇流量的增大而增大。如图 8-19 所示，不同断面池宽可采用

$$\left.\begin{array}{ll} 1—1\text{ 断面} & B_1 = (4 \sim 5)D_0 \\ 2—2\text{ 断面} & B_2 = B_1 + D_0 \\ 3—3\text{ 断面} & B_3 = B_1 + 2D_0 \end{array}\right\} \tag{8-25}$$

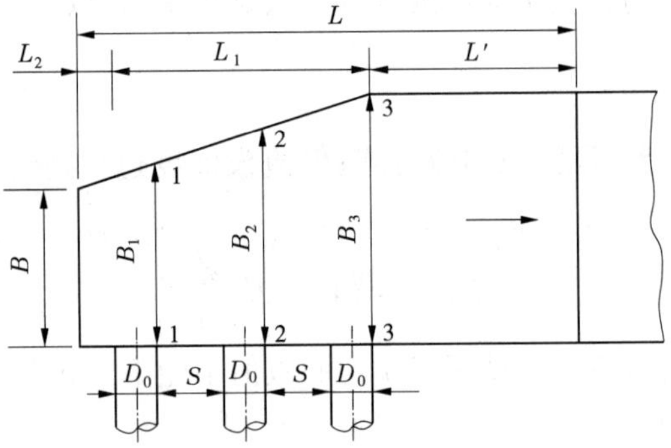

图 8-19　多管侧向出水池尺寸

2. 池长 L

单管侧向出流的计算公式为

$$L = L_2 + D_0 + L' = L_2 + 6D_0 \tag{8-26}$$

式中　L_2——管口外缘距池边距离，m；

L'——满足出流流速分布均匀的长度，$L' = 5D_0$，m。

多管侧向出流的计算公式为

$$L = L_2 + L_1 + L' = D_0 + [nD_0 + (n-1)S] + 5D_0 = (n+6)D_0 + (n-1)S \tag{8-27}$$

式中　n——管道根数；

S——管道之间净距，m。

四、出水池的构造

出水池周壁可采用浆砌石圬工结构，按重力式或圬工挡土墙设计，池底和边坡通常为 0.4 ~ 0.5 m 厚的浆砌块石，对于小型泵站的出水池也可用砖结构。池后渠首段可用混凝土板或块石护砌。出水口之间若设有隔墩或检修闸门，则应通过应力与稳定计算，确定其

断面尺寸。若断面厚度较大，可考虑采用钢筋混凝土结构。

对地基承载能力较差、建筑重力式挡土墙和隔墩有困难时，池壁可采用钢筋混凝土结构，其结构可为整体的开敞式箱形结构。

出水池尽可能修建在挖方上，当因地形条件限制，出水池必须修在高填方上时，要严格控制土方质量，并将出水池做成整体结构形式，或加大砌置深度，或回填块石处理。尤其注意防渗和排水措施的计算，确保出水池结构安全。

对于渗透性较大的地基，要注意基础的防渗和侧向绕渗的处理。对基础要进行防渗计算，并通过加深齿墙，采用黏土和混凝土底板作为止水设施等办法处理。在池后的渠首段也可采取加设黏土铺盖等措施。

五、压力水箱

（一）压力水箱的类型

（1）按出流方向分，有正向出水和侧向出水两种。

（2）按平面形状分，有梯形和长方形两种。

（3）按水箱结构分，有有隔墩和无隔墩两种。

试验指出，当正向出水时，平面形状为梯形，有隔墩的压力水箱水流条件较好。

（二）压力水箱结构和尺寸的确定

（1）压力水箱的结构形式。压力水箱式出水建筑物一般由压力水箱、压力涵管和防洪闸等组成。水箱可与泵房分建，由支架支撑，支架基础应筑于挖方上。合建式水箱一侧架支于泵房后墙上，以防两基础产生不均匀沉陷，导致水箱的破坏。

（2）压力水箱的尺寸确定。压力水箱为钢筋混凝土的整体结构，其容积不宜过大。一般为3～4台水泵合用一个水箱。压力水箱断面取决于箱内的设计流速，一般取1.5～2.5 m/s。同时，考虑工作人员进入水箱内检修所要求的尺寸。

水箱进口净宽B按下式计算

$$B = n(D_0 + 2a) + (n - 1)\delta \tag{8-28}$$

式中　n——出水管数目；

D_0——出水管口直径，m；

a——出水管边缘至隔墩或箱壁的距离，m，一般可取0.25～0.3 m；

δ——隔墩厚，m，一般可取0.2～0.3 m。

压力水箱出口与压力涵管相连，涵管断面为矩形，水箱出口宽度b与涵管宽度相等。水箱的收缩角α为30°～45°。

水箱壁厚一般为0.3～0.4 m。为便于检修，水箱顶部设有进人孔，一般为0.6～1.0 m的正方形。盖板由钢板制成，并用螺母固定在埋设于箱壁的螺栓上，盖板和箱壁间有2～3 mm厚的橡皮止水。

小　结

（1）本章主要介绍了取水口、引水渠道、前池、进水池、出水池等泵站进水建筑物。泵站进、出水建筑物是保证机组能否充分发挥其应有的效应，提高泵站效率，达到安全、节能、降低工程造价、降低抽水成本的主要建筑物。

(2)进、出水建筑物选型和设计的正确与否直接影响到机组的安全运行、机组性能的发挥程度和工程投资、年运行费的高低。

(3)取水口位置首先要考虑到河流弯道的形式，在凹岸取水才有保证，在选择取水口位置时还应考虑地形和地质条件、从取水口输水到泵房的管渠线路及施工场地布置、交通条件等。取水口位置和形式要综合各方面因素进行经济比较确定。

(4)前池和进水池的水流条件直接影响到水泵的运行性能，因此在设计前池和进水池时，最重要的是要保证水流进入水泵时具有均匀的流速、压力分布。

(5)进水建筑物主要包括引渠、前池和进水池等，其布置形式和尺寸拟定必须做到经济、技术与安全的协调统一。

(6)出水池是衔接出水管道与干渠的建筑物，用来汇集水泵出水管道的水流，并在池中消散出水管道水流的余能，使水流平顺地进入灌溉干渠。对正向出水池和侧向出水池的选用及尺寸拟定应做到合理。

思考题

1. 取水建筑物主要有哪些形式？各种形式的适用条件及优、缺点是什么？

2. 修建前池及进水池的目的是什么？怎样保证池中有良好的进水流态？如果设计不合理，导致流态恶化，可以采取哪些措施加以改善或消除？

3. 进水池中有哪几种旋涡？它们是怎样形成的？对水泵性能有何影响？如何消除池中旋涡？

4. 何谓水流扩散角？影响水流扩散角的主要因素有哪些？

5. 什么叫进水管管口淹没深度？影响因素有哪些？

6. 水泵的进水管道与出水管道的工作特性有什么不同？泵站设计中对进水管道的选择和安装有什么特殊要求？

7. 试比较自由式、淹没式及虹吸式三种管口出流方式的优、缺点。

8. 出水池的作用及类型有哪些？

9. 影响正向出水池长度的因素有哪些？在各种计算公式中是如何考虑这些因素的？

10. 比较正向出水池和侧向出水池的设计特点。

11. 某灌溉泵站，根据灌水要求，设计流量为 2.85 m^3/s。由水文资料分析得知，进水池的设计水位为 23.97 m，最高水位为 24.86 m，最低水位为 23.09 m。选用 20Sh－13 型水泵 5 台。引水渠道底宽为 4 m，边坡系数为 $m=1.25$，当通过设计流量时，水深为 1.08 m。初步拟定水泵吸水管直径为 600 mm，管口为圆弧形喇叭口，其进口直径为吸水管径的 1.3 倍。由机组及进水管路布置确定进水池宽为 20 m，正向进水。

试根据以上资料，进行该泵站的前池和进水池的设计，作出进水池、前池各部尺寸，绘出平面图和纵剖面图。

第九章　进、出水管道

学习重点

进、出水管道布置应注意的问题;水锤及其产生原因与类型;确定压力管道的经济管径和停泵水锤的分析与计算,了解停泵水锤取决于水泵的全特性、机组转子的惯性及水锤共轭方程,计算时以这三者为依据。

学习要求

1. 能够对进、出水管管线进行选择和布置。
2. 处理好管段之间的连接。
3. 进行管道直径的确定和管路附件的设计与选择。
4. 对事故停泵水锤能采取相应的措施,从而保障泵站的安全运行。

第一节　进水管道

一、进水管道布置应注意的问题

水泵的进水管路一般较短,为使水泵高效、安全运行,进水管道的布置应注意以下几点:

(1)不积气。水泵吸水管内真空值达到一定值时,水中溶解气体就会因管路内压力减小而不断逸出,若吸水管路的设计考虑不当,就会在吸水管道的某段(或某处)上出现积气,形成气囊,影响过水能力,严重时会破坏吸水。

为了使水泵能及时排走吸水管路内的空气,吸水管应有沿水流方向连续上升的坡度 i,一般大于 0.005,以免形成气囊。为了避免产生气囊,应使沿吸水管线的最高点在水泵吸入口的顶端。吸水管的断面一般应大于水泵吸入口的断面,这样可减小管路水头损失,吸水管路上的变径管可采用偏心渐缩管(即偏心大小头),保持渐缩管的上边水平,以免形成气囊。

(2)确保叶轮进口的流态均匀。水泵进口处的流速和压力分布不均匀会降低水泵效率,增加能源消耗。当进水管路上有弯头时,应使弯头与水泵进口保持一定距离。应避免在进水管路上装设闸阀,若不得已而装闸阀,一定要保持常开状态,为避免闸阀上部存气,闸阀应水平安装。

(3)尽量减小水头损失。为了提高管路效率,应尽量缩短进水管长度,减少不必要的管路附件,一般应使进水管长度不超过 10 m。

(4)要求严格的密封。对正值吸水的水泵装置,进水管中存在负压,若管壁裂缝或管道连接不良,则极易进气,会降低水泵效率,甚至吸不上水。如果进水管中存气,会使管道内压力不稳定，引起机组振动，降低水泵效率。

(5)不吸气。要求管口在水下要有一定的淹没深度，防止管口进气。若吸水管进口淹没深度不够，则由于进口处水流产生旋涡，吸水时带进大量空气，严重时也将破坏水泵正常吸水。这类情形多见于取水泵房在河道枯水位情况下吸水。为了避免吸水井(建筑物)水面产生旋涡，防止水泵吸入空气，吸水管进口在最低水位下的淹没深度 h_s 不应小于 0.5 ~1.0 m，如图 9-1 所示。若淹没深度不能满足要求，则可在管子末端装置水平隔板，如图 9-2 所示。

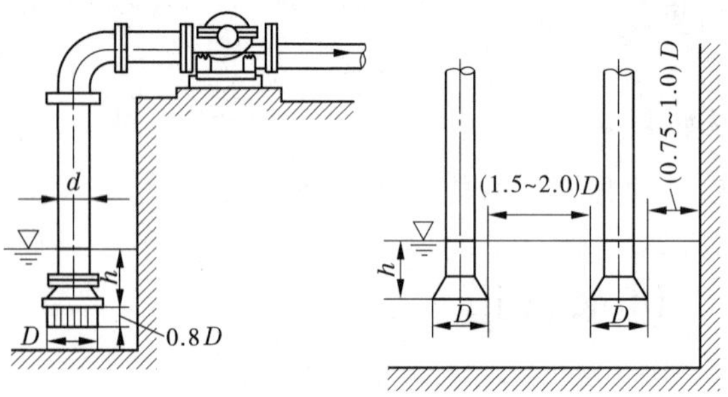

图 9-1 吸水管在吸水井中的位置

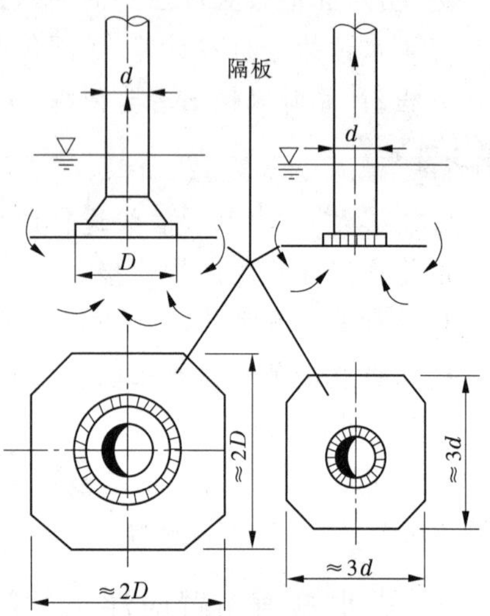

图 9-2 吸水管末端装置水平隔板

(6)每台水泵应有单独的进水管，以保证管中流态的均匀性。

二、进水管道不合理布置产生的后果

进水管的作用是保证进水池中的水流平稳地引向水泵叶轮进口。设计不合理的进水管，可能产生以下不良后果：

(1)增加进水管的阻力损失，降低水泵的安装高程和管路效率，增加泵站的工程投资和运行费用。

(2)使水泵叶轮进口的流速和压力分布不均匀，降低水泵效率，增加能源消耗。

(3)管内存气或进气，引起机组振动，降低装置效率。

三、进水管道的布置和设计

(一)进水管尺寸的确定

1. 管径确定

为了提高水泵的安装高程，进水管的直径不宜选得太小。管径越大，水头损失越小。但管径大了，管路的投资也大。一般采用比水泵吸入口径大一级的尺寸，或者使其管中流速控制在 1.5 ~2.0 m/s。根据控制流速，管路的直径 $D_{进}$(m)用下列公式计算

$$D_{进} = 2\sqrt{\frac{Q}{\pi v}}$$

或　　$$D_{进} = (0.8 \sim 0.92)\sqrt{Q} \tag{9-1}$$

式中　v——管中控制流速，m/s，离心泵进水管道设计流速宜取 1.5 ~ 2.0 m/s；

Q——管中流量，m^3/s。

按式(9-1)算出管径后，查有关手册，选择与计算管径相近的标准管径。

2. 壁厚确定

吸水管的壁厚按刚度要求确定：

$$\delta \geqslant \frac{D}{130} + (1 \sim 2) \tag{9-2}$$

式中　δ——吸水管壁厚，mm；

D——管道直径，mm；

1 ~ 2——预留锈蚀厚度，mm。

3. 长度选择

水管的长度不宜太长，一般为 2 ~ 10 m，宜控制在 3 ~ 6 m。实际长度应考虑机组的类型和泵房的内部布置。

（二）进口形式的选择

不同形式的进口，阻力损失的差别比较大。进水管不同进口形式的阻力系数也不同。资料显示，选用喇叭口的进水形式，对水平进水或垂直进水都是有利的。所以，进水管进口应设喇叭管，喇叭口流速宜取 1.0 ~ 1.5 m/s。

（三）管件

管件是从进水管口到出水管口将管子连接起来的连接件，有喇叭管、弯管、异径管（渐缩管）等。

1. 喇叭管与平削管

为减少进水管路进口的水头损失和改善叶轮进口的流态，垂直吸入的进口应做成圆形或椭圆形喇叭口。倾斜吸入的进口应做成平削管或特制喇叭口，喇叭口流速宜取 1.0 ~ 1.5 m/s，喇叭口直径宜≥1.25D（D 为进水管直径）。

2. 弯管

弯管又称弯头，常用的有 90°、60°、45°、30°、15°等五种。弯管有预制和现场制作两种。预制管按照外径或公称直径（名义直径）从有关手册中选择。现场制作多用焊接弯头（又称虾米腰弯头）。弯管的弯曲半径 R 一般不低于管道公称直径加 50 mm。为减少水流流经弯管的水头损失，应尽量增大 R 值。

水流流经弯管，由于受离心力的作用，弯管出口断面流速和压力分布很不均匀。为确保叶轮进口的流态均匀，在进水管上布置弯头时，应使弯管距水泵进口有不小于 4D（D 为管道直径）的距离。

3. 渐缩管

因为进水管的管径一般都比水泵进口大，因此水泵进口与进水管之间常常需要采用渐缩管连接。

渐缩管的收缩角与渐缩管前后断面面积的大小有关，一般说来，渐缩管的阻力系数并不是很大，但因进水管内常为负压，管道顶部容易存气。对于圆锥形的渐缩管，如果存气，空气可能停留在顶部，当水泵运行时，该气体在管道内时而压缩、时而膨胀，使水泵运行很不稳定，因此要求水泵进口处的渐缩管采用偏心渐缩管为好。

四、进水管道上的阀件

（一）底阀

在小型抽水装置中，可以看到在进水管的入口处装有底阀，底阀是个单向阀，是为水泵启动前灌水而设置的。底阀容易被水草堵塞、杂物卡住而关闭不严，因此常常出现漏水现象，给运行管理带来很大麻烦。此外，底阀有较大的阻力系数，由此造成较大的能量损失。据有关资料介绍，底阀的能量损失占进水管能量损失的50% ~70%，占进、出水管总能量损失的10% ~50%。水泵扬程越低，底阀的能量损失所占比例越大，因此很早就有人提出取消底阀的问题。

抽水装置中的底阀能否取消，关键在于是否能够解决启动前灌注引水的问题。在大、中型泵站中，常用真空泵抽气充水。小型抽水装置的充水方法更多（如选用自吸泵，利用柴油机进、排气过程进行自吸，倒灌充水等方法），并在小型排灌泵站中得到了一定程度的应用。

（二）闸阀

对于水泵安装在进水池最高水位以下的抽水装置中，常常在进水管上安装闸阀，以便水泵检修。但闸阀的上部为空腔，在运行时常常存有空气，从而引起机组振动，因此进水管的闸阀应该水平安装。另外，闸阀的开度减小后会使其阻力系数明显增大，管中流态更加紊乱，运行时进水管中的闸阀应经常处于常开状态，有条件时最好不在进水管道上设置闸阀。

五、引水方式的选择

当机房靠近水源、水源含沙量较小、水位变化幅度较小、引水流量不大时，可选用管式引水，岸坡较陡时采用直管式，岸坡较缓时采用斜管式。

当机房靠近水源、水源含沙量较大且岸坡岩基较陡时，可选用涵洞引水。

当岸坡较缓、出水建筑物离水源较远时，可选用明渠引水，以缩短压力管道长度，降低工程造价。

六、穿墙管连接形式选择

（一）刚性连接

对于取水泵站，当机组采用落井式安装方式（水泵和动力机的基准面均低于校核洪水位）或半落井式（水泵的基准面低于校核洪水位，动力机的基准面高于校核洪水位）时，为了避免外水进入泵房，需要采用这种连接方式，即在预留孔内浇筑二期混凝土。

（二）柔性连接

对于正常安装（水泵和动力机的基准面均高于校核洪水位）的取水泵站和其他泵站，

为了减小温度应力，穿墙管一般均采用柔性的连接方式。预留孔内不浇筑二期混凝土。管道能够自由伸缩，不产生温度应力。

第二节　出水管道

一、出水管道及其布置

从水泵至出水池之间的一段有压管道称为出水管道。出水管道的长度、数量和管径的大小及其铺设对泵站的总投资影响较大，特别是高扬程泵站，出水管往往很长，在泵站总投资中所占比重很大，还影响到泵站的运行费用。出水管道应适应水泵不同工况下的安全运行。因此，正确合理地设计出水管道显得尤为重要。

（一）对出水管道的要求

（1）管道引起的能量消耗及投资最小。

（2）保证管道稳定。

（3）保证管道本身及其接头的强度与密封性能。

（4）在向管道内充水或泄空过程中保证空气能自由地排出或进入。

（5）能够在检修时放空管道。

（6）当管道突然破裂后能保证泵房的安全。

（二）出水管道的设计步骤

（1）选择出水管道的线路及铺设方式。

（2）确定管材、根数和管径。

（3）校核水击压力。

（4）镇墩与支墩稳定校核及管道接头设计。

（5）管道应力计算及稳定校核。

（三）出水管道线路选择原则

出水管线选择的基本原则是工程安全可靠、经济合理及泵站效率高。具体原则如下：

（1）管线应尽量垂直于等高线布置，以利管坡稳定，也可缩短管路长度。

（2）管线要尽可能地直线布置，减少转弯和曲折，以减少管道投资和阻力损失。但当地形坡度有较大变化时，管线应变坡布置，转弯角宜小于60°，转弯半径宜大于2倍管径。

（3）出水管道应避开地质不良地段，铺设在坚实的地基上，不能避开时，应采取安全可靠的工程措施。

（4）铺设在填方上的管道，填方应压实处理，并做好排水设施。管道跨越山洪沟道时，应考虑排洪措施，设置排洪建筑物。

（5）管道在平面和立面上均须转弯且其位置相近时，宜合并成一个空间转弯角，管顶线宜布置在最低压力坡度线以下。当出水管道线路较长时，应在管线最高处设置排（补）气阀。

（6）管道尽量布置在最低压力线以下，避免水倒流时管内出现水柱断裂现象，防止引起管道的破坏。

(四)出水管道的材料选择

1. 选材原则

(1)满足用水要求,即在各设计水头下能通过对应的设计流量。

(2)水头损失小、能耗低,确保水泵在各种情况下均能在高效区内运行,年运行费用最低。

(3)确保管道在任何最不利的荷载组合下均能安全运行,不发生滚动、滑动、位移和水击破坏。

(4)节省三材(钢材、木材、水泥),工程投资最省。

(5)便于运输、安装、检修、维护和管理,利于以后的发展。

2. 压力水管的材料

泵站中常用的压力水管有很多种,现对以下几种进行简单介绍。

1)钢管

钢管的强度高,管壁薄,重量轻,产生的水头损失小,能承受很大的内水压力,宜作为高扬程的压力水管。泵站的压力钢管一般为焊接钢管,根据运输和安装条件,每段管长一般为6~8 m,管段之间大多采用法兰盘连接。但它易生锈,使用期限短,造价高。一般泵站,从水泵出口到一号镇墩处的出水管道因附件多,为了安装上的方便,均采用钢管。

2)铸铁管

铸铁管性脆,管壁较厚,自重较大,易生锈,产生的水头损失较大。根据承受压力的不同,铸铁管分为低压管、普压管、高压管三种。一般采用承插式接头,管道明铺时可采用法兰接头。铸铁管的寿命一般为20~30年。

3)普通钢筋混凝土管

这种水管按混凝土不允许开裂设计,无法充分发挥钢筋的作用,故一般适用于50 m以下的水头。

4)预应力钢筋混凝土管

这种水管适用于较高的水头,一般规格的最大工作压力为1 176 kPa,有的承受水头高达2 000 kPa。

5)自应力钢筋混凝土管

自应力钢筋混凝土管的管径在600 mm以内时,承压能力一般为588 kPa。

6)钢丝网水泥管

这种水管的优点是管壁薄,重量轻,用钢量少,造价低,抗渗、抗裂性能好。承压水头一般不超过400 kPa,若采用自应力钢丝网水泥管,承压水头可达700~800 kPa。

以上铸铁管、普通钢筋混凝土管、预应力钢筋混凝土管、自应力钢筋混凝土管和钢丝网水泥管均属于钢筋混凝土管,它们共同的特点是:造价低,节省钢材,一般寿命为50年,养护费用低;按水管的施工方法,可分为整体现场浇筑式和装配分段预制式两种;钢筋混凝土预制管的内径一般在1.4 m以内,管段长3~5 m,其连接方式多为承插式接头。

7)橡胶管

橡胶管移动方便,水头损失小,寿命长,但造价高,主要用于临时泵站。从管道水头损失来看,钢管水头损失小,铸铁管的水头损失随使用时间的延长而增大。由于钢筋混凝土管内壁不会积垢,输水能力与使用时间的关系不大,故管道较长的泵站采用钢筋混凝土管和钢管可相对地节省能耗。对高扬程泵站，为了降低造价、节省钢材，可根据管段压力的大小分段配管，高压力段配钢管，中、低压力段配钢筋混凝土管。

出水管道一般为钢管、预应力钢筋混凝土管、预制钢筋混凝土管、现浇钢筋混凝土管等。目前，泵站的出水管道大多采用钢管和预应力钢筋混凝土管(国家有标准产品)。

预应力钢筋混凝土管与钢管相比，具有节省钢材、使用年限长、输水性能好等优点；与现浇钢筋混凝土管相比，具有安装简便、施工期限短等优点。泵站设计中，在设计压力允许的情况下，尽量选用预应力钢筋混凝土管。

(五)经济管径及管壁厚度的确定

1. 出水管管径选择

当管长及流量一定时，若管径选得大，则流速小，水力损失小，但所需管材多，造价高；若管径选得小，则情况正好相反。因此，需要通过技术经济比较确定经济管径。初设阶段，可利用经验公式确定，现介绍如下。

(1)在初设阶段，可按以下公式选用经济管径，即

当 $Q<120\ m^3/h$ 时　$$D=13\sqrt{Q} \tag{9-3}$$

当 $Q\geqslant120\ m^3/h$ 时　$$D=11.5\sqrt{Q} \tag{9-4}$$

式中　Q——泵站的设计流量，m^3/h；

D——出水管道的直径，mm。

(2)根据经济流速确定经济管径，即

$$D=1.13\sqrt{\frac{Q}{v_{经}}} \tag{9-5}$$

式中　Q——管道的设计流量，m^3/s；

D——出水管道的直径，m；

$v_{经}$——出水管道经济流速，一般净扬程为 50 m 以下时取 1.5 ~ 2.0 m/s，净扬程为 50 ~ 100 m 时取 2.0 ~ 2.5 m/s。

(3)根据扬程、流量确定经济管径，即

$$D=\sqrt[7]{\frac{5.2Q_{max}^3}{H_{净}}} \tag{9-6}$$

式中　Q_{max}——管道内最大流量，m^3/s；

D——出水管道的直径，m；

$H_{净}$——泵站净扬程，m。

利用以上公式确定管径的计算较简单，但不够精确。同时，计算的管径应调整为标准管径。

2. 管壁厚度的确定

钢筋混凝土压力水管已定型化生产，可根据规格选用。钢管管壁厚度主要是考虑内水压力，由强度和刚度确定。下面介绍露天式压力水管的管壁厚度计算方法。

1)强度要求

露天式压力钢管所承受的主要荷载是内水压力，钢管的管壁厚度 δ 可按下式计算

$$\delta\geqslant\frac{\rho gHD}{2\varphi[\sigma]} \tag{9-7}$$

式中　ρ——水的密度,kg/m^3;

D——水管内径,m;

H——管道中心处压力水头,m;

$[\sigma]$——钢材的允许应力,kPa;

φ——卷焊系数。

由式(9-7)求得的δ值,为按钢管强度计算所需的管壁厚度。另外,还应考虑锈蚀和磨损的影响,对于清水管道,应再加1～2 mm的安全裕量;对于含沙量大的管道,则应加厚2～4 mm。最后采用的管壁厚度,还应符合钢板的规格。

2)刚度要求

钢管是一种薄壁结构,受外压时容易丧失弹性稳定。压力钢管放空或水泵突然停机、管内的水倒流时,若通气孔失灵,会使管内出现真空,钢管埋于地下时,承受外部地下水压力或土压力等外压而失稳。此外,钢管在安装和运输过程中,可能因冲击、振动而变形。钢管的壁厚原则上按强度要求设计,按刚度要求校核,其最小壁厚可按下式计算

$$\delta \geqslant \frac{1}{130}D \tag{9-8}$$

式中　D——管道直径。

如果按强度计算所得的厚度小于按式(9-8)求得的数值,当两者出入不大时,可采用式(9-8)的计算结果;当两者相差较大时,若采用加大管壁厚度来满足刚度要求,显然是不经济的,则可沿管轴方向每隔一定距离加设一刚性环,以增强水管刚度。

(六)出水管道上的管件与阀件

1. 管件

出水管道常用的弯管有90°、60°、45°、30°、15°等五种。水泵出口端用同心渐扩管。为使水流平顺,异径管的长度$L_{异径}=(5\sim7)\times(D_{大}-D_{小})$,$D_{大}$、$D_{小}$为大、小头直径。

2. 逆止阀

逆止阀装在水泵出口附近的出水管路上,它是一个单向突闭阀。其作用是当事故停机时,阻止出水池和出水管中的水倒流,避免机组高速反转。但安装逆止阀后不仅增加水头损失,而且由于它的突然关闭会产生很大的水锤压力,可能导致机组损坏,甚至发生爆破事故,故一般不宜设置。扬程高、管路长的泵站,宜选用缓闭阀。该阀在事故停泵时能按一定的程序和时间关闭,以减小水锤压力,限制倒流。

3. 拍门

中、小型泵站停机后的断流方式一般用拍门。它是一个单向活门,安装在出水管口,又称出水活门。水泵开启后,在水流的冲击下拍门自动打开。由于它淹没于水下,停机后靠自重与倒流水压力自动关闭。拍门材料有铸铁、铸钢、钢板焊接等。为减小水头损失,有的小型泵站用铝合金、玻璃钢等材料制成轻质拍门。拍门一般由水泵制造厂成套供应或专门生产企业供应。

4. 闸阀

闸阀安装在出水管路上,它的作用是:低比转速泵关闸启动,可以降低启动功率;关闸停机,可防止水倒流;抽真空时关闭闸阀,隔绝外界空气;水泵检修时关闭闸阀,截断水流;调节水泵的流量或功率。

(七)出水管道的布置方式

出水管道的管线布置方式有管道平行布置、管道收缩布置和管道并联布置。

1. 管道平行布置

管道平行布置形式(见图9-3)的优点是管线直而短,水力损失小,管路附件少,安装方便;缺点是机组台数多时,出水池宽度大。这种布置形式适用于机组大、台数少的情况。

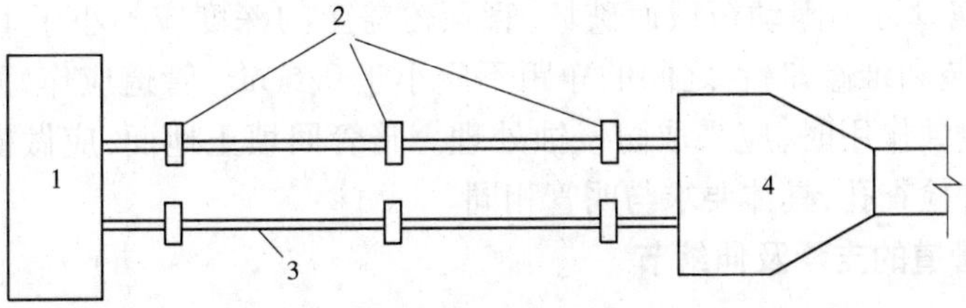

1—泵房;2—镇墩;3—管道;4—出水池

图9-3　管道平行布置形式

2. 管道收缩布置

管道收缩布置形式(见图9-4)的优点是镇墩可以合建,出水池宽度可以减小,可节省工程投资。这种布置形式适用于机组台数较多的情况。

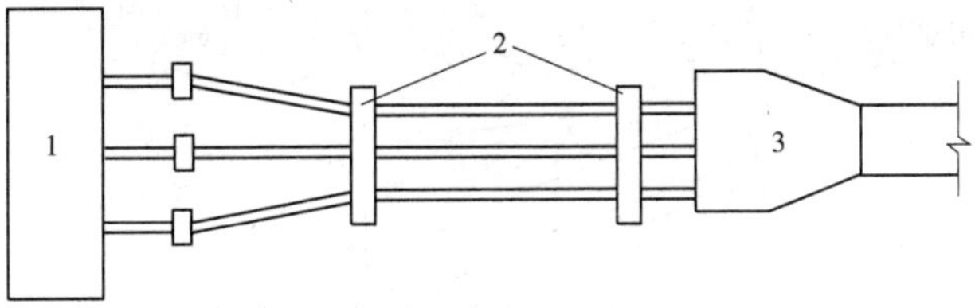

1—泵房;2—联合镇墩;3—出水池

图9-4　管道收缩布置形式

3. 管道并联布置

当泵站机组台数比较多时,为了减少占地面积及出水池尺寸,可以将两管或数管并联布置,并联后压力管道可平行布置,也可收缩布置。管道并联布置形式(见图9-5)管路附件增多,总管出故障后对泵站工作影响较大。

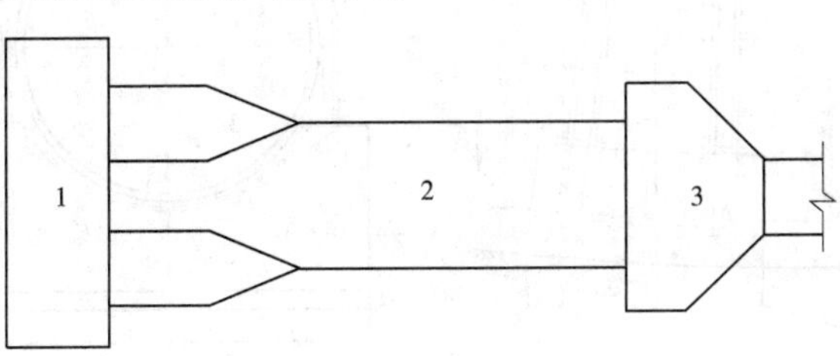

1—泵房;2—并联管;3—出水池

图9-5　管道并联布置形式

二、出水管道的铺设与支承

(一)出水管道的铺设

出水管道的铺设有明式和暗式两种。金属水管一般采用露天铺设,水管不易生锈,安装检修方便。其缺点是管内无水期间水管受温度变化影响较大,并且需要进行经常性的维护。为便于安装和检修,管间净距不应小于 0.8 m,钢管底部要高出管槽地面 0.6 m。预应力钢筋混凝土管应高出地面 0.3 m。当管径大于或等于 1 m 且管道较长时,应设检查孔,一般每条管道不应少于两个。

钢筋混凝土管可埋设于地下,也可露天铺设。暗式管道应在冻土层以下 0.3 ~ 0.5 m,为保证非金属管道不因动荷载而破坏,管顶覆盖土的深度应不小于 1.0 ~ 1.2 m。同时,为了便于安装和维修,暗管之间的净距不应小于 0.6 m。管道应作好防腐处理,当地下水对管道有侵蚀作用时,应采取防侵蚀处理。暗管回填土地面,应做横向及纵向排水沟。暗管应设置检查孔,具体要求与明管相同。

(二)压力管道的支承及伸缩节

1. 镇墩

镇墩是出水管道的固定支座,用来消除管道在正常运行或事故停机时的位移和振动。它常设于管道的转弯处,在明管直线段上设置的镇墩,其间距不宜超过 100 m。镇墩有封闭式和开敞式两种,如图 9-6 所示。封闭式镇墩管壁四周被镇墩密闭,所以受力均匀,锚固性能好,大、中型泵站一般都采用封闭式镇墩。开敞式镇墩易于检修,但管壁受力不均匀,一般在较长的水平段出水管道上或管基坡度很小的管段上使用。镇墩常用混凝土或钢筋混凝土浇筑而成。

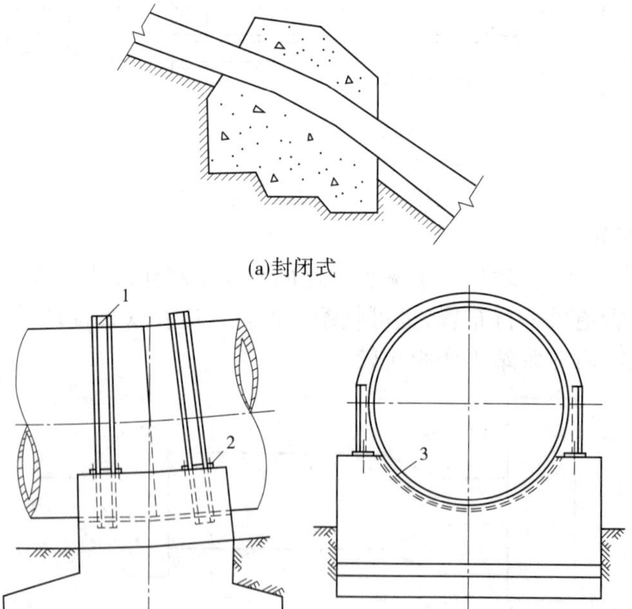

(a)封闭式

(b)开敞式

1—锚定环;2—锚栓;3—灌浆

图 9-6　管道镇墩形式示意图

镇墩是重力式结构,利用其自重来维持本身的稳定。镇墩的设计内容与重力式挡土墙基本相同,即验算镇墩在最不利荷载组合情况下的抗滑和抗倾覆稳定性、地基的稳定性及镇墩的结构强度。

镇墩的基础可做成倾斜的阶梯形状,以增大镇墩的抗滑强度。建于土基上的镇墩基础底面一般筑成水平状,且基底高程位于冻土线以下。

2. 支墩

在两镇墩之间,沿管身应设置支墩。为了适应温度变化时水管产生的伸缩,允许水管沿管轴方向在支墩上自由移动,所以支墩只承受垂直于管轴的法向力,而水管传来的轴向力要由镇墩承担。支墩的上部结构形式须使管道能保持正确位置,同时尽可能减小管壁与支墩的摩擦力。支墩的常用结构形式有滚动式支墩和滑动式支墩(见图 9-7 和图 9-8),滑动式支墩又分为鞍式和刚性支承环式两种。鞍式支墩适用于管径在 1 m 以下的管道,水管支承在鞍形的混凝土支墩上,包角一般为 90° ~ 120°。鞍座常用钢板做支承面,并加滑润剂,以减小鞍座与管壁间的摩擦力。刚性支承环式支墩适用于管径 2 ~ 3 m 以下的管道,在支墩处的管身四周加刚性支承环,支承环可沿支墩滑动,以减小摩擦力,并避免管壁磨损。镇墩及支墩的布置见图 9-9。

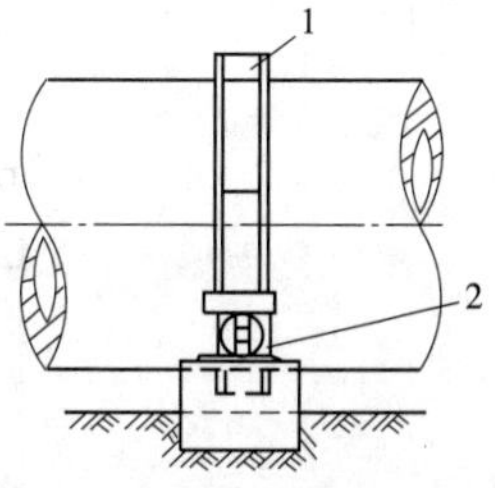

1—支承环;2—辊轴

图 9-7 滚动式支墩

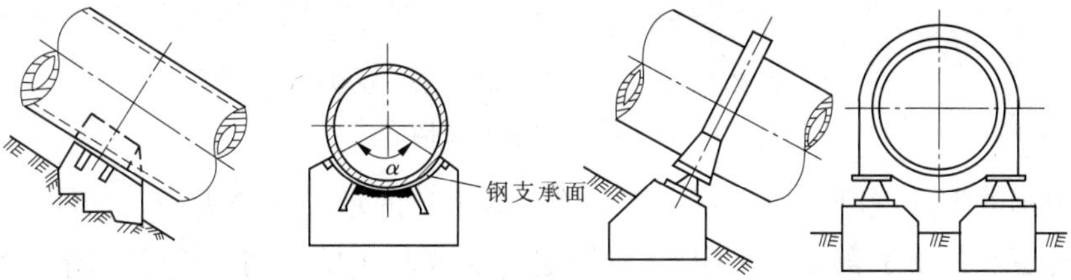

(a)鞍式支墩 (b)刚性支承环式支墩

图 9-8 滑动式支墩

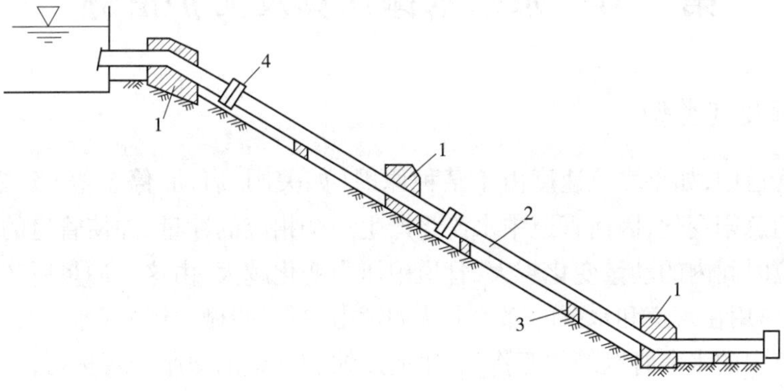

1—镇墩;2—压力水管;3—支墩;4—伸缩节

图 9-9 镇墩及支墩的布置

3. 伸缩节

露天钢管在两镇墩之间用伸缩节分开,当温度变化时,管身可沿管轴方向自由伸缩,以消除管壁的温度应力，减小作用在镇墩上的轴向力。伸缩节的结构见图 9-10(a)。另有一种双作用的伸缩节见图 9-10(b)，还允许两侧钢管产生微小的角位移，以适应地基的少量不均匀沉陷。为了减小伸缩节的内水压力，有利于镇墩的稳定，伸缩节一般布置在镇墩下面靠近镇墩处。根据具体情况的不同，可以调整伸缩节的位置，以改善上、下镇墩的受力情况。

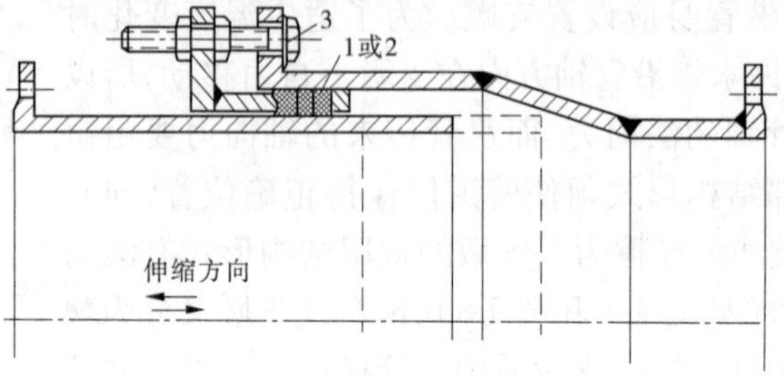

(a)

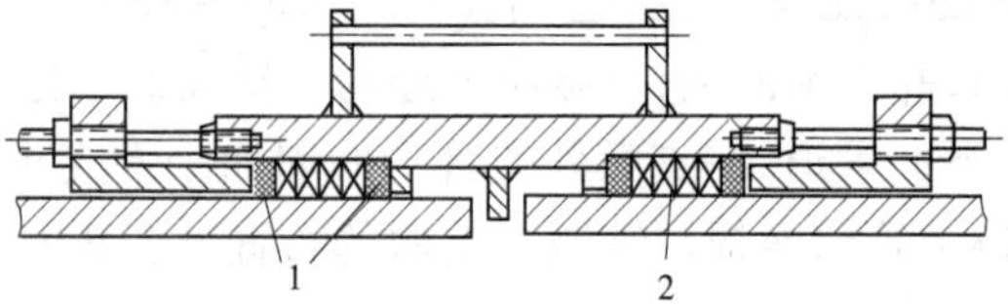

(b)

1—橡皮填料；2—大麻或石棉填料；3—拉紧螺栓

图 9-10　伸缩节结构

分段预制的钢筋混凝土压力水管多为橡皮圈密封的承插式接头，不需另设伸缩节。

暗式管道及其支承都埋入土中，水管固定在镇墩上，中间支承一般采用浆砌块石或混凝土连续管床，也可筑成不连续的分段管床。暗式管道的承插式接头处应设置检修坑。

第三节　泵站水锤计算及防护措施

一、水锤及其类型

在泵站管道中，如果水流速度由于某种原因(如关阀、启动、停泵等)突然改变，将引起水流动量的急剧变化，因而管道中水流将产生一个相应的冲量，并使管道的压力产生急剧变化。单位时间内的动量变化越大，管道中压力变化越大，由这一冲量所产生的冲击力也越大，该力作用在管道和水泵的部件上犹如锤击，所以叫做水锤(或水击)。

由于管道中的水和管壁的相互作用，水的压缩和管壁的膨胀交替进行，呈压力波的形式沿管线传播，使管道中的压力和流速产生瞬态的变化现象，因此又称为水力过渡过程。

根据引起水锤的原因不同，可分为关阀水锤、启动水锤和停泵水锤三大类，关阀水锤是由于阀门的正常开启和关闭产生的水锤；启动水锤是由于机组的正常启动和停机产生的水锤；停泵水锤是由于事故水泵突然失去动力而引起的水锤。一般而言，由于事故停电等造成的停泵水锤往往产生较大的水锤压力变化，严重的甚至导致水泵、阀件或者管道破坏,造成事故,影响机组的安全运行,应尽量避免。随着水泵机组单机容量的增大,长管道、高扬程、大容量的设备增多,泵站水锤问题越来越突出,工程上要求对泵站水锤进行详细的计算分析,为泵站和管道的设计提供可靠的技术依据,以确保系统的安全,防止水锤事故的发生。因此,研究泵站水锤产生的机理和计算方法及防护措施,对于提高抽水系统的设计水平、降低工程投资、保证安全运行等均有十分重要的意义。本节主要讲述事故停泵水锤的变化规律、计算方法及其防护措施等内容。

二、停泵水锤分析

(一)管道上无逆止阀并允许水倒流时

突然停泵时产生的水锤过程(或称水力过渡过程)可分为三个阶段,如图9-11所示。

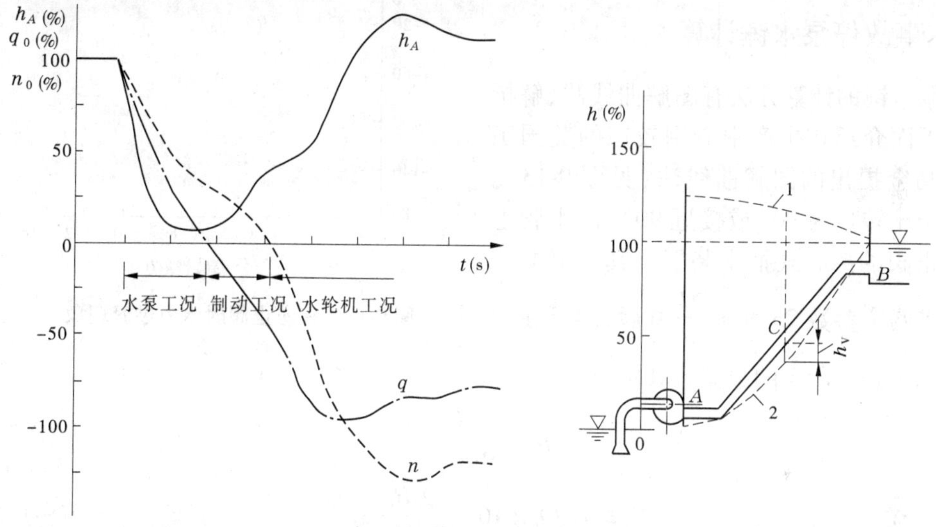

(a)无逆止阀时水泵出口处水力过渡过程线　(b)无逆止阀时管道沿程最大、最小压力分布曲线

1—最高压力线;2—最低压力线

图9-11　无逆止阀时水力过渡现象

1. 水泵工况

停电后,水泵和管中水流由于惯性作用将继续沿原有方向运动,但其速度逐步减小,管中压力降低,直至水流速度由 v 变为零,这一阶段叫做水泵工况。

2. 制动工况

瞬态静止的水,由于受重力或静水头的作用开始倒流,回冲水流对仍在正转的水泵叶轮起制动作用,于是转速继续降低,直至转速为零。这一阶段,由于水流受正转叶轮的阻碍,管中压力开始回升。

3. 水轮机工况

随着倒泄水流的加大,水泵开始反转并逐渐加速,由于静水头压力的恢复,泵中水压也不断升高,倒泄流量很快达到最大值,倒转速度也因而迅速上升。但随着叶轮转速的升高,它作用于水的离心力也越大,阻止水流下泄,反而使倒泄流量有所降低,从而引起管中正压水锤值继续上升并增至最大,相应的转速也达到最大值。随后由于倒泄流量继续减小,作用于叶轮的能量相应减小,因而使转速略有降低。最后在稳定的出水池静水头作用下，机组以恒定的转速和流量稳定运行。由于这时的机组受倒泄水流的冲击，在无任何负载的情况下空转，所以这一稳定转速叫做飞逸转速。从机组开始反转至达到飞逸转速的这个阶段叫做水轮机工况。

（二）管道中有逆止阀的情况

图 9-12 所示为水泵出口 A 处装有逆止阀的水泵装置，在事故停泵过程中当逆止阀关闭时的 A 点压力变化过程。从图 9-12 中不难看出：逆止阀 A 处的最高水锤压力为 190%，其最大增压为 90%，最大降压也为 90%，然后以静水头线为基线，上下交替变化，而且逐渐衰减。

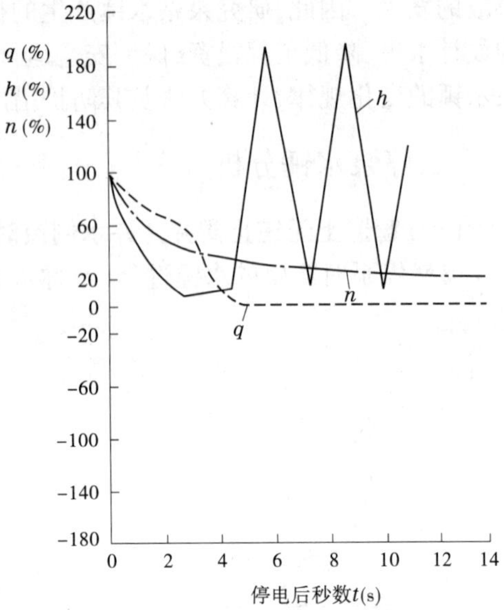

图 9-12　有逆止阀时水力过渡现象

三、事故停泵水锤计算

停泵水锤的计算方法有图解曲线法、解析法等。下面介绍在生产中应用较广的美国工程师帕马金提出的图解曲线法（见图 9-13）。它适用于比转速为 90（或接近 90）、出水管上不装逆止阀的离心式抽水装置。其图解曲线法是先求两个参数 2ρ 和 $K\dfrac{2L}{a}$ 值后，即可在曲线的坐标上查出所需的数据。其中

$$2\rho = \frac{av_0}{gH_0} \tag{9-9}$$

$$K = 1.79 \times 10^6 \frac{Q_0 H_0}{GD^2 \eta_0 n_0^2} \tag{9-10}$$

$$a = \frac{1\,425}{\sqrt{1 + \dfrac{\varepsilon}{E}\dfrac{D}{\delta}}} \tag{9-11}$$

式中　v_0, Q_0, H_0, n_0 和 η_0——水泵额定工况下管中流速，m/s，水泵流量，m^3/s，扬程，m，转速，r/min 和效率（%）；

GD^2——机组转子的转动惯量，$kg \cdot m^2$，可按电动机样本中查到的电动机转子转动惯量的 1.1～1.2 倍计算；

a——水锤波的传播速度，m/s；

D, δ——管子的内径、管壁厚度，m；

ε, E——水的弹性模量和管壁材料的弹性模量，MPa。

利用帕马金图解曲线还可以近似地估算出水泵出口处装有逆止阀时的停泵水锤压力。其做法是先按上述方法求出水泵处和出水管中点处的最大降压率，换算成绝对值后，分别加上水泵出口处和出水管中点处的静水头，即得出在逆止阀关闭时水泵处和管道中点处的最大升压值。其最大降压值的计算方法与无逆止阀时相同。

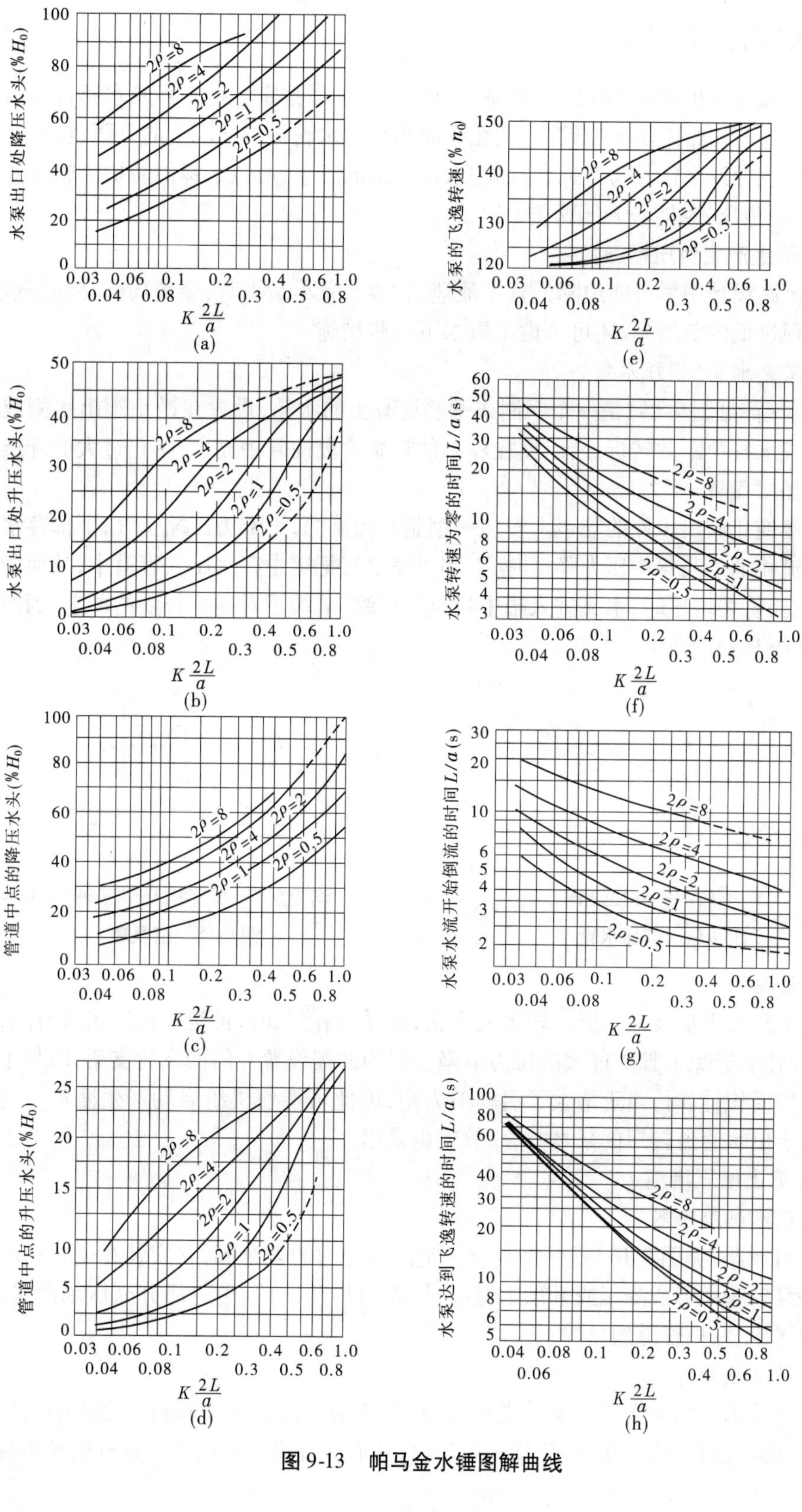

图 9-13　帕马金水锤图解曲线

四、水锤的防护措施

停泵水锤的防护措施必须结合泵站的具体情况加以选定。由于停泵水锤首先出现降压，一般而言，若初始阶段降压较大，则在倒流倒转的水轮机工况产生的升压也较大；又由于降压有可能导致水柱分离再弥合，加剧水锤升压的发生，所以水锤的防护措施主要有防止降压（形成负压）和防止升压两类。

（一）防止产生负压措施

除在泵站设计中尽可能地降低管中流速，管线布置尽量平直，避免局部突起、急弯等，以防止出现过低的负压外，还可考虑采取如下一些措施。

1. 设置充水箱（调压水箱）

调压水箱（见图 9-14）是一个钢制或钢筋混凝土的水箱，设置在逆止阀出水侧或设置在可能形成水柱中断的转折处，以便在停泵的初始阶段向管中充水，防止过大的降压。

2. 设置空气罐

在紧接逆止阀出水侧的管道上安装一钢制密闭圆筒，上部为压缩空气，下部存水和管道压力水流相通。当管中压力降低时，上部压缩空气把罐中存水压入管道中，从而防止了降压过大；当管中增压时，水又进入罐中将空气压缩，减缓了对逆止阀瓣的冲击，因而使升压降低，如图 9-15 所示。

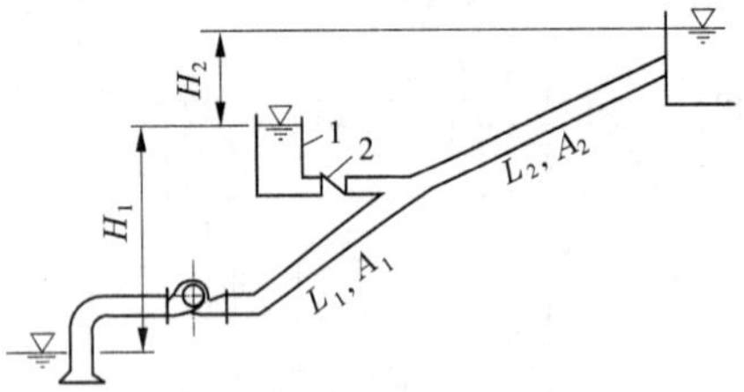

1—水箱；2—单向逆止阀

图 9-14　调压水箱

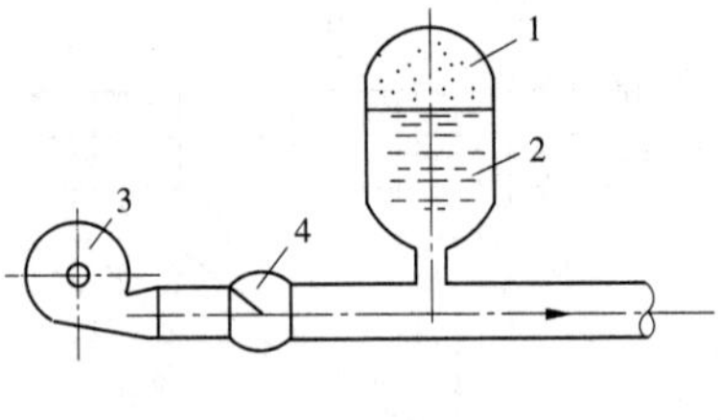

1—压缩空气；2—压力水；3—水泵；4—逆止阀

图 9-15　空气罐

3. 装设飞轮

在机组转轴上加装一个质量较大的飞轮，这样，当停泵时，可延长机组正转时间，延缓反转开始时间，避免了管中过大的压力下降。但为此需设置专门的飞轮支架，增加了设备投资和泵房面积；同时，由于增大了启动阻力矩，因此可能使机组启动产生困难。这种措施仅适用于出水管道较短的泵站中，一般较少采用。

（二）防止增压措施

1. 装设水锤消除器

水锤消除器（见图 9-16）是一个具有一定泄水能力的安全阀，它安装在逆止阀的出水侧。当停泵后管中形成降压或升压水锤波时，阀门打开，将管中一部分高压水泄走，从而达到减弱增压、保护管道的目的。

2. 安设爆破膜片

在逆止阀出水侧主管道上安一支管，在其端部用一薄金属片密封。当管中增压超过预定值时，膜片破裂，放出水流，降低管内压力，从而保证设备的安全。这种防护措施简单

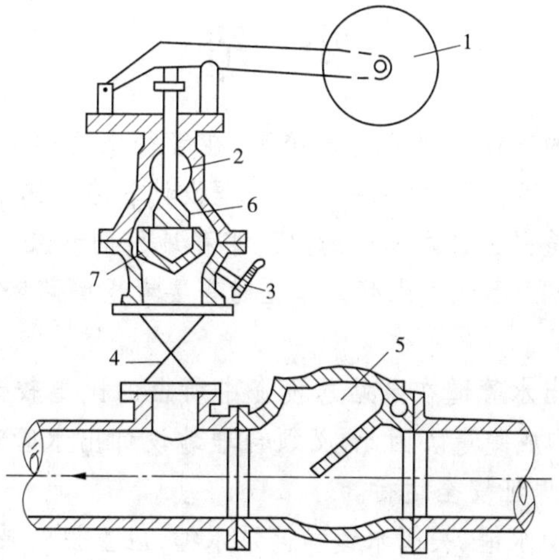

1—重锤;2—排水口;3—三通管;4—截流闸阀;
5—逆止阀;6—阀瓣;7—分水锥

图 9-16　下开式水锤消除器示意图

易行、拆装方便、工作可靠,但由于爆破压力受膜片材质、尺寸、固定方式等因素的影响,因此一般要通过试验确定其爆破压力值。

3. 安装缓闭阀

缓闭阀就是当事故停泵时,通过相应的传动机构让逆止阀或其他类型的阀门按预定的程序和时间自动关闭。这样,既可减弱正压水锤,又可限制倒泄流量和倒转转数,是一种较好的水锤防护措施,如图 9-17 所示。

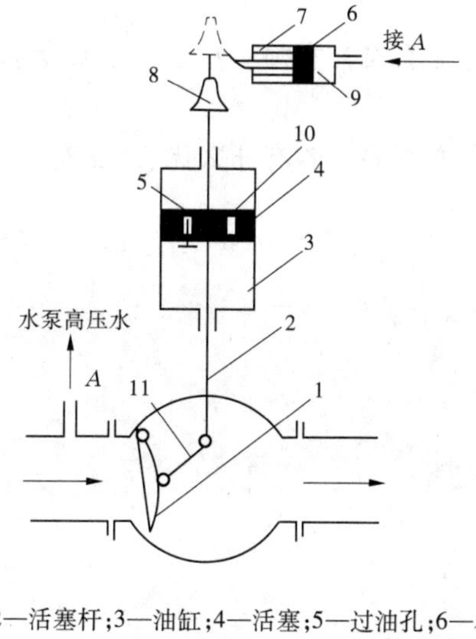

1—闸板;2—活塞杆;3—油缸;4—活塞;5—过油孔;6—小活塞;
7—闭锁杆;8—闭锁帽;9—闭锁水缸;10—小油孔;11—连杆

图 9-17　缓闭逆止阀示意图

小　结

(1)管路设计采用的管径由经济流速控制,在管径采用标准化直径后应注意经济流速的校核;应结合实际工程地形、水源等条件合理设计管路及选配管路附件。

(2)进水管的作用是保证进水池中的水流平稳地引向水泵叶轮进口。设计不合理的进水管可能产生不良后果,因此进水管路布置时需要考虑管路密封、水流流态及水头损失等问题。

(3)高扬程泵站的出水管道在泵站总投资中所占的比重较大,而且容易发生水锤现象,对泵站的安全运行构成隐患。因此,必须合理地设计出水管道的管材、管径及铺设方式等,以降低工程造价,保证安全运行。

(4)泵站水锤有启动水锤、关阀水锤和停泵水锤,应重视对泵站停泵水锤的研究。

(5)对停泵水锤采取的防护措施主要是从防止降压过大和升压过大着手,采取相应的措施,从而保障泵站的安全运行。

思考题

1. 水泵的进水管道与出水管道的工作特性有什么不同?泵站设计中对进水管道的选择和安装有什么特殊要求?

2. 水泵的进水管路布置有哪些要求?

3. 水泵的出水管路布置有哪些要求?

4. 闸阀的作用有哪些?

5. 事故停泵产生水锤的主要因素有哪些?适用于泵站水锤防护的措施有哪些?它们各有什么特点?

6. 出水管道的布置方式有哪些?各有什么优、缺点?

第十章 泵站机组安装与运行管理

学习重点

水泵机组与管道的安装;泵站运行工作的内容,启动和停机的要求;水泵常见故障及排除。

学习要求

掌握水泵机组与管道安装的方法和安装工艺流程,熟悉水泵运行的操作步骤、水泵常见故障的原因及故障排除方法,了解泵站常用技术指标的测试技术、泵站运行的节能技术及泵站管理的基本知识,为从事水泵机组安装、检修、泵站运行和管理等一线工作奠定基础。

第一节 水泵机组与管道的安装

水泵机组与管道设备的安装是一项非常重要和十分繁重的工作,安装质量的高低将直接影响泵站的运行和管理,必须以高度的责任心认真对待,全面做好各项工作。水泵站的水泵装置安装必须遵循正确的安装顺序,应先安装水泵,再安装动力机、传动装置,然后安装管路及管路附件。

一、机组安装前的准备

泵站机组安装是一项技术性强且较复杂的工作,安装前必须做好各方面的准备工作,否则将很难顺利地按要求完成安装任务。

(一)组织安装队伍

安装前要组织好安装队伍,明确负责人,合理配置技术人员和安装人员。安装人员必须熟悉有关资料和图纸,懂得安装规范,熟悉安装步骤和安装方法。大、中型泵站或重要泵站的机组安装工作应根据规定实行监理制,确保机组安装工作的质量。

(二)工具准备

安装工具是机组安装工作中不可缺少的,一般包括扳手、管钳、手钳、手锤、锉刀、棕绳、钢丝绳、起重设备、钢尺、塞尺、百分表、水准仪、千斤顶、电焊机、花杆、水准尺、撬杠等。

(三)材料准备

安装前根据安装工作的需要,一般应准备以下材料:煤油、铅油、机油、黄油、青壳纸、橡胶垫、油麻绳、棉纱、线绳、油漆、电焊条等。

(四)编制安装进度计划

为保证安装工作能够顺利地如期完成,安装前必须制订详细的切实可行的安装进度计划,安排好各项工作的顺序和时间。

（五）设备的清点检查

设备运到工地现场后，应由专业技术人员进行技术验收，检查设备的规格、数量及质量是否符合要求，检查有关技术文件与资料是否齐全。

二、卧式机组的安装

卧式机组分为有底座和无底座两种。小型机组的水泵和电动机一般多采用直接传动，其底座是共用的。有底座机组安装时，先将底座放于浇筑好的基础上，套上地脚螺栓和螺帽，调整位置，使底座的纵、横中心位置和浇筑基础时所定的纵、横中心线一致。若由于地脚螺栓的限制，不能调整好位置，其误差不能超过 ±5 mm。然后调水平，拧紧地脚螺栓。机座安好后，再将水泵安装在机座上。接着安装动力机（电动机），当采用直接传动时，在动力机固定之前，应先进行同心度量测和调整，再进行轴向间隙量测和调整，两者反复进行，直到满足规定要求。最后固定动力机。

对于无底座直接传动的卧式水泵机组，安装时，先将水泵吊到基础上，与基础上的地脚螺栓对正并穿入泵体地脚螺孔使水泵就位。然后在水泵底脚的四角各垫一块楔形垫片，进行水泵的中心线校正、水平校正及标高校正。反复校正后，再用水泥砂浆从缝口填塞进基础与泵体底脚间的空隙内。灌浆时为不使水泥砂浆流出，四周应用木板挡住，并保证内部不得存有空隙。待水泥砂浆凝固后，拧紧地脚螺栓。

动力机的安装与水泵安装基本相同，即先将动力机吊到基础上就位，再采用与水泵相同的调整方法反复进行同心度和轴向间隙的量测与调整。最后进行灌浆固定。安装流程如图 10-1 所示。具体安装步骤如下所述。

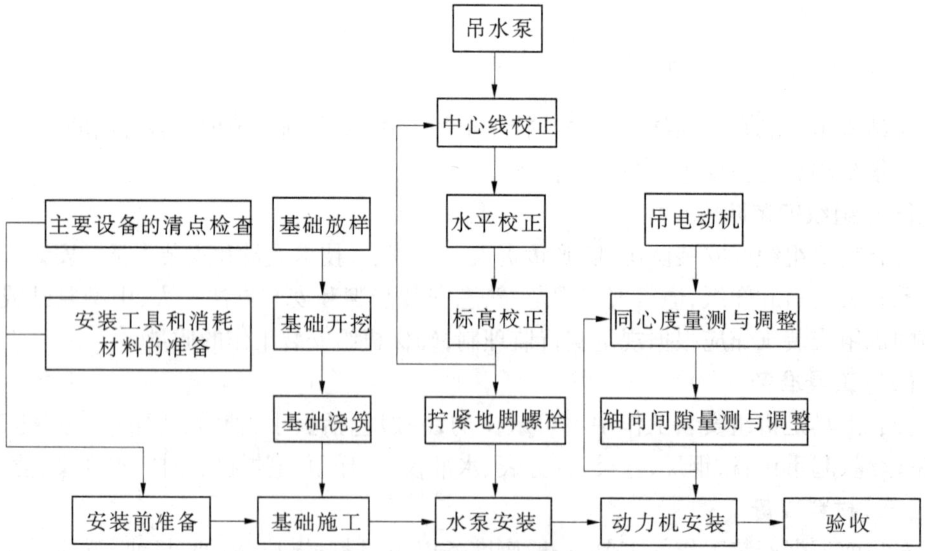

图 10-1　卧式机组安装流程

（一）基础施工

机组基础施工是按基础放样、基础开挖和基础浇筑三个步骤进行。机组基础施工按浇筑方法不同，可分为一次浇筑法和二次浇筑法两种。一次浇筑法是把地脚螺栓按机组的安装尺寸固定在基坑顶部的横木上(见图10-2),然后浇筑基础混凝土,一次性地将地脚螺栓埋固于基础之中。但在施工中应注意避免地脚螺栓受碰撞而变位,造成机组安装困难。二次浇筑法是在浇筑基础时,根据安装尺寸,预留出地脚螺栓孔(孔径比螺栓直径大50 mm左右,也可为方孔),安装机组时,在预留孔中插入地脚螺栓,将机组安装于基础上,然后用细石混凝土灌注预留孔,将地脚螺栓固定。这种方法的优点是可以保证机组位置的正确性,但地脚螺栓的抗拉能力不如一次浇筑法。小型机组一般采用一次浇筑法,大、中型机组一般采用二次浇筑法。

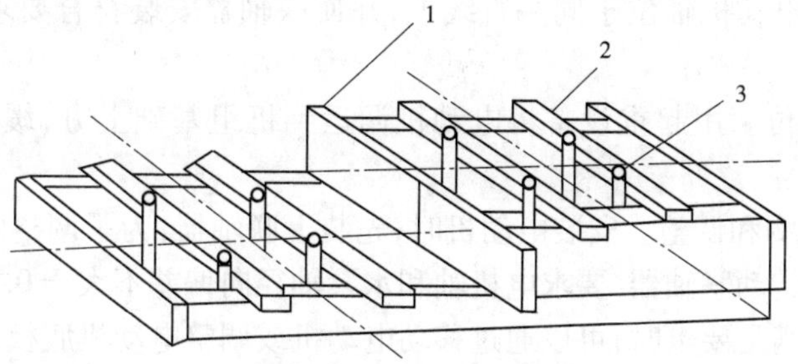

1—模板;2—横木;3—地脚螺栓

图10-2　一次浇筑法立模

(二)水泵安装

水泵安装前应先检查机组基础面是否水平,顶部高程是否符合要求。

1. 水泵就位

用起重设备将水泵吊至基础上方,缓慢下降让地脚螺栓穿入泵体的地脚螺孔,使水泵就位。

2. 中心线校正

中心线校正就是要求找正水泵的纵、横中心线的位置,使水泵安装到位。根据图纸要求,先在机组基础面上画上泵轴中心线和水泵进、出口中心线,再在水泵进、出口中心和泵轴中心分别吊垂线,然后调整水泵位置,使垂线与基础面上画的纵、横中心线相对应,使水泵就位。图10-3为Sh型水泵的中心线找正图。

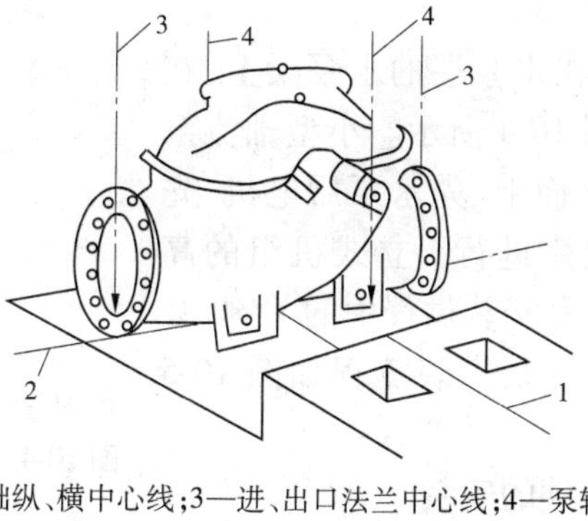

1、2—基础纵、横中心线;3—进、出口法兰中心线;4—泵轴中心线

图10-3　Sh型水泵中心线找正

3. 标高校正

水泵的标高是指水泵轴心线的高程。找标高的目的是校核安装好后的实际高程与设

计高程是否相符。用水准仪和水准尺进行测量。

4.固定水泵

水泵的中心线校正、水平校正及标高校正经反复进行后，再用水泥砂浆从缝口填塞进基础与泵体底脚间的空隙内。灌浆时，为不使水泥砂浆流出，四周应用木板挡住，并保证内部不得存有空隙。待砂浆凝固后，拧紧地脚螺栓，固定水泵。

（三）电动机安装

卧式水泵机组大多采用联轴器传动，其电动机的安装以水泵为准，通过移动电动机的位置，使水泵轴和电动机轴位于同一直线上，并使联轴器安装符合要求。具体安装步骤如下：

（1）电动机就位。用起重设备将电动机调运到机组基础上方，缓慢下降，使电动机就位。

（2）同心度量测和调整。安装电动机时，先装上联轴器，为了调整两轴位置以达到同轴的要求，慢慢地转动联轴器，要求电机轴和水泵轴径向偏差不大于0.1 mm，轴向偏差不大于0.2 mm。不满足要求时，可以通过移动电动机或调整电动机底板下的垫片调节间隙值，以保证水泵轴和电动机轴的同心度要求。

（3）轴向间隙量测与调整。轴向间隙是指联轴器两半轮中间的间隙，轴向间隙不宜过大或过小，通常为2～8 mm，以防止机组工作时两轴窜动而相互顶撞。间隙的大小用塞尺量测。但应注意的是，轴向间隙量测和调整必须与同心度量测调整配合进行，既要满足同心度要求，又要同时满足轴向间隙要求。

（4）电动机固定。在同心度和轴向间隙的量测、调整都满足要求后，按照水泵的固定方法，便可以拧紧螺帽将电动机进行固定。

三、立式机组的安装

小型立式轴流泵安装在水泵层的水泵梁上，在动力机层的电机梁上，如图10-4所示。小型轴流泵机组的安装，一般按照自下而上、先水泵后电机、先固定部件后转动部件的规律进行。立式机组的高程、水平、同心、摆度和间隙是安装过程中的关键，必须认真掌握。小型立式轴流泵安装流程如图10-5所示。

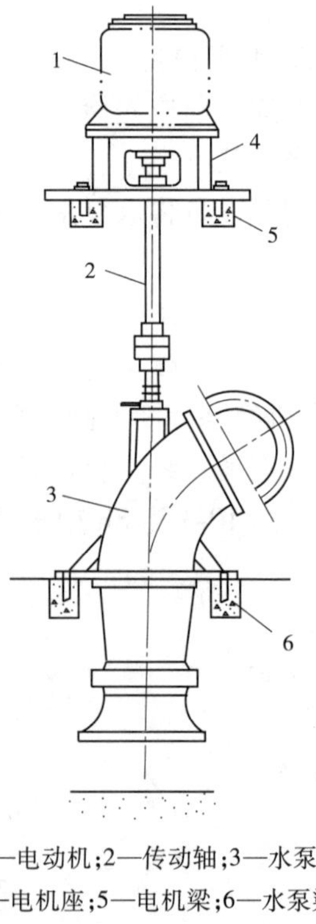

1—电动机；2—传动轴；3—水泵；
4—电机座；5—电机梁；6—水泵梁

图10-4 小型立式轴流泵安装示意图

（一）弯管、导叶体组合件的安装

水泵梁定位后，将弯管、导叶体组合件吊到水泵梁上，同时把弯管口垫上止水橡皮与出水管相连，以出水弯管上的上导轴承座面为校准面，将方框水平仪放到校准面上，调整垫铁，并收紧弯管与出水管的连接螺栓，校正出水弯管的水平。

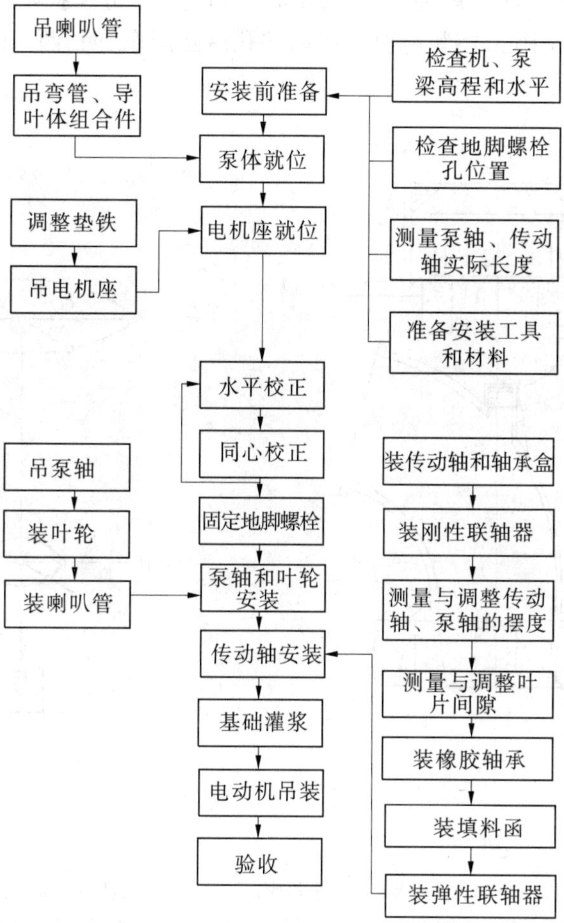

图 10-5 小型立式轴流泵安装流程

(二)电机座的安装

由于机组各部件有加工误差,几个部件配合组装后又产生累积误差,因此图纸给定的电机座安装高程与部件实际情况有出入,电机座的实际安装高程常通过预装方法求得。预装时将泵轴吊入上、下导轴承孔内,试装叶轮与叶轮外壳,使叶片中心与叶轮外壳中心对准,测量出泵轴上端联轴器平面的距离,根据实测记录,计算出电机座的实际安装高程。然后拆除叶轮吊出水泵轴,按确定的电机座安装高程吊电机座。以电机座轴承座面为校准面,将方框水平仪放到校准面上,用调整垫铁的方法校正电机座的水平。

(三)同心校正

同心校正是校正电机座上的传动轴孔与水泵上、下导轴承孔的同心度,使各部件的中心点重合在一条理想的铅垂线上。同心度测量常用电气回路法,如图 10-6 所示。

在电机层楼面上放一支架,支架中间放一只求心器,其上吊一钢琴线,下挂重锤并浸入油桶中。用干电池、耳机、电线与钢琴线串联成电流通路,利用内径千分尺接通被测量的部件与钢琴线间的回路。当内径千分尺的尖端与钢琴线接触时回路接通,耳机发出响声,内径千分尺的读数即为部件圆周上该点与铅垂线的距离。

测量时,以水泵上导轴承座为基准,用求心器和内径千分尺找好轴承内孔和钢琴线的同心,然后以钢琴线为中心,测量电机座传动轴孔沿圆周东、南、西、北四个测点至钢琴线的距离,如图 10-7 所示。

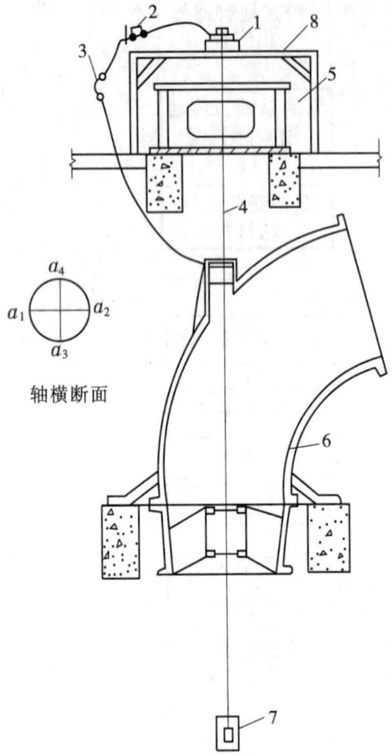

—求心器;2—干电池;3—耳机;4—钢琴线;5—电机座;
6—水泵;7—油桶及重锤;8—求心架

图 10-6 同心度测量

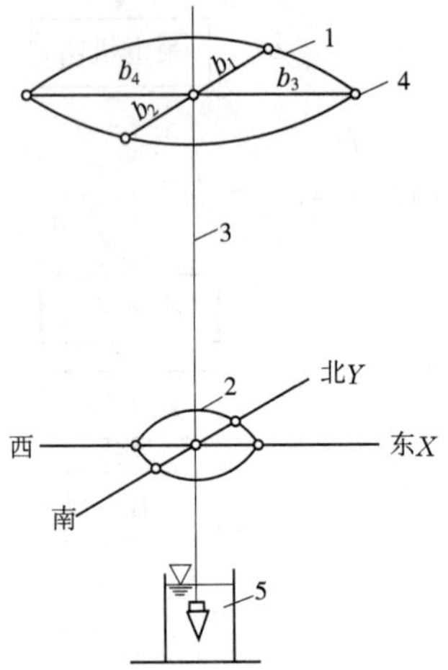

1—被测量部件;2—基准部件;3—钢琴线;
4—测点;5—油桶及重锤

图 10-7 垂直同心测量数据示意图

由于水泵上、下导轴承孔的同心出厂时已校正,只要把上导轴承座面调至水平,上、下导轴承孔即达到同心,故下导轴承孔同心无须测量。

根据记录,可计算部件在东西方向及北南方向的同心偏差值为

$$\left.\begin{aligned} Y_b &= b_1 - b_2 \\ X_b &= b_3 - b_4 \end{aligned}\right\} \tag{10-1}$$

式中 Y_b——被测部件 Y 方向的同心偏差值,mm;

X_b——被测部件 X 方向的同心偏差值,mm。

一般要求 $X_b = Y_b = 0$,若同心偏差值 X_b、Y_b 在允许范围内,也可认为是垂直同心的;若不在允许范围内,可用移动电机座和调整垫铁的方法进行调整。

校好同心后,再复校水平、高程,直至同心、水平和高程都满足要求。

(四)传动轴、泵轴摆度的测量和调整

传动轴、泵轴摆度测量和调整的目的是使机组传动轴线各部分的最大摆度值在规定的允许值范围内。轴线摆度用盘车方法测量。盘车前将泵轴、传动轴组装好,将推力头从传动轴顶套入并把两只圆螺母旋紧。

在传动轴推力头处、刚性联轴器和下导轴三部位的平面上各装两只互成 90°的百分表,并将每一平面 8 等分,如图 10-8 所示。

让机组转动部分慢速旋转,依次将各部位上每个测点的百分读数记录下来。根据测量记录数字计算全摆度和净摆度数值,全摆度是指同一测量部位上两相对点的数值之差,净摆度是指同一方位上测点全摆度相对于推力头处分摆度的差值。

传动轴的支承面为推力头,推力头在推力轴承上转动。传动轴的摆度(见图 10-9)是推力头底面与传动轴线不垂直产生的,若计算出的摆度值不符合要求,需进行调整。

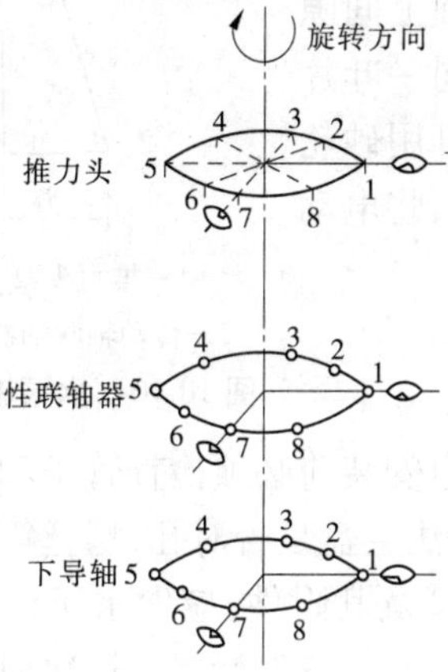

图 10-8　轴线摆度测量分点示意图

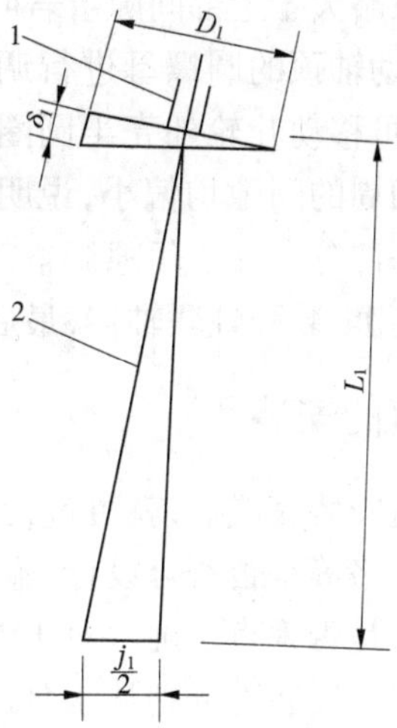

1—推力头;2—传动轴

图 10-9　传动轴摆度示意图

调整方法一般是磨刮推力盘底面,刮磨值按下式计算

$$\delta_1 = \frac{j_1 D_1}{2L_1} \tag{10-2}$$

式中　δ_1——推力头的刮磨值,mm;

j_1——刚性联轴器处的净摆度,mm;

D_1——推力头底面直径,mm;

L_1——推力头至刚性联轴器的距离,mm。

传动轴的摆度调整合格后再调整水泵轴的摆度。水泵轴线是由于联轴器的法兰平面与水泵轴线不垂直产生的,调整方法是常用铲削传动轴联轴器法兰平面来解决的,如图 10-10 所示。铲削厚度按下式计算

$$\delta_2 = \frac{j_2 D_2}{2L_2} \tag{10-3}$$

式中　δ_2——传动轴法兰的铲削厚度,mm;

D_2——联轴器法兰的直径,mm;

j_2——水泵下导轴承处的净摆度,mm;

L_2——下导轴承测点至法兰的距离,mm。

(五)各部件间隙测量与调整

机组轴线摆度调整达到要求后,装水泵上、下橡胶轴承,并用塞尺检查橡胶轴承与轴的间隙,要求四周均匀。然后装叶轮外壳,并用塞尺测量每一叶片上、中、下在东、南、西、北四个方位上与叶轮外壳之间的间隙。叶片间隙要求四周均匀。由于传动部分的轴向推力,电机梁受力后有挠度,使轴线略有下垂,故要求叶片的中心略高于叶轮外壳的中心,即叶片下部间隙略大于上部间隙。若叶片上、下部间隙太大或太小,可用传动轴顶的圆螺母进行调整;若整个半圆上间隙偏大或偏小,可移动叶轮外壳半圆圈进行调节;若同一叶片在叶轮外壳四周的间隙均偏小,说明该叶片太宽,可用砂轮或锉刀修去一部分。叶片间隙调整完毕后装喇叭管,将电动机吊到电机座上,装弹性联轴器,最后接线试运行。

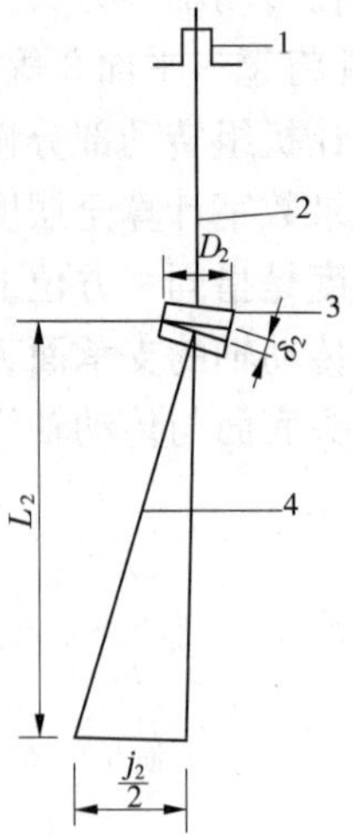

1—推力头;2—传动轴;
3—传动轴联轴器;4—水泵轴

图 10-10　水泵轴摆度示意图

四、管道的安装

水泵机组安装完成后,就可进行管道安装。管道安装前必须检查管子和附件的好坏、数量、质量、规格等是否符合设计、施工和安装要求,法兰盘是否对孔,螺丝等是否齐全,偏心管和正心管是否垂直正确。对于混凝土管、铸铁管及其附件,应做水压试验,有渗漏现象的不能应用。安装时分别从水泵进口和水泵出口开始,按设计要求逐次向外安装。

(一)管道安装要求

1. 不漏气

管道严格密封,进水管道不能漏气,出水管道不能漏水。

2. 不吸气

吸水管进口位置安装位置正确,应严格按照设计轴线位置安装,不得随意更改管道位置。

3. 不积气

进水管道不能有存气的地方,进水管道水平段应有一定坡度,沿水流方向管道逐渐上升,保证空气能顺利排出。偏心渐缩管的平面在上、斜面在下,水泵进口应避免直接与弯头相连接,两者之间应加装一段直管,如图 10-11 所示。

4. 管道坡度、坡向符合要求

管道连接不能用加热管道、加偏垫等方法来消除管道接口的空隙、偏差、错口等缺陷。

5. 管道必须支承和固定

管道不宜直接铺设在地面上,必须支承在支墩和镇墩上,水泵进、出口的管道及阀件必须设置支承。

6. 应在泵房与进水池处设柔性接头

为了避免泵房与进水池发生不均匀沉陷,使管道遭到破坏,应分别设置柔性接头(用橡胶或塑料制成)或刚性接头(用钢材制成)。管道与墙体间的缝隙必须进行防渗处理。

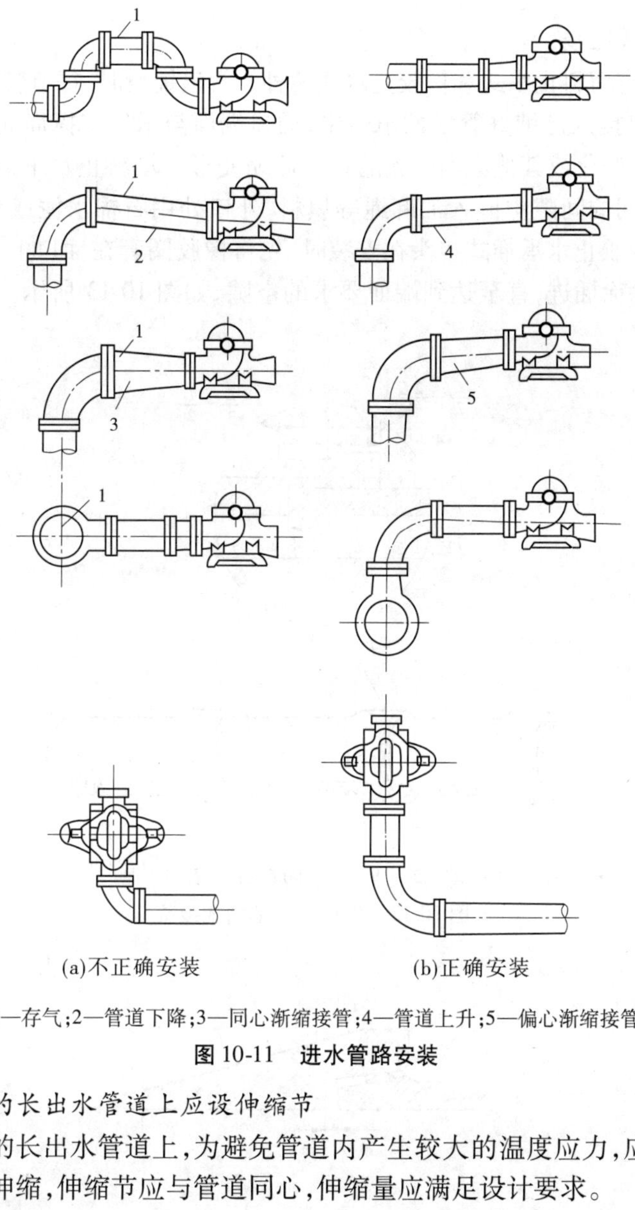

1—存气;2—管道下降;3—同心渐缩接管;4—管道上升;5—偏心渐缩接管

图 10-11　进水管路安装

7. 刚性连接的长出水管道上应设伸缩节

在刚性连接的长出水管道上,为避免管道内产生较大的温度应力,应设置伸缩节,以保证管道的自由伸缩,伸缩节应与管道同心,伸缩量应满足设计要求。

(二)管道的连接

为保证管道的密封良好,管道安装连接是非常重要的。管材不同,铺设方法不同,管道的连接方法不同,管道接头的连接也不一样。管段间通常采用法兰盘、承插式接头和套管式接头连接。钢管大多采用法兰盘连接,铸铁管、混凝土管及钢筋混凝土管多采用承插式接头连接,大直径的平口钢筋混凝土管多采用套管式接头连接。

1. 法兰盘连接

连接时,应在连接两管段的法兰盘之间加垫一层涂有白铅油的 3 ~ 5 mm 厚的橡胶(或石棉)垫圈,也可用桐油石灰加麻绳做垫圈。垫圈应端正位于两法兰盘之间,不能有偏移和厚薄不均现象。管子就位后,校正垫圈,再将螺栓及螺母点上机油,对称地上紧螺栓。

2. 承插式接头连接

承插式接头有填料止水式和橡胶止水式两种。管道铺设时，每节管段的前端为插口，末端为承口，插口插入已铺好管段的承口中，插口端面与承口支撑面间应留有 3 ~ 8 mm 空隙，以承受温度变化或其他原因引起的管子伸缩变形。填料止水承插式接头是在插口外壁与承口内壁间的间隙中嵌入油麻绳等填料，外口处用石棉水泥或水泥砂浆封实，如图 10-12所示。橡胶止水承插式接头在安装时，先将橡胶圈套在插口上，再将插口对准就位的管子承口，徐徐插进，直至达到端面要求的空隙，如图 10-13 所示。这种方法施工进度快，止水效果好。

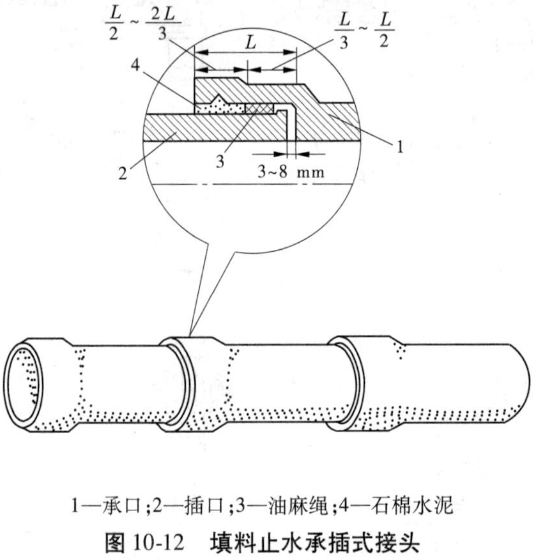

1—承口；2—插口；3—油麻绳；4—石棉水泥

图 10-12　填料止水承插式接头

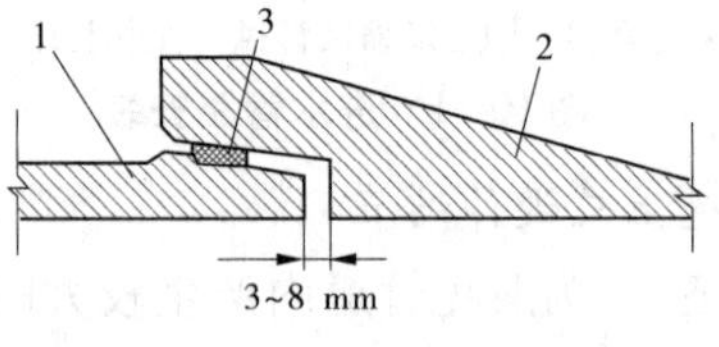

1—插口；2—承口；3—橡胶圈

图 10-13　橡胶止水承插式接头

3. 套管式接头连接

套管式接头是在管子接口部位套上一短管（套管），管子与套管之间的空隙（一般为 12 ~ 15 mm）用油麻填料嵌实，然后用石棉水泥封堵两侧。为有利于套管与管壁的结合，通常对封堵部位的管子外壁和套管内壁表面进行凿毛处理。套管式接头如图 10-14 所示。

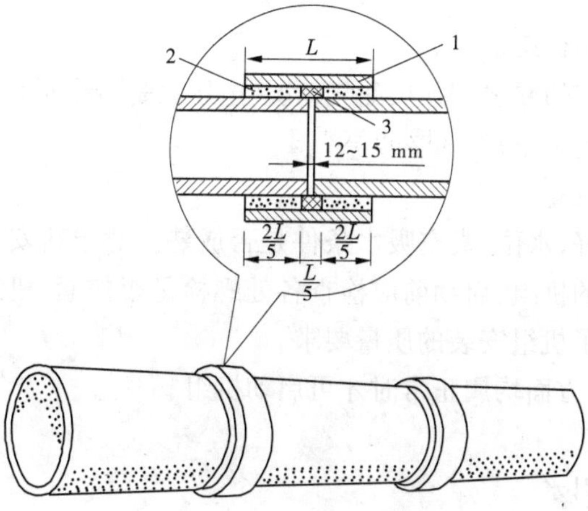

1—套管；2—石棉水泥；3—油麻绳

图 10-14　套管式接头

第二节　泵站的运行管理与故障排除

一、水泵站的运行

水泵站的运行与管理是水泵站经营管理的一项重要工作，其目的就是管好、用好水泵站，使其安全可靠，高效率、低能耗地运行，充分发挥水泵站的作用。为实现这一目标，运行人员应达到如下要求：

(1)严格遵守安全操作规程，做好运行值班工作。

(2)熟悉机电设备的构造和性能特点，经常进行机组各个部件的检查维护，发现问题及时处理，使机组处于良好的技术状态，并经常在高效率区运行。

(3)熟练掌握水泵的运行操作方法和维护技术，能正确操作，及时排除水泵的一般故障。

(4)进行有关技术指标的观测工作(如出水量、压力表读数、真空表读数、电流值等)，以便检查分析机组的运行状态。

水泵的运行一般包括启动前检查、机组启动与停机、运行中检查及故障排除等内容。

(一)启动前检查

机组启动前必须做好全面的检查工作，检查的内容主要有以下几方面。

1. 进、出水流道的检查

在进水口检修闸门关闭的情况下，进水池及拦污栅周围应无杂物，便于闸门的启闭；闸门的起吊设备应处于完好状态；闸阀设备等应安全可靠。

2. 盘车检查

用手转动联轴器，手感是否灵活均匀，有无受阻和异常声音，发现问题及时解决。

3. 轴承和填料函检查

检查轴承中润滑油是否清洁、油位是否符合标准线。填料函压盖松紧程度是否合适，水封管路有无堵塞。

4. 辅助设备系统及仪表检查

检查辅助设备系统的漏水、漏电、漏气情况，电压表是否指示在正常电压范围内，电流表、真空表、压力表等是否正常。

5. 其他外部条件检查

电气设备是否完好，水位、真空吸水条件是否成熟。对于新安装机组、长期停用的机组或检修后首次启动的机组，启动前应检查各处螺栓是否拧紧，机组旋转方向是否正确，其他零部件是否达到了机组安装的质量要求。

经过上述检查，各方面均属正常时才可启动机组。

（二）机组启动

1. 灌水或抽真空引水

离心泵在充水前应将出水管上的闸阀关闭，然后进行引水，当水泵和进水管已充满水，关闭阀门，停止真空泵工作时可以启动水泵。

2. 机组启动

充水完成后，关上排气阀，合上电源，机组启动，打开压力表，压力表显示适当的压力后，打开真空表，观察压力表、真空表、电流表是否正常，若无异常情况，逐渐打开出水管阀门，直至进入正常运行状态。

轴流泵和深井泵的启动比较容易，准备工作完成后，只要加水润滑橡胶轴承，即可启动，至动力机达到额定转速后，停止加水，此时可用水泵抽上来的压力水进行润滑。

3. 启动后的检查

机组启动后，应对水泵填料函、轴承、各类仪表、电气设备等做一次检查，发现问题，应及时进行处理。若一切正常，则机组启动过程结束。

（三）运行中检查

机组在正常运行过程中，工作人员应经常巡回观察机组运行情况，发现异常情况，及时处理。运行中检查内容有以下几个方面。

1. 监视水泵运行是否有振动和异常杂声

机组投入运行后，监视其运行是否平稳，声音是否正常，以判断机组运行状况。若发现有异常杂声或不正常的振动、慢转等现象，应立即关闸停机检查，找出毛病，避免发展为重大事故，修理完好后再开机。

2. 检查填料函的工作情况

填料函工作时不能过紧也不能过松，要保证在正常运行状态。正常漏水程度为每分钟 30 ~60 滴。

3. 注意轴承温度变化

水泵、电动机的轴承温度不宜过高，一般滑动轴承不得超过 70 ℃，滚动轴承不得超过 90 ℃。通常采用的方法是凭经验用手摸，若烫手，说明温度过高。轴承温度过高将导致润滑油质分解，摩擦面油膜被破坏，润滑失败，致使轴承温度更趋升高，严重时会造成泵轴咬死，甚至发生断轴事故。

4. 监视仪表读数

机组是否正常工作可通过各种仪表反映出来,每台机组都有自己的工作参数值,通过监视仪表读数,若发现不正常,要仔细分析原因,采取措施加以排除。

5. 监视进水池水位

若水位降得过低,水泵进水口产生涡流,空气可能被吸入泵内,对水泵运行十分不利。此时,应采取措施使进水池中水位升高。

6. 定时作好泵站运行记录

泵站运行记录数据是泵站经济运行或进行经济分析的重要依据,对于判断泵站技术状况及作出相应的决策都有着重要意义。所以,运行值班人员必须认真作好运行记录,即把出水量、压力表读数、真空表读数、电流表读数、电压表读数等技术数据准确地记录下来。对机组的异常情况,应增加记录内容,以便分析原因,及时排除。

(四)停机

(1)离心泵在停机时,首先慢慢关闭出水管上的闸阀,然后切断电源,停止电动机转动;停泵后,将真空表、压力表及冷却水管阀门关闭;做好泵体清洁卫生和保养工作。

(2)轴流泵在停机时,可直接切断电源,使电动机停止运转,水泵也就停止运行了,然后关闭冷却水及轴承润滑管上的阀门。

(3)若为多台机组,应逐台停机。

(4)对于水轮泵,停机时,闸门或活动导水叶要关严,以避免漏水时水轮泵继续低速运转,烧毁橡胶轴承。

(5)深井泵停机后不能立即再次启动,以防产生水流冲击,一般间隔 5 min 以后再启动。对于长期停止运行的深井泵,最好每隔几天运行一次,以防零部件锈死。

(6)冬季长时间停机时,应将泵体下部螺丝打开,放空水泵内的剩余水,以防止水泵冻裂。

二、水泵站的管理

在泵站建设迅速发展的同时,经营管理工作也积累了许多经验,取得了一定的成绩。但长期以来受“重建轻管”思想的影响,管理工作中也存在着一定的问题。如何管好、用好、经营好泵站工程,并将其纳入正规化、规范化、科学化管理的轨道,真正按照基础设施、基础产业的要求进行经营管理,是泵站管理的中心任务,也是促进水利可持续发展的重要举措。

(一)组织管理

组织管理的内容包括:建立健全管理机构,明确职权范围,制定规章制度。搞好组织管理对提高职工的政治思想水平、业务素质和技术水平有着重要意义。调动一切积极因素,保证泵站各项生产任务的完成是非常重要的。

1. 泵站的性质、机构和定员标准

泵站是基层水利工程管理单位,也是基本核算单位。泵站经营管理主要是为社会提供水利服务。为了维持和扩大再生产,泵站应改变单一的经营方式,改变那种不讲经济核算、不讲工程效益、亏损靠国家补贴的状况。在完成提供水利服务任务的前提下,积极开展多种经营，加强经济核算，更好地发挥工程的综合效益。

泵站的管理机构应在工程竣工前筹建。在工程施工期间，即着手培训技术力量，参加工程建设质量的检查和验收，并会同设计、施工及主管部门编制工程和设备的管理办法。

泵站管理单位应根据工程的规模、装机容量和受益范围，参照水利部制定的《水利工程管理单位编制定员试行标准》配置必要的管理机构和管理人员。为了有利于管理干部、技术人员与机务人员提高管理水平和技术水平，人员要保持相对稳定，不应轻易抽调和更换。

2. 泵站管理机构的任务

泵站管理机构的主要任务是：运用各种法律、行政、经济、技术等手段充分调动职工的积极性、主动性和创造性，对泵站的经营活动进行有效的指挥、监督和调节，力争以最少的投入取得最好的经济效益。其具体任务如下：

(1) 从勘测设计等部门收集有关技术资料，参与工程建设的检查和验收，从施工部门接管工程及有关技术资料，建立健全技术档案，编写大事记等。

(2) 制定和执行各项规章制度，参与研究制定泵站发展的近期计划和长远规划。

(3) 编制和执行经营管理计划，供水排水计划，工程及机电设备的检查、维修、配套和挖潜更新改造计划。

(4) 推广先进供水排水技术，开展必要的观测及试验研究工作。

(5) 按规定提取折旧费和大修费；及时收取供水排水费；开展综合经营，保证财务收支平衡，力争自给有余。

(6) 经常开展文明生产和安全教育，组织职工学文化、学技术。

3. 技术培训

为提高供水排水技术、提高经营管理水平，除依靠专业学校培养人才外，还必须加强在职职工的培训。

各级泵站主管部门和泵站都要有专人抓培训工作，如培训计划的制订、培训经费的落实、培训基地的规划、教学大纲的编制、教材的编写及教师的聘请等。

培训的形式根据培训对象和培养目标可灵活多样，如以师带徒、现场培训班、专题培训班、专题研究班等。

(二) 工程管理

工程管理的主要任务是：搞好工程的控制运用、配套更新，以保证工程完好，确保工程安全，延长使用寿命，充分发挥效益。工程管理的主要内容是：枢纽建筑物的管理和运用，渠道(河道)及其建筑物的管理和运用。

建筑物在长期使用过程中经常受到自然和人为因素的影响，遭受不同程度的损坏。若不及时养护维修，就会直接影响供水排水的可靠性，缩短建筑物的使用寿命。工程设施控制运用的合理与否对发挥工程的效益也有很大的影响。

1. 泵站枢纽的管理

泵站管理人员要熟悉土建施工详图，了解土建施工、机电设备安装、泵房及其他建筑物结构、各种预埋件等，以利于今后的管理工作。

泵站工程竣工时，要严格执行验收交接手续，把所有勘测设计和施工资料接收下来，归档保管,然后根据这些原始资料,水工建筑物的具体情况和现行有关规程、规范,制定工程管理制度和方法。

泵站枢纽一般由进水建筑物、出水建筑物和泵房三部分组成。

1)进水建筑物

进水建筑物与引渠相连接,它把来水均匀地扩散,使水流平顺而均匀地进入水泵或水泵的吸水管路。前池的池底一般在最低水位以下 1 ~2 m,由过滤段和护底段组成,两侧与护坡相连接。池内常布置拦污栅,以防止水草、杂物进入泵内。池旁装有水尺,供观测水位用。对进水建筑物的管理要注意以下几点:

(1)检查护坡工程有无冲刷损坏现象。发现问题,应及时修复,以免发生塌坡。

(2)检查护底工程的反滤排水是否畅通,有无流土、管涌现象,若有,要及时降低上游水位,查明原因,进行修复,以免淘空泵房底板下基础,引起重大事故。

(3)在供水排水期间,严禁在池内游泳,以免发生危险。

(4)不准在池内捕鱼炸鱼,不准扒石或抛投杂物。

(5)泵站运行时要及时清除拦污栅前的水草、杂物;否则,一方面会增加水流过拦污栅的水头损失,降低进水池的效率,另一方面又会使进水池内的流速分布不均匀,影响水泵的性能,降低水泵运行的效率。

(6)每年供水排水结束后,应清除池底淤泥、杂物,保持进水池处于清洁完好状态。

2)出水建筑物

出水建筑物与泵房或管道相连接。它由墙身、护底、渐变段等几部分组成。池壁装有水尺,用以观测水位。

(1)对墙身和底板分开砌筑的出水池,往往由于不均匀沉陷出现裂缝,造成漏水,若漏水严重,可能引起地下水位过高,危及泵房的稳定。因此,要经常注意观察有无裂缝,一经发现,要及时修补。

(2)当出水池与泵房合建时,靠近泵房一侧往往因回填土过厚,引起不均匀沉陷,致使出水池底板产生裂缝,两侧墙身断裂。因此,要经常注意观察,若有裂缝,要将其凿开,用水泥砂浆填塞,必要时进行灌浆处理。

(3)当用拍门断流时,要加强拍门的检查与维护,对转轴处要经常加润滑油;否则,造成拍门不能全部打开或不能顺利关闭,给泵站运行造成事故。

(4)出水池墙身禁止堆放重物,池底禁止撞击。

(5)出水池内禁止洗衣、游泳和抛投杂物。

3)泵房

泵房由电机层、水泵层、进水层及四周壁墙等组成。对泵房的管理要求是:

(1)及时修理漏雨屋顶。

(2)泵房内应保持清洁,防止灰尘进入机器。室外排水要畅通,以免雨水进入泵房,影响机组的安全运行。

(3)要经常检查泵房的墙身、中墩、板、梁、柱及相互之间的连接处。若有裂缝,应查明原因,及时处理。

(4)做好地基沉陷观测工作。若沉陷不均匀,会破坏机组的同心,危及机组的安全运行。一旦发现,应及早处理。

2. 涵闸的管理

泵站枢纽及供水排水区涵闸(如进水闸、泄水闸、节制闸及各种分水涵闸等)是供泵站引水及渠道配水使用的。为确保涵闸启闭灵活,正确控制和调配水量,必须设专人管理,并制定操作规程和养护制度。

1)对涵闸的要求和启闭原则

(1)涵闸各部分应完整无缺,开闸时无冲刷和破坏现象。

(2)闸门应启闭灵活,且开启过程中和开启后无振动现象。

(3)闸前壅水高度应不超过设计水位,过水能力要符合设计要求,并能正确控制水流,运用自如。

(4)对于多孔闸,若用机械启闭,要做到各孔同时启闭,且开启程度相同;若用人力或移动式启闭机启闭,应首先开中孔,而后逐次对称开两侧闸孔。若提升高度较大,应分组逐次提升,以防对下游护坡造成冲刷。关闸时逐次对称先关两侧闸孔,后关中孔。这样,可防止水流过分集中或产生偏流。

2)启闭闸门注意事项

(1)闸门启闭前,应检查启闭机、闸门、闸门槽等有无故障。在运用前应先试启闭一次,以保证启闭时启闭灵活。

(2)开闸时若下游无水,或上、下游水位差在 1 m 以上,为避免下游渠道及护坡发生冲刷,闸门应先开闸少许,待下游水位抬高后,再逐步提升到所需高度。

(3)手摇启闭机启闭时,用力要均匀。若遇故障,严禁强行操作。

(4)开闸时若发现下游水流分布不均匀或闸门有扭曲、振动、声响等异常现象,应及时检查处理,以免故障扩大。

(5)关闸前应清除底槛处的碎石、淤泥等障碍物,以免闸门关闭不严。当闸门快落到底槛时,要降低下落速度,以免下落过猛,撞坏机件或闸门。

(6)关闭闸门时,要随时注意闸门的开度指示标尺,以免闸门到底仍在旋转摇臂,致使螺杆压弯,甚至顶坏工作桥。

(7)对无限位开关的直升闸门,采用绳鼓式启闭机时,要防止闸门到顶,钢丝绳被拉断,闸门坠毁的事故。

3)涵闸的检查养护

(1)闸孔内的积淤、闸门上的污垢、闸前的漂浮物,应随时清除干净。由于水流的冲击及波浪造成的损坏部分要及时加以修补。

(2)闸门及启闭机要经常保持整洁完好,运用灵活。无限位开关的要装限位开关或标尺。

(3)手摇螺杆式启闭机,要在螺杆上作好启闭标记,或装上简易的止动设备,以免压弯螺杆,损坏闸门。若闸门有漏水现象,应进行检查,找出原因,及时处理。

(4)闸门及启闭机的主要易损件,如螺栓、垫圈、键等,应有备件,并应及时检查,若有松动变形,要及时更换。

(5)启闭机上的指示标尺应注意检查调整,使其能正确指示闸门的实际开度。启闭机应加盖保护罩壳，以免日晒雨淋。

(6)闸门、启闭机和钢丝绳等，均须定期擦洗、加油及油漆保护，以延长其使用寿命。对长期不用的闸门，每月应试开关一次，使设备经常处于完好状态。

(7)利用闸门量水时，应定期检查水尺零点，测定闸孔开启高度是否与标尺指示相符，还应根据实测资料对水力计算公式中的系数进行修正。

(8)闸上的交通桥梁，应规定通过车辆的最大吨位。翼墙顶部及距墙后2~3倍墙高范围内禁止堆放重物或通行车辆。启闭机工作桥上应禁止堆放重物或闲人通行。

(9)经常检查闸门止水情况、上下游护底、护坡、消力池、伸缩缝、浆砌石勾缝及墙后回填土的沉陷情况。若有异常，要及时进行处理。

(10)经常检查与维护闸门的止水装置。若有损坏，除产生漏水外，还将引起闸门振动、冲蚀、锈蚀等。止水检查应与闸门检查一并进行，主要检查止水是否与止水座密切接触，止水有无磨损、老化或局部损坏；固定止水构件的螺栓有无松动、锈断等。发现问题，应及时处理。

(11)橡胶止水应保证每扇闸门顶、侧、底止水的整体件，若有断裂、撕裂等，应及时修补，以防整体性破坏。

(12)止水的紧固件和固定件(如螺栓、垫圈、压板及型钢等)必须进行防锈蚀处理。

(三)泵站经营管理

泵站工程经营管理虽然面临着工程老化失修，带病运行，效益出现衰减，经费严重不足，大修、更新改造资金来源不足等问题，但也存在着很多有利条件和潜在性的有利因素，充分利用好这些条件和有利因素，对泵站经营管理将产生巨大的推动作用。《水利产业政策》的颁布实施，为泵站经营管理的改革与发展创造了良好的政策环境和难得的机遇。泵站管理要从看护工程守摊子的情况管理，技术管理逐步介入经济管理和经营管理，为经济建设、社会发展和人民生活提供水利服务。

泵站经营管理是指以发挥工程的安全、效益为中心内容的全部技术经济活动，将工程管理与水资源开发和有偿服务结合起来，建立服务经营化、产业化体系，形成水利服务的良性循环。只有树立商品经济观念、工程经营观念，才能从单纯的生产服务型转变为生产经营服务型。管理单位经营管理是手段，为全社会服务是目的。只有讲经营，才能讲成本、讲经济核算、讲经济效益。

1. 固定资产的管理

固定资产是固定资金的实物形态，固定资金是固定资产的货币表现形式。通常规定，单位价值在200元以上，使用年限在一年以上的各种财产，划定为固定资产。不同时具备这两个条件的应作为低值易耗品。但有些主要生产设备，虽然单位价值低于规定标准，也要列入固定资产。固定资产包括管理单位房屋、建筑物、设备、工具等。

泵站工程固定资产折旧是对固定资产损耗价值的补偿，泵站管理单位的大修理费是为保持固定资产正常使用状态而提取的大修理基金。

水利工程供水部分固定资产原值包括供水水库、泵站、灌区或水厂、供水闸、井等供水固定资产的原值。

水利工程管理单位的泵站工程固定资产折旧按泵站工程固定资产原值乘以折旧率进

行计算,泵站工程供水部分大修理费按泵站工程固定资产原值乘以大修理费率计算。

2. 成本管理

所谓成本,是泵站在生产经营过程中所发生的各项费用的总和,也是在生产经营过程中用价值形式表现的人力和物力消耗的总和。成本是反映泵站管理水平的综合性经济指标。泵站生产经营活动中各方面管理工作的好坏都将通过成本反映出来。成本管理是泵站经营管理的一项重要内容。因此,加强成本管理具有重要意义。

1)供排成本核算

供排成本的项目一般分为六项,六项费用总和为供排总成本。

(1)耗电费、燃油费$\sum E$。指供排作业所耗用的电费、柴油费。

(2)维修费C_1。指供排作业的小修理费及维护保养用的辅助材料和小型工具,如更换的零配件、修理费和修理时消耗的材料。

(3)固定资产折旧费C_2。指用于供排作业的固定资产的折旧费。

(4)大修理费C_3。指用于供排作业的固定资产的大修理提存。

(5)工资福利费C_4。指直接从事供排作业人员的工资福利费,它取决于劳动组织与定员指标及职工的平均工资水平。

(6)管理费C_6。管理费又称间接费用,它是为生产所发生的不属于以上五项的其他费用,如办公费、水电费、会议费、差旅费,以及办公室、宿舍、仓库的折旧费和修理费。

泵站进行综合经营时,管理费应按供排作业直接费和综合经营直接费的比例分摊,分别计入供排作业和综合经营成本。如从事供排作业的工人在非供排季节从事综合经营,这部分工人的工资福利费也应按工作时间分摊。

供排成本有三种计算法,即按单位面积、单位水量和 kW · m 计算。

2)供排成本分析

成本分析的目的是分析引起成本变化的原因,找出泵站在经营管理中存在的问题,不断提高经营管理水平,更好地为农田灌溉和排水、城乡给水排水提供水利服务。供排作业成本分析的方法有比较法和因素分析法两种。

(1)比较法。

将供排成本与以往成本对比,与先进单位对比。同时,算出六项成本在总成本中的比例,即可找出造成成本升降的原因,从而明确降低成本的方向及降低成本所应采取的技术措施。

(2)因素分析法。

影响成本的因素很多,如气候变化引起开机时间的差异,油价、电价的调整,工资的调整,扬程、机组效率、渠系水利用系数、受益面积、各种作物播种面积的变化等。因素分析法是假定其他因素不变,逐个计算某一因素对成本引起的差异。例如:为了与上一年的成本相比,先假定其他因素与上一年一样,仅开机小时数不同,计算开机时间对成本的影响;再假定其他因素不变,仅调整电价,计算电价对成本的影响;又假定其他因素不变,计算工资调整对成本的影响等。对各种因素逐个进行计算,就能看出主要成绩在哪里,主要问题在哪里。这样,可对当年的经营管理水平作出正确的评价,并明确今后努力的方向。

3)水费的计算和征收

供排作业成本是确定水费标准的依据。为了保证泵站维持正常的运行和维护,应按照“保本自给,略有盈余”的原则确定水费的标准。

(1)水费的计算。

对于供水泵站,水费的计算必须贯彻多用水多负担、少用水少负担的原则;对于排水泵站,应按受益面积的多少合理负担。通常有如下两种计算方法。

①把水费分为固定费和计时费两部分。固定费包括工资福利费、管理费及泵站建筑物等固定资产的折旧和大修理费提存。固定费按实际受益面积分摊。计时费包括电费(或燃油费)、维修费、机电设备等固定资产的折旧和大修理费提存。计时费按供水时间或用水量或受益面积分摊。这种方法既能保证泵站的正常开支,又能贯彻合理负担的政策。

②将总成本除以开机台时数,算出每台时的水费,按台时数收费;或根据每立方米水的成本,按水量收费。

(2)水费的征收。

为了保证泵站的正常生产,必须做好水费的征收工作。水费可由泵站管理单位直接向受益单位收取,也可由村或乡镇和街道等部门代收。

(四)多种经营管理

泵站管理单位拥有一定数量的机电仪器设备、房屋、场地和人才技术优势。开展设备和人才技术服务是泵站管理单位拓展服务市场、增加自身经营收益的有效途径。要在确保工程正常运营和确保防洪安全的前提下,充分利用设备、房屋、场地,采用自办、承包、联营、股份制、租赁等多种形式,创造更多的价值。要利用自身的人才技术优势大力开展技术服务,为相关工程项目提供综合服务。

1. 开展多种经营的意义

要全面发挥泵站工程设施的综合经济效益,必须在保证泵站工程正常运营的同时,把开展多种经营作为经营管理的一项基本任务,积极开展起来。泵站管理单位开展多种经营具有如下意义。

1)扩大泵站工程的经济效益

泵站经营管理与多种经营是相互促进、相辅相成的。实践证明,泵站管理单位的多种经营搞得好,可有利地促进泵站的经营管理工作,为发展多种经营创造更有利的条件,使泵站工程经济效益不断扩大,增加经济收入,增强泵站管理单位的活力,支持供水排水生产的再生产能力,提高职工的生活福利待遇,有利于充分调动职工的劳动积极性,把经营管理工作做得更好。

2)为社会提供商品和劳动服务

泵站管理单位利用自然资源和人力、物力资源,可发展种植、养殖业,为社会提供各类商品;开展加工、制造等,为社会提供劳务服务;发展旅游、饮食业等,为人民生活服务提供游乐、休息场所。通过这些,为提高人民文化和物质生活水平作出贡献。

3)稳定职工队伍

随着多种经营的发展,泵站管理单位职工收入增加,生活福利改善,家属子女可得到妥善安置,解除了职工的后顾之忧,有利于促进管理职工队伍稳定。

4)保护和美化环境

泵站管理单位开展绿化、种植林果、旅游等生产和服务,以保持水土、美化环境,保持生态平衡、改善生态环境。

多种经营的项目很多,有许多是相互联系、相互促进的。要注意综合利用,把各种经营有机地结合起来,取得最佳的经营效果。

2. 多种经营管理的特点

(1)泵站工程所使用的水土资源和技术设备都是工程的组成部分或附属子工程,必须优先考虑工程的需要,服从于工程的调度和运用。用机电设备进行加工的企业只能在不影响供水排水的前提下进行。

(2)做好多种经营的规划工作,对每一项多种经营项目及其规模都应进行技术和经济的可行性研究。

(3)泵站工程多种经营所使用的人力和技术力量,其中一部分是从事工程管理的人员。因排灌泵站运行的季节性、时段性很强,在非排灌作业季节,多种经营改变了人力资源不能充分利用的现象,但在工程管理的繁忙季节或小修、大修期间,这些人员就要服从于工程管理的需要。

(4)泵站管理单位兴办的多种经营应在管理单位内部实行独立核算。多种经营的生产企业按经济合同上缴给单位的利润应该用于工程的管理和维修,充分发挥多种经营对工程管理的促进作用。

(5)工程为多种经营创造条件,开展多种经营受工程的约束。

(6)多种经营的产品必须做好市场的预测工作,从产、供、销各环节努力提高产品的竞争能力。

泵站多种经营管理的这些特点是开展多种经营的着眼点,只有充分认识这些特点,才能使多种经营达到科学管理的要求,能使多种经营健康地发展。

3. 开展多种经营的方针和原则

1)开展多种经营的方针

兴建泵站工程的目的是防洪除涝、供水、灌溉,既保障工农业生产和人民生命财产的安全,又保证工农业和城乡人民用水的需要。管理单位管好用好工程,保证工程安全,发挥工程效益,是开展多种经营活动的前提,其方针为:以“一业为主”,积极开展多种经营,扩大工程的综合效益。即在确保工程正常运行,充分发挥工程本身效益的前提下,遵循自然规律,因地制宜地利用工程管理范围内的水土资源,以及本单位的人力、技术、设备的潜力,开展种植、养殖、修配、加工等经营活动。具有特殊条件的单位也可根据实际情况开展其他经营项目。

2)开展多种经营的原则

(1)适度开展和利用资源。开展的多种经营项目必须保持或增强水利工程设施抗灾兴利的能力。利用机电设备进行加工生产,规模要适当,应保持设备处于优良的工作状态。若设备使用过度、维修不善,则会影响工程的正常运行。

(2)因地制宜,发挥优势。每座泵站的条件各不相同,开展多种经营必须根据各泵站的特点和具体情况，因地制宜，发挥优势。所谓“优势”，是比较优越的客观条件，开展多种经营。只有发挥自然资源、人力资源、设备资源及技术资源的优势，才能保证多种经营的顺利开展，并取得成功。

(3)全面规划，统筹安排。开展多种经营必须综观全局，根据管理范围内的各种资源和当地的社会经济、技术状况，以及产、供、销等条件，全面规划，统筹安排。

(4)经济核算，保证赢利。开展多种经营必须严格实行独立的经济核算，保证赢利。对每项经营项目要核定其固定资产金额和流动资金金额，规定产量、产值、成本、赢利等指标。不能对各个经营项目实行统收统支，更不能用工程固定资产折旧费、大修费或运行管理费来补贴某些亏损的经营项目。

三、机组的检修

水泵机组的检修是运行管理中的一个重要环节，是安全、可靠运行的关键，必须认真对待。

(一)检修的目的和要求

为更好地为工农业生产和人民生活提供服务，泵站中的所有设备均应具备很高的运行可靠性，保证机组经常处于良好的技术状态。因此，必须对泵站所有的机电设备进行正常的检查、维护和修理，更新那些难以修复的易损件，修复那些可修复的零件。

1. 定期检修

定期检修是机泵管理的重要组成部分，主要是解决运行中已出现的并可修复的，或者尚未出现问题但按规定必须检修的零部件。

定期检修是为避免小缺陷变成大缺陷、小问题变成大问题，为延长机组使用寿命、提高设备完好率、节约能源创造条件，必须认真地、有计划地进行。

定期检修分局部性检修、解体大修和扩大性大修三种。

1)局部性检修

局部性检修是指运行人员可进入直接接触的部件、传动部分、自动化元件及机组保护设备等，一般安排在运行间隙或冬季检修期有计划地进行。主要项目有：

(1)全调节水泵调节器铜套与油套的检查处理。

(2)水泵导轴承的检查。水泵导轴承有橡胶轴承和油导轴承两种。对橡胶轴承的磨损情况、漏水量、轴颈磨损等要检查、记录、处理。油导轴承大多是巴氏合金轴承，质软易磨损，密封效果不好，停机油盆进水，泥沙沉淀，运行时磨损轴承、轴颈，特别是对未喷镀或镶包不锈钢的碳钢轴颈，为了解其锈蚀、磨损情况，应定期检查处理。

油导轴承密封装置常见的有迷宫环、平板密封、空气围带等。由于橡胶件的制作质量及本身易于老化等，若是季节性泵站，停机时间长，空气围带长期处于充气膨胀状态，因而损坏率高，应定期检查更换。

(3)温度计、仪表、继电保护装置等检查、检验，这些是鉴定机组能否正常运行的依据，要达到灵活、准确。

(4)上、下导轴承油槽油及透平油取样化验，根据化验结果进行处理。

(5)轴瓦间隙及瓦面检查。根据运行时温度计的温度，有目的地检查轴瓦间隙和瓦面情况。

(6)制动部分检查处理。

(7)机组各部分紧固件定位销钉是否松动。

(8)油冷却器外观检查并做通水试验,看有无渗漏现象。

(9)检查叶轮、叶片及叶轮外壳的汽蚀情况和泥沙磨损情况,并测量记录其程度。

(10)测量叶片与叶轮外壳的间隙,集水廊道水位自控部分准确度的检查及设备维护。

总之,进行局部性检修是为安全运行创造条件,至于检修的时间间隔,可根据不同内容和运行中发现的问题而定。

2)解体大修

所谓解体大修,是机组的大修。机组大修是一项有计划的管理工作,是解决运行中经大修方能消除的设备重大缺陷,以恢复机组的各项技术指标。机组大修包括解体、处理和再安装三个环节。

机组的损坏有两种:一种是事故损坏,发生的概率很小;另一种是正常性损坏,如运行的摩擦磨损、汽蚀损坏、泥沙磨损、各种干扰引起的振动、交变应力的作用和腐蚀、电气绝缘老化等。

在规定的大修周期内,若机组运行并没有出现明显的异常现象,同时可预测在以后一定时期内仍能可靠地运行,则可适当延长大修的时间。若机组能正常运行,而硬要按规定的大修周期来拆卸机组的部件或机构,则将恶化机组的技术状况,应根据机组的工作情况及部件的损坏情况来确定检修的规模。

3)扩大性大修

泵房由于基础不均匀沉陷等而引起机组轴线偏移、垂直同心度发生变化,甚至固定部分也因此而受影响,有严重的事故隐患,或者零部件严重磨损、损坏,导致整个机组性能及技术经济指标严重下降而必须进行整机解体,重新修复、更换、调整,并进行部分改造,必要时对水工部分进行修补。

2. 大修周期

机组大修的周期要根据机组的运行条件和技术状况来确定。对于常年运行的用于工业和城镇供水的机组,用于排灌又要求调相的机组,可逆式的发电机组等,不但要合理地确定大修周期,还要装置一定数量的备用机组,以保证机组在检修期继续供水等。

《泵站技术管理规程》(SL 255—2000)规定大修周期为:主水泵 3 ~ 5 年或运行 2 500 ~ 15 000 h,主电动机 3 ~ 8 年或运行 3 000 ~ 20 000 h,并可根据情况提前或推迟。

对用于农田排灌的季节性泵站,不需要规定明确的大修周期和严格的检修分类,这类泵站有充足的时间进行检修或大修。

在确定大修周期和工作量时,应注意下列事项:

(1)若没有特殊要求,尽量避免拆卸技术性能良好的部件和机构,因为在拆卸和装配过程中可能会造成损坏或不能满足安装精度要求。

(2)应尽量延长抢修周期。要根据零部件的磨损情况、类似设备的运行经验、设备运行中的性能指标等,当有充分把握保证机组正常运行时,就不安排大修。

不能片面地追求延长大修周期,而不顾某些零部件的磨损情况。大修应有计划地进行,以保证机组正常效益的发挥。

(3)尽量避免全部分解、拆卸机组的所有部件或机构,特别是那些精度、光洁度、配合要求很高的部件、机构。

四、水泵的拆卸

水泵的零部件虽不复杂,拆装也比较容易,但若粗心大意,可能将造成零部件的损坏,影响正常的维护和检修。

(一)离心泵的拆卸

1. 泵盖拆卸

先松开泵盖两端的填料压盖,把填料压盖向两边拉开,然后松开泵盖上的螺母,泵盖即可拆下。

2. 联轴器和转子的拆卸

联轴器的拆卸在泵盖拆卸前后都可。拆卸转子时先拆下泵轴两端的轴承体压盖,即可将整个转子取下,在取下轴承体压盖时要注意保护好,取下转子时也要注意不要碰伤叶轮和轴颈。

3. 转子各部件的拆卸

先拆下泵轴两端的轴承与轴承盖两端的螺母,将两个轴承体卸下,用专用工具松开压向轴承的两个螺母。然后用拉子拉下两端的滚动轴承,将轴承盖、护环、填料压盖、水封环、填料套等零件从泵轴上退下,将轴套拆下。最后用压力机将叶轮压出,若没有压力机,可将叶轮放平垫好,用木锤将叶轮敲下。

(二)蜗壳式混流泵的拆卸

先将泵盖拆下,用专用扳手顺着叶轮的旋转方向拧下轴头的反向螺母,拆下外舌止退垫圈,卸下叶轮。然后把皮带轮旁的锁紧螺母拆下,再用拉子将皮带轮从泵轴上拉下来。放出轴承体内的润滑油,将轴承体与泵体的连接螺栓松开,就可把轴承体连同泵轴一起取下,从泵轴上取下填料压盖并退出轴套。从泵体抽出泵轴后,里面的填料就可钩出。接着进行轴承体内的拆卸,先把轴承和填料压盖拆下,再拆轴承前后两只轴承端盖,把轴和轴承一起从轴承体内退出,最后用拉子从轴上拆下轴承。

(三)轴流泵的拆卸

虽然轴流泵的类型较多,但拆卸方法基本相同。

拆下进水喇叭口,拧下导水锥上的六角螺母,拆下导水锥,把横闩旋转一个角度,即可把整个叶轮拆下来,在拆卸叶轮时,需用专用工具把两个固定叶轮的轴头螺母拧下。在退下叶轮时不要用锤子敲打叶片,以防止叶片的损坏。叶轮拆下后把泵轴向上方抽出,拆下导叶体与泵座的连接螺栓,就可取出导叶体;再用套管扳手把橡胶轴承与导叶体的连接螺栓拆掉,取出下橡胶导轴承;接着拆弯管上的填料压盖,钩出填料,松开连接螺栓,拆下轴封装置;最后取出上橡胶导轴承。

(四)水泵拆卸后的清洗和检查

水泵在检修时,对拆卸下的零部件应进行清洗和检查,其内容如下:

(1)清洗水泵和法兰盘各结合面上的油垢和铁锈,清洗拆下的螺栓、螺母。

(2)刮去叶轮内、外表面和口环等处的水垢、沉积物及铁锈,要特别注意叶轮流道内的水垢。

(3)清洗泵壳内表面,清洗水封管、水封环,检查其是否堵塞。

(4)用汽油清洗滚动轴承,然后刮去滑动轴承上的油垢,用煤油清洗擦干。

(5)橡胶轴承应刮擦干净,然后涂上滑石粉,橡胶轴承不能用油类清洗。

(6)在清洗过程中,对水泵各零部件应作详细的检查,以便确定是否需要修理或更换。

①检查泵壳内部有无磨损或因汽蚀破坏而造成的沟槽、孔洞,检查水泵外壳有无裂纹损伤。

②检查叶轮有无裂纹和损伤,叶片和轮盘有无因汽蚀和泥沙磨蚀而产生的砂眼、孔洞,或因冲刷磨损使叶片变薄,检查叶轮入口处是否有严重的偏磨现象。

③检查口环和叶轮进口外缘间的径向间隙是否符合规定的要求,口环是否有断裂、磨损或变形。

④检查水泵轴、传动轴是否弯曲,轴颈处有无磨损或沟痕。

⑤检查轴承。对滚动轴承要检查滚珠是否破损或偏磨,内、外圈有无裂纹,滚珠和内、外圈之间的间隙是否合格。对滑动轴承应检查轴瓦有无裂纹或斑点,检查轴瓦的磨损程度及轴与轴瓦之间的间隙是否合适。对橡胶导轴承应检查其磨损程度,有无偏磨及偏磨的程度,有无变质发硬。

⑥检查填料是否需要更换,填料压盖有无裂纹、损伤。

五、水泵主要部件的修理

(一)泵壳的修理

泵壳都是用生铁铸造的,会因受到机械力或热应力的作用而出现裂缝,或因汽蚀而出现蜂窝孔洞。若损坏严重,应更换;若损坏程度较轻,可进行修补。在修补泵壳时一般用冷焊的方法,焊补时要用生铁焊条,分段一层层堆焊,每焊一层要把表面浮渣和杂质清除干净。每堆焊一段用小锤敲击一段,以消除焊接内应力,防止变形。

若泵壳内部发现深槽或大面积的孔洞,用高分子材料代替焊补,效果很好。有的泵壳、叶轮等零部件因泥沙磨损或汽蚀损坏后,用环氧树脂涂敷修补效果很好。

(二)泵轴的修理

若泵轴有裂缝或表面有较严重的磨损,足以影响轴的强度,应更换新轴。若泵轴有轻微弯曲或轻微磨损、拉沟等,应进行修复。

1. 轴颈拉沟及磨损后的修理

采用滑动轴承的泵轴轴颈,因润滑不良或润滑油带进铁屑、砂粒等而使轴颈擦伤或磨出沟痕,橡胶导轴承处的轴颈磨损等,一般采用镀铬、镀铜、镀不锈钢来进行修复,然后用车削或磨的方法加工成标准直径。

由于荷载冲击、皮带拉得过紧或安装不正确等会使泵轴弯曲变形;安装运行及堆放不当,更易使泵轴弯曲变形。泵轴弯曲后,机组运行时振动加剧,将使轴颈处磨损加大,甚至造成叶轮和泵壳的摩擦，影响机组的正常运行。修理的方法有：较细轴可在弯曲处垫上铜片，用锤敲打校直；对于直径较大、弯曲不严重的泵轴，可用螺杆校正器校直或用捻棒敲打法校直。

2. 泵轴螺纹的修理

泵轴端部螺纹有损伤的，可用什锦锉把损伤螺纹修一下继续使用。若损伤严重，必须将原有螺纹车削去再重车削一个标准螺纹；或先把泵轴端车削小，再压上一个衬套，在衬套上车削与原来相同的螺纹；也可用电、气焊在泵轴端螺纹处堆焊一层金属，再车削与原来相同的螺纹。

3. 键槽修理

若键槽表面粗糙损坏不大，可用锉刀修光。若损坏较严重，可把旧槽焊补上，在别处另开新槽。但对传动功率较大的泵轴必须更换新轴。

（三）轴承的修理

轴承在水泵运行中承受比较大的荷载，是水泵中比较容易坏的零件之一。

1. 滚动轴承

滚动轴承若使用时间较长或因维护安装不良，将造成磨损过限、支架损坏、座圈破裂、滚珠破碎、滚珠和内外圈之间的间隙过大等，一般均需更换新轴承。

2. 滑动轴承

滑动轴承的轴瓦是用钢锡合金铸造的，是最容易磨损或烧毁的零件。一般轴瓦合金表面的磨损、擦伤、剥落和熔化等大于轴瓦接触面积的25%时，应重新浇铸轴承合金（巴氏合金）。当低于25%时可补焊，补焊时所用的巴氏合金必须和轴瓦上的巴氏牌号完全相同。另外，若轴瓦出现裂纹或破裂等，都必须重新浇铸轴承合金。

3. 橡胶轴承

轴流泵上的橡胶轴承一经损坏，则需要更换新件。

（四）叶轮的修理

水泵的叶轮由于受泥沙、水流的冲刷、磨损，常形成沟槽或条痕，有时因受汽蚀破坏，叶片常出现蜂窝状的孔洞。当叶轮表面裂纹严重，有较多的砂眼或孔洞，因冲刷面使叶轮壁变薄，影响到叶轮的机械强度和叶轮的性能，叶片被固体杂物击毁或叶轮入口处有严重的偏磨时，应更换新叶轮。若对水泵的性能和强度影响不大，可用焊补的方法进行修理。焊补后要用手砂轮打平，并做平衡试验。在更换轴流泵的叶片时，应全套一起更换，在更换前应对每个叶片进行称重，以免出现不平衡现象。

（五）轴封装置的修理

轴封装置包括轴套和填料两部分。

1. 轴套

填料装置的轴套（无轴套时则为泵轴）磨损较大或出现裂痕时应更换新套，若无轴套，应将轴颈加工镶套。

2. 填料

填料用久会失去弹性，因此检修时必须更新。填料大多采用断面为方形的浸油石棉绳，安装之前应预先切割好，每圈两端可用对接口或斜接口。填料与泵轴之间应有很好的配合,并留有一定的间隙。安装前在机油内浸透,逐圈装入,接口要错开(不得小于120°)。填料压盖、挡环、水封环磨损过大或出现沟痕时,均应更换新件。

(六)减漏环的修理

当减漏环已破裂,或它与叶轮的径向间隙过大时,应更换新件。新件内径应按叶轮入口内径来确定,叶轮与减漏环之间的间隙为0.1~0.5 mm。

六、水泵常见故障及排除

机组运行中可能会发生故障,但是一种故障的发生和发展往往是多种因素综合作用的结果。因此,在分析和判断一种故障时,不能孤立地、静止地就事论事,而要全面地、综合地分析,找出发生故障的原因,及时而准确地排除故障。水泵运行中,值班人员应定时巡回检查,通过监测设备和仪表,测量水泵的流量、扬程、压力、真空度、温度等技术参数,认真填写运行记录,并定期进行分析,为泵站管理和技术经济指标的考核提供科学依据。

水泵运行发生故障时,应查明原因及时排除。泵故障及其故障原因繁多,处理方法各不相同。机组运行中常见的故障及排除方法列于表10-1和表10-2。

表10-1 离心泵、混流泵的故障原因和处理方法

故障	原因	处理方法
水泵不出水	1. 没有灌满水或空气未抽尽	1. 继续灌水或抽气
	2. 泵站的总扬程太高	2. 更换较高扬程的水泵
	3. 进水管路或填料函漏气严重	3. 堵塞漏气部位,压紧或更换填料
	4. 水泵的旋转方向不对	4. 改变旋转方向
	5. 水泵的转速太低	5. 提高水泵转速
	6. 底阀锈住,进水口被堵塞	6. 修理底阀,清除杂物,进水口加做拦污栅
	7. 叶轮严重损坏,密封环磨损大	7. 更换叶轮、密封环
	8. 叶轮螺母及键脱出	8. 修理紧固
	9. 进水管道安装不正确,管道中存有气囊,影响进水	9. 改装进水管道,消除隆起部分
	10. 叶轮装反	10. 重装叶轮
水泵出水量不足	1. 影响水泵不出水的诸因素不严重	1. 参照水泵不出水的原因,进行检查分析,加以处理
	2. 进水管口淹没深度不够,泵内吸入空气	2. 增加淹没深度,或在水管周围水面处套一块木板
	3. 工作转速偏底	3. 加大配套动力
	4. 闸阀开的太小或逆止阀有杂物堵塞	4. 开大闸阀或清除杂物

续表 10-1

故障	原因	处理方法
动力机超负荷	1. 配套动力机的功率偏小	1. 调整配套，更换动力机
	2. 水泵转速过高	2. 降低水泵转速
	3. 泵轴弯曲，轴承磨损或损坏	3. 校正调直，修理或更换轴承
	4. 填料压得太紧	4. 旋转填料密封
	5. 流量太大	5. 减小流量
	6. 联轴器不同心或两联轴器之间间隙太小	6. 校正同心度或调整两联轴器之间的空隙
	7. 运行操作错误：如关闸长时间运行，产生热膨胀，是密封环摩擦引起的	7. 正确执行操作顺序，遇有故障立即停机
运转时有异常噪声和振动	1. 水泵基础不稳定或地脚螺栓松动	1. 加固基础，旋转螺栓
	2. 叶轮损坏，局部被堵塞或叶轮本身不平衡	2. 修理或更换叶轮，清除杂物或进行静平衡试验，加以调整
	3. 泵轴弯曲，或轴承座损坏	3. 校正调直，修理或更换轴承
	4. 联轴器不同心	4. 校正同心度
	5. 进水管口淹没深度不够，空气吸入泵内	5. 增加淹没深度
	6. 产生汽蚀	6. 查明原因后再行处理，如降低吸程，减小流量或在水管内注入少量空气等
轴承发热	1. 润滑油油量不足，漏气太多或加油过多	1. 加油、修理或减油
	2. 润滑油质量不好或不清洁	2. 更换合格的润滑油，并用煤油或汽油清洗轴承
	3. 滑动轴承的油环可能折断或卡住不放	3. 修理或更换油环
	4. 皮带太紧，轴承受力不匀	4. 放松皮带
	5. 轴承装配不正确或间隙不合适	5. 修理或调整
	6. 泵轴弯曲或联轴器不同心	6. 调直或校正同心度
	7. 叶轮上平衡孔堵塞，轴向推力增大，由摩擦引起发热	7. 清除平衡孔的堵塞物
	8. 轴承损坏	8. 修理或更换
填料函发热或漏水过少或没有	1. 填料压得太紧	1. 调整压盖的松紧度
	2. 水封环位置不对	2. 调整水封环的位置，使其正好对准水封管口
	3. 水封管堵塞	3. 疏通水封管
	4. 填料盒与轴不同心	4. 检修，放正不同心处

续表 10-1

故障	原因	处理方法
泵轴转不动	1. 泵轴弯曲，叶轮和密封环之间间隙太大或不均匀	1. 校正泵轴，更换或修理密封环
	2. 填料与泵轴不摩擦，发热膨胀或填料压盖上得太紧	2. 泵壳内灌水，待冷却后再行启动运行或调整压螺栓的松紧度
	3. 轴承损坏被金属碎片卡住	3. 调换轴承并清除碎片
	4. 安装不符合要求，使转动部件与固定部件失去间隙	4. 重新装配
	5. 转动部件锈死或被堵塞	5. 除锈或清除杂物

表 10-2　轴流泵的故障原因和处理方法

故障	原因	处理方法
动力机超负荷	1. 扬程过高，出水管路部分堵塞或拍门未全部开启	1. 增加动力，清理出水管路或拍门后设置平衡锤
	2. 水泵转速过高	2. 降低水泵的转速
	3. 橡胶轴承磨损，泵轴弯曲，叶片外缘与泵壳有摩擦	3. 调换橡胶轴承，校正泵轴，检查叶片磨损程度，重新调整安装
	4. 水泵叶片绕有杂物	4. 清除杂物，进水口加做拦污栅
	5. 叶片安装角度太大	5. 调整叶片安装角度
	6. 动力机选配不当，泵大机小	6. 重新选配动力机
	7. 水源含沙量太大，增加了水泵的轴功率	7. 含沙量超过 12%，则不宜抽水
运转时有噪声和振动	1. 叶片外缘与泵壳有摩擦	1. 检查并调整转子部件的垂直度
	2. 泵轴弯曲或泵轴与传动轴不同心	2. 校正泵轴，调整同心度
	3. 水泵或传动装置地脚螺栓松动	3. 加固基础，旋紧螺栓
	4. 部分叶片击碎或脱落	4. 调换叶片
	5. 水泵叶片绕有杂物	5. 清除杂物，进水口加做拦污栅
	6. 水泵叶片安装角度不一	6. 校正叶片安装角，使其一致
	7. 水泵层大梁振动很大	7. 检查机泵安装位置正确后，若仍振动，用顶斜撑加固大梁
	8. 进水流态不稳定，产生旋涡	8. 降低水泵安装高程，后墙加隔板，各泵之间加隔板
	9. 推力轴承损坏或缺油	9. 修理轴承或加油
	10. 叶轮拼紧螺栓松动或联轴器销钉螺帽松动	10. 检查并拼紧所有螺帽和销钉
	11. 泵轴的轴颈或橡胶轴承磨损	11. 修理轴颈或更换橡胶轴承
	12. 产生汽蚀	12. 查明原因后再处理，如改善进水条件、调节工况点

续表 10-2

故障	原因	处理方法
水泵不出水或出水量减少	1. 叶轮旋转方向不对,叶片装反或水泵转速太低	1. 调整水泵的旋转方向,调正叶片的安装位置或增加水泵转速
	2. 叶片从根部断裂,或叶片固定螺母松动,叶片走动	2. 更换叶片或紧固螺帽
	3. 叶片绕有大量杂物	3. 清除杂物
	4. 叶轮淹没深度不够	4. 降低水泵安装高程或抬高进水池水位
	5. 水泵进口被淤泥堵塞	5. 排水清淤
	6. 出水管道堵塞	6. 清理出水管道
	7. 叶片外缘磨损或叶片部分击碎	7. 修补或更换叶片
	8. 扬程过高	8. 更换水泵
	9. 叶片安装角度太小	9. 调整叶片安装角

七、排除水泵故障应注意的问题

(1)详细了解故障发生前的情况,并进行系统的检查,以便分析、判断故障的原因。

(2)水泵发生一般故障,尽可能不要马上停机,以便在运行中观察故障情况,正确分析故障原因。

(3)先不急于拆卸水泵,应先用听声音、听振动、看仪表等外部检查法来判断,弄清事故的原因、位置,然后决定是否需要拆卸水泵进行检修或修理。

(4)水泵产生故障的原因很多,情况也比较复杂,涉及的范围较广,必须针对具体情况作具体分析,先检查经常发生及容易判断的原因,再检查较为复杂的原因。

(5)进行不停机检查时,一定要注意安全,只容许进行外部检查,而且不能触及旋转部件。

(6)突发严重故障时,应立即关机,以防止事故扩大,并采取相应的措施保证人身安全与设备安全,避免事故发生。

第三节　泵站经济运行

在安全可靠地完成供水排水任务的前提下,通过对供水排水区域内所辖工程设施的科学调度和联合运用,使泵站在最经济的工况下运行,称为泵站工程的经济运行。与此相应的运行方式,称为经济运行方式或最优运行方式。

一、泵站最优运行准则

泵站工程经济运行是用系统分析方法对泵站工程和供排区,以及有关的水利设施进行综合性的分析比较,通过建立系统的数学模型,用最优化技术求得最优解。泵站最优运行方式服从于一定的最优准则。最优准则是建立目标函数方程的依据。

泵站最优准则有下列几种:①以泵站效率最高为准则;②以泵站耗能最少为准则;③以泵站运行费用最低为准则;④以泵站最大流量为准则。

二、泵站工程优化调度

泵站经济运行涉及面较宽,影响因素也较复杂。泵站工程优化调度和经济运行的主要内容如下。

(一)单泵站运行调度

单泵站运行调度主要包括泵站内机组的开机顺序、台数及其运行工况的调节;泵站与配套工程,如涵闸、渡槽等的联合运行;泵站运行与供水排水计划的调配。

(二)高扬程多级泵站的运行调度

高扬程多级泵站的运行调度主要包括泵站水源与各级泵站的提水能力,以及各站相应灌区供水计划间的科学调度;各级泵站间的开机顺序、台数的控制,以及站级间流量的合理调配;各级泵站间与其配套工程设施间的联合调度。

(三)流域性(区域性)泵站群的运行调度

流域性(区域性)泵站群的运行调度主要包括泵站群中各单泵站的运行调度;泵站群中部分泵站间的联合运用的调度;泵站群与其所在流域(区域)内,实现供水排水计划的运行调度;泵站群与流域(区域)内其他水利设施,如水库、塘坝、闸涵的运行调度。

三、泵站技术经济指标

泵站工程是为农业和国民经济各部门服务的综合性水利工程,为了提高泵站科学管理水平,发挥泵站经济效益,在《泵站技术管理规程》(SL 255—2000)中规定,泵站管理单位必须按照八项技术经济指标进行考核,现分述如下。

(一)工程与设备的完好率

工程完好率是指泵站管理单位所辖工程中,完好的工程数与工程总数之比的百分数。设备完好率是指泵站枢纽的完好台套数与总台套数之比的百分数。

(二)能源单耗与泵站效率

1. 能源单耗

能源单耗是指泵每提单位质量、单位高度流体所消耗的能量,其计算公式为

$$e = \frac{E}{3.6\rho Q H_{st} t} \tag{10-4}$$

式中 e——能源单耗, kWh/(kt · m),或燃油,kg/(kt · m);

E——t 时段泵站消耗的总能量,kWh,或燃油,kg;

ρ——水的密度,kg/m^3;

H_{st}——同一时段泵站的平均净扬程,m;

Q——同一时段泵站的平均提水流量,m^3/s;

t——同一时段泵站的提水总时数,h。

对于电力泵站,要求能源单耗 $e \leqslant 5.0$ kWh/(kt · m);对于内燃机泵站,要求能源单耗

$e \leqslant 1.35$ kg/(kt · m)燃油。

2. 泵站效率

泵站效率是指泵站的输出功率与动力机的输入功率之比的百分数,其计算公式为

$$\eta_{st} = \frac{P_2}{P_1} \times 100\% = \frac{\rho g Q H_{st}}{1\ 000 P_1} \times 100\% \qquad (10\text{-}5)$$

式中　P_2——某一时段泵站的输出功率,kW;

P_1——某一时段泵站的输入功率,kW;

其余符号意义同前。

泵站效率是反映泵站运行中水泵、动力机、传动装置、管路、进出水池的综合效率,所以泵站效率又可写成

$$\eta_{st} = \eta_{泵}\, \eta_{传}\, \eta_{动}\, \eta_{管}\, \eta_{池} \qquad (10\text{-}6)$$

式中　$\eta_{泵}$——水泵效率;

$\eta_{传}$——传动效率;

$\eta_{动}$——动力机效率;

$\eta_{管}$——管路效率;

$\eta_{池}$——进、出水池效率。

对于电力泵站,泵站效率可写成

$$\eta_{st} = \frac{\rho g Q H_{st} t}{E} \times 100\% \qquad (10\text{-}7)$$

由式(10-4)和式(10-7)可得

$$\eta_{st} = \frac{2.72}{e} \times 100\% \qquad (10\text{-}8)$$

若已知泵站的实际能源单耗 e,利用式(10-8)可换算出泵站的效率。为了充分发挥泵站的经济效益,电力泵站要求泵站效率 $\eta_{st} \geqslant 54.4\%$,内燃机泵站相应的泵站效率为 $\eta_{st} \geqslant 54.8\%$。若能源单耗超过规定值,就必须从水泵、动力机、管路、传动装置、进出水池等方面提高效率。

经技术改造的泵站,其能源单耗与泵站效率,应按《泵站技术改造通则》(SD 141—85)规定的指标考核,技术经济指标详见本章第四节。

(三)单位功率效益

单位功率效益分为单位功率的供水效益和单位功率的排水效益。

1. 单位功率的供水效益

(1)单级泵站的单位功率供水效益为

$$\sigma_g = \frac{A_{st} H_{st}}{\sum P} \qquad (10\text{-}9)$$

式中　A_{st}——泵站实际灌溉面积,hm^2;

σ_g——单位功率供水效益,$hm^2 \cdot m/kW$;

$\sum P$——泵站总装机功率,kW。

(2)多级泵站的单位功率供水效益为

$$\sigma_{d} = \frac{\sum_{i=1}^{z}(A_{sti}H_{sti})}{\sum_{i=1}^{z}P_{i}} \tag{10-10}$$

式中　A_{sti},H_{sti},P_i——i 级泵站的实际灌溉面积,hm^2,平均净扬程,m,总装机功率,kW。

2. 单位功率的排水效益

单位功率的排水效益为

$$\sigma_{p} = \frac{\rho W H_{st}}{1\ 000 \sum P} \tag{10-11}$$

式中　W——泵站某时段的排水总量,m^3。

对泵站单位功率效益的考核,可了解、分析泵站规划布局是否恰当、合理,工程设备配套是否合理,为泵站的调整、配套、改造提供科学的依据。

(四)单位面积的供水量与排水量

1. 单位面积供水量

单位面积供水量分毛单位面积供水量和净单位面积供水量两种。

1)毛单位面积供水量

灌溉工程的毛单位供水量是根据灌区作物的单位面积(hm^2)用水量时间、灌溉面积、灌溉定额、灌溉技术和渠系水的利用率等确定的。

$$M = \frac{V}{A_{st}} \tag{10-12}$$

式中　M——单位面积毛供水量,m^3/hm^2;

V——某时段泵站提水总量,m^3;

A_{st}——实际灌溉面积,hm^2。

给水工程的毛单位供水量是根据用户类型、用水标准、用水定额、用水时间、用水人数或生产规模、供水方式和水的利用率等确定的。

$$M = \frac{V}{RT} \tag{10-13}$$

式中　M——单位面积毛供水量,m^3/(人·年);

R——实际用水人数,人;

T——用水时间,年。

2)净单位面积供水量

净单位面积供水量按下式计算

$$M_{st} = M\eta \tag{10-14}$$

式中　M_{st}——净单位面积供水量,m^3/年或 m^3/(人·年);

η——水总的利用率(%)。

2. 单位面积排水量

对于排涝范围明确的泵站,单位面积排水量可按下式计算

$$M_{R} = \frac{V}{A_{R}} \tag{10-15}$$

式中　M_R——单位面积排水量,m^3/hm^2;

V——某时段泵站的提水总量,m^3;

A_R——排涝区的受益面积,hm^2。

单位面积供水排水量的高低直接影响能源单耗的多少。为节约能源,应做好泵站的供水排水管理工作,努力降低泵站的供水排水量。

(五)供水排水成本

供水排水成本包括能源费、工资、管理费、维修费、固定资产折旧费、大修理费等。供水排水成本一般有下列几种计算方法:一种是按单位面积计算,一种是按单位水量计算,还有一种是按单位质量、单位高度计算,计算公式分别为

$$U=\frac{f\sum E+\sum C}{\sum A}\quad(元/hm^2) \tag{10-16}$$

$$U=\frac{f\sum E+\sum C}{\sum V}\quad(元/m^3) \tag{10-17}$$

$$U=\frac{f\sum E+\sum C}{\sum(QH_{st})}\quad(元/(kg\cdot m)) \tag{10-18}$$

式中　U——供水排水成本,元/hm^2,元/m^3 或元/(kg·m);

f——能源单价,元/kWh,或燃油,元/kg;

$\sum E$——供水排水作业消耗的总电数,kWh,或燃油数,kg;

$\sum C$——除能源费外,其他五项成本的费用总和,元;

$\sum A$——供水排水的实际受益面积,hm^2;

$\sum V$——供水排水期间的总提水量,m^3;

$\sum(QH_{st})$——供水排水期间的平均泵站扬程,m。

从式(10-16)~式(10-18)可看出,$\sum A$、$\sum V$、$\sum(QH_{st})$值越小,$f\sum E+\sum C$值越大,供水排水成本就越高。降低供水排水成本,主要是做好泵站的机电设备、工程设施、供水排水、财务等管理工作。

(六)渠道(渠系)水利用率与排水率

供水流量是用电或油换来的,因此必须加强管理,防止跑水、漏水、渗水、偷水和人情水,以提高渠系水的利用率,节约能源。在规定的排涝水位下,排水率应≤1,否则就要查明产水原因,加强泵站排水管理,堵塞涵闸、堤坝等建筑物的跑水、渗水和漏水。

1. 渠道水利用率

渠道水利用率是指某时段渠道末端流量与渠道首端流量之比的百分数,即

$$\eta_C=\frac{Q_{st}}{Q}\times100\% \tag{10-19}$$

式中　η_C——渠道水利用率(%);

Q_{st}——渠道末端流量,m^3/s;

Q——渠道首端流量,m^3/s。

2. 渠系水利用率

渠系水利用率是指某时段内,灌区末级渠道末端的总流量与渠道首端或泵站出水量之比的百分数,即

$$\eta_{SY} = \frac{\sum q}{Q} \times 100\% = \eta_K \eta_B \eta_L \eta_F \eta_S \tag{10-20}$$

式中 η_{SY}——渠系水利用率(%);

$\sum q$——某时段灌区末级渠道末端总流量之和,m^3/s;

Q——同一时段渠道首端或泵站出水量,m^3/s;

η_K、η_B、η_L、η_F、η_S——灌区内干渠、支渠、斗渠、农渠、毛渠的渠道水利用率(%)。

3. 排水率

排水率是指泵站排水量与排水区产水量之比的百分数,即

$$K = \frac{\sum V \times h}{\sum W \times H} \times 100\% \tag{10-21}$$

式中 K——泵站排水率(%);

$\sum V$——某一时段泵站排水总量,m^3;

$\sum W$——同一时段排涝区产水总量,m^3;

h——泵站某时段提排水深之和,m;

H——同一时段排水区降水深和来水深之和,m。

(七)自给率

自给率是总收入与总支出之比的百分数。自给率分为综合自给率、供水排水作业自给率和水费回收率三种。自给率是反映泵站经济自给水平高低的一个综合指标,凡自给率小于100%的均属亏损站,超过100%的均属盈余站。

1. 综合自给率

综合自给率是供水排水作业、综合经营收入与供水排水作业、综合经营支出之比的百分数,即

$$K = \frac{E_1 + E_2}{E_3 + E_4} \times 100\% \tag{10-22}$$

式中 K——综合自给率(%);

E_1——供水排水作业收入,元;

E_2——综合经营收入,元;

E_3——供水排水作业支出,元;

E_4——综合经营支出,元。

2. 供水排水作业自给率

供水排水作业自给率是供水排水作业收入与供水排水作业成本之比的百分数,即

$$K_g = \frac{E_1}{E_5} \times 100\% \tag{10-23}$$

式中 K_g——供水排水作业自给率(%);

E_5——供水排水作业成本，元。

3. 水费回收率

水费回收率是指实收水费与应收水费之比的百分数，即

$$K_s = \frac{E_s}{E_y} \times 100\% \tag{10-24}$$

式中　K_s——水费回收率（%）；

E_s——实收水费，元；

E_y——应收水费，元。

（八）安全运行率

安全运行率是机组安全运行台时数与包括机组停机在内的总台时数之比的百分数，它是检查泵站设备和工程安全运行的主要指标，即

$$K_A = \frac{t_a}{t_a + t_s} \times 100\% \tag{10-25}$$

式中　K_A——安全运行率（%）；

t_a——主机组安全运行台时数，h；

t_s——因设备和工程事故，主机组停机台时数，h。

根据泵站节能、节水的需要，为了测算泵站技术经济指标，研究泵站技术改造措施，制定泵站经济运行方案，提高泵站工程的经济效益，促进科学管理水平的提高和泵站技术改造的顺利发展，必须对泵站运行的技术参数进行测试，监测设备的运行状况，检查和评定设备性能，实现泵站自动化操作等。

第四节　泵站技术改造

我国的机电排灌设施有很多是20世纪60年代、70年代及以前建成的，经过几十年的运行，有些泵站超期服役、带病运行、设备老化严重，致使泵站效率低、能源消耗高、运行费用多。目前，很难拿出大量资金对老化严重的泵站进行重建或全面更新改造，因此对泵站进行技术改造，提高泵效率是泵站管理中费省效宏的重要途径。

泵站技术改造是在原有泵站工程和设施的基础上，通过调查研究、泵站测试、统筹安排，采用机电排灌的新技术、新工艺、新方法、先进设备，全面提高技术经济指标水平，保证供排能力，充分发挥抽水机设施的工程效益、经济效益、社会效益和环境效益，实现以内涵为主的扩大再生产。

一、泵站技术改造的基础工作和主要标准

泵站技术改造是一项涉及面广、技术经济情况比较复杂的技术工作，要认真作好调查研究、全面规划、合理安排。泵站测试是泵站技术改造的重要环节，其测试数据是泵站技术改造的依据。泵站技术改造前后都必须进行现场测试。

泵站工程的技术改造包括泵站和供水排水区两个部分。供水排水区是泵站赖以成立的条件，而泵站又是供水排水区合理供水排水的保证。泵站技术改造方案要在充分进行

技术经济比较论证后，选定最优方案，要以最少的投资取得最好的经济效果。经技术改造后泵站的主要技术经济指标应达到下列标准：

(1)提水流量要达到改进设计时的供水排水标准。

(2)对于电力供水排水站，由于泵站类型、机组容量和净扬程的不同，装置效率也应达到不同的标准：轴流泵泵站与混流泵泵站的装置效率不宜低于70%，净扬程低于3 m的泵站的装置效率不宜低于60%，离心泵泵站的装置效率不宜低于65%。

(3)对于内燃机供排泵站，要求其能源单耗达到$e \leqslant 1.35$ kg/(kt · m)，相当于泵站效率$\eta_{st} \geqslant 54.8\%$。

二、泵站技术改造措施

本章前面已述及泵站效率是反映动力机、传动装置、水泵、管路、进出水池各部分效率的综合效率，因此提高泵站效率，降低泵站能耗，就必须对上述五个方面进行技术改造，提高其效率是提高泵站效率的重要途径。

(一)提高动力机效率

提高动力机的效率，除从动力机(电动机、柴油机)的设计、制造等方面加以改进外，使用时还应注意以下问题。

1. 合理配套

动力机和水泵在功率上必须合理配套。配套功率的备用系数不宜过大，能满足动力机在运行中不超载即可。当电动机负荷不足时，电动机的效率要降低，增加电动机的能量消耗。同时，电动机的功率因数也降低，增加了输电线路和变压器的损耗。电动机功率因数和效率随负载变化的情况，如表10-3所示。当柴油机负荷不足时，燃油消耗率增加，如表10-4所示。显然，动力性和经济性也都较差。一般电动机的负荷率$\beta \geqslant 0.7$较经济，当$\beta \leqslant 0.5$时，应按配套要求进行调整或更换。可采取如下措施：

表10-3 10 kW以上电动机功率因数和效率随负载变化情况

负荷情况	100%(满载)	75%(负荷)	50%(负荷)	25%(负荷)	0(空载)
功率因数	0.89	0.85	0.77	0.50	0.20
效率(%)	0.875	0.88	0.85	0.78	0

表10-4 柴油机耗油率与负荷的关系

负荷情况	100%(满载)	75%(负荷)	50%(负荷)	25%(负荷)
燃油消耗倍数	1.00	1.05	1.20	1.30

(1)在泵站技术改造中，电动机应以调整配套为重点，不宜采用电动机更新换代来提高泵站效率。若必须更换，要更换合适的电动机型号、规格、容量。

(2)负荷率低于40%的电动机应在原有电动机中优先调整。调整电动机的转速，在不降低传动效率的前提下，使泵站处于高效率运行。

(3)对于测试中发现用电过多的个别电动机，应对电动机效率测试后，再决定是否进行淘汰更新。

改变电动机绕组的接线方法，对于电动机的实际负荷比额定负荷小得多的情况，而一时又无法更换较小容量的电动机时，将三角形接法（Δ）的电动机改为星形接法（Y），使其合理配套，达到良好的节能效果。

对于柴油机组而言，若已投产使用的机泵不配套，除更换合适的柴油机型号外，可根据负荷的变化来改变柴油机的转速，使柴油机在经济工况区内工作。

当水泵的选型不当，使得运行中电动机的实际负荷率小于额定负荷时，应采用电动机调速的方法，在不降低传动装置效率的前提下，使水泵处于高效区运行，从而提高各种运行工况下的装置效率，达到良好的节能效果。电动机的调速方式有改变电动机定子电压调速、改变电动机定子极数调速、改变电动机转子电阻调速、改变电动机转差率调速、串级调速和变频调速等。

变极调速是通过改变电动机的磁极对数来达到调节转速目的的，它可获得恒转矩调速特性或恒功率调速特性。这种调速方式具有控制简单、维护方便、价格便宜等优点；其缺点是有级调速，且定子绕组抽头较多，接线较复杂。

变频调速是通过改变电源的频率来达到调节电动机转速目的的。变频调速的主要优点是调速范围大，调速的平滑性好，频率可从平滑地调到额定转速对应的频率，如电动机结构等允许从额定转速上调，并有足够硬的机械特性，变频时可实现恒转矩或恒功率调速，以适应不同负载的要求。因此，变频调速是异步电动机最有发展前途的一种调速方法。变频调速的缺点是必须具有电源变频装置（称为变频器），其价格较高。

改变转差率调速是通过调节电动机的转差率来达到调速目的的。这种方法只适用于异步电动机。其同步转速不变，可通过调节电动机定子电压、串级，改变串入绕线式电动机转子电路的附加电阻等方法来实现调速。改变转差率调速的方法的共同特点是效率低，调速的经济性较差。在泵站技术改造中根据泵站的具体情况及各种调速方法的特点，选择适宜的调速方案。

对于柴油机抽水机组，若已投产使用的机泵不配套，除更换合适的柴油机型号外，还可根据负荷的变化来改变柴油机的转速，使柴油机在耗油率较小的经济工况区工作。

2. 加强维护

定期检修电动机，提高电动机运行的机械特性，减少机械损耗，可提高自然功率因数。对长期运行绝缘老化的电动机进行绝缘处理，并能提高电动机运行的可靠性。

柴油机要加强机务管理。为了减少机械摩擦损失，要保证各相对运动零部件之间有适当的配合间隙，选择适宜的润滑油，保持正常的润滑油温。为提高柴油机的燃烧效率，在运行中应按最佳提前角供油，要提高喷雾质量，按规定调整配气相位，以及控制冷却水温等。

（二）提高传动装置效率

传动装置效率为水泵轴率与动力机输出功率之比的百分数。传动方式的选择是否合理直接影响传动效率。在动力机的转速能够满足水泵运行工况的情况下（即转速相等或接近（相差不能超过2%）），应把间接传动改为直接传动。间接传动改为直接传动后，当水泵工况变化较大、动力机又无法调速时，可将直接传动改为间接传动。直接传动改为间接传动后,传动效率会有所下降,而水泵效率、管路效率会有所提高,但要保持装置效率增加方可采用。因此，当把直接传动改为间接传动时,必须保证泵站效率有所提高才能获得良好的节能效果。在皮带传动中,通常应避免采用交叉、半交叉传动。传动装置安装精度和使用是否正确也直接影响传动效率。若直接传动时联轴器不同心,将造成传动效率的降低。皮带传动时传动轴距过小或过大,以及带的张拉过紧或过松等都会影响传动效率。若皮带安装正确,平皮带最高效率可达98%,三角皮带也可达94%;若安装不正确、打滑比较严重,平皮带效率将降到94%以下,三角皮带可降到90%,这样会造成较大的能量损失。为了减少打滑现象,达到传动比较准确,且又能提高传动效率,可采用同步齿形传动带。这种传动带是以钢网绳、玻璃纤维绳等组成的环形胶带作为强力层。工作面有齿,皮带轮也是齿形,靠齿的啮合传动。因此,效率较高,且轴的压力小,结构紧凑,耐油、耐磨性能好,但价格较高。

(三)提高水泵效率

保证水泵高效运行是提高泵站效率的重要环节。因水泵是把动力机能量转换给被抽送水的设备,其能量转换的有效程度对泵站的效率有较大的影响。水泵的效率与水泵的设计、制造水平、运行工况及水泵的使用情况有关。泵站技术改造时,可从下列几个方面加以改进与提高。

1. 复核水泵选型的合理性

根据水泵性能及配套的管路,复核水泵在设计扬程、最高扬程和最低扬程及平均扬程时的工作参数。要求在设计扬程、平均扬程及最高与最低扬程时,水泵应在高效区运行;对于扬程、功率和转速等配套不当的,都应进行调节或改造。

2. 合理调节水泵性能

若水泵工作点的性能参数不符合实际需要,水泵长期处于低效率区运行,这时可采用改变水泵性能曲线的方法移动工作点,使水泵的工作符合实际情况的需要。对于离心泵和蜗壳式混流泵(比转速 $n_s < 350$),一般可采用变速和变径调节。对于叶片可调的轴流泵、混流泵,一般可采用变速和变角调节。

3. 更换水泵部件

对于一些选型配套不太合理,而变速、变径、变角调节都有一定的限度,水泵工况点的性能参数与实际需要相差较大,或者经使用后叶轮等部件已经磨损,可考虑更换水泵部件的方法,使水泵的工作符合实际情况的需要。若所选水泵的扬程远大于系统所需要扬程,可采用高比转速的高效优质叶轮替换原有叶轮,不仅使水泵的效率提高,且出水量增加、耗能减少。

对于使用年限较长的水泵,当叶轮、导叶、泵壳、口环、轴封装置等零部件的磨损比较严重时,可用修补或更换的方法进行改造。

对于制造质量差的水泵,当叶轮、导叶、泵壳等部件不光滑时,应按水泵设计要求进行打磨,使之达到或接近设计要求的光洁度。

对于运行中汽蚀严重的水泵,为了改善水泵的汽蚀性能,可采用汽蚀性能优越的叶轮取代原有叶轮。这样不仅使泵站运行正常,改善了汽蚀性能,增加了水泵的出水量,而且提高了泵站效率。

在多泥沙河流上运行的水泵，由于受泥沙磨损，造成出水量减少，更换新叶轮后，可恢复其出水量。

离心泵、混流泵长期使用后，叶轮的密封间隙因磨损增大，特别是从多沙河流取水的泵磨损更快。密封间隙加大后，水泵的流量损失加大，水泵效率下降。在使用过程中，应定期监测口环间隙，若不符合规定要求，应及时进行加工修整，间隙过大的口环要及时更换。

4. 加强水泵的维修保养

水泵运行一段时间后，不可避免地会产生磨损，增加泵内损失。因此，加强监测工作，及时进行维修保养，并更换损坏的零部件，是保证水泵能长期高效运转的重要环节。

叶轮是泵的主要零件，叶轮表面的光洁度直接影响泵的效率，如水泵出厂时加工粗糙或长期使用后受到磨损，运行时功率损失增加、效率降低。为此，使用单位可据其翼型线要求进行打磨，提高其光洁度，水泵的效率会明显提高。水泵的其他过流部件（如离心泵的泵壳，轴流泵的进水喇叭、导叶体和出水弯管等）内壁加工不够光洁，也会影响泵的效率，使用单位可用砂轮磨光或在粗糙表面加涂料，这些过流部件的表面加工后，水泵的效率也会明显提高。窄流道的离心泵叶轮清理工作较困难，可用磨料（如碳化硅、二氧化硅）液流来提高其光洁度。

水泵运行中，要保持填料压盖的松紧程度。填料压盖压得过紧或过松都会降低泵的效率。此外，填料函中的填料损坏后，应及时更换；否则，会漏气、漏水，起不到填料密封的作用，对水泵的流量、效率都会产生影响。

5. 保证安装质量

水泵工作性能的好坏与水泵安装精度关系很大。若安装精度不符合要求，不仅会降低水泵效率，严重时还将产生强烈的振动和噪声，引起电机过热，以致不能运转。立式泵要保证机组轴孔处于垂直同心位置，可调叶片的轴流泵，各个叶片的安装角度应相等，否则运转时，各叶片受力不同，不仅发生振动，同时泵内水力损失增加。对于泵体为蜗壳式的叶片泵，蜗壳轴线与叶轮轴线应保持重合，若严重偏离，则会发生振动，影响水泵的效率，必须调整。

（四）提高管路效率

管路效率为泵站装置扬程与水泵扬程之比的百分数，它是影响泵站效率的主要因素之一。管路效率与管长、管径、管材、管路附件的类型和数量、流量，以及安装质量等有关。提高管路的效率，可采取下列措施。

1. 合理确定管道直径

管道直径的大小直接影响泵站效率。实践证明，管径过大、过小都是不经济的，当管长及流量一定时，若管径选的大，则流速小，水头损失小，消耗电能也少，但管路投资高；若管径选的小，则情况与上述相反。确定经济管径除第九章第二节所述方法外，还有按平均年费用最小法确定管径。为了减小管路损失，应合理确定管道直径。已投产使用的管径若过小，会使管路水头损失增加。为了提高管路效率，可考虑按经济管径更换管路。

年运行费用包括年耗电（或耗油）费和年生产费（包括管路折旧费和维修养护费）等，即

$$U = U_1 + U_2 \tag{10-26}$$

式中 U—— 年运行费,万元;

U_1—— 年耗电(或耗油)费,万元;

U_2——年生产费,万元。

U_1 和 U_2 都是管径 D 的函数,假定一个管径,即可求出相应的 U 值。假定一系列的管径,即可求出一系列的 U_1、U_2 和 U,并绘出 $U_1 \sim D$、$U_2 \sim D$ 和 $U \sim D$ 曲线,如图 10-15 所示。其中,U 的最小值所对应的管径为经济管径 D_E。

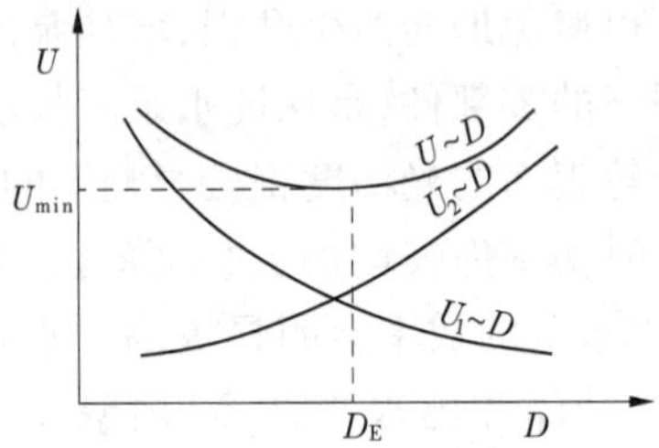

图 10-15 经济管径的确定

按式(10-26)计算出管路直径后,再根据标准管径选配,一般取大不取小。若所选用的管径与水泵进出口直径不相同,则连接处必须设置渐变接管,渐变管的长度有一定的要求,一般为大、小直径差的 6 ~ 7 倍。水泵进口处的渐变管为偏心渐变管,安装时保持管路顶部呈水平状,出口处为同心渐变管。

2. 缩短管路长度

进、出水管的长度应最大限度地缩短,但当水源与出水池之间的地形平坦时,缩短管路必然会增加引渠、进水池及泵房的挖方量或增加出水池和干渠的填方工程量。小型泵站平装改斜装,或将水泵落井、半落井安装,管路折线布置改直线布置,可缩短泵房内管道长度,节省弯头,减小水头损失。根据条件提高管路内壁的光洁度,可减小管路阻力损失。一般高扬程离心泵抽水装置宜以减小沿程阻力损失为主。

3. 减少管路附件

管路附件的局部阻力系数很大,引起较大的水头损失,运行时必然消耗大量能量,因此应尽量减少不必要的内管路附件。

底阀在管路附件中阻力系数最大,应以其他充水设备和断流设施取而代之。据有关资料介绍,有些泵站底阀的能量损失占水管总能量损失的 50% ~70%,占进、出水管总能量损失的 10% ~50%。泵站扬程越低,底阀能量损失所占的比重则越大。现已有部分泵站取消了底阀,改用真空泵充水,取得了较好的节能效果。但在一些小型抽水装置中,底阀仍然普遍存在,这也是其装置效率较低的原因之一。

为了减小管路进、出口的水头损失,可在管路进口加装喇叭口。对于斜装管路,可在进口装平削管或特别喇叭管,在管路出口采用扩散管,节能效果显著。

逆止阀是一种单向阀,是为了防止停泵后因水倒流引起机组高速倒转而设置的。正常运行时,逆止阀中的阀板被水流冲开,停泵时靠阀板自重或倒流水的作用关闭。因此,逆止阀不仅会在正常运行时造成较大的局部阻力损失,而且会引起很大的水锤压力,可能使水泵和管路遭到破坏。

对于扬程不高、出水管路不长的泵站,逆止阀可用拍门代替。管路出口采用扩散出口形式,对减小阻力损失、提高管路效率均有明显效果。一般,低扬程轴流泵抽水装置宜以减小局部阻力损失为主。

实践证明,扬程较低(低于 60 m)的泵站可取消逆止阀而在管路出口加装拍门,或在出水池中设溢流堰等断流设施,防止停泵后水泵倒转。扬程为 60 ~ 100 m 的泵站能否取消逆止阀则应通过论证或试验后才能决定。而扬程超过 100 m 的泵站,最好采用微阻缓闭式逆止阀取代普通逆止阀,这样不仅可以减小阻力损失,而且可以消除水锤的有害影响。

拍门是安装在管路出口的单向阀门。由于其结构简单、造价低廉,在排灌泵站中应用广泛。目前,国内已研制成功侧翻式拍门,其阻力系数小,关闭时撞击力小,有较好的节能效果。

闸阀一般安装在离心泵抽水装置中,其作用有:

(1)水泵启动前关闭闸阀,减少抽真空的时间。

(2)水泵启动时关小闸阀,便于机组启动。

(3)水泵停机前关闭闸阀,防止水倒流及水锤现象的产生。

(4)在并联管路中,关闭不运行的水泵,避免在部分机组运行时水向进水池倒流等。

闸阀全开时阻力系数并不大,但在开启较小时,阻力系数会急剧增加,从而降低管路效率,增加泵站能耗。因此,用改变闸阀开度的方法来调节流量是很不经济的,且对泵站效率有较大的影响。因进水条件不良,对水泵运行时的效率有一定的影响,这在小型抽水装置中尤为突出。为了提高进出水池效率,改造时可采取如下措施:为减小闸阀的阻力损失,泵站运行时,闸阀应尽可能处于全开状态,低扬程离心泵、混流泵抽水装置可取消闸阀等。

4. 消除“高射炮”式出流

所谓“高射炮”式出流,是指水泵出水管口在出水池水面以上自由(喷射)出流。这种出流方式人为地抬高了泵站的实际扬程,水泵的工况点向左上方移动,水泵的流量减少,效率降低,同时由于出水池的水流紊乱,增加池(厂)内的水头损失和出水建筑物(或构筑物)的长度。为了增大出水量,提高水泵效率,降低能源单耗,水泵出水管口应装在出水建筑物(或构筑物)水面以下。已建成的“高射炮”式泵站,可将出口改装成虹吸式出流。为防止停机时出水池中的水倒流,应设有破坏虹吸真空的设施。小型泵站可在虹吸管的上升段相应于出水池设计水位高程处装一通气管,停机时,由于水在重力作用下迅速下泄,该处形成真空,空气即由此管吸入,虹吸受到破坏。通气管的断面面积一般为出水管断面面积的5% ~8% 。

5. 确保管路的密封性

进出水管路要求严格的密封。若正值吸水的进水管路进气,会增加管路损失,降低管路效率。若空气从进水管进入水泵,会使水泵效率大幅度下降,甚至引起水泵的汽蚀。

(五)提高进、出水池效率

进、出水池效率为泵站扬程与装置扬程之比的百分数。泵站进出水池的水流条件不仅关系到进出水池效率 η_p 的高低,且会影响到泵站效率。因进水条件不良,对水泵运行效率有一定的影响,这在小型立式抽水装置中尤为显著。为了提高进、出水池的效率,改造时可采取如下措施。

1. 改造不合理的进出水池形状和尺寸

对已建成的泵站,若前池、进出水池的形状、尺寸设计不当,则导致池内发生旋涡、回流等情况,对水泵的运行造成不良影响。对于多受地形等因素影响而建成的侧向进水池,在运行中,前池水流在进水池口门外改变方向,在进水池对面角上产生回流及死水区,隔墩首部也产生局部回流,进水池中水流成为绕水泵顺(逆)时针旋转流动,在任何部位流速分布无法均匀。在前池低水位运行时,进水池中还会出现时隐时现的表面旋涡。前池中流态还随开机台数的增加而恶化。开机台数也随抽引流量多少对水泵运行工况有影响。各台水泵单独运行前,位于前池首端水泵的装置效率比末端的要高,随着开机台数的增加,各台水泵的效率都有所下降,首端水泵下降幅度大,末端水泵下降幅度小。这时,可通过增设导流墙和设底坎来消除不良影响,一般底坎高度以(0.3 ~0.375)h(h 为前池水深)为佳。对于正向进水前池,若扩散角过大,可延长前池长度或将前池改为折线形、曲线形。若进水池设计不合理,在进水口周围产生环流、进气旋涡或涡带,可采取消除旋涡的措施。消除水面旋涡,可加盖板或盖箱:消除附底旋涡,可在池底设导水锥;消除附壁旋涡,可在进水口至后墙间设隔板等。

2. 设置导流设施

为改善进出水流态,减小水力损失,可根据具体情况,设置必要的导流设施。例如,对于侧向进水前池,可在池中设置导流墩等改善流态。

3. 及时清除进水池的污物

进水池的杂草等漂浮物吸入泵体后,会使水泵效率下降,甚至叶片被击碎。设置拦污栅并及时清污,使进水畅通,可提高泵站效率。泵站进水池前一般都设拦污栅,以防止杂草、杂物进入水泵,确保水泵的安全运行。清除水草、杂物有人工清除和机械自动清除两种方法,大、中型泵站应采用机械清污,小型泵站一般采用人工清污。

拦污栅的形状和尺寸不仅影响工程投资,而且对泵站的能量消耗有较大的影响。我国大型泵站的拦污栅,大部分是垂直设立在进水流道的进口处,并利用进水流道的隔墩做支承,由此可节省工程投资。但这种结构形式增加了清污的难度。由于泵站在运行季节,水草、杂物特别多,需要人工划着小船在拦污栅附近打捞,工作量特别大,要及时把水草杂物清除干净往往很困难。现行的泵站将拦污栅设在引渠末端的进水池进口处,并做成阶梯式,给清污带来很多方便。若杂物堆积在拦污栅前不能及时清除,就会堵塞拦污栅而影响水流正常流入水泵。这样,一方面会增大拦污栅的水头损失,降低进水池的效率;另一方面又会使进水流道内的流速分布不均匀,影响水泵性能,降低水泵效率。所以,拦污栅的形式对泵站的效率和泵站的能耗都有影响。据有关资料介绍,有的拦污栅堆积杂物后,其前后的水位差达 1.0 m 以上,能量损失相当大。

进水池中的淤泥会使进水流态发生变化,影响泵的效率。及时清淤,使水流畅通、流态均匀,可提高泵站效率。

4. 保证淹没深度

为防止发生有害的旋涡,应保证进水池中水泵吸水管口的最小淹没深度。若进水池底板高程过高,造成水泵叶轮淹没深度不够,可采取降低进水池底板高程,同时降低水泵安装高程的措施改善进水条件。

上述五个部分的效率是相互影响、相互制约的。采取单项技术措施可使某一部分效率提高,但不能保证其他部分的效率都能提高。泵站技术改造须全面考虑、综合改造,不能单靠某一部分提高,而忽视对其他方面的影响。若提高了水泵的效率,增大了水泵的出水量,忽视了合适的管路配套,会使管路效率明显下降,泵站效率仍提高不多;又如间接传动改为直接传动可降低传动损失,往往可能使水泵扬程和实际要求的扬程不符,降低水泵的效率及管路效率,提高的效率抵偿不了降低的损失;为使电动机负载率增加以提高电动机效率,用提高水泵转速的做法提高的电动机的效率往往不足以抵偿其他效率的降低等。因此,必须通过测试和分析,摸清问题的症结所在,因地制宜地制定出切实可行的技术改造措施和方案。根据不同情况采取不同措施,使改造后的泵站效率达到最优水平。

三、泵站设备的更新改造

水泵长期运行,使零部件磨损,或由于质量低劣、泵型陈旧等,导致工程效益衰减、能耗增大、供水排水成本提高。因此,对现有设备进行更新改造是迫切需要解决的问题。

设备更新要根据其使用年限、技术状态和经济效益等综合考虑。例如,新泵年节约的电(油)费能在3~5年内抵偿更新的总费用(包括新泵投资、运输、安装及旧泵的拆除等费用),则更新设备是可行的。对于因粗制滥造、质量低劣的设备,经测试证明其技术状态很差,要通过修理来改善性能耗资较大,经济上是不合理的,应当更新。对于性能下降,但经修复可使用的设备,可修中有改,或更新个别零部件。

更新的设备要尽量选用国家最新标准中的产品。要根据改造站的实际情况选用性能指标较好或重新设计的优质产品,去更新陈旧落后的老设备,并使其改造站的配套合理,多年平均的泵站效率最高。

小 结

(1)水泵机组的安装。机组安装工艺流程、步骤及注意问题,安装质量控制方法,找平、找正及同心度校正方法。

(2)管道的安装。管道安装要求及管段接头连接的方法,保证密封不漏气,符合安装设计要求。

(3)泵站的运行。泵站运行工作内容,泵站运行前、运行中的检查工作,启动和停机的要求,泵站管理制度的具体内容。

(4)水泵常见故障及排除。水泵常见故障的原因及排除方法,日常保养与定期保养、小修与大修的区别,水泵检修时应注意的事项。

(5)泵站技术经济指标。各项指标的内容及其计算方法。

(6)泵站节能技术。泵站节能的途径及具体方法。

(7)泵站的工程处理措施及应注意的问题。

思考题

1. 水泵机组安装前应做哪些准备工作?
2. 卧式机组安装的步骤有哪些? 安装时应注意哪些问题?
3. 机组安装过程中如何进行找平、找正?
4. 同心度如何校正?
5. 泵站运行内容主要有哪些? 泵站运行前和运行中的检查内容有哪些?
6. 水泵启动时应按照哪些步骤启动?
7. 水泵常见故障的原因有哪些?
8. 国家规定考核的技术经济指标是什么?
9. 泵站节能的途径有哪些?

参考文献

[1] 栾鸿儒. 水泵及水泵站[M]. 北京:中国水利水电出版社,1996.
[2] 沙鲁生. 水泵与水泵站[M]. 北京:水利电力出版社,1993.
[3] 姜乃昌. 水泵及水泵站[M]. 北京:中国建筑工业出版社,1998.
[4] 丘传忻. 泵站工程[M]. 武汉:武汉大学出版社,2001.
[5] 刘竹溪. 水泵及水泵站[M]. 3 版. 北京:中国水利水电出版社,2008.
[6] 刘国喜. 水力学及水力机械[M]. 长春:吉林人民出版社,1983.
[7] 中国市政工程西北设计院. 给水排水设计手册(第 1 册)[M]. 北京:中国建筑工业出版社,1986.
[8] 丘传忻. 泵站节能技术[M]. 北京:水利电力出版社,1985.
[9] 万亮婷,袁俊森. 水泵与水泵站[M]. 郑州:黄河水利出版社,2003.
[10] 王涛. 水泵及水泵站习题实验课程设计指导书[M]. 北京:中国水利水电出版社,1995.
[11] 张景成,张立秋. 水泵与水泵站[M]. 哈尔滨:哈尔滨工业大学出版社,2003.
[12] 中华人民共和国水利部. SL 255—2000 泵站技术管理规程[S]. 北京:中国水利水电出版社,2000.
[13] 中华人民共和国住房和城乡建设部. GB 50265—2010 泵站设计规范[S]. 北京:中国计划出版社,2011.
[14] 中华人民共和国水利部. SL 254—2000 泵站技术改造规程[S]. 北京:中国水利水电出版社,2000.
[15] 中华人民共和国水利部. SL 234—1999 泵站施工规范[S]. 北京:中国水利水电出版社,2000.
[16] 国家标准局. GB 7021—1986 离心泵名词术语[S]. 北京:中国计划出版社,1987.

参考文献